EN 1998-1和EN 1998-5设计指南
Eurocode 8：结构抗震设计

一般规定、地震作用、房屋建筑规定、基础和支挡结构

[希]麦克·法迪斯　E.卡瓦略　[美]A.尔纳斯海
E.费西奥利　[意]P.平托　[比]A.普鲁米尔

欧洲结构设计标准译审委员会　**组织翻译**
沈文爱　**译**
宋　婕　**审**

人民交通出版社股份有限公司

北　京

Translation from the English language original, by arrangement with Thomas Telford Ltd.

图书在版编目(CIP)数据

EN 1998-1 和 EN 1998-5 设计指南 Eurocode 8:结构抗震设计. 一般规定、地震作用、房屋建筑规定、基础和支挡结构 / (希) 麦克·法迪斯等著 ; 沈文爱译. — 北京 : 人民交通出版社股份有限公司, 2020.4

ISBN 978-7-114-16216-9

Ⅰ. ①E… Ⅱ. ①麦… ②沈… Ⅲ. ①建筑结构—防震设计—建筑规范—欧洲 Ⅳ. ①TU352.104

中国版本图书馆 CIP 数据核字(2019)第 295754 号

著作权合同登记号:图字 01-2019-7660

EN 1998-1 he EN 1998-5 Sheji zhinan Eurocode 8:Jiegou Kangzhen Sheji Yiban Guiding Dizhen Zuoyong Fangwu Jianzhu Guiding Jichu he Zhidang Jiegou

书　　名:**EN 1998-1 和 EN 1998-5 设计指南　Eurocode 8:结构抗震设计　一般规定、地震作用、房屋建筑规定、基础和支挡结构**

著 作 者:[希]麦克·法迪斯　E. 卡瓦略　[美]A. 尔纳斯海　E. 费西奥利　[意]P. 平托　[比]A. 普鲁米尔

译　　者:沈文爱

总 策 划:朱伽林　韩　敏　孙　玺

责任编辑:岑　瑜　李学会

责任校对:刘　芹

责任印制:张　凯

出版发行:人民交通出版社股份有限公司

地　　址:(100011)北京市朝阳区安定门外外馆斜街 3 号

网　　址:http://www.ccpress.com.cn

销售电话:(010)59757973

总 经 销:人民交通出版社股份有限公司发行部

经　　销:各地新华书店

印　　刷:北京虎彩文化传播有限公司

开　　本:880 × 1230　1/16

印　　张:18.25

字　　数:488 千

版　　次:2020 年 4 月　第 1 版

印　　次:2020 年 6 月　第 2 次印刷

书　　号:ISBN 978-7-114-16216-9

定　　价:1400.00 元

(有印刷、装订质量问题的图书,由本公司负责调换)

出 版 说 明

包括本设计指南在内的欧洲结构设计标准(Eurocodes)及其英国附件、法国附件和配套设计指南的中文版,是2018年国家出版基金项目“土木工程欧洲规范翻译与比较研究出版工程(一期)”的成果。

在对欧洲结构设计标准及其相关文本组织翻译出版过程中,考虑到标准的特殊性、用户基础和应用程度,我们在力求翻译准确性的基础上,还遵循了一致性和有限性原则。在此,特就有关事项作如下说明:

1. 本设计指南中文版根据托马斯·特尔福德有限公司(Thomas Telford Ltd.)提供的英文版进行翻译,仅供参考之用,如有异议,请以原版为准。

2. 中文版的排版规则原则上遵照外文原版。

3. Eurocode(s)是个组合再造词。本设计指南及相关标准范围内,Eurocodes特指一系列共10部欧洲标准(EN 1990 ~ EN 1999),旨在为房屋建筑和构筑物及建筑产品的设计提供通用方法;Eurocode与某一数字连用时,特指EN 1990 ~ EN 1999中的某一部,例如,Eurocode 8指EN 1998结构抗震设计。经专家组研究,确定Eurocode(s)宜翻译为“欧洲结构设计标准”,但为了表意明确并兼顾专业技术人员用语习惯,在正文翻译中保留Eurocode(s)不译。

4. 书中所有的插图、表格、公式的编排以及与正文的对应关系等与外文原版保持一致。

5. 书中所有的条款序号、括号、函数符号、单位等用法,如无明显错误,与外文原版保持一致。

6. 在不影响阅读的情况下书中涉及的插图均使用英文原版插图,仅对图中文字进行必要的翻译和处理;对部分影响使用的英文原版插图进行重绘。

7. 书中涉及的人名、地名、组织机构名称以及参考文献等均保留外文原文。

8. 书中的seismic action在Eurocode 8中并不单指地震作用,与其他抗震标准类似,其含义根据地震及其影响分为地震动、地震作用和地震作用效应,但并未从术语上严格区分使用,seismic action具体含义可根据上下文确定,本次翻译从尊重原文出发未进行主动区分。

特别致谢

本设计指南的译审由以下单位和人员完成。华中科技大学沈文爱承担了主译工作,中国建筑标准设计研究院宋婕承担了主审工作。他(她)们分别为本指南的翻译工作付出了大量精力。在此谨向上述单位和人员表示感谢!

欧洲结构设计标准译审委员会

欧洲结构设计标准译审委员会总体组

组　　　长:余顺新(中交第二公路勘察设计研究院有限公司)

成　　　员:(按姓氏笔画排序)

王敬烨(中国铁建国际集团有限公司)

车　轶(大连理工大学)

卢树盛[长江岩土工程总公司(武汉)]

吕大刚(哈尔滨工业大学)

任青阳(重庆交通大学)

刘　宁(中交第一公路勘察设计研究院有限公司)

宋　婕(中国建筑标准设计研究院)

李　顺(天津水泥工业设计研究院有限公司)

李亚东(西南交通大学)

李志明(中冶建筑研究总院有限公司)

李雪峰[上海市城市建设设计研究总院(集团)有限公司]

张　寒(中国建筑科学研究院有限公司)

张春华(中交第二公路勘察设计研究院有限公司)

狄　谨(重庆大学)

胡大琳(长安大学)

姚海冬(中国路桥工程有限责任公司)

徐晓明(航天建筑设计研究院有限公司)

郭　伟(中国建筑标准设计研究院)

郭余庆(中国天辰工程有限公司)

黄　侨(东南大学)

谢亚宁(中设设计集团股份有限公司)

秘　　　书:李　喆(人民交通出版社股份有限公司)

卢俊丽(人民交通出版社股份有限公司)

Eurocode 设计指南系列

Eurocode 设计指南:结构设计基础 EN 1990 (第 2 版). H. 古尔班尼西亚,J. -A. 卡尔加罗, M. 霍利基. 彭君义,郭骞,译. ISBN 978-7-114-16202-2. 2020 年 4 月出版.

Eurocode 1 设计指南:桥梁上的作用 EN 1991-2,EN 1991-1-1、-1-3 至 -1-7 和 EN 1990 附录 A2. J. -A. 卡尔加罗, M. 楚米,H. 古尔班尼西亚. 任青阳,刘浪,译. ISBN 978-7-114-16210-7. 2020 年 4 月出版.

EN 1991-1-4 设计指南 Eurocode 1:结构上的作用 第 1-4 部分:一般作用——风荷载. N. 库克. 管青海,都浩,译. ISBN 978-7-114-16203-9. 2020 年 4 月出版.

EN 1992-1-1 和 EN 1992-1-2 设计指南 Eurocode 2:混凝土结构设计 一般规定、房屋建筑规定和结构防火设计. A. W. 毕比,R. S. 纳拉亚南. 李元松,孙莉,刘波,译. ISBN 978-7-114-16211-4. 2020 年 4 月出版.

EN 1992-2 设计指南 Eurocode 2:混凝土结构设计 第 2 部分:混凝土桥梁. C. R. 亨迪, D. A. 史密斯. 徐腾飞,胡志坚,冀伟,勾红叶,译. ISBN 978-7-114-16212-1. 2020 年 4 月出版.

Eurocode 3 设计指南:房屋建筑钢结构设计 EN 1993-1-1,-1-3 和 -1-8(第 2 版). L. 加德纳, D. A. 内瑟科特. 王敬烨,黄羿,译. ISBN 978-7-114-16213-8. 2020 年 4 月出版.

EN 1993-2 设计指南 Eurocode 3:钢结构设计 第 2 部分:钢结构桥梁. C. R. 亨迪, C. J. 墨菲. 常江,贺君,蒋垠茏,译. ISBN 978-7-114-16204-6. 2020 年 4 月出版.

Eurocode 4 设计指南:钢与混凝土组合结构设计 EN 1994-1-1(第 2 版). 罗杰 · P. 约翰逊. 赵灿晖,占玉林,译. ISBN 978-7-114-16205-3. 2020 年 4 月出版.

EN 1994-2 设计指南 Eurocode 4:钢与混凝土组合结构设计 第 2 部分:一般规定和桥梁规定. C. R. 亨迪,罗杰 · P. 约翰逊. 狄谨,秦凤江,徐骁青,译. ISBN 978-7-114-16206-0. 2020 年 4 月出版.

Eurocode 5 设计指南:房屋建筑木结构设计 EN 1995-1-1. 杰克 · 波蒂厄斯,彼得 · 罗斯. 杨会峰,凌志彬,译. ISBN 978-7-114-16214-5. 2020 年 4 月出版.

EN 1997-1 设计指南 Eurocode 7:岩土工程设计 第 1 部分:一般规定. R. 费兰克, C. 鲍德温,R. 德里斯科尔, M. 卡瓦达斯, N. 克富布斯 · 奥维森, T. 奥尔, B. 舒伯纳. 张寒,等,译. ISBN 978-7-114-16215-2. 2020 年 4 月出版.

Eurocode 8 设计指南:桥梁抗震设计 EN 1998-2. 巴兹尔 · 科里亚斯,麦克 · N. 法迪斯,阿兰 · 派克. 卫璞,王巍, 徐良晋,译. ISBN 978-7-114-16217-6. 2020 年 4 月出版.

EN 1998-1 和 EN 1998-5 设计指南 Eurocode 8:结构抗震设计 一般规定、地震作用、房屋建筑规定、基础和支挡结构. 麦克 · 法迪斯, E. 卡瓦略, A. 尔纳斯海, E. 费西奥利, P. 平托, A. 普鲁米尔. 沈文爱,译. ISBN 978-7-114-16216-9. 2020 年 4 月出版.

前言

本指南的宗旨

此 EN 1998-1 和 EN 1998-5 设计指南涵盖了建筑结构及基础的抗震设计的相关规定，其内容基本对应这两本标准的条文。本指南不仅总结了两标准中的条款，而且对其重点条款做出了说明和详细解释，并同时提供了相关的背景知识。然而，本指南未对两标准中所有条款都逐一进行详细的说明，同时也并不是严格按条款的顺序来进行叙述。

本指南的编排

本指南中对所有源自 EN 1998-1 和 EN 1998-5 中的章节、条款、子条款、段落、附录、图形、表格、公式均以斜体字的形式予以标出。同时对直接引用自 EN 1998-1 和 EN 1998-5 中的原文内容也同样以斜体字的形式标出。此外，本设计指南中源于其他文献的引用内容，包括其他欧洲结构设计标准，均以罗马体表示。引用自 EN 1998-1 及 EN 1998-5 中的公式保留了它们的编号；其他公式均用前缀 D（代表设计指南）标识以便区分，例如，式（D3.1）。

致谢

EN 1998-1 和 EN 1998-5 的顺利完成为本书的出版奠定了基础。参加编写本设计指南的专家有：

- CEN/TC250 小组第八委员会的各国代表和各国技术专家。
- CEN/TC250/SC8 项目组，分别为：由 Carlos Soussa Oliveira 主持的项目组 1 和由 Jack Bouwkamp 主持的项目组 2 共同完成了 EN 1998-1 ENVs 版本向 ENs 版本的转换工作，以及 Ezio Faccioli 主持的项目组 3 完成了 EN 1998-5 的编写工作。

特别感谢隶属 CEN/TC250/SC8 项目组的 Philippe Bisch 所提供的重要技术支持及其对本设计指南的贡献。

虽未列入合著者的名单，来自 Basilicata 大学的 Mauro Dolce 及来自 Napoli 大学的 Luigi Di Sarno 分别对第 9 章和第 3 章的内容做出了非常重要的贡献，非常感谢他们的帮助。

合著者中，Ezio Faccioli 感谢意大利岩土工程研究所（米兰）的协助，并感谢 A. Callerio，M. Redaelli，P. Ascari 和 R. Andrighetto 为本设计指南第 10 章提供的分析案例。同样感谢米兰理工大学 Roberto Paolucci 为本设计指南第 10 章提供的浅基础稳定性、地形放大和地震响应的图表等珍贵资料。

目录

第1章　引言

1.1　Eurocode 8 的适用范围

Eurocode 8 的 *Design of Structures for Eearthquake Resistance* 涵盖了地震区房屋建筑和其他土木工程构筑物的抗震设计和施工要求。其目标是在地震发生时,人的生命财产安全得以保护,以及确保重要的公共安全结构依然能够正常使用。

EN 1998-1:条款*1.1.1(1)*,*1.1.1(2)*,*1.1.1(4)*,*1.1.3(1)*

Eurocode 8 由 6 部分组成,见表 1.1。本设计指南仅包含第 1 部分(EN 1998-1,*General Rules*, *Seismic Actions and Rules for Building*)[1] 和第 5 部分(EN 1998-5,*Foundations*,*Retaining Structures and Geotechnical Aspects*)[2]。

Eurocode 8 的适用范围并不(完全)包含特殊建筑,特别是核电站、近海结构和大坝。

Eurocode 8 的各部分和关键日期(达成日期或预计日期,截至 2005 年 1 月)　表 1.1

Eurocode 8 各部分	名　　称	SC8 正式批准日期	CEN 成员可从委员会获得已批准的英语、法语和德语版本欧洲标准的日期
EN 1998-1	*General Rules*, *Seismic Actions*, *Rules for Buildings*	7 月 2 日	12 月 4 日
EN 1998-2	*Bridges*	9 月 3 日	10 月 5 日
EN 1998-3	*Assessment and Retrofitting of Buildings*	9 月 3 日	6 月 5 日
EN 1998-4	*Silos*, *Tanks*, *Pipelines*	3 月 5 日	6 月 6 日
EN 1998-5	*Foundations*, *Retaining Structures*, *Geotechnical aspects*	7 月 2 日	11 月 4 日
EN 1998-6	*Towers*, *Masts*, *Chimneys*	7 月 4 日	6 月 5 日

1.2　Eurocode 8 第 1 部分的适用范围

虽然 EN 1998-1 的主要对象是建筑结构,但是也涵盖了适用于 Eurocode 8 其他部分的一般规定:

EN 1998-1:条款*1.1.2*

- 性能要求;
- 地震作用;
- 分析方法、一般概念和适用于所有其他结构的设计规定。

EN 1998-1 涵盖了由以下材料建造的建筑结构的设计与构造要求:

- 混凝土;

- 钢;
- 组合(钢-混凝土);
- 木;
- 砌体。

同时包括基础隔震建筑的抗震设计。

1.3　Eurocode 8 第 5 部分的适用范围

EN 1998-5:
条款1.1(1),
1.1(2)

EN 1998-5 阐明了抗震结构场地和地基的设计要求、设计准则和设计规定。它涵盖了地震作用下各种基础工程和挡土结构的设计方法,并涉及土-结构相互作用的特殊问题。EN 1998-5 适用于除房屋建筑以外的所有抗震结构。在某种意义上,EN 1998-5 与 EN 1998-1 第*2*、*3* 章(关于性能要求和地震作用)一起,为 Eurocode 8 的其他 5 部分提供了"基础"。

1.4　Eurocode 8 第 1 部分和第 5 部分与其他 Eurocodes 的配合使用

EN 1998-1:
条款1.1.1(3),
1.2.1,
1.2.2(1)

Eurocode 8 并不是一个独立的标准。作为 Eurocode 系列的一个组成部分,Eurocode 8 应与其他相关的 Eurocodes 配合使用。每一个系列涉及一种土木工程结构和建筑材料。表 1.2 的第 1 列给出了 Eurocode 的所有系列编号。为设计查阅需要,每一系列也包含了从"EN 1990　*Eurocode*:结构设计基础""EN 1991　*Eurocode* 1:结构上的作用"和"EN 1997　*Eurocode* 7:岩土工程设计"中摘录的必要内容。如表 1.2 所示,Eurocode 系列将包含 Eurocode 8 中对应的内容。

与 Eurocode 8 各部分产生冲突的国家标准的废止日期　　表 1.2

系列编号与主题		国家标准的废止日期	Eurocode 8 各部分					
			1	2	3	4	5	6
2/1	混凝土结构	2010 年 3 月	√		√		√	
3/1	钢结构	2010 年 3 月	√		√		√	
4/1	钢-混凝土组合结构	2010 年 3 月	√		√		√	
5/1	木结构	2010 年 3 月	√		√		√	
6	砌体结构	2010 年 3 月	√		√		√	
7	铝结构	2010 年 3 月	√				√	
2/2	混凝土桥梁	2010 年 3 月	√	√			√	
3/2	钢桥	2010 年 3 月	√	√			√	
4/2	组合结构桥梁	2010 年 3 月	√	√			√	
5/2	木结构桥梁	2010 年 3 月	√	√			√	
2/3	混凝土液体仓储结构	2010 年 3 月	√			√	√	
3/3	钢结构筒仓、罐、管道	2010 年 3 月	√			√	√	
3/4	钢管桩	2010 年 3 月	√				√	
3/5	钢结构起重设施	2010 年 3 月	√				√	
3/6	钢塔与钢桅杆结构	2010 年 3 月	√				√	√

1.5 假定—原则性规定与应用性规定的区别

Eurocode 8 的假定、原则性规定与应用性规定的区别均参考 EN 1990[3]。相应地，本设计指南也可为理解其他 Eurocodes 提供参考。

EN 1998-1：
条款1.3，1.4

1.6 术语和定义——符号

术语和符号将在其第一次出现在本指南中时进行定义。

EN 1998-1：
条款1.5，1.6

第2章 性态要求和遵从准则

2.1 Eurocode 8 设计的性态要求和震害等级

条款2.1(1)

作为一本欧洲标准,Eurocode 8 的第 1 部分阐述了两种水准的抗震设计方法,其对应的设防性能目标如下:

- 防倒塌:通过防止结构整体及局部的倒塌和保证地震过后结构的整体性及足够的剩余承载力,来保护在罕遇地震作用下人们的生命安全。这意味着在结构出现明显的损伤及出现中度的永久性侧移的同时,其仍保持足够的竖向承载力和剩余抗侧强度和刚度,甚至在发生强烈余震时也能保护人们的生命安全。然而,震后对损坏结构的修复可能并不经济。
- 有限损伤:通过限制结构及非结构构件在常遇地震作用下的损伤来减少财产损失。结构本身不出现永久性位移;结构构件不出现永久性变形,仍完全保留其原有的强度和刚度,不需要对其进行修复。非结构构件也许会遭受一些破坏,但这些破坏在震后较易修复且成本低廉。

防倒塌性态水准通过设计合理的构件尺寸与构造措施来实现。结构构件的强度与延性应满足 1.5 ~ 2 的安全系数要求,以防止水平抗侧承载力的严重下降。有限损伤性态水准通过限制结构的整体变形(侧向位移)来实现。结构的侧向位移应限制在一定的水平下,以保证结构及非结构构件的整体性。

这两种明确的性态水准——防倒塌及有限损伤分别对应于两种不同的地震作用水准。对应于防倒塌性态水准的地震作用被称作设计地震作用,而对应于有限损伤性态水准的地震作用则常被称作正常使用状态地震作用。考虑到不同国家在经济水平与安全能力方面的差异,两种地震作用的震害等级由各个国家自行决定。对于一般重要性的结构,EN 1998-1 推荐如下:

- 设计地震作用(防倒塌)50 年内的超越概率为 10%(平均重现期为 475 年);
- 正常使用状态地震作用(有限损坏)10 年内的超越概率为 10%(平均重现期为 95 年)。

一般重要性结构的设计地震作用为基本地震作用,其平均重现期被称作基准重现期,用 T_{NCR}表示。正常使用状态地震作用(有限损坏)和设计地震作用(防倒塌)的比值 ν 反映了灾害等级的不同,它是一个国家定义参数(NDP)。

在美国标准中，一般通过直接提升性态水准来提升重要基础设施与高使用率建筑的抗震性态水准。与之不同的是，欧洲标准中是通过提高震害等级（平均重现期）来实现性态水准的提升。并且，针对提高后的震害等级（平均重现期），需要进行相应的防倒塌或有限损伤设计。对于重要和高使用率结构，地震作用须在基准地震作用前乘以结构重要性系数 γ_I 来放大考虑。根据定义，一般重要性结构的 $\gamma_I = 1.0$（即取地震作用的基准重现期）。 *条款2.1(2) 2.1(3)，2.1(4)，4.2.5(1)，4.2.5(2)，4.2.5(3)，4.2.5(4)，4.2.5(5)，*

对于房屋建筑，如果其倒塌会造成严重的社会影响或者经济损失（高使用率建筑，如学校或者大会堂；文化意义重大的设施和机构，如博物馆等），其重要性系数 γ_I（NDP）的推荐值为 1.2。这些建筑的重要性等级为Ⅲ级。对于震后救灾所必需的建筑，如医院、消防站或警察局、发电厂等，其重要性等级为Ⅳ级，对应的重要性系数 γ_I 的推荐值为 1.4。对于公共安全影响很小的建筑，其重要性系数 γ_I 的推荐值为 0.8（重要性等级为Ⅰ级：如农业建筑等）。除上述建筑外，其他所有建筑都按照一般重要性建筑来考虑，其重要性等级为Ⅱ级。

对于重要性等级不高的建筑（Ⅰ级和Ⅱ级），正常使用状态地震作用（对应有限损伤性态水准）与设计地震作用（对应防倒塌性态水准）的比值 ν 的推荐值为 0.5。对于重要性等级较高的建筑（Ⅲ级和Ⅳ级），ν 的推荐值为 0.4。以上取值使得对于一般重要性建筑和高使用率建筑（Ⅱ级和Ⅲ级）的保护大致处于相同的水平，而对于低重要性建筑的保护则减少 15% ~20%。但是，以上取值对于重要基础设施的保护增加了 15%，额外增加的安全储备有助于重要基础设施在地震发生时或震后发挥作用，从而保证关键公共服务可维持最低限度运行。 *条款4.4.3.2(2)，2.2.3(2)*

EN 1998-1 给出了国家定义参数（NDPs）的推荐值。国家定义参数（NDPs）包括结构重要性系数 γ_I 和正常使用状态地震作用与设计地震作用的比值 ν。国家及地区在选择以上两个参数时，应考虑安全等级和财产保护水平。此外，还应考虑地区区域性的地震构造地质条件。Eurocode 8 在注释中给出了在两种不同的震害等级下计算地震作用比值的方法。更确切地说，基准峰值地面加速度 a_g 的年超越概率 $H(a_g)$ 的常用近似值为 $H(a_g) \sim k_o a_g^{-k}$，其中指数 k 的值取决于地震活动强度，通常可取为 3。其次，基准地震作用是定义在 T_{LR} 年时间内的地震作用（这里下标 L 表示"全寿命周期"）。因此，基准地震作用需要乘以由描述地震活动的泊松假设给出的值 $(T_L/T_{LR})^{1/k}$，从而使其在 T_L 年里具有与在 T_{LR} 年里相同的超越概率。这个值正是结构重要性系数 γ_I，或者是正常使用状态地震作用的换算系数 ν。γ_I 或 ν 的值可用关系 $\sim (P_{LR}/P_L)^{1/k}$ 来估算。换言之，为了满足在 T_L 时间内地震作用的超越概率为 P_L，而不是满足在 T_{LR} 时间内基准超越概率为 P_{LR}，基准地震作用应乘以 γ_I 或 ν。对于重要性等级为Ⅲ级和Ⅳ级的建筑，由于 $T_{LR} < T_L$ 及 $P_{LR} > P_L$，因此 $\gamma_I > 1$。对于重要性等级为Ⅰ级的建筑，在正常使用状态地震作用下，由于 $T_{LR} > T_L$ 及 $P_{LR} < P_L$，因此低重要性设施或建筑的重要性系数 $\gamma_I < 1$，并且 $\nu < 1$。ν 为正常使用状态地震作用（平均重现期为 95 年）和设计地震作用（平均 *条款2.1(4)*

重现期为 475 年）的比值。值得注意的是，当 ν 取推荐值 0.4 和 0.5 时，其实质上与峰值加速度的年超越概率 $H(a_g)$ 的衰减指数 k 取值约为 2 时是一致的。

条款2.2.1(2)，2.2.4.1(2)，4.4.2.3(2)，4.4.2.6(2)

虽然没有明确地指出，在建筑结构设计中，耗能设计的额外性态目标是建筑在遭遇强烈罕遇地震时（平均重现期大约 2000 年）可避免整体倒塌。虽然结构构件在震后仍能承受其重力荷载，但是建筑结构可能已经严重损伤，并产生了很大的永久性侧移，几乎丧失抗侧强度和刚度，在强烈余震作用下结构可能发生倒塌。而且，对这种震后结构的修复几乎是无效且不经济的。这一隐含的性态目标（耗能设计）可通过系统地、全面地采用能力设计法来充分控制结构的非弹性反应机制来实现。

2.2　性态要求的遵从准则及其实施

2.2.1　有限损伤的遵从准则

条款2.2.1(1)，2.2.3(1)

在地震作用下，结构具备适应能量输入或动力位移的需求。地震引起的结构构件和非结构构件的破坏，是由地震响应产生的变形造成的，其破坏的程度取决于结构变形的程度。基于这个事实，Eurocode 8 规定有限损伤极限状态（亦即性态等级）应由变形限值来表示。对于安装或支承在结构上的设备，与损伤相关的限值可由设备支承位置处的加速度响应来表示。

2.2.2　防（局部）倒塌要求的遵从准则

条款2.2.1(1)，2.2.2(1)，2.2.2(2)

依据 EN 1990，在结构设计基础之上，结构设计中（局部和整体）防倒塌性态等级应按照承载力极限状态来考虑[3]。不同于基于变形准则验算的有限损伤极限状态设计，防倒塌极限状态设计是基于力的准则来进行验算的。这与由于变形导致结构构件丧失其抗侧承载力和由于侧向位移（而不是侧向力）才导致结构在其自重作用下破坏的物理事实是相矛盾的。目前，基于力的抗震设计已经发展得相当完善了。首先，这是因为结构工程师非常熟悉其他作用类型（如自重和风荷载）的基于力的设计理念。其次，在一组给定的外部荷载作用下分析结构的静力平衡是一种基本的分析方法。最后，同样重要的是，因为结构在地震作用下的变形精确分析方法尚未发展成熟到可供工程应用的程度。最后一条既指计算结构变形需要的非线性方法，也指估算结构构件承受变形能力的计算方法。

2.2.2.1　耗能和延性设计

结构在设计地震作用下满足防（局部）倒塌要求并不意味着结构在此作用下要一直保持着弹性状态。如要满足防（局部）倒塌要求和保持弹性状态，这就要求设计地震作用为其重量 50% 或以上的侧向力。虽然这在技术上是可行的，但让一个结构在其设计地震作用下一直保持弹性状态，在经济上是不可行的。这同样是不必要的，因为地震是一种动力作用，等同于结构需要承受一定量的能量输入和具有一定的变形和位移能力，而不仅是承受某一特定大小的力。因此，假如构件的完整性和整体结构并不处于危险状态，Eurocode 8 允许结构在设计地震作用下发生显著的非弹性变形。其称为地震作用下的耗能和延性设计。

力的延性抗震设计方法的基础是单自由度(SDOF)体系的非弹性反应谱,即理想弹塑性力-位移(F-δ)单调曲线。一个周期为 T 的单自由度体系的非弹性反应谱与下列因素有关:

- 比值 $q = F_{el}/F_y$,F_{el}为系统的峰值荷载,F_y 为系统的屈服荷载。如果体系是线弹性的,那么 F_{el}会不断增大。
- 非弹性单自由度体系的最大位移 δ_{max},可由其与屈服位移 δ_y 的比率(亦即位移延性系数 $\mu_\delta = \delta_{max}/\delta_y$)来表示。

例如,Eurocode 8 已采用 Vidic 等[4] 提出的非弹性反应谱:

当 $T \geq T_C$ 时,
$$\mu_\delta = q \tag{D2.1}$$

当 $T < T_C$ 时,
$$\mu_\delta = 1 + (q-1)\frac{T_C}{T} \tag{D2.2}$$

式中,T_C 为弹性反应谱中伪谱加速度谱常数段和伪谱速度谱常数段的过渡周期(图 2.1)。式(D2.1)表达了著名的 Newmark 等位移法则,即经验表明在伪速度谱常数段中,单自由度体系的弹性与非弹性的位移反应峰值是大致相等的。

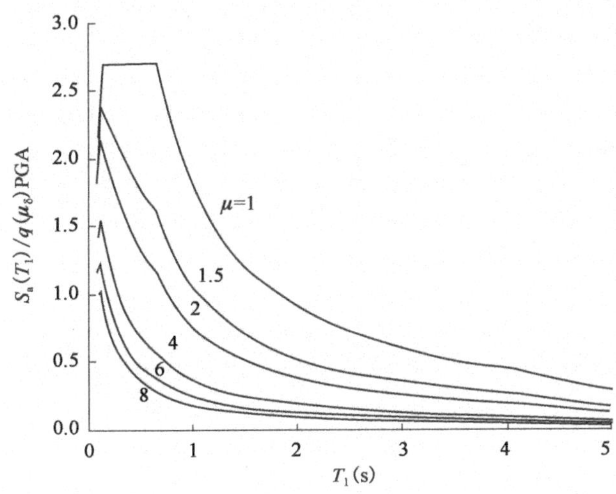

图 2.1 对峰值加速度(PGA)归一化的非弹性反应谱曲线

[T_C = 0.6,参见 Vidic 等[4] 及式(D2.1)、式(D2.2)]

比值 $q = F_{el}/F_y$ 在 Eurocode 8 中被称为性能系数,其中 F 表示结构上所有侧向力之和(如果是水平地震作用,即为基底剪力值)。在北美,该比值称为力折减系数或者响应修正系数,并且用字母 R 表示。在 Eurocode 8 中,该比值为弹性结构(阻尼比 5%)的内力折减系数。同样,该比值也可称为弹性结构的地震惯性力折减系数。基于此,则可用线弹性分析来计算确定地震作用下的结构内力,并根据结构内力设计结构构件的尺寸。以上计算其实假定了结构至少具备承受整体位移峰值的能力,这个整体位移峰值数值上等于结构整体屈服位移乘以位移延性系数 μ_δ。如式(D2.1)和式(D2.2)所示,位移延性系数 μ_δ 取决于性能系数 q,而性能系数 q 用来表示对弹性力的折减。即延性能力或耗能能力——结构和构件作为一个整体通过周期往复的滞回反应来消耗地震的输入能量。

条款 2.2.4.1(2)，2.2.4.1(3)

并不是结构的所有位置或组成部分都具有延性和滞回耗能能力。Eurocode 8 采用能力设计的方法，即在结构构件或结构区域之间，或在同一结构构件的不同荷载传递机制之间设计必需的强度等级，同时确保非弹性变形只发生在那些具有延性和滞回耗能能力的构件、区域和机制中，除这些地方以外的部分仍然保持弹性状态。用于滞回耗能的构件区域称为耗能区。可通过设计计算与构造措施来保证耗能区具有所需的延性和耗能能力。

条款2.2.2(1)，2.2.2(5)，4.4.2.2(1)

在通过设计计算和构造措施使耗能区具有必需的延性和耗能能力之前，应先通过分析来确定耗能区的尺寸。耗能区的抗力设计值 R_d 应大于或等于地震作用效应设计值 E_d：

$$E_d \leq R_d \tag{D2.3}$$

式(D2.3)中，E_d 的计算应考虑地震作用与其他荷载的准永久值组合(即永久荷载的标准值及附加荷载和雪荷载的准永久值，见 4.4.1)。一般，采用线性分析方法确定，因此 E_d 的值是地震作用效应与考虑抗震设计状况下分析得出的其他作用效应的线性叠加。计算 E_d 的值时需要考虑二阶效应。

式(D2.3)中 R_d 的值应根据相应涉及材料的 Eurocode 的相关规定进行计算(除非这些规定在非线性循环加载下并不适用，并且 Eurocode 8 已作了相应的规定)。R_d 的计算应采用材料强度设计值，即标准值f_k 除以材料分项系数 γ_M。分项系数 γ_M 参见 Eurocode 8 国家附件中的相关国家定义参数(NDPs)。Eurocode 8 本身并没有给出用于抗震设计的 γ_M 的推荐值，它只注明了在偶然设计状况下 γ_M 适合取 1 的情况，或者永久设计状况和瞬时设计状况下 γ_M 取 1 的适用情况。后一条对于设计者而言十分方便，因为设计者可以先确定出耗能区的尺寸，并以此来确定出抗力的设计值 R_d，R_d 需大于或等于持久设计状况和短暂设计状况下作用效应的最大值。而前一条中，耗能区须依据持久设计状况和短暂设计状况的作用效应先确定尺寸，然后，依据地震设计状况再次确定其尺寸，式(D2.3)中的 γ_M 每次应取不同的值。

条款2.2.4.1(2)

所有未指定为耗能区的构件区域和机制的抗力设计值 R_d 应大于或等于作用效应 E_d。作用效应 E_d 不是通过分析得出的，而是通过能力设计得出的。

条款2.2.2(4)

基础是整个结构至关重要的部分。并且，基础的地震损伤是难以检测的，而对其进行修复或加固则更为困难。因此，基础的强度等级是整个结构系统中最高的，在设计时也需要让其在地震作用下保持弹性状态，从而为上部结构的非弹性变形和滞回耗能提供支撑。

2.2.2.2 以强度而非延性为准则的抗震设计

条款2.2.1(3)，3.2.1(4)

Eurocode 8 允许建筑结构仅以强度为准则进行抗震设计，可以不遵守任何有关延性和耗能能力的设计规定。在这一情形下，建筑结构应按照 Eurocode 2 ~ 7 进行设计，即仅简单地将地震作用作为侧向力来考虑，如风荷载那样。使用性能系数 q 从设计反应谱得到地震侧向力，q 值最大取 1.5(钢结构或组合结构 q 值最大取 2)。同时，设计时还应满足材料(或者钢结构截面)延性的最低要求。因为设计地震力的计算与性能系数 q 有关,其值大于 1.0,所以,不考虑延性和耗能能力,仅以强度准则进行设计的结构应被称为低耗能结构而不是非耗能结构。

除了低地震活动性的情况外,Eurocode 8 不推荐采用仅以强度为准则的低耗能结构抗震设计。国家附件中规定了属于低地震活动性情况的结构形式、场地类别和地震区的组合。但是,Eurocode 8(在条文说明中)推荐了以下确定低地震活动性情况的准则,即在 A 类场地(即岩石地基)中的设计地面加速度值 a_g,或其他场地类别中的设计地面加速度值 a_gS(土壤系数 S 将在 3.2.2.2 中讨论)。此外,Eurocode 8 推荐 a_g 的值取 $0.08g$、a_gS 的值取 $0.10g$ 为低地震活动性的阈值。应记住,a_g 的值考虑了结构重要性系数 γ_I。

对于建筑结构而言,依据本小节的第一段进行的低耗能结构抗震设计(仅以强度为准则不考虑结构延性)在以下特定情况下不必归类于低地震活动性类别:当在水平方向上基底总剪力(基础或刚性地下室顶部)小于设计风荷载或根据线弹性分析得出的任何其他相关作用组合时。其中,计算基底总剪力时采用低耗能结构的性能系数(见本小节第一段)。 *条款4.4.1(2)*

对于隔震建筑结构,不管建筑结构的分类是否为低地震活动性类别,隔震水平线(隔震层)以上的上部结构按低耗能结构设计。此时,性能系数 q 取值小于或等于1.5。这是 EN 1998-1 的设计规定,而非例外情况。 *条款10.10(5)*

2.2.2.3　强度与延性之间的平衡——延性分类

在前一小节中讨论的仅以强度为准则而不考虑延性和耗能设计的内容,是一种极端的情况,Eurocode 8 在特殊的情况下才推荐使用。然而,在抗震设计状况中,即以延性和耗能设计为目标进行设计时,设计人员通常可选择更高的强度和更低的延性,反之亦然。对于混凝土结构、钢结构、组合(钢-混凝土)结构及木结构而言,这个要求通过 Eurocode 8 中关于材料的特定章节中引入的延性分类来实施。 *条款2.2.2(2)*

2.3　免除 Eurocode 8 约束的情况

Eurocode 8 给出了不适用于低地震活动性情况的规定。至于低地震活动性情况,国家附件规定了符合极低地震活动性对应的结构形式、场地类别和地震区的组合。然而,Eurocode 8 为低地震活动性(在条文说明中)推荐了相同的准则:A 类场地(即岩石)中采用的设计地面加速度值 a_g,或其他场地类别相应的设计地面加速度值 a_gS。Eurocode 8 同样还推荐了 a_g 取 $0.04g$、a_gS 取 $0.05g$ 来作为极低地震活动性的阈值。因为 a_g 的取值考虑了结构重要性系数 γ_I,(低地震活动性)区域内的某些结构可能不受 Eurocode 8 的约束,但其他重要结构(重要住宅或高使用率基础设施)仍需遵守 Eurocode 8 的设计规定。这与以下观点是一致的,不考虑地震荷载的任何结构的固有侧向抗力忽略了延性和耗能能力的贡献,因此可以免除 Eurocode 8 的约束。Eurocode 8 考虑到,由于超强,所有结构的性能系数 q 需 *条款2.2.1(4),3.2.1(5)*

大于或等于1.5,则 $a_gS=0.05g$ 作为极低地震活动性阈值的隐含含义是结构固有抗侧能力可以假定为 $0.05\times2.5/1.5=0.083g$。这是一个合理的假定。

如果国家附件指明整个国家领土范围内的地震活动性都非常低,那么该国家的结构设计可完全不遵守 Eurocode 8(含6个部分)中的条款。

第 3 章　地震作用

3.1　场地条件

场地条件对结构的地震响应有显著的影响。本节提供了场地条件的一般规定和要求。给定的场地中，场地土层特性可通过现场地质勘察或实验室试验来确定。EN 1998-1 *条款3.1.1* 给出了确定场地类别的相关规定。地基土勘察和分类指南可以查阅 EN 1998-5 的*条款4.2*　。

条款3.1.1

地震会引起多种不同的场地效应，它们或是直接的，或是间接的（图 3.1）；地面大变形是结构系统破坏的重要因素之一。

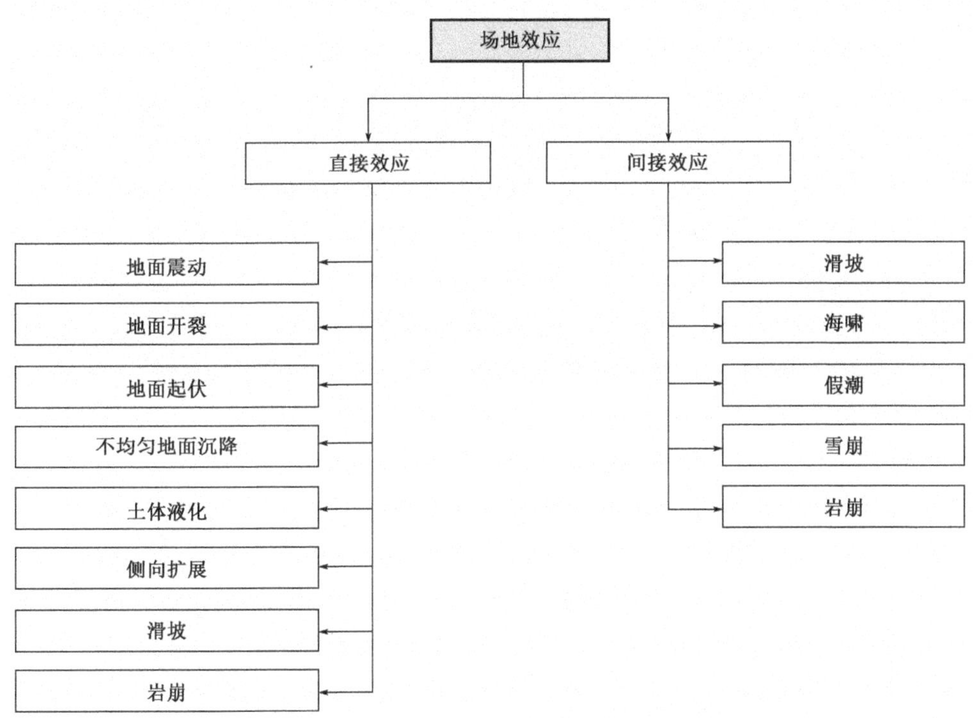

图 3.1　地震引起的直接和间接场地效应

通常来说，通过规定施工场地条件，可以防止直接地面效应引起的震害。EN 1998-1 *条款3.1.1(3)*表明，应依据 EN 1998-5 *第4 章*的规定进行详细的地质勘察，来避免因地震作用引起场地土液化和挤密产生的土层断裂、边坡失稳和永久性沉降。

3.1.1 场地类别的确定

条款3.1.2(1)

可依据力学性能来定义场地类别,从而量化局部场地条件对结构地震响应的影响。标准已经给出 5 种场地类别用于定义地层剖面,其中分别用大写字母(A、B、C、D 和 E)来表示这些剖面。EN 1998-1 *表3.1*(*"场地类别"*)为每种类别场地提供了地层剖面和土体分类参数的描述。EN 1998-1 中的*表3.1* 采用了以下三个参数:

- 平均剪切波速($v_{s,30}$);
- 标准贯入试验锤击数(N_{SPT});
- 土的不排水抗剪强度(c_u)。

应该注意的是,当可以获取平均剪切波速 $v_{s,30}$ 的值时,场地类别则可基于 $v_{s,30}$ 来划分。否则,应基于标准贯入试验锤击数 N_{SPT} 的值来划分场地类别。在岩土工程中,参数 N_{SPT} 和 c_u 通常用于定义土体的力学特性。EN 1998-1 *条款3.1.2* 的表 *3.1* 中并未给出 A 类和 E 类场地的 N_{SPT} 和 c_u 值。B 类地基土的 N_{SPT} 值大于 50,c_u 值大于 250kPa,而 D 类场地土的 N_{SPT} 值小于 15,c_u 值小于 70kPa。N_{SPT} 和 c_u 值介于上述两者之间的为 C 类场地。

EN 1998-1 *表3.1* 的场地类别划分涵盖了从岩石和其他类岩石地质构造(A 类场地)到覆盖层厚度为 5 ~ 20m 之间的地表淤积层(E 类场地)。A 类场地的特征为其平均剪切波速 $v_{s,30}$ 大于 800m/s。B 类场地(360m/s ≤ $v_{s,30}$ ≤ 800m/s)为平均剪切波速较小的地层,由密砂、沙砾或非常坚硬的黏土构成。C 类场地包括致密或中密砂、砾石或坚硬黏土的深层沉积物,其平均剪切波速满足 180m/s ≤ $v_{s,30}$ ≤ 360m/s。若 $v_{s,30}$ < 180m/s,则沉积物由松散至中密的非黏性土或主要由软至硬的黏性土构成。

条款3.1.2(2),3.1.2(3)

无论是原位试验还是实验室试验,剪切波速 v_s 的大小都与测量方法直接相关。剪切模量 G 与 v_s 的关系为:

$$v_s = \sqrt{\frac{G}{\rho}} \tag{D3.1}$$

式中,ρ 为土的密度,这个值很容易测量。因此,G 值的可靠估算取决于 v_s 的测量值是否准确。式(D3.1)计算所得的 G 值为上限值:因为随着应变的增长,土的刚度会降低。模量折减系数,即 G/G_{max} 的比值,受多种环境因素与加载条件的影响。此外,土体剖面通常是复杂和不均匀的,因此,非常有必要通过钻孔工作(深钻孔、井下钻孔、跨孔钻孔、井底钻孔和内钻孔)探明不同的地层种类及其厚度。后者也可以用来估计剪切波速。结构成分复杂的土层,其剖面的岩土工程特性由剪切波速 v_s 的平均值来表征。

条款3.1.1.2 中的式(3.1)定义了平均剪切波速 $v_{s,30}$,其中 h_i 和 v_i 分别为第 i 层地层的厚度(m)和剪切波速(剪应变不大于 10^{-6}),考虑 30m 厚度范围内的 N 层土层。最近的深入研究表明,在强烈的震动作用下,土体的应变可达到 $\gamma \cong 5 \times$

10^{-3}甚至更高,导致剪切模量比为 $G/G_{max} \cong 1/10^5$。

EN 1998-1 *表3.1* 列出了两种特殊的场地类型,分别用 S_1 和 S_2 表示。前者 S_1 类场地包含由具有高含水率、高塑性指数(PI>40)的软黏土/淤泥组成的至少10m厚的淤积层。S_2 类场地表示其他所有土体剖面类型,包括由可液化土和敏感性黏土组成的淤积层。因此,S_2 类场地土在地震动作用下很容易失效,这可能会导致严重的结构损伤。*条款3.1.2(4)* 规定对于 S_2 类场地要进行专题研究。类似地,S_1 类场地土通常会导致异常的场地放大效应和土-结构相互作用效应(见 EN 1998-5 *第6章*),这会影响地震动的特性,从而影响建设场地的地震作用。事实上,S_1 类场地具有极低剪切波速、低阻尼和不规则线性性能的力学特性。土体的液化会造成灾难性的破坏。在水平场地上,液化会让基础丧失承载力;在斜坡场地上,液化会加大滑坡的可能性,虽然在平缓斜坡上仅会发生土体的侧向扩展。在地表表面,液化效应的出现可能会有一定的延迟。这种现象通常出现在可液化淤积层在某深度下被相对不透水的黏土层覆盖的时候。在该深度,水在高压下需要一定时间从黏土层流出,从而影响顶层孔隙水压力并造成破坏。延迟时间和压力梯度取决于两个土层间的相对固结特性和相对膨胀特性[6]。岩土工程详勘应评估土层厚度、软黏土/淤积层的剪切波速,以及 S_1 类土和下卧层的刚度差异对反应谱的影响。 *条款3.1.2(1),3.1.2(4)*

当仅使用 EN 1998-1 *表3.1* 的场地类别对特定建设场地进行地层情况评估时,会导致过度简化。因此,可以将场地条件划分得更细一些,使其更符合场地的实际地层情况和深层地质情况。

3.2 地震作用

3.2.1 地震区

本节的目标是定义地震作用,以便依据 Eurocode 8 相关条文中的规定来进行结构分析和建筑结构体系设计。标准描述了地震作用的典型表示方法,包括基本表示方法(**基于加速度反应谱**)和其他表示方法(**加速度记录**)。另外,标准也给出了地震作用与其他作用的组合表达式。标准还应用了地震区与工程地震学参数来定义每一个地区的地震危险性。 *条款3.2.1(1),3.2.1(2)*

对特定场地将来可能发生的地震动估计可通过地震危险性评估来完成。表达危险性的方式有很多种:常用方法要么是确定性的,要么是概率性的。Reiter[7] 和 Lee 等[8] 学者为这个问题提供了很好的处理方法。

一个场地的地震危险性可以由一条表示超越概率的危险性曲线来表示。其中,超越概率与工程地震学参数的不同水准相关。工程地震学参数(地震动参数)包括与发生周期相关的几个参数:地面峰值加速度(PGA),地面峰值速度(PGV),地面峰值位移(PGD),以及持续时间。或者,可以用由发生周期和超越概率得出的不同水准的重现期及其相关参数来表示。地面峰值加速度(PGA)被广泛用于危险性曲线中。近年来,用给定的周期(反应)谱纵坐标来表征地震危险性。地震在结构中会引起惯性力,因此如果结构的质量与地面峰值加速度(PGA)已知,就可以估算出其作用效应。

地震危险性也可以用区划图来表示。国家有关部门宜通过地震危险性评估来划分国土的地震区,其中地震区是局部危险性的函数。假定在同一地震区内,地震危险性是相同的。在考虑断层错动方向的情况下,这种假定过于保守[8,9]。

地震危险性区划图是运用衰减关系得到的。衰减关系是以震级和震中距为变量描述地震动变化的经验公式。这些关系可以解释地震波在传播过程中的能量损失机理(**土的滞回特性**与**散射**)。这种衰减关系可对某一地震引起的特定场地的地震动和预测的不确定性进行估计。通过研究,学者们已经建立了大量的衰减方程[10],而用于地震危险性区划图的衰减方程都是以峰值地面加速度(PGA)为基础的。衰减方程的基本表达式如下:

$$\log(Y)=\log(b_1)+\log[f_1(M)]+\log[f_2(R)]+\log[f_3(M,R)]+\log[f_4(E_i)]+\log(\varepsilon) \tag{D3.2}$$

式中,Y 是要计算的地震动参数,如峰值地面加速度 PGA、峰值地面速度 PGV 或峰值地面位移 PGD;b_1 为调整系数。等式右边的第二项至第四项分别为震级(M)的函数 f_1,震中距(R)的函数 f_2,可能存在的震源、场地效应和/或地质结构效应(E_i)的函数 f_4。不确定性和计算误差由参数 ε 来量化。式(D3.2)是基于 Campbell[11] 定义的地震动回归模型建立的加法函数,它也解释了地震动参数(Y)具有统计学对数正态分布的特性。地震动参数峰值随着震中距的增大而衰减,其衰减程度与震级相关,如式(D3.2)所示。图 3.2 显示了水平峰值地面加速度随震级和震源深度的变化。Ambraseys 及其合著者[12,13]已经提出了适用于欧洲国家及一些中东地区国家的不同地震动峰值参数的修正衰减关系。

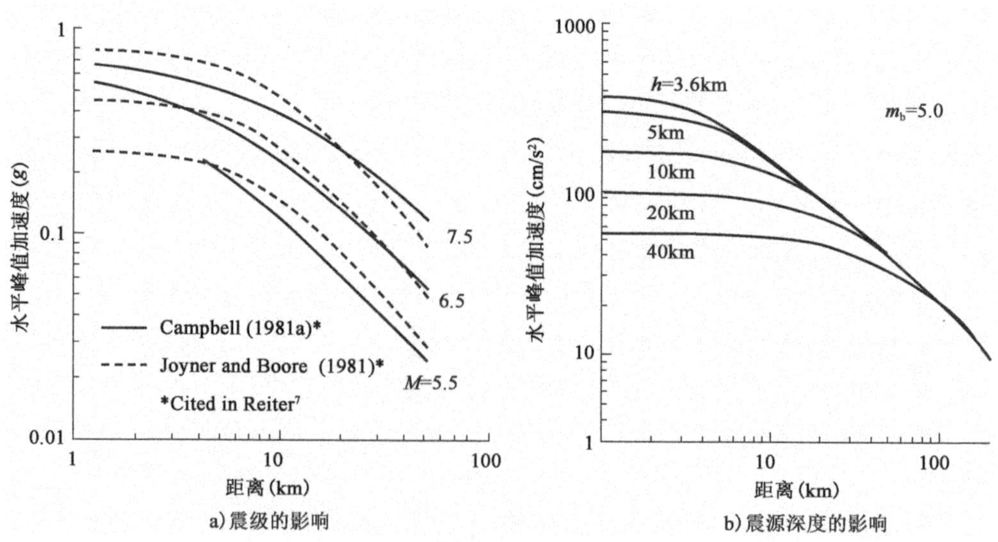

图 3.2 水平峰值地面加速度衰减曲线

在地震风险概率评估和地震动危险性区划图中,将地震建模为泊松过程来考虑。泊松模型是以整数为单位的独立平稳的连续时间过程[14]。这意味着在一定时间间隔内的地震事件发生次数仅取决于时间间隔的长短，不随时间而变化（平稳性）。在一个时间间隔内，地震事件的发生概率与其历史及场地无关。因此，每一次地震的发生与其他地震没有关系，也就是说地震不具有记忆性。泊松模型由单一参数（ν）来定义，该参数表达了超越某阈值的地震（如某给定区域震级大于 M 的地震）的平均发生概率。

地震的发生概率可由以下泊松分布来表示：

$$P[N=n,T_L]=\frac{(\nu T_L)^n e^{-\nu T_L}}{n!} \tag{D3.3}$$

式中，$P=P[N=n,T_L]$ 是某地区在一个基准周期 T_L 内发生 n 次震级 m 大于 M 的地震的概率。ν 值的大小与单位时间内地震发生次数的期望值 N 相关，即震级大于 M 的累计发生次数。

重现关系表达了在特定时间间隔内（例如一年内），某一震源发生某一震级地震的可能性。因此，式（D3.3）中地震发生次数的期望值 N 可由统计递推公式估计。Gutenberg 和 Richter[15] 提出了下列震级-频度关系式：

$$\log\nu=a-bM \tag{D3.4}$$

式中，a 和 b 为模型常数，可从地震观测数据中运用最小二乘法拟合得到，它们分别描述了该地区的地震发生活动性和不同震级地震发生的相对频度。

从式（D3.3）可知，超阈值地震的最小发生概率，作为不发生该震级地震的补充，可由下式表示：

$$P[m>M,T_L]=1-e^{-\nu T_L} \tag{D3.5}$$

超阈值地震的重现期 T_R 可由其发生时间间隔的平均值来估计： *条款3.2.1(3)*

$$T_R=1/\nu=-T_L/\ln(1-P) \tag{D3.6}$$

低震级地震比高震级地震更加频繁，但其造成的震害都不大。重现期越长则表示地震发生概率越低，但其一旦发生，则可能造成巨大的经济损失（由于抗震设计的不足）。图3.3a）给出了地震重现期 T_R、结构寿命期 T_L、震级 m 大于 M 的地震超越概率 $P[m>M,T_L]$ 之间的关系。图3.3b）给出了水平峰值加速度随年超越概率（15%、50%、85%）的变化情况。

基岩（在 Eurocode 8 术语中为 A 类场地）上一般重要性结构的设计地震作用称为"基准"地震作用。EN 1998-1 通过 A 类场地的"*基准峰值地面加速度*"（a_gR）来定义地震危险性程度。这个参数可从国家附件中的区划图中得到。国家有关部门依据一般重要性结构设计地震作用（对应防倒塌性能要求）的基准重现期（T_{NCR}）来选定基准峰值加速度。对于一般重要性结构而言，基准峰值加速度也与设计基准期（$T_L=50$ 年）内的基准超越概率（P_{NCR}）相关。如本指南 2.1 所述，国家有关部门选定的基准值（重现期和超越概率）适用于一般重要性结构的防倒塌设计。其他重要性等级建筑在防倒塌设计时，其考虑的设计地震加速度可表示为：

$$a_g = \gamma_I a_{gR} \tag{D3.7}$$

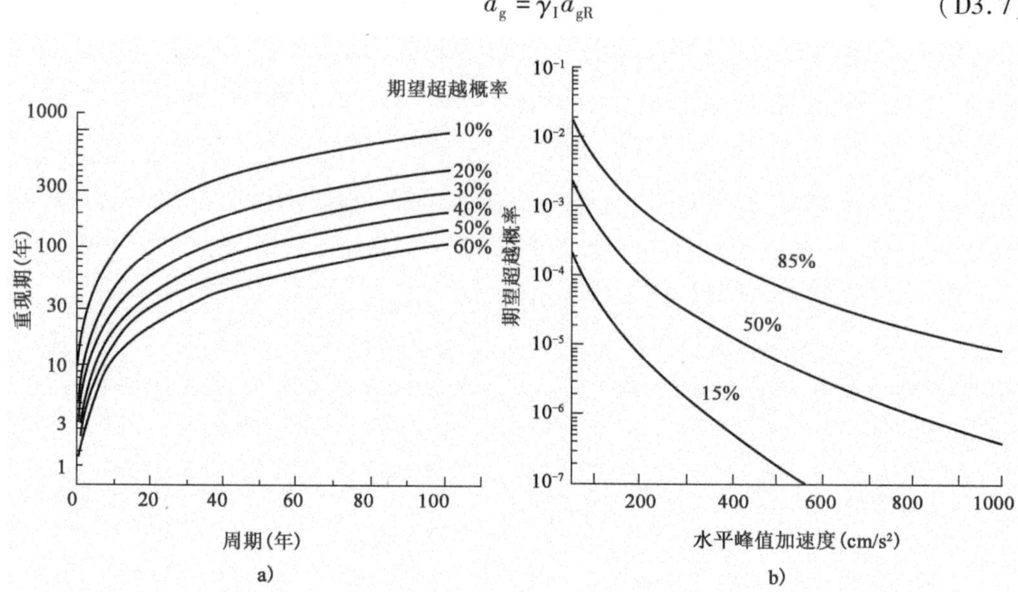

图 3.3 a)重现期:结构寿命和期望超越概率与 b)地面峰值加速度的危险性曲线之间的关系

对于一般重要性结构,式(D3.7)中的结构重要性系数 γ_I 取 1.0。本指南 2.1 中已给出除一般重要性结构以外的其他建筑结构的 γ_I 推荐值。1.0 以外的 γ_I 值对应于平均重现期 T_R 而不是基准重现期 T_{NCR}。值得注意的是,除了按式(D3.7)计算得到不同的峰值地面加速度外,不同 T_R 值下的地震动通常会表现出不同的地震学特征,特别是在频率成分和持续时间方面。

3.2.2 地震作用的基本表示方法

3.2.2.1 一般规定

条款3.2.2.1

在不同地震危险性水平下,评估地震动输入的方法包括基于区划图的方法和特定场地研究法。后一种方法主要用于大型工程项目,如大跨度桥梁、核电厂和/或可能出现场地放大效应的情况(如软土地基)。这也是评估在空间变异地震动作用下长线状系统的唯一可行方法。软土场地过滤掉了地震动中的短周期分量,但却会放大其长周期分量,因此可能极大地放大上部结构的响应。至于基于区划图的方法(例如欧洲各国相关部门通常提供的),是通过地面峰值加速度(PGA)区划图来定义不同场地条件下和不同地震危险性水平下的地震动输入。因此,给定场地的地震动用反应谱来表示。反应谱包括:弹性反应谱[单自由度体系(SDOF)在弹性范围内的理论响应],非弹性反应谱(具有非弹性荷载-变形特征的单自由度体系的理论响应)和设计反应谱(平滑和调整后的反应谱,其考虑了非理论性因素和安全设计要求,例如对长周期结构给定了最小基底剪力值)。

反应谱是在地震激励下单自由度体系的最大加速度响应值(a)、最大速度响应值(v),或者最大位移响应值(d)随结构自振周期的变化图。对于任何一个地震激励,均可计算得出其在不同结构阻尼情况下的系列反应谱。结构阻尼则用等效线性黏滞阻尼比(ξ)来表示。在实际结构设计中,采用上述结构响应的最大值(a,v 和/或 d)而非每个时刻点的结构反应值,非常方便而且省时,这些最大值被称为

“谱值”。反应谱可运用地震加速度时程(实测波或人工波)并通过计算机程序计算得到。免费软件如 SEISMOSIGNAL 和 USEE 可分别从 http://www.seismolinks.com 和 http://mae.ce.uiuc.edu/usee 这两个网站下载。这些程序采用数值算法对具有不同阻尼比 ξ 和具有不同力-变形本构关系的单自由度体系的运动方程进行积分计算。积分算法(如 Newmark 法、Wilson 法)的时间步长和其他参数应根据地震记录进行相应的调整。

弹性反应谱可以由杜哈梅积分推导得到。杜哈梅积分给出了单自由度体系在地震荷载作用下的总位移响应。位移响应的最大值 S_d(**谱位移**)可由结构动力学原理推导得到。在现代抗震设计方法中,如基于位移的设计方法[16],位移反应谱是至关重要的。人们对于位移反应谱已经开展了大量的分析工作(例如 Bommer 和 Elnashai[17]、Tolis 和 Faccioli[18]以及 Borzi 等[19])。EN 1998-1 *附录A* 详细讨论了位移反应谱。

最大速度响应(S_v)和最大加速度响应(S_a)可以直接从 S_d 的表达式中推导出来,其中 S_v 和 S_a 的值分别为伪速度和伪加速度。前缀“伪”表示这些值并不是实际的峰值速度和峰值加速度。最大速度响应和最大加速度响应的真实值可由求导运算得到,而“伪”值则可基于简谐振动的假定求得。对于地震工程中阻尼的实际范围($0.5\% \leqslant \xi \leqslant 10\%$)和周期介于短周期与中周期之间的结构($0.2s \leqslant T \leqslant 1.0s$),伪速度谱十分接近真实的速度谱。然而,对于有附加阻尼的结构($\xi > 15\% \sim 20\%$),例如安装有被动、主动和/或半主动振动控制设备的结构,伪加速度 S_a 和真实的最大绝对加速度之间的误差随着自振周期 T 的增大而增大[20]。

加速度反应谱与抗震设计中的基底剪力值直接相关,因此被基于力设计的标准(如 Eurocode 8)所采用。地震动的三个分量[即水平分量(横向和纵向)和竖向分量]的加速度反应谱值均可通过计算得到。水平分量和竖向分量的反应谱值受不同频率成分和地震加速度的影响。*条款3.2.2.2* 和*条款3.2.2.3* 分别讨论了反应谱的曲线形状和取值方式。对于地震动的某一分量,其反应谱值很大程度上取决于震源和观测点的相对距离。例如,图 3.4 给出了 1940 年埃尔森特罗地震和 1994 年北岭地震的反应谱,它们分别是近场强震与远场强震的典型反应谱。近场反应谱与远场反应谱的形状差异是由于输入地震动的频率成分差异造成的。远场地震波通常是宽频带信号,而近场地震波通常是窄频带的脉冲型地震动记录。对于远场地震,断层的断裂可以假定为均一的和瞬时的,因此,建设场地的地震动受震源的地震学特性影响较小。这一假定对于近场地震动而言是不安全的,因此,当考虑近场地震时,需要针对特定场地进行反应谱的研究。地震动竖向分量表现出典型的近断层地震动特征,将在*条款3.2.2.3* 中进一步讨论。

对于结构设计和评估而言,弹性反应谱是非常有用的工具。然而,弹性反应谱并不能反映出结构在强震作用下的非弹性力学性能及刚度和强度在地震过程中的衰减特性。结构体系不应设计成在抵御地震荷载作用时仍保持弹性状态,当然很少一部分具有非常重要安全意义的设施除外(例如 Eurocode 8 并不涵盖的核电厂)。采用能量吸收和塑性内力重分布的理念,可以减少高达 80% 的弹性地震荷载。正如本指南 2.2.2.1 中阐述的那样,结构的非弹性力学性能是通过性能系数 q 来衡量的,q 值可查阅 Eurocode 8 的相关章节。q 的值越大意味着结构的非弹性变形能力越大,对于线弹性体系而言,性能系数 q 取 1。因此,如*条款3.2.2.5* 所述,对于给定非弹性性能水准的非弹性谱值可由弹性谱的纵坐标值除以 q 来估算(例如,参见 Newmark 和 Hall,[21] Borzi 和 Elnashai,[22] 以及其他文献)。

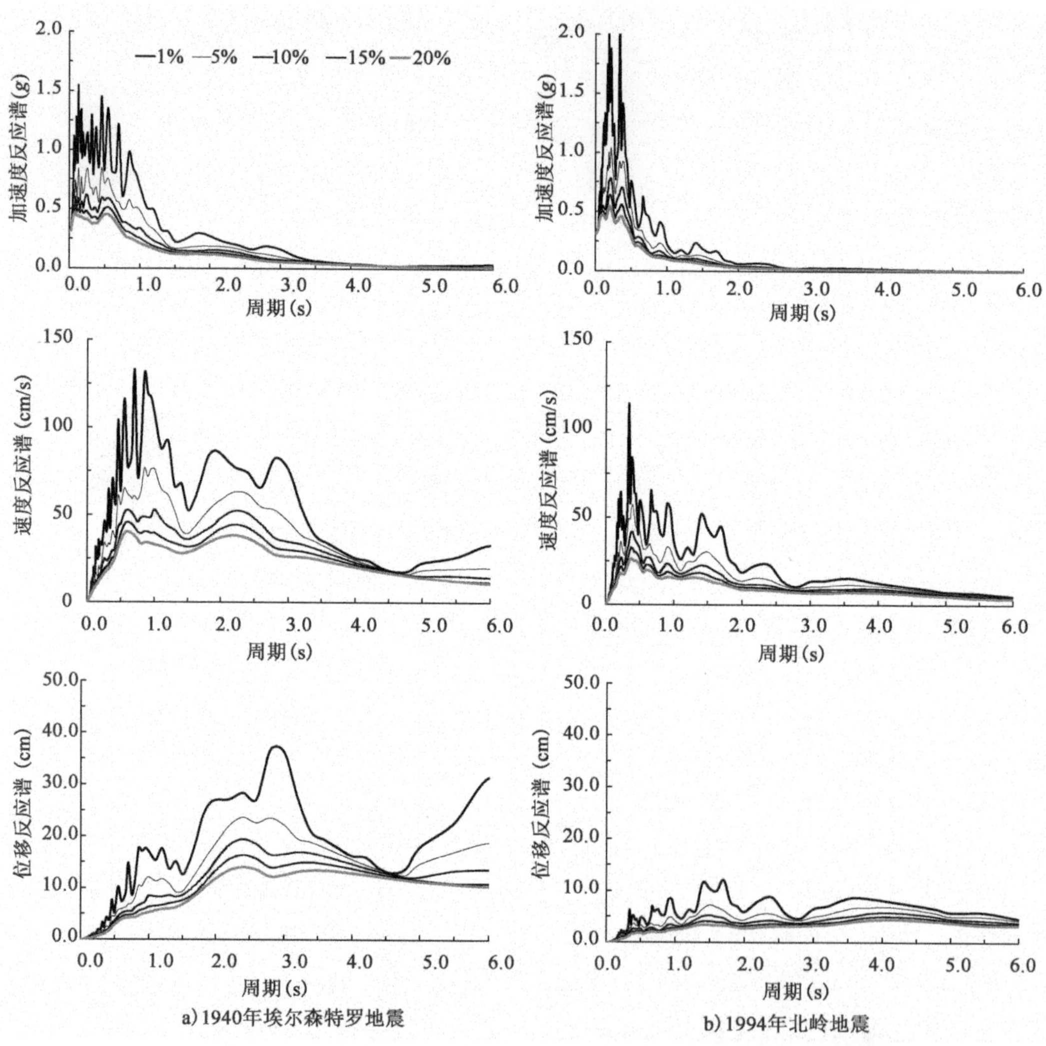

图 3.4 不同阻尼比(1%,5%,10%,15%,20%)条件下的弹性反应谱

在 EN 1998-1 *条款3.2.2.5* 中,常用方法是用性能系数 q 来对弹性反应谱进行折减从而求得非弹性反应谱。Eurocode 8 采用这种方法来计算基底剪力的设计值。如果需满足其他设计要求(例如,最小基底剪力要求是在结构屈服后导致力增大时应保证结构的安全),这时非弹性反应谱就变成了设计谱。然而,这种方法采用静力概念去缩放由动力分析得到的弹性谱。因此,这种方法对会影响结构阻尼的地震动特性,使其变得并不敏感。更精确的结果可通过对地震激励下单自由度体系进行非线性动力分析而求得[11,23,24]。

通常,弹性谱是从某一特定的地震动中得到的,因此其物理意义是单自由度(SDOF)体系在地震动作用下的最大响应值。特定地震动的弹性谱形状并不规则,具有典型的波峰和波谷,不适合用于结构抗震设计。并且,结构在强震作用时其动力响应是高度非线性的,因此难以准确确定结构的频率和振型[25]。相反,设计谱更适用于设计。设计谱是通过统计分析得到的。对于选定的系列地震动记录的地震动参数,需应用其平均值、中位值(50%的概率水平),或中位值与标准差之和(84%的概率水平)来进行统计分析。设计谱通常需根据工程经验进行修正。然而,其坐标轴可能并不具备任何物理意义。地震动的纵向分量、横向分量和竖向分量均有对应的设计反应谱。

在EN 1998-1中,弹性反应谱均采用平滑曲线或直线来表示,因此,它们对应于弹性设计谱。

用于有限损伤极限状态(正常使用极限状态)的反应谱和用于防倒塌极限状态(承载能力极限状态)的反应谱形状是相似的。这本质上是假定中震和强震的频率成分是相同的。注意,*条款3.2.2.1(4)*已经对地震作用的三个分量给出了相应的具体规定,根据震源和震级的不同,可采用一种或者多种形状的反应谱。

3.2.2.2 水平弹性反应谱

地震动水平分量(横向和纵向)主要是由剪切波(S波、横波)引起的,这种地震波的波长比纵波(P波)的波长要长,这意味着前者具有更低的频率(更长的周期)。 *条款3.2.2.2(1),3.2.2.2(2)*

EN 1998-1中式(3.2)~式(3.5)已经通过水平弹性反应谱定义了地震作用的水平分量,式中,$S_e(T)$为振动周期为T的线性单自由度体系的弹性反应谱值。根据式(D3.7)可知,上述公式中的设计加速度(a_g)的值适用于A类场地。实际上,场地效应通过场地系数S来表达。对于A类场地而言,其值为1.0。对于其他场地类型,S的推荐值可通过查EN 1998-1 *表3.2*获得,表中也包含了拐角周期(T_B、T_C和T_D)。拐角周期T_D定义了反应谱的常数位移响应范围的起始点,场地类型对该值的影响不大。

对于欧洲的某些仅受中震影响的地区,同时考虑到其仅有单地震动参数图[如峰值地面加速度(PGA)],为避免其反应谱纵坐标的估算值偏大,Eurocode 8推荐了两类水平弹性反应谱:类型1和类型2(见本指南的图3.6、图9.3、图9.5和图9.6)。这些反应谱依据特定场地的影响最显著的地震震级来进行分类,主要目的是便于将它们应用于概率地震风险性分析。如果影响最显著的地震面波震级(M_S)不大于5.5,则可采用类型2反应谱(**中地震活动性情况**)。否则,应采用类型1反应谱(**高地震活动性情况**)。注意,$M_S>5.5$的地震(类型1)的反应谱最大谱值对应的频率低于类型2的最大谱值对应的频率。

由EN 1998-1中式(*3.2*)~式(*3.5*)得到的水平弹性反应谱适用于阻尼比为5%的结构。式(*3.2*)~式(*3.5*)中的阻尼修正系数η的表达式在EN 1998-1式(3.6)中给出。标准同样规定了阻尼修正系数的下限值($\eta=0.55$),这一值对应于等效黏滞阻尼比为30%($\xi=28\%$)的情况。当$\xi=5\%$时,η取1.0。如图3.5 *条款3.2.2.2(3),3.2.2.2(4)*

所示,直接定量表示出结构体系不同阻尼机制的总阻尼大小是很困难的。因此采用等效黏滞阻尼比 ξ 这一参数来表示。依据文献,表 3.1 给出了结构阻尼比 ξ 的参考值,ξ 是建筑材料和极限状态的函数。

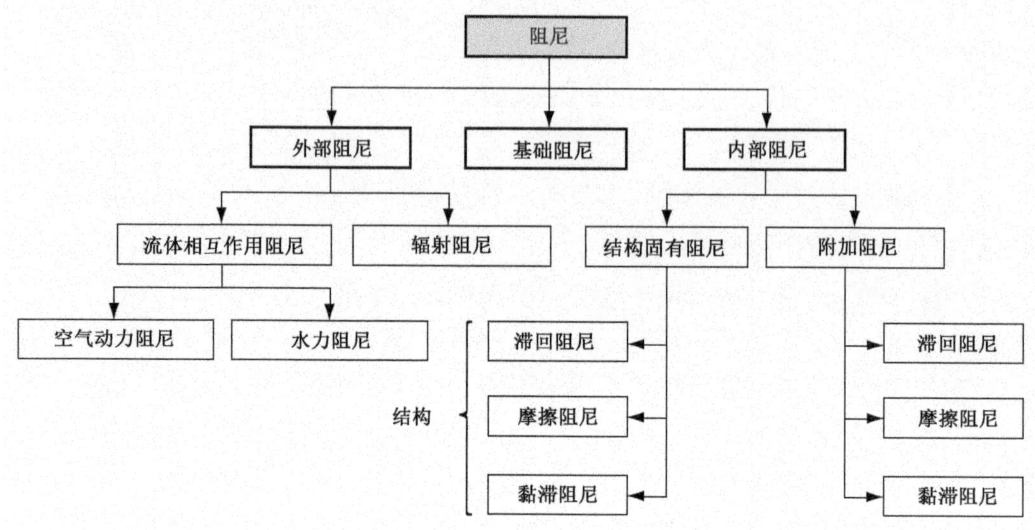

图 3.5　结构体系中的阻尼机制

不同建筑材料的黏滞阻尼取值[26]　　表 3.1

建 筑 材 料	阻尼比(%)
钢筋混凝土	
小振幅(未开裂)	0.7~1.0
中振幅(完全开裂)	1.0~4.0
大振幅(完全开裂)但钢筋未屈服	5.0~8.0
预应力混凝土(未开裂)	0.4~0.7
低应力混凝土(轻微开裂)	0.8~1.2
组合材料	0.2~0.3
钢	0.1~0.2

图 3.6 给出的反应谱适用于阻尼比为 5% 的结构,并且其采用 a_g 进行归一化。如需采用的阻尼比不是 5%,Eurocode 8 的相关部分给出了不同阻尼比下的谱值。

条款3.2.2.2(5), 3.2.2.2(6)

基于简化方法,从 EN 1998-1 *式(3.2)~式(3.5)* 中也可得出水平弹性位移反应谱。EN 1998-1 *式(3.7)* 可将加速度谱值转化为位移谱值。该关系式通常仅适用于自振周期(T)不大于 4.0s 的情况。对于柔性结构,如 $T>4.0$s 的结构,需重新对弹性位移反应谱做更精确的定义。对于类型 1 反应谱,Eurocode 8 在 EN 1998-1 *附录A* 中给出了以下定义:对于 $T>4.0$s 的结构,可采用*式(3.7)* 从弹性位移反应谱反推弹性加速度反应谱。

3.2.2.3　竖向弹性反应谱

条款3.2.2.3(1)

通常,在结构抗震设计中不考虑地震动的竖直分量[27]。但是,这一认识正在逐渐发生改变。近年来,近场地震动记录逐渐增多,现场观测资料也表明剧烈的竖向震动具有潜在的破坏效应。地震动竖向分量主要由竖向传播的压缩波(P 波)导致,而剪切波(S 波)是引起地震动的水平分量的主要原因。P 波的波长比 S 波的波长要短,这意味着 P 波具有更高的频率成分。

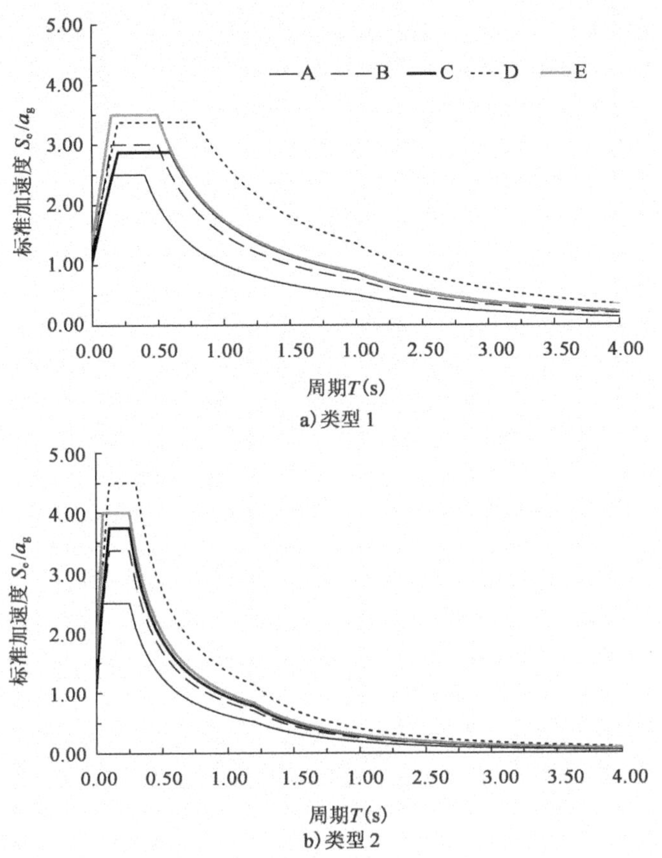

图 3.6　不同场地条件的弹性反应谱

采用竖向弹性反应谱来定义地震作用的竖向分量。曾经常用的方法是取水平反应谱的三分之二作为竖向反应谱,其中频率成分不变,现在这一方法已经被废止[28]。竖向弹性反应谱可由 EN 1998-1 式(*3.8*)~式(*3.11*)得到。其中三个拐角周期值(T_B、T_C 和 T_D)和加速度竖向分量 a_{vg}应由国家有关部门给出。然而,类似于水平弹性反应谱(见 3.2.2.2),标准推荐使用以下两种竖向反应谱形状:1 型和 2 型。后一种适用于最大地震震级$M_S<5.5$ 的场地。Eurocode 8 推荐的 T_B、T_C 和 T_D 的值见 EN 1998-1 表*3.4*,并且对于两种类型的反应谱采用相同的值。竖向反应谱中控制周期的值比水平反应谱中的要小。事实上,这表明竖向反应谱标准频率比水平反应谱的标准频率高。此外,对于强震,例如$M_S>5.5$ 的地震,峰值地面加速度的竖向分量(a_{vg})几乎与水平分量(a_g)一样大:$a_{vg}=0.9a_g$。而对于 $M_S<5.5$ 的地震,a_{vg}/a_g 的推荐值为 0.45。

Eurocode 8 推荐的竖向反应谱不受地基土条件的影响(见 EN 1998-1 表*3.4*)。这主要是因为关于地基土效应对竖向反应谱影响的数据太少,无法形成相应的理论。根据 Elnashai 和 Papazoglou[28] 的研究,推荐的拐角周期 T_B 和 T_C 的值分别为 0.05s和 0.15s。

3.2.2.4 设计地面位移

条款3.2.2.4(1)

由于对地震记录模拟信号的过滤和积分等信号处理过程中会产生较大的误差,因此地面位移通常难以准确估计[11]。对于给定的建设场地,可以通过专门研究来获得设计地面位移值(d_g)。Bommer 和 Elnashai[17] 及 Tolis 和 Faccioli[18] 推导了欧洲地区设计谱和地面位移的衰减关系。此外,也可根据设计地震加速度 a_g、场地系数 S 及依据*条款3.2.2.2* 定义的反应谱拐角周期 T_C 和 T_D,采用 EN 1998-1 式(*3.12*)给出的简化关系来计算 d_g 的值。

3.2.2.5 用于弹性分析的设计反应谱

条款3.2.2.5(1), 3.2.2.5(2), 3.2.2.5(3), 3.2.2.5(4), 3.2.2.5(5)

EN 1998-1 式(*3.13*)~式(*3.16*)给出了经过性能系数(q)折减的地震动水平分量和竖直分量的反应谱。由折减的反应谱来计算地震作用可以避免非弹性分析。从而可通过简单的方法,即基于设计谱来进行弹性分析来考虑结构体系的耗能能力。依据性能系数$q>1$ 折减后的设计谱,可计算结构体系在地震荷载作用下非弹性响应对应的设计荷载。

在*条款3.2.2.5* 的关系式中,$S_d(T)$为设计谱,q 为性能系数,β 为水平设计谱的下限系数。最后一个参数应由国家有关部门提供,而 EN 1998-1 的推荐值为 0.2。条款 3.2.2.2 规定了地震动水平分量在场地系数 S 和拐角周期 T_C 和 T_D 条件下的加速度 a_g,而*条款3.2.2.3*则规定了相同条件下地震动竖向分量的加速度 a_{vg}。

Eurocode 8 相关部分依据延性等级给出了不同房屋建筑材料与结构体系的性能系数 q 的上限值。性能系数 q 的上限值考虑了阻尼比(ξ)不等于 5% 时的影响,并适用于地震动水平分量和竖向分量的计算。

条款3.2.2.5(6), 3.2.2.5(7)

对于地震作用的竖向分量,任何材料和结构体系的性能系数 q 的最大值均是 1.5。值得注意的是,竖向非弹性响应下的能量吸收和塑性内力重分布效应本质上比水平响应小[28,29]。然而,EN 1998-1 *条款3.2.2.5(7)* 允许竖向采用的 q 值大于 1.5,前提是确认能量吸收机制,并通过更优分析(可能也包括试验)对其进行量化。

条款3.2.2.5(8)

由式(*3.13*)~式(*3.16*)给出的反应谱不适用于基础隔震结构和/或耗能减震结构。在这些情况下,用于结构设计和分析的反应谱需进行专门研究。

3.2.3 地震作用的其他表示方法

3.2.3.1 时程分析法

条款 3.2.3.1.1(1), 3.2.3.1.1(3)

为了达到动力分析与评估的目的,通常有三种方法可以得到地震动记录数据或类地震动记录数据(加速度与时间的函数)。在过去十年左右,世界各地不同机构记录的地震动呈指数增长,因此可以获得高质量的强震数据(加速度数据)。第二种方法是依据目标反应谱来合成满足一定精度要求的人工波。最后一种方法是采用震源数学模型(点、线或面震源方法)来生成类强震时程,因其比基于反应谱合成的人工波更接近实测波,所以目前这种方法越来越受到研究者和设计者的青睐。

上述地震动的时间记录也可用地面速度和地面位移来表示。

对于平面结构模型，地震动的水平分量和竖向分量可以认为是同时作用的。对于空间结构模型，地震作用应由三个同时作用的加速度时程组成，即两个水平分量和一个竖向分量。在使用时，推荐采用在所有不同方向上起控制作用的地震动组合。　*条款3.2.3.1.1(2)*

人工加速度时程

人工加速度时程（人工波）可满足工程设计规定，却不需要考虑地震动的发生机制和传播特性。可基于随机振动理论通过数学方法来合成人工波。学术界已经提出了平稳随机过程方法和非平稳随机过程方法[30,31]。强震过程通常包含从起始到终止的过渡阶段，即从静止到最大震动的过程（*非平稳过程*），反之亦然。小震的过程也类似。相比之下，中间部分，亦即震动较为均匀的部分，可以用平稳随机过程来描述，例如白噪声过程[32,33]。　*条款3.2.3.1.2(1)，3.2.3.1.2(2)，3.2.3.1.2(3)，3.2.3.1.2(4)*

最广泛应用的方法是，依据目标反应谱合成人工波信号，使其反应谱与目标反应谱的偏差满足一定精度要求（例如 3% ~5% 的偏差）。目标谱可选用一致风险反应谱或标准谱。图 3.7 给出了一个人工波的例子（拟合的加速度时程）。值得注意的是，人工波的合成精度通常取决于合成过程的迭代次数。

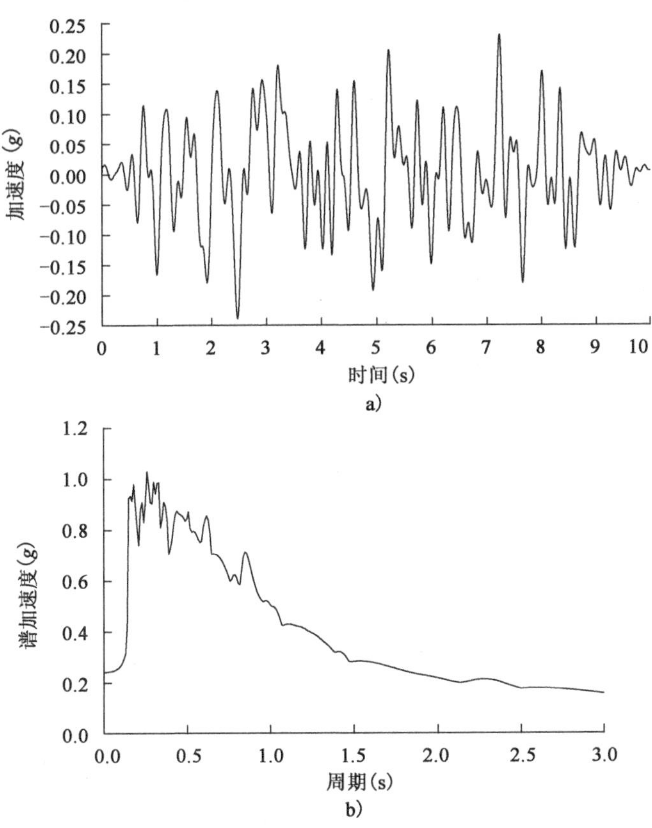

图 3.7　与 b）标准谱相匹配的 a）人工加速度时程

EN 1998-1 规定人工波的反应谱应匹配*条款3.2.2.2* 和*条款3.2.2.3* 给出的弹性反应谱（阻尼比 5%）。此外，人工波的持续时间应该与震级和其他相关的地震学特征一致,而其他相关的地震学特征应与地震加速度 a_g 的规定(如频率成分和持续时间)一致。人工波的平稳段应至少持续 10s。至少需要生成三条人工波;其平均地面峰值加速度 PGA 不应小于给定场地的 a_gS 值。此外,人工波的弹性反应谱(阻尼比 5%)的平均谱值不应小于设计弹性反应谱(阻尼比 5%)对应谱值的 90%。以上要求是为了确保用所产生的人工波对基础和结构进行响应分析时偏于保守。读者也可以查阅有关文献(例如 Naeim[25]或者其他)来得到震级和持续时间之间的关系。

生成人工波的三个必要要素如下:

- 功率谱密度;
- 一个随机相位角发生器;
- 一个包络函数。

模拟地震动(人工波)可由多个简谐激励叠加得到。因此,人工波的一致性要通过一种检验频谱的迭代算法来评估。频谱的检验既可采用人工波的反应谱进行,也可使用其功率谱密度函数来进行。生成人工波的详细步骤可查阅 Clough 和 Penzien[34]的著作。目前,已有数种可用于生成人工波的计算程序(例如 SIMQKE-1[35])。合成人工波的固有困难为:(1)单频率谐波之间的相位分布关系假定;(2)人工波的持续时间。因此,即便是拟合同一条反应谱生成的人工波,其时程也可能有很大的区别。更重要的是,用同一条反应谱拟合的不同人工波分析得到的结构动力响应,其数值也可能有很大的差异。人工波的反应谱与目标谱需在结构基本周期附近(0.2~2.0 倍基本周期范围)保持高度一致。同样应指出,人工波的周期次数比实测波的周期次数多,因此会导致过于保守和偏大的非弹性结构响应(性能需求)。

3.2.3.2　记录或模拟的加速度时程

条款
3.2.3.1.3(1),
3.2.3.1.3(2),
3.2.3.1.3(3),

当使用实际的天然地震记录时,EN 1998-1 推荐使用至少 3 条不同的加速度记录,并进行调幅使其满足规定的峰值地面加速度(PGA)要求。否则,应当采用人工生成的加速度时程,其高能量的频率分布应与结构基本周期相关。为满足这一要求,人工波的频谱形状应与标准谱的形状相一致。

值得注意的是,影响结构响应的强震特征有很多,并且它们的内在关系是非常复杂的。因此,突出强调强震数据的地域差异性及天然地震记录的筛选和调幅准则是非常重要的。

筛选用于分析的强震的理想过程是,在与设计地震状况完全相同的条件下获得地震记录。Bolt[36]的研究工作表明如果设计地震的所有特征与曾经的某一地震完全匹配,则地震动记录的特征匹配概率将为 100%。然而,设计地震常常仅由少数几个参数进行定义。因此,要使所选记录的所有特征在震源处、传播路径上和场地的表面都非常接近于设计地震是很困难的。进一步说,即使全面定义了设计地震,要从数据库中找出完全匹配于设计地震特征的记录也是不可能的。为了筛选合适的地震动记录,使其分析结果在合理概率意义上完全包络结构的响应,就必须识别产生地震记录的特征条件中最重要的参数,并使选用的地震记录的参数尽可能接近设计地震状况的对应值。需要强调的是,不同地震动记录可以得到看似一致的响应参数,即具有最小变异系数;但是,当考虑结构的非线性时,由非弹性变形引起的周期变化会导致其分析结果具有更大的差异性。

描述强震记录产生条件的特征参数可被归为三类,分别是震源特性、从震源到记录场地下基岩的传播路径及场地性质。而上述三类中非常重要的参数如下:

- **震源**:震级、断裂机理、方向和震源深度;
- **路径**:距离和方位角;
- **场地**:地表地质、地形条件和地层结构。

上述参数并不全面,但确实包含了对于地震动特征有显著影响的参数[7]。这些参数以不同的方式、不同的程度影响着实际地震动记录的各种特性。因此,从系统响应的观点来看,最合适的参数选择取决于对系统响应最重要的地震动特征。

3.2.3.3 地震作用的空间模型

通常,结构体系所有基础-结构体系的接触点位移并不是相同的,这被称作异步运动。异步运动是由地震动的空间变异性引起的,后者可主要由三种作用机制来表示,即: *条款3.2.2.1(8),3.2.3.2(1),3.2.3.2(2)*

- 行波;
- 相干性损失;
- 局部场地条件。

行波效应是由地震波速的有限性导致的时间延迟造成的,而相干性损失则是由于在结构下的土层中,地震波发生了多次反射和折射造成的。建设场地的局部土质特性可能对地震动产生滤波作用,因此,地震波的振幅可能会增大或者减小,而其频谱特性也会发生改变。

若结构的平面尺寸远大于地震波的波长,那么该基础-结构体系将会遭受非一致振动。结构支承点的异步运动在大跨桥、大坝和大区域管道的设计中是一个普遍的难题。然而,如假定结构由刚性基础体系支撑,一般结构基底的地震动输入可以认为是一致的。对于支承点有非一致激振输入的结构,应采用空间模型来分析其地震作用效应。采用空间模型时,应使用*条款3.2.2.2* 和*条款3.2.2.3* 中定义的弹性反应谱进行分析计算。

3.3 位移反应谱

本小节描述 EN 1998-1 *附录A* 中位移反应谱的有关内容。

最近有许多专门针对位移反应谱的分析性研究,例如在欧洲开展的某些研究[17,18]。推动这些研究的是日趋完善的基于位移的抗震评估和设计程序[16]。推导明确的位移谱的意义在于,采用简谐运动转换式从加速度或速度之中得出的位移可能是不准确的（如图 3.8 所示）。虽然误差很小，但其会随着周期的增加而增加，当软土场地中地基土参数的值过高时，误差会进一步被放大。弹性位移谱的衰减关系存在使用限制，这是因为大多数公式仅适用于结构阻尼比为 5% 的情况，虽然有两项相关的研究预测了阻尼比为 2%、5%、10% 和 20% 时对应的反应谱纵坐标谱值[37,38]。然而，这些公式仅可预测周期不大于 2.0s 的谱值。在直接基于位移的抗震设计中，基底固支结构的等效延性阻尼比可达 30%，此时，须采用专门的位移反应谱来进行设计[18]。

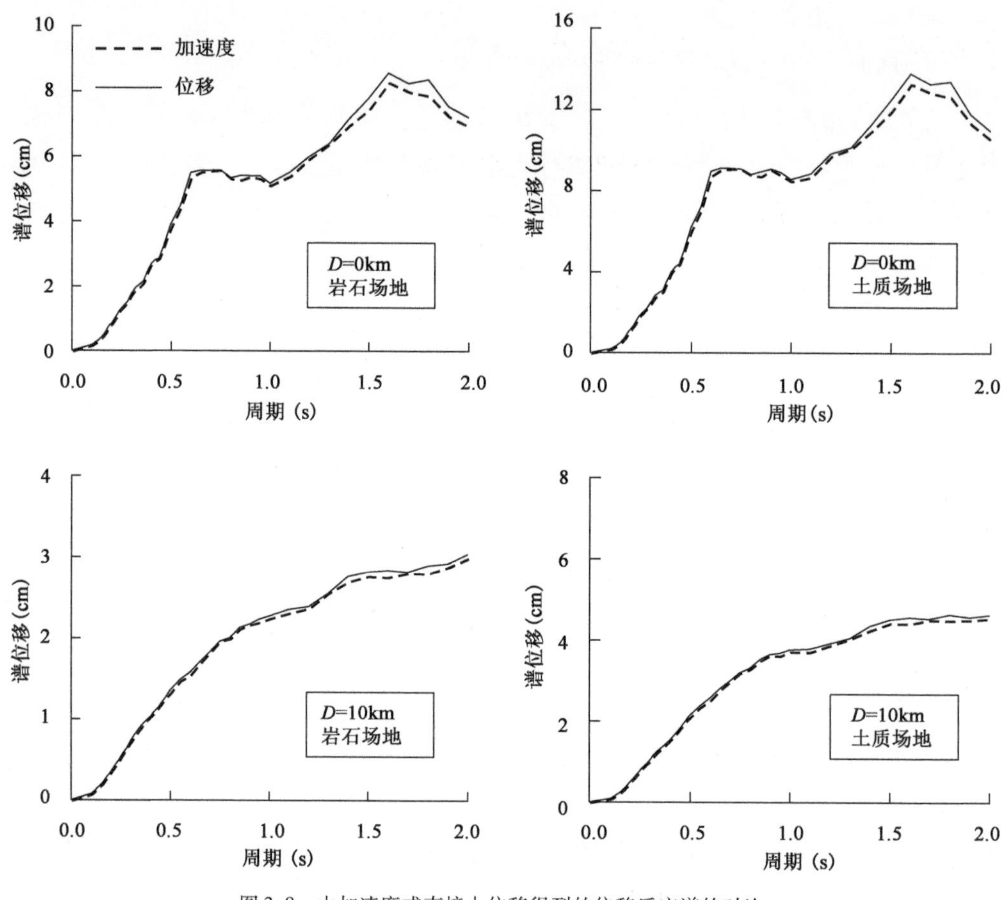

图 3.8 由加速度或直接由位移得到的位移反应谱的对比

Bommer 和 Elnashai[17] 关于长周期反应谱的研究表明低震级地震并不产生显著的长周期辐射。因此决定在 Ambraseys 等[12] 给出的数据集上降低震级限制，最终的数据集由 43 个浅源地震的 183 个加速度时程组成。在其中 3 个加速度时程里只贡献了 1 份地震记录的台站，其场地类型未知。对于其余的 180 条加速度时程，其场地类型在三种场地类别（岩石、硬土和软土）之中的分布比例为 25:51:24，其优于 Ambraseys 等[12] 的原始数据集的 26:54:20 的场地类别分布。水平位移反应谱的纵坐标值采用了回归分析法得到，分别包含了结构阻尼比为 5%、10%、15%、20%、25% 和 30% 的情况。其中，用于反应谱纵坐标 S_D 值的回归模型与 Ambraseys 等[12] 的回归模型是相同的。在每一周期点，每一加速度时程的两个水平分量中较大的反应谱值为因变量。

通过观察大量的不同阻尼比 ξ 的位移反应谱,可得出一个一般理想化的平滑反应谱,如图3.9所示。

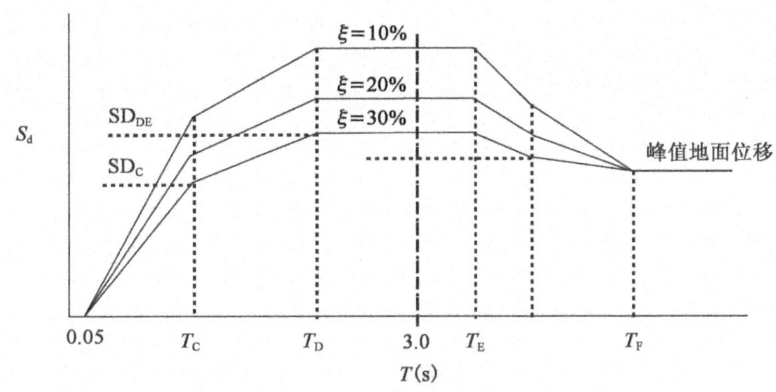

图3.9 理想位移反应谱的形状

每一阻尼比条件下的平滑反应谱均由1条初始曲线和4条直线段组成。这些谱线分别由4个控制周期及其对应的幅值来定义。对应于周期 T_F 的振幅为峰值地面位移(d_g 或 PGD)。在达到控制周期 T_E 之前,可由式(*3.2*)~式(*3.5*),结合 EN 1998-1 式(*3.7*)给出的伪加速度关系将 $S_e(T)$ 转换成 $S_{De}(T)$,从而得出纵坐标 S_D 的值。当周期大于 T_E 时,式(*A.1*)和式(*A.2*)可计算弹性位移反应谱的谱值。事实上,由式(*3.1*)和式(*3.4*)表示的加速度反应谱并不收敛于长周期的地面峰值位移 PGD[17]。

EN 1998-1 表 *A1* 给出了1型的位移反应谱和不同场地类别的控制周期 T_E 和 T_F。注意,对于所有场地类别,T_F 都取 10s,T_E 在 4.5s(A 类场地)和 6s(C、D、E 类场地)之间变化。对于 B 类场地,拐角周期 T_E = 5s。EN 1998-1 提供的反应谱和拐角周期来自 Bommer、Elnashai[17]、Tolis 和 Faccioli[18]的研究工作。然而,他们的研究只给出了周期在3s以下的反应谱,因为更长周期的反应谱计算所需的地震动记录的数据量会更大,甚至不可能获得。关于更长周期的位移衰减关系,读者可以参考 Bommer 和 Elnashai[17]的研究成果,其中使用了1995年日本神户地震的强震数据来计算更长周期的位移反应谱值。

第 4 章 房屋建筑设计

4.1 适用范围

条款*4.1.1*

本章涵盖了使用 Eurocodes 所规定结构材料的房屋建筑抗震设计的一般规定。因此,它主要涉及建筑物结构的一般概念及其建模和分析,目的是检查 EN 1998-1第*2*章中提出的一般要求。

本章对 EN 1998-1 第*4*章的内容进行了大致的阐述介绍,但没有对该部分的所有条款进行详细说明,也不严格遵循条款的顺序。

4.2 房屋建筑结构抗震概念设计

条款*4.2.1(1)*

众所周知,在地震作用下,如果结构体系具有简单而明确的响应特征,那么建筑物更容易实现良好的地震响应。

必须在结构设计的最早期阶段考虑和纳入建筑结构体系的基本特征。概念设计阶段是设计过程的基础,并影响所有其他设计活动和决策。

因此,在第 4 章的开头将会讨论概念设计的指导原则。

Eurocode 8 中关于上述方案设计的指导性原则有:

条款*4.2.1(2)*

- 结构简洁;
- 均匀性、对称性及冗余度;
- 双方向抗震和刚度;
- 抗扭转能力和刚度;
- 楼盖的性能;
- 基础安全。

4.2.1 结构简洁

条款*4.2.1.1(1)*

结构简洁意味着存在直接且清晰的地震荷载作用传递途径。地震荷载作用与结构的质量有关,而结构质量的运动由地震激励下结构的动力响应所决定。在房屋建筑中,结构质量主要分布于楼板中。因此,楼板既是水平地震力的根源,也同时将地震荷载作用于竖向承重构件。竖向承重构件则将地震荷载作用最终传递至建筑基础。

强震始终是一种极端荷载,它有可能使设计良好的结构达到极限状态,并揭示结构隐藏的弱点和缺陷。简洁结构因为在建模、分析、几何尺寸确定、构造措施及施工中的不确定性要小很多，因此对其抗震性能的预测可靠得多，所以简洁结构是具备优势的。

4.2.2　均匀性、对称性及冗余度

均匀性、对称性及冗余度是与结构简洁相关的特征。 *条款4.2.1.2(1)，4.2.1.2(3)，4.2.1.2(4)*

在抗震设计中，结构均匀性的优势在于可使房屋建筑分布质量中产生的惯性力通过短而直接的路径传递，从而避免较长或间接的荷载传递路径。

在建筑的平面和立面上都应追求结构的均匀性。为了实现平面均匀性（和对称性），可以利用防震缝把整个建筑物细分成更均匀的结构单元。这些结构单元为动力独立结构单元，因此需要通过设置防震缝的合适宽度来避免不同结构单元间的碰撞（如 EN 1998-1 *条款4.4.2.7* 所述）。

此外，在大多数情况下，房屋建筑结构的平面均匀性应与建筑物中楼板质量分布一致。结构单元分布与质量分布之间的一致性可消除结构刚度和质量的较大偏心。

对于房屋建筑的地震响应而言，结构构件在平面内的对称或准对称分布是一个非常有利的特征，因为它将房屋建筑的振动模态解耦到两个互相独立的水平方向上。因此，在地震激振下，结构响应更简单，且不易产生扭转效应。

另一方面，房屋建筑结构的立面均匀性有助于消除不同竖向结构构件之间需求与抗力之比的突变，从而避免出现一些敏感区域，即应力集中区域或可引起结构过早倒塌的高延性需求区域。 *条款4.2.1.2(2)*

最后，均匀分布结构构件的使用，既能提高结构冗余度，又能实现结构作用效应和更有利的耗能重分布。 *条款4.2.1.2(5)*

4.2.3　双方向抗震和刚度

地震运动是一种多向现象。特别是在房屋建筑结构的概念设计中，必须考虑到它的平面双向性。因此，Eurocode 8 中要求建筑必须能够抵抗任意方向的水平作用。 *条款4.2.1.3(1)，4.2.1.3(2)*

为了实现以上目标，一种非常直接且最常用的方法就是将结构构件按平面内正交的形式布置。此外，平面正交的结构布置形式可以确保房屋建筑的整体承载力和刚度在两个主方向上非常接近。

如果房屋建筑在所有水平方向上都具有抗力和刚度，那么不遵循正交形式而布置其他结构平面形式也是可行的。通常来说，复杂的结构平面布置形式会导致复杂的建筑抗震性能，因而需要更复杂的分析和尺寸确定方法。

确定结构的刚度特性也是概念设计阶段的重要步骤。事实上，刚度特性决定房屋建筑在未来地震中的动力响应，可以尝试通过减小刚度来减小地震作用（即通过将结构的周期“移动”到谱加速度更小的较长周期范围内）。结构刚度特性的选择也应限制过大位移，因为过大的位移会因二阶效应而导致失稳，或导致结构严重损伤。 *条款4.2.1.3(3)*

在这方面,应该指出,Eurocode 8 从以前的标准版本(ENV 1998)转换为完整的欧洲标准(EN 1998-1),就已经认识到房屋建筑的侧向位移对其整体地震响应的影响。因此,在设计阶段对位移进行准确估算是非常重要的。例如,在有限损伤状态需进行变形验算;在钢筋混凝土结构的结构分析模型中应采用构件的开裂后刚度。

4.2.4 抗扭转能力和刚度

抗扭转能力和刚度是房屋建筑结构的重要特征,其对结构的地震响应有重要影响。以平动为主的响应比扭转为主的响应更好,因为前者趋向于以更均匀的方式对不同结构构件施加应力。

条款4.2.1.4(1)

为了抵消建筑物的扭转效应,结构的基本振型应为平动的(或者在非纯对称建筑物中主要为平动)。为此,结构的抗扭刚度必须足够大,以确保第一扭转振型的频率高于平动振型。

事实上,在*条款4.2.3.2(6)*的*条件4.1b*中隐含了建筑物平面规则性的标准。其对应于常规建筑物中第一扭转振型的频率高于平动振型的情况,从而确保其在建筑物的整体地震响应中的重要性相对较小。

应该指出,在钢筋混凝土建筑物的分类中也包含了具有较小扭转刚度的建筑物,即"*抗扭柔性体系*"(见 EN 1998-1 *条款5.1.2*)。这类体系的抗震性能较差,因此其性能系数取较小的值(见 EN 1998-1 *条款5.2.2.2*)。

为了保证足够的抗扭转能力和刚度,抗震作用的主要构件应在平面上合理分布,或者更好的是,它们应靠近建筑物的外围并沿两个主要方向分布排列。应该避免在建筑物中心布置主要抗侧构件,因为即使在对称结构布置的情况下,也容易发生大的不受控制的扭转运动。

4.2.5 楼盖的性能

条款4.2.1.5(1)

在房屋建筑结构中,楼盖起到水平隔板的作用,它们承担惯性力并传递到各竖向结构系统,并确保这些系统共同抵抗水平地震作用。

这些楼盖的作用与竖向结构系统的复杂性和不均匀布局有关。因为在这些情况下,如上所述,在房屋建筑质量分布中产生的惯性力必须沿着更复杂、更长的路径在楼盖中传递。

当具有不同水平变形特性的系统共同作用时(例如在双系统或混合系统中),楼盖的横隔作用也很重要,因为在这些情况下,通过楼板的横隔作用确保了不同结构系统之间沿房屋建筑高度变化的相互作用的相容性。

因此,楼盖(和屋盖)系统是建筑整体结构系统的一部分,应具有适当的平面刚度和抗力,并与竖向结构构件有效连接。

条款4.2.1.5(2)

应特别注意非紧凑、细长的平面形状及楼板大开洞的情况。特别是若楼盖开洞位于主要竖向构件附近时,会阻碍竖向结构与水平结构之间的有效连接。

楼盖应该具有适当的平面内刚度，以便将水平惯性力分配到竖向结构系统中。在许多情况下，在概念设计阶段，应合理选择刚性楼盖的方法，因为合理的选择使得竖向构件的变形分布更均匀。并且，具有刚性楼盖的建筑结构可以简化建模与分析［见 EN 1998-1 *条款4.3*］。 *条款4.2.1.5(3)*

刚性楼板假定的有效性取决于它的变形与竖向构件的变形相比是否可以忽略。EN 1998-1 *条款4.3.1(4)* 指出，一般情况下，如果楼盖本身变形占楼层的水平位移小于 10%，则适用刚性楼盖假设。否则，在结构建模中应考虑楼盖的弹性。

除了刚度外，还应检查楼板及其连接件的承载力。这一问题在 EN 1998-1 *条款4.4.2.5* 中进行了一般性讨论，*条款5.10* 和*条款8.5.3* 分别对钢筋混凝土楼板和木楼板给出了更具体的规定。

4.2.6　基础安全

条款4.2.1.6(1)，4.2.1.6(2)，4.2.1.6(3)

选择合适的地基条件对于保证建筑结构的良好抗震性能至关重要。事实上，应该强调的是，在地震中保持结构安全的先决条件是维持主要竖向构件的承载能力。其中，基础是最重要的，其在整个地震持续期间和震后都发挥着作用。此外，即使基础不是倒塌而是遭受破坏，它们的维修加固也是极其困难的，通常会导致结构震后拆除，即造成完全的经济损失。

因此，EN 1998-1 建议在概念设计阶段，基础工程及其与上部结构的连接构件的设计应确保整个房屋建筑受到一致的地震激励。此外，所有的基础构件都应该连接在一起，且它们的刚度应该与对应的竖向构件（如结构墙）的刚度相适应。

在 EN 1998-5 *第5章*中详细地讨论了基础工程的概念设计，其中还提供了对连接构件进行验算的规定（这些规定应结合 EN 1998-1 *条款4.4.2.6* 中所列的一般规定考虑）。

4.3　结构规则性及其对设计的意义

4.3.1　一般规定

条款4.2.3.1(1)，4.2.3.1(2)，4.2.3.1(3)

在震后的震害调查中，大量的证据表明规则的房屋建筑结构往往比不规则的房屋建筑结构的损伤更小。然而，针对房屋建筑的地震响应，规则结构仍无精确定义。在对规则结构的定义中，可能（或应该）要考虑大量的变量和结构特征，因此“规则”房屋建筑的分类基本凭直觉确定。EN 1998-1 认识到这一困难，但并没有试图建立非常严格的规定来区分规则结构和不规则结构，但它提供了一组相对宽松的规则结构分类特征。这种分类的目的是为了建立简化的结构模型和分析方法，以及便于性能系数的取值。

基于此，EN 1998-1 原则上并不禁止非规则结构的设计和建造，但其鼓励选择规则结构。这是因为后者的设计更简易并且更经济（因为规则结构的性能系数更高）。

与大多数其他现代抗震设计标准一样,EN 1998-1 中的房屋建筑物规则性概念存在平面规则和竖向规则的分离。此外,地震作用在两个正交方向的水平分量不耦联,因此可分别考虑结构的竖向规则性,这意味着结构体系可以在一个方向上具有规则性,而在另一个方向上不具有规则性。然而,一栋房屋建筑可以假定对于平面规则性呈现出与方向无关的单一特性。

为了减少由于约束体积变化(温度效应,或由于混凝土收缩)而引起的应力,平面内狭长的房屋建筑通常在基础之上采用伸缩缝将结构划分为若干独立的单元。由于矩形单元地震响应的清晰性和可预测性,对于由多个(接近)矩形组成的平面形状(如 L、C、H、I 或 X 形)的房屋建筑,也建议采用同样的做法[见 4.3.2.1 的(2)和(3)]。将结构通过伸缩缝划分的单元认为是"动力独立的"。可定义或验算房屋建筑结构中动力独立的单元是否符合结构规则性,不管这些单元是单独分析,还是几个单元作为一个模型一起分析。上述规定也适用于各个单元共用一个基础,或设计人员为了方便比较分析相邻单元相对位移与抗震缝宽度而采用单一模型等情形。

美国标准(例如,参见建筑抗震安全委员会[39]和加州结构工程师协会[40])为规则性设定了不严格的定量分析:

- 在平面内,基于计算分析的楼板位移平面分布特征;
- 在立面上,基于不同楼层的质量、刚度和强度的分布。

与美国标准不同,Eurocode 8 引入了定性标准,在初步设计阶段可以通过检查或简单计算确定结构的规则性,而无须进行分析。这是有道理的,因为规则性分类的主要目的是确定什么类型的线性分析可以用于设计:依据结构的平面规则性,或采用三维(3D)分析中的空间模型;或采用平面(2D)分析中两个独立的平面模型。在静力分析中,使用等效侧向力还是反应谱分析,取决于结构的竖向规则性。因此,首先进行分析以确定最终适用何种分析方法是没有意义的。此外,平面和立面的规则性影响性能系数 q 的取值,而 q 值决定线性分析中的设计谱。

4.3.2 平面规则性

条款4.2.3.2

平面规则性实质上影响结构模型的选择。EN 1998-1 相关规定的支撑是:平面规则结构在主结构方向上的地震响应和其他方向不耦合。因此,平面规则结构的设计可采用简化分析方法,即在每个主结构方向使用平面分析模型。

4.3.2.1 结构平面规则性的准则

条款4.2.3.2(1) 对于归类为平面规则的房屋建筑,其应符合以下所有条件:

条款4.2.3.2(2) (1)侧向刚度和质量的分布应在平面内的两个正交主轴方向近似对称。通常,地震作用的水平分量是沿着这两个主轴施加的。由于不需要绝对对称,因此可由设计人员来判断是否满足这个条件。

条款4.2.3.2(3),4.2.3.2(4) (2)结构的平面布置应简洁,即每一楼层应以多边形外边线来分隔。在这方面最重要的是竖向构件构成的结构,而不是楼板(包括阳台和其他悬臂部件)。若

在平面内存在凹进部分,只要这些凹进部分不影响楼板的平面内刚度,并且对于每个凹进部分来说,楼板轮廓与包络楼板的多边形外边线之间的面积不超过楼板面积的 5%,那么可认为符合平面内的规则性条件。对于具有单个拐角或边缘凹槽的矩形平面,例如,在一个楼板方向上凹槽长度为 20% 的楼板长度,而另一个楼板方向上凹槽的长度为 25% 的楼板长度;或者,建筑平面上有四个拐角或边缘凹槽,且其缩进的尺寸为同方向上楼板尺寸的 25%,也均可被认为是平面规则结构。L 形、C 形、H 形、I 形或 X 形平面应符合这一条件,以使结构在平面内被视为规则的。

(3)由地震作用引起的楼盖平面内变形相对于层间位移可以忽略,并且对于竖向结构构件中内力分配的影响较小,这样楼盖的平面内刚度可视为足够大。一般来说,刚性楼盖的定义是,当它以其实际的平面刚度分析时,由地震作用产生的水平位移不会超过采用刚性楼盖假设对应水平位移的 10% 以上。而且在计算上无需对该定义进行检验。例如,在 EN 1998-1 *条款5.10* 中判断混凝土楼板是否为刚性,如果一个实心钢筋混凝土板(或通过打毛接口或剪力件连接到预制楼板或屋顶的现浇混凝土板)的厚度和配筋(在水平方向)远高于 70mm 和 Eurocode 2 中规定的最小配筋率[Eurocode 2 国家附件中规定的国家定义参数(NDP)],那么它就可以被认为是刚性楼盖。特别是在主要竖向结构构件附近,刚性楼盖不应有大开口。如设计人员担心由于此类开口的大小和/或混凝土板的厚度较小而不满足刚性楼盖假设,那么则可能需要应用上述定义来判断楼板的刚度。 *条款4.2.3.2(4)*

(4)房屋建筑在平面上的长宽比 $\lambda = L_{max}/L_{min}$ 应不大于 4,其中 L_{max} 和 L_{min} 分别指房屋建筑在正交方向上测量的最大平面尺寸和最小平面尺寸。这一限制是为了避免下面情况:即刚性楼板类似于弹性支座上的深梁,其在地震作用下的变形会影响地震剪力在竖向构件中的分布。 *条款4.2.3.2(5)*

(5)根据上述条件(1),在两个近似对称的正交水平方向 x 和 y 上,楼板的质量中心与刚度中心之间的"静态"偏心距 e 不应大于相应楼层扭转半径的 30%,即: *条款4.2.3.2(6)*

$$e_x \leqslant 0.3r_x \qquad e_y \leqslant 0.3r_y \tag{D4.1}$$

式(D4.1)中 r_x 指 y 轴(与 x 轴正交)方向上的抗扭刚度与抗侧刚度之比的平方根;对于 r_y,在 x 轴(与 y 轴正交)方向的楼层抗侧刚度作为分母。

(6)根据上述条件(1),近似对称的 x、y 两个正交水平方向上各楼层的扭转半径均不大于楼板质量的回转半径: *条款4.2.3.2(6)*

$$r_x \geqslant l_s \qquad r_y \geqslant l_s \tag{D4.2}$$

l_s 指平面内楼板质量的回转半径[(a)平面内楼板质量的极惯性矩与(b)楼板质量之比的平方根]。若楼板质量在矩形楼板区域,尺寸为 l 和 b(其包括结构体系竖向构件轮廓外的楼面面积)内均匀分布,则 $l_s = \sqrt{(l^2 + b^2)/12}$。

条件(6)确保两个水平方向 x 和 y 中的每一个基本(主要)平动振型的周期不

短于绕 z 轴的较低(主要)扭转振型的周期,并且防止扭转和平动的强耦合。平动振型与扭转振型的强耦合是不可控且非常危险的。事实上,l_s 是相对于楼板平面质量中心的距离,上述由楼层质量中心定义的三种振型可通过式(D4.2)中回转半径 r_x 和 r_y 进行排序。其中 r_x 和 r_y 相对于楼层抗侧刚度中心定义为 $r_{mx} = \sqrt{r_x^2 + e_x^2}$,$r_{my} = \sqrt{r_y^2 + e_y^2}$。质量中心和刚度中心之间的"静态"偏心距 e_x、e_y 越大,则式(D4.2)提供的裕度越大,以此来防止扭转振型成为主振型。值得指出的是,如果抗侧力系统的构件分布与质量分布一样均匀,那么式(D4.2)的条件则自然满足(或基本满足);而如果主抗侧力构件,如剪力墙或支撑等主要集中在平面中心附近,式(D4.2)的条件可能无法满足,则需要验算。

值得注意的是,如果在振型反应谱分析中确定了较低的几个标准值(自振频率),则它们可以直接用于确定整个房屋建筑是否满足式(D4.2),其因为:如果在水平方向 x 和 y 中,主要扭转振型的周期短于主要平移振型的周期,则可以认为满足式(D4.2)。

对扭转不平衡结构地震响应[41]的详尽文献综述表明,条件(5)和(6)提供了防止过大扭转响应的安全储备。在图 4.1 中,根据不同复杂程度和可靠度的非线性动力分析,实心黑色符号表示良好或令人满意的性能,而开口灰色符号则表示不良性能。在图 4.1 中,EN 1998-1 的规则性区域在倾斜线的左侧和水平线 $r/b = 0.35$ 的上方(r/b 范围为 $0.3r/l_s \sim 0.4r/l_s$,取决于楼面平面图的长宽比 l/b)。

条款4.2.3.2(8)

侧向刚度中心被定义具有以下性质:任何通过该点施加在楼板上的水平力只引起楼层平移,而不会引起围绕垂直轴的转动(扭转)。相反地,任何一组楼层扭矩(即绕垂直轴 z 轴的力矩)只引起绕侧向刚度中心上垂直轴线的楼层扭转,而在任何楼层中没有 x 和 y 方向上的水平位移。如果该点存在,那么扭转半径 r 为抗扭刚度与侧向刚度之比的平方根。然而,如上文定义的侧向刚度中心和扭转半径 r,仅在单层建筑上是唯一的,与侧向荷载无关。在两层或两层以上的房屋建筑中,这种定义不是唯一的,而是取决于侧向荷载沿高度的分布。尤其是当结构体系由子系统构成时,这些子系统在相同的一组楼层力下产生不同的楼层水平位移(例如,抗弯框架表现为剪切型水平位移,而剪力墙和中心支撑框架或偏心支撑框架更像是竖向悬臂梁)。针对这类结构体系的一般情况,EN 1998-1 第*4*章引用了国家附件中对侧向刚度中心和扭转半径 r 的近似定义。

条款4.2.3.2(7),4.2.3.2(9)

对于单层结构,EN 1998-1 第*4*章允许根据竖向构件截面的惯性矩确定侧向刚度中心和扭转半径,而忽略梁的作用,即:

$$x_{CS} = \frac{\sum(xEI_y)}{\sum(EI_y)} \qquad y_{CS} = \frac{\sum(yEI_x)}{\sum(EI_x)} \tag{D4.3}$$

$$r_x = \sqrt{\frac{\sum(x^2EI_y + y^2EI_x)}{\sum(EI_y)}} \qquad r_y = \sqrt{\frac{\sum(x^2EI_y + y^2EI_x)}{\sum(EI_x)}} \tag{D4.4}$$

在式(D4.3)和式(D4.4)中,EI_x 和 EI_y 分别表示平行于水平方向 x 或 y 的竖向平面内的抗弯刚度(即分别关于 y 轴或 x 轴平行)。此外,EN 1998-1 第*4*章允许使用式(D4.3)和式(D4.4)来确定多层结构的侧向刚度中心和扭转半径。其前提是结构体系仅由抗弯框架(具有剪切型平移模式),或仅由剪力墙(具有弯曲型变形模式)组成。在水平荷载 F_i 作用下,以上两种结构体系的层间位移与 $m_i z_i$ 成正比。对于剪力墙体系而言,除了弯曲变形外,剪切变形也很显著,在式(D4.3)和式(D4.4)中应使用截面的等效刚度。需注意,与上述通用且更精确但烦琐的方法[即需把回转半径 r_x 和 r_y 代入式(D4.1)和式(D4.2)对建筑的每层均进行验算]不同。如果竖向构件横截面沿竖向变化,则式(D4.3)和式(D4.4)需采用不同的回转半径 r_x 和 r_y,以及考虑楼层刚度中心的位置变化(同时也影响静态偏心距 e_x 和 e_y)。

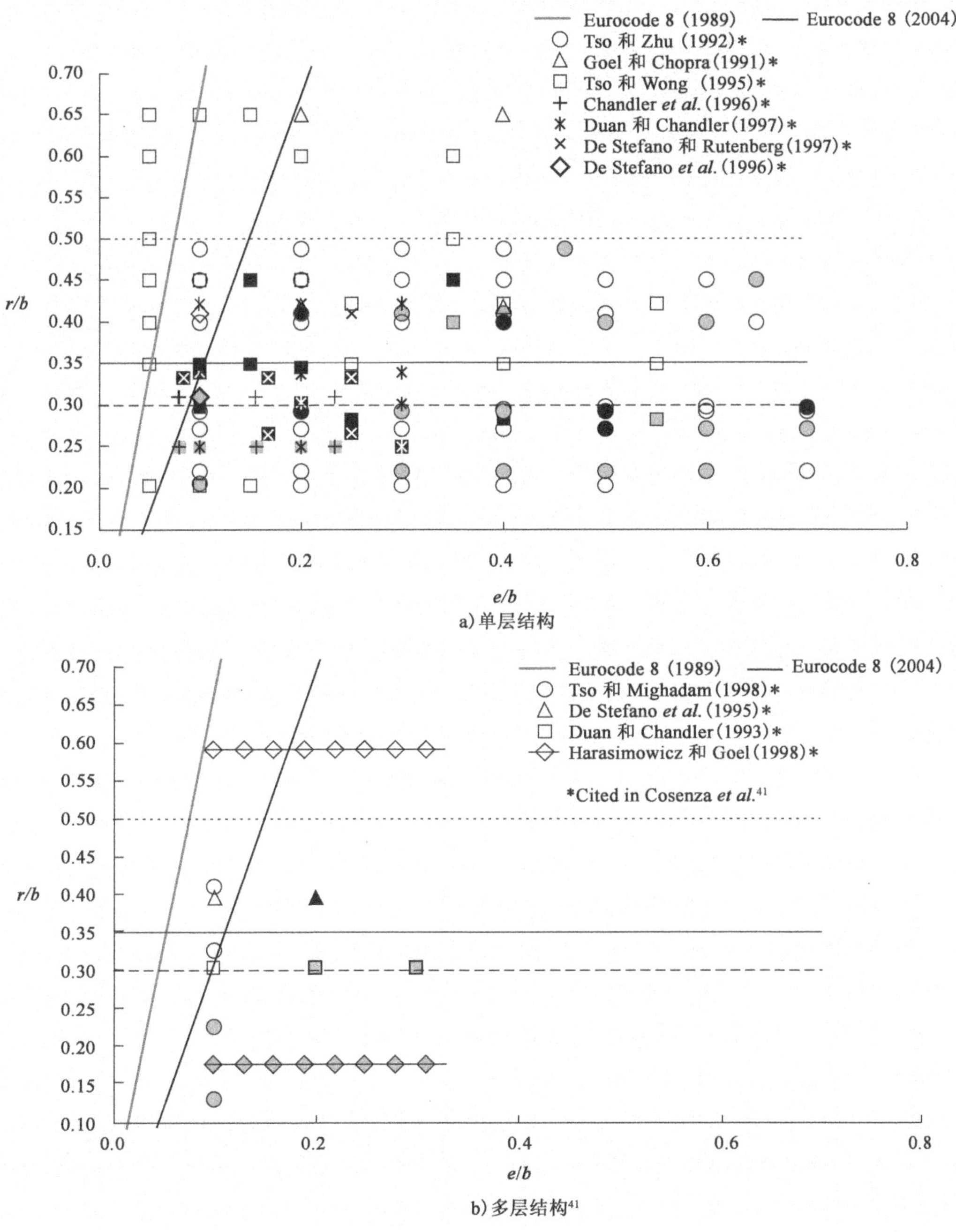

图 4.1　在归一化静态偏心距 e 和扭转半径 r 中良好性能或令人满意性能(实心黑色符号)与较差性能(开口灰色符号)的对比

4.3.2.2　平面规则性的设计含义

分析的含义：二维（平面）与三维（空间）结构模型

条款4.2.3.1(2)，4.2.3.1(3)，4.3.1(5)

如果一个建筑物具有平面规则性，则地震作用的两个水平分量分析可分别在 x 向和 y 向上使用独立的平面分析模型。在分析模型中，结构由多个平面框架（抗弯框架、中心支撑框架或偏心支撑框架）和/或剪力墙体系（其中一些可能实际上从属于由梁和柱构成的平面框架）组成，它们在同楼层上都具有相同的水平位移。

分析每个二维模型中平行于地震作用水平分量（如需要也可考虑竖向分量），可计算确定竖直平面内的内力和其他地震作用效应。这意味与地震作用水平分量正交的梁、支撑甚至剪力墙内均不会产生内力。柱和剪力墙为单向受弯，且其轴力仅由地震作用水平分量引起。

考虑到用于线性弹性地震反应分析（静态或动态）的商用三维分析程序的迅猛发展，如果是以抗震设计为目的，普遍采用空间三维模型来进行分析，而不是两个相互独立的平面模型。因为软件通常具有满足设计特定需要的结果后处理的性能。如果对整个结构使用单一三维模型，那么这种后处理将变得极为便利。然而，如果使用两个不同的平面模型来完成两个独立的分析，那么这些分析的结果可能必须由一个特殊的后处理模块来处理，即从两个不同的分析模型中读取和解释其分析数据和内力结果；或者，可以手动完成内力的组合。应该注意的是，由于地震作用两个水平分量是同时作用的且需要进行内力组合，所以内力结果分析须首先考虑组合柱的两种不同二维分析内力结果。其中，上述分析可采用 1:0.3 规定或平方和开平方（SRSS）准则来进行内力组合。在这方面，EN 1998-1 第5章提供的柱的双向弯曲分析是相当方便的（即令柱的单向弯矩等于单向分析结果除以 0.7，同时忽略弯矩的正交分量）。然而，即使在考虑单向弯曲的分析框架内，还需要地震作用两个水平分量（通过 1:0.3 或 SRSS 准则）和柱轴力进行组合。可能的解决方法有：①确定截面两侧的纵筋时考虑轴力与单向弯矩（将弯矩放大 1/0.7 倍）的作用，这是由于地震作用水平分量与截面正交；②重新计算其他截面两侧配筋及其地震作用的水平分量；③在截面配相应的纵筋，并忽略正交弯矩对抗弯承载力的有利贡献。

考虑到所有的因素，在建筑结构中使用两个独立的平面模型进行线性分析是不值得的。因为平面规则或平面不规则的结构特性仅对性能系数 q 的取值有重要意义。性能系数可考虑结构体系冗余度的贡献，如下所述。

此外，两个独立的平面模型对于非线性分析、静力（推覆）分析和动力（时程）分析是非常重要的。可靠的、被广泛接受的和数值稳定的非线性本构模型（包括相关的失效准则）只适用于具有轴力（微变）的单向受弯构件；它们在未来将会广泛用于双向受弯的三维分析。因此，从非线性分析的应用角度来说，在平面内把建筑结构定性为规则或非规则是非常重要的。

条款4.3.3.1(8)

在分析侧向力步骤内，两个独立的平面模型也适用于具有以下特征的房屋建筑：

(1)高度小于 10m 或小于平面尺寸的 40%；

(2)楼层的质量中心和刚度中心大致在(两条)垂直线上；

(3)在竖向和水平向分布的隔墙和外墙，可以确保结构体系之间任何潜在的相互作用并不会影响房屋建筑的规则性；

(4)两个水平方向上的扭转半径不小于 $r_x = \sqrt{l_s^2 + e_x^2}$ 和 $r_y = \sqrt{l_s^2 + e_y^2}$。

如果满足上述条件(1)~(3)，但不满足条件(4)，那么仍然可以使用两个独立的平面模型，前提是二维分析的所有地震作用效应都增加 25%。

上述采用两个独立的平面模型而不是完整的三维模型，是为了使设计者(以及所有者)更容易应用 Eurocode 8。出于这个原因，这项措施的适用范围将由各国具体确定，并且在 Eurocode 8 的说明中没有给出任何使用建议，该措施适用的重要性等级列在国家附件中。

性能系数 q 的含义

本指南第 5 ~7 章中将会对此详细说明，在大多数类型的结构体系中，q 值包含由于冗余度而导致的结构体系超强，即 α_u/α_1，其是引起全塑性机制发展的地震作用(α_u)与使结构体系第一次屈服的地震作用(α_1)的比值。α_1 取所有结构构件端部的$(S_{Rd} - S_V)/S_E$ 比值中的较小值。其中，S_{Rd}指首次屈服对应的承载力设计值，S_E 和 S_V 分别指采用设计地震作用进行弹性分析得到的作用效应和“抗震设计状况”荷载组合中包含重力荷载的作用效应值。α_u 的值可以用推覆分析得到的全塑性机理发展对应的基底剪力与设计地震作用(如图 5.2 所示)对应的基底剪力的比值来表示。由于设计者可能不认为进行迭代的推覆分析是必要的，因此可计算 α_u/α_1 的比值从而确定相应的性能系数 q 来进行弹性分析。其中，EN 1998-1 第5 ~7 章给出了 α_u/α_1 比值的默认值。对于平面规则的建筑结构，当结构冗余度很小时，默认值取为 $\alpha_u/\alpha_1 = 1.0$；多层多跨框架中，$\alpha_u/\alpha_1 = 1.3$；在普通钢筋混凝土双重体系(等效框架或等效剪力墙)、混凝土双肢剪力墙体系、偏心支撑钢框架或组合框架结构中，$\alpha_u/\alpha_1 = 1.2$。 *条款5.2.2.2(6)，6.3.2(4)，7.3.2(4)*

对于平面不规则结构，α_u/α_1 取 1.0 和平面规则结构 α_u/α_1 默认值的平均值。通常，当平面规则结构 α_u/α_1 的默认值为 1.2 ~1.3 时，性能系数 q 减少约 10%。如果设计者无法接受性能系数 q 的降低，则可以利用推覆分析的迭代和基于弹性分析的设计，得到一个对于(非规则)结构系统可能更大的 α_u/α_1 值。

是否满足式(D4.2)对混凝土结构的性能系数 q 的取值有着重要的影响。如果对于某一楼层，式(D4.2)的一个或两个条件不满足(即如果楼层质量的回转半径大于平面图中建筑两个主要方向中的一个或两个的扭转半径)，则该结构是扭转柔性的。并且，性能系数 q 的基值[即在考虑由于立面不规则的任何降低之前(参见 4.3.3.1)]会降低至 $q_o = 2$[延性等级中等(DCM)]，或 $q_o = 3$[延性等级高(DCH)]。由于存在刚性混凝土构件(如位于结构平面中心的剪力墙或核心筒)而导致不满足式(D4.2)的情况是很常见的，因此，在 EN 1998-1 *条款5.2.2.2(2)，6.3.2(1)*

第6章中，为达到抗震目的，给出含剪力墙或核心筒的钢结构的性能系数 q 折减值。

4.3.3　竖向规则性

4.3.3.1　竖向规则性准则

如果房屋建筑满足以下条件，即可认为其为竖向规则建筑：

条款4.2.3.3(1)
- 其抗侧力体系（抗弯框架或支撑框架、剪力墙等）应从地基一直延伸到房屋建筑（相关部分）的顶部。

条款4.2.3.3(2)
- 楼层质量和刚度应保持不变或向上逐渐减小。

条款4.2.3.3(3)
条款4.2.3.3(4)
- 在框架结构中，相对于设计楼层剪力，单个楼层的剪力（包括填充墙对楼层抗剪强度的贡献）不应有突变。楼层抗剪承载力等于楼层底部与相应剪跨比的所有竖向构件承载力之和（立柱为楼层净高的一半，或对于剪力墙为从楼层底部到建筑物顶部距离的一半），再加上填充墙抗剪强度之和（大致等于墙板的最小水平截面面积乘以砂浆的抗剪强度）。
- 单一楼层缩进尺寸不应超过底层平面尺寸的10%。

条款4.2.3.3(5)
- 若房屋建筑顶部各侧相对于基底的缩进不能保持对称性，则缩进量不应大于房屋建筑底层尺寸的30%。
- 对于不超过主结构总高度 H 的15%的单个缩进，其大小不应大于建筑底部尺寸的50%。在这种特殊情况下，不应过分依赖底部结构的扩大将其上的地震剪力传递至基础。换言之，地震剪力主要通过建筑物上部的竖向连续构件传递至基础，而在结构底部的扩大应主要传递其自身地震剪力到基础。Eurocode 8 的相关条款要求，结构上部垂直延伸至地面的设计地震剪力至少等于类似建筑无扩大结构时在该区域产生剪力的75%。严格地说，要实现这一要求，就需要构建和分析一个没有基底结构扩大的虚拟结构模型，计算其与基底结构扩大相应的抗震剪力，并确保实际结构的地震剪力不小于其值的75%。但是，假设虚拟结构具有与真实结构相似的动力特性，且其楼层剪力由第一振型控制并近似线性，则以上估算可以达到预期目标。在建筑顶部延伸至地面的范围内，楼层剪力等于扩大基础之上的（基底）剪力乘以 $0.75[1-(h_{n+1}/H)^2]/[1-(h_i/H)^2]$。其中，$i$ 表示从底部算起的层数；n 表示扩大基础以上的层数，且应满足 $n \geqslant i$；h_i 表示从地基算起的底板高度；H 表示建筑总高度。

4.3.3.2　竖向规则性的设计含义

分析的含义：底部剪力法与振型分解反应谱法

条款4.2.3.1(2)，4.2.3.1(3)
4.3.3.2.1(2)，4.3.3.3.1(1)

在结构竖向不规则的情况下，第一振型不太可能是从底部到顶部呈线性。假定的线性振型是底部剪力分析方法中侧向荷载模式的基础，因此该方法不适用于竖向不规则结构。振型分解反应谱法能很好地反映结构立面不规则性的影响，不仅是线弹性响应的不规则性，也在很大程度上反映非线性响应的不规则性。因此，在基于力的竖向不规则结构的设计框架下，其应用是强制性的。对于这种结构不应视为不利：振型分解反应谱法分析不会产生比底部剪力法更为保守的计算结果。这种方法只是为了更好地估算构件的内力与变形的动力响应峰值。

性能系数 *q* 的含义

在结构竖向不规则的情况下，通过下列措施可使非弹性变形沿结构高度均匀分布。 *条款4.2.3.1(7)，5.2.2.2(3) 6.3.2(2)，7.3.2(2)，8.3(2)，9.3(5)*

- 在抗弯框架中，柱的抗弯承载力应大于梁的承载力；
- 在基础之上，对钢筋混凝土剪力墙的抗弯和抗剪进行超安全标准的设计，使其保持在弹性范围内；
- 在钢框架或组合支撑框架中所有构件的承载力设计中，构件的支撑不是为了耗能，而是为了保持在弹性范围内。

在竖向不规则处可能出现局部的塑性区集中。例如，在一个大的凹进处，或者在抗侧力体系竖向不连续的地方，或者在某一楼层的质量、抗侧刚度或强度高于下一楼层的地方，其地震响应可能大于振型分解反应谱法(弹性)分析结果。这种局部的塑性区集中将增加耗散区上的延性需求，使之高于对应设计中性能系数 q 的平均值。相比于对可能受到结构非规则性影响的区域增加严格构造措施以提高其延性能力，在基于力的设计中，更倾向于将性能系数 q 的值减少 20%，而不放宽结构中的构造措施要求，从而满足局部增加的延性需求。因此将强度提高 25% 是为了减小在竖向不规则区局部增加的延性要求，以达到其延性水平。尽管这个措施可行，但对整个结构的强度需求提高 25% 不利于采用竖向不规则结构。

4.4　重力荷载、其他作用与设计地震作用的组合

4.4.1　局部效应组合

对于构件和截面的验算，设计地震作用应与 EN 1990[3] 中规定的考虑抗震设计的其他作用相结合。即 $\sum G_{k,j}$“ + ”A_{Ed}“ + ”$\sum \psi_{2,i}Q_{k,i}$，$G_{k,j}$表示永久荷载 j 的标准值(通常是自重和其他静荷载)，A_{Ed}表示设计地震作用(即“参考重现期”乘以重要性系数)，$Q_{k,j}$ 表示可变荷载 i 的标准值[活荷载(在 Eurocode 中称为“外加荷载”)，风荷载，雪荷载，温度应力等]，$\psi_{2,i}Q_{k,i}$表示可变荷载 i 准永久值(即任意时间点)。

系数 $\psi_{2,i}$在 EN 1990 的资料性附录 A1 中定义为 NDP，其建议值如下： *条款3.2.4(1)，3.2.4(4)，4.2.4(1)*

- 对于风载和温度应力，$\psi_{2,i}=0$；
- 对于除冰岛、挪威、瑞典和芬兰以外的所有海拔 1000m 以下的 CEN 国家屋面上的雪荷载，$\psi_{2,i}=0$；对于这 4 个国家和海拔超过 1000m 的其他 CEN 国家，$\psi_{2,i}=0.2$；

- 对于屋面活荷载，$\psi_{2,i}=0$；
- 对于住宅或办公楼的活荷载，以及重量在 30 ~ 160kN 之间的车辆的交通荷载，$\psi_{2,i}=0.3$；
- 对于公共聚集场所或购物商场内的活荷载，以及重量低于 30kN 的车辆的交通荷载，$\psi_{2,i}=0.6$；
- 对于储存区活荷载，$\psi_{2,i}=0.8$。

无论对局部有利还是不利，都要考虑 $\psi_{2,i}Q_{k,i}$的准永久作用效应。对所有楼层取相同的 $\psi_{2,i}$值可简化设计，因为这样只需对整个房屋建筑的可变荷载 $Q_{k,i}$进行分析。该分析的结果乘以 $\psi_{2,i}$，再与永久荷载和抗震设计中的地震作用叠加；或乘以可变荷载的分项系数，再与持久设计状况和短暂设计状况的永久荷载叠加。如果对不同楼层取不同的 $\psi_{2,i}$值，则需要对 $\psi_{2,i}$值不同的楼层的活荷载单独分析。

4.4.2 整体效应组合

条款3.2.4(2)，3.2.4(3)，4.2.4(2)，4.3.1(10)

"整体"效应包括楼层的地震剪力或倾覆力矩等。Eurocode 8 给出了与设计地震作用组合的可变荷载折减值，其值低于用于局部构件和截面验算的可变荷载值。这是考虑到在设计地震发生时，可变荷载 $\psi_{2,i}Q_{k,i}$可能不会作用于整个结构。由于可变荷载的折减影响了惯性力，即会影响质量的计算。活荷载可因结构非刚性连接而导致质量参与进行折减（换句话说，部分质量可能不会与其支撑同相位或同振幅振动）。

EN 1998-1 第4章中将活荷载 $\psi_{2,i}Q_{k,i}$的折减系数定义为 NDP。对于住宅，或办公用途的屋顶以外的所有楼层，或公共聚集场所（除了购物区），推荐值为 0.5；对于住宅或办公用途的屋顶推荐值为 0.8。对于其他用途的楼层或屋顶，不建议对活荷载进行折减。

当所有楼层取相同的 $\psi_{2,i}$值时，如根据活荷载分析结果确定的质量，在同楼层的活荷载折减会低于用于楼层构件和截面验算的 $\psi_{2,i}Q_{k,i}$值，这在设计上是不方便的。有以下两种解决的途径：

- 在不进行活荷载分析的情况下，对质量进行分配，如果将质量集中在刚性楼盖的质心及其转动质量惯性矩上，则比将质量按从属面积分配到节点上，自动考虑其转动质量惯性矩或者隔板不为刚性时更为方便。
- 在对活荷载不同折减的楼层单独分析的基础上，将质量分配给节点；对不同楼取不同的 $\psi_{2,i}$值取决于所使用的分析程序中的可用选项。

假定在楼层上，活荷载标准值 Q_k 通常不超过永久荷载 G_k 的 25% ~30%，并且该值需进一步乘以系数 $\psi_{2,i}$（通常为 0.3，很少为 0.6 或 0.8），那么，设计人员可能不得不斟酌，考虑进一步折减楼层活荷载带来的整体经济效益是否值得进行额外的设计。

4.5 分析方法

4.5.1 分析方法概述

EN 1998-1 *第4章*为建筑的设计和其抗震性能的评估提供下列分析方法： *条款4.3.3.1(1)，4.3.3.1(2) 4.3.3.1(3) 4.3.3.1(4)*

- 线性静力分析（EN 1998-1 中称为“底部剪力”分析方法，但在实际中通常称为“等效静力”分析法）；
- 振型分解反应谱分析（在实际中也称为“线性动力”分析，可能与线性时程分析混淆）；
- 非线性静力分析（通常称为“推覆”分析）；
- 非线性动力分析（时程分析或响应时程分析）。

线性时程分析不能完全替代振型分解反应谱分析。

与美国标准中把线性静力分析作为建筑抗震设计的参考方法不同，Eurocode 8 采用振型分解反应谱分析。这种分析方法适用于任何建筑的设计。

线性分析方法采用设计反应谱，即5%阻尼比的弹性反应谱除以性能系数 q。地震作用引起的内力与线性分析所估算的内力相等；然而，与等位移法则和性能系数 q 的概念一致，地震作用引起的位移乘以性能系数 q 等于由线性分析估算的位移。相反，当使用非线性分析方法时，地震作用所引起的内力和位移与非线性分析估算的内力和位移相等。 *条款3.2.2.5(2)，3.2.2.5(3)，4.3.4(1) 4.3.4(2) 4.3.4(3)*

使用线性分析方法并不意味着地震反应是线性弹性的；而是一种在基于力的抗震设计框架内，用弹性反应谱除以性能系数 q 的简化计算方法。

4.5.2 底部剪力法

4.5.2.1 概述：底部剪力法与振型分解反应谱法

在底部剪力法中，分别在 X 和 Y 两个正交水平方向上施加一组底部剪力，对结构进行线性静力分析。其目的是通过这些力模拟由 X 或 Y 方向上地震作用的水平分量引起的峰值惯性荷载。由于结构工程师对静力荷载（重力、风荷载或其他静力作用）的弹性分析的熟悉和经验，这种方法在实际抗震设计中仍然最常用。Eurocode 8 中对这种方法已经进行了调整，使其在适用底部剪力法的结构中，层间剪力（基本地震作用效应）的分析值与振型分解反应谱法（基准方法）分析的结果相似。

对于同时适用底部剪力法和振型分解反应谱分析的结构类型，后者给出的不同关键截面上的峰值内力分布稍微均匀一些，例如同一梁或柱的两端，这会更节省材料。尽管节省了材料，但结构的整体非弹性性能通常会更好。在振型分解反应谱分析中，非弹性变形的分布比底部剪力法的分布更趋于一致。

由于振型分解反应谱分析的使用不受任何适用条件的限制，所以设计人员可以采用该方法作为三维抗震设计的单一分析工具。而且振型分解反应谱分析更为严格（不同于底部剪力法，它给出的分析结果与地震作用水平分量，即 X 向与 Y

向的选择无关)，并且能更好地平衡经济效益和安全性。因此，随着可靠和有效的计算机程序的出现，当今，可以用程序对结构进行三维振型分解反应谱分析；其次，随着结构动力学在结构工程课程和继续教育项目中逐步确立其核心学科地位，在全球范围内，振型分解反应谱分析将在应用中不断发展。尽管如此，底部剪力法得益于其直观和概念简洁的优点，仍具有使用价值。

4.5.2.2 适用条件

底部剪力法的基本假定为：

条款4.3.3.2.1 (1)分析水平方向上由第一平动振型控制的响应。

(2)对该平动振型进行简化近似，不需要任何计算。

EN 1998-1 *第4章*中仅在满足以下两个条件时才允许使用底部剪力法：

(a)结构的基本自振周期小于 2s 且小于 $4T_C$。其中，特征周期 T_C 为弹性反应谱中恒定谱加速度区和恒定伪速度区的分界点。

(b)符合 4.3.3.1 中给出的竖向规则性准则。

如果不满足条件(a)，那么第二振型和(或)第三振型可能比基本振型的效应更显著，尽管第二振型和第三振型的参与系数和振型参与质量比基本振型低：当周期大于 2s 或 $4T_C$ 时，谱值较低，而当周期较长时，第二振型和/或第三振型周期可能位于或接近谱值最高的恒定谱加速区段内。在这种情况下，有必要通过振型分解反应谱法来计算高阶振型的贡献。

在立面不规则的结构中，高阶振型的作用效应可能是局部显著的，即在立面上不连续或突然变化。因为整体反应是由底部剪力和倾覆力矩决定的，这种高阶振型作用效应对于结构的整体反应可能并不重要。更重要的原因是，当立面不规则时，第一振型的简单近似可能并不适用。

只有在两个水平主方向上满足上述条件(a)，才可采用底部剪力法。原则上，当在两个方向上分别使用单独的平面模型进行分析时，如果仅在一个方向上满足竖向规则性，可以在该方向上采用底部剪力法进行分析，并在另一方向上采用振型分解反应谱法进行分析。然而，这一方式并不太实用，因此在实际中，在两个水平主方向上必须满足上述两个条件，才可采用底部剪力法。

4.5.2.3 基底剪力

条款4.3.3.2.2(1) 基底剪力可分别从结构两个水平主方向的平面分析中求得。可使用下列表达式确定建筑各水平主方向上的基底剪力：

$$F_b = \lambda m S_d(T_1) \tag{D4.5}$$

式中，$S_d(T_1)$表示在所考虑的水平方向周期为 T_1 时的设计谱值，λm 表示第一(基本)模态的振型参与质量，即总质量的一部分(λ)；m 表示基础或刚性地下室顶部以上的房屋建筑总质量，λ 表示修正系数。当 $T_1 < 2T_C$(T_C 为特征周期，见前文)且房屋建筑楼层多于两层时，$\lambda = 0.85$；对于两层房屋建筑，第一振型的参与质量几乎等于结构的总质量，则 $\lambda = 1.0$；当 $T_1 > 2T_C$ 时，则取相同的 λ 值，以说明第二(或更高)振型的重要性增加。引入系数 λ 的目的是至少在整体地震作用效应(基底剪力和倾覆力矩)方面模拟振型分解反应谱法。

4.5.2.4　基本周期 T_1 的估算

关于基本周期 T_1 的计算,Eurocode 8 建议使用基于结构动力学的方法(例如瑞利法): *条款4.3.3.2.2(2)*

$$T_1 = 2\pi \sqrt{\frac{\sum_i m_i \delta_i^2}{\sum F_i \delta_i}} \tag{D4.6}$$

式中,δ_i 表示施加一组侧向力 F_i 进行结构弹性分析得到的在第 i 自由度上的侧移。F_i 和 δ_i 是 X 或 Y 方向上的力和位移,与基本周期 T_1 对应的模态方向一致。对于力的给定模式(如分布),F_i 作用在第 i 自由度上,侧移 δ_i 与 F_i 成正比,且式(D4.6)的结果与 F_i 的大小无关。侧向力的分布对式(D4.6)的计算结果影响不大,所以可假定任何合理的侧向力分布。当侧向力的分布与基底总剪力的分布模式[见式(D4.5)]一致时,计算简便,结果也最准确,这也是底部剪力法的基本前提[参见 4.5.2.5 和式(D4.7)]。在这个阶段,设计基底剪力的值仍未知,侧向力 F_i 的大小可以使其产生的基底剪力等于结构的总重量产生的剪力,即 $\lambda S_d(T_1) = 1.0g$。然后,对每个水平方向 X 或 Y 分别进行线性静力分析,用于从式(D4.6)估算 T_1,及计算在该方向上地震作用的水平分量。从分析中计算的地震作用效应乘以由固有周期 T_1 的设计频谱所确定的 $\lambda S_d(T_1)$ 值,用作水平地震作用效应 A_X 或 A_Y。

Eurocode 8 还允许在式(D4.5)中使用通过经验表达式估算的 T_1 的值(大多数来自 SEAOC'99 的规定)[40]。T_1 以秒为单位,其他尺寸以米为单位: *条款4.3.3.2.2(3),4.3.3.2.2(4)*

- 对于高度小于 40m 的抗弯钢框架结构,$T_1 = 0.085H^{3/4}$;
- 对于高度小于 40m 的混凝土框架结构或带有偏心支撑的钢框架,$T_1 = 0.075H^{3/4}$;
- 对于高度小于 40m 的其他类型结构(包括混凝土剪力墙结构),$T_1 = 0.05H^{3/4}$;
- 对于带有混凝土剪力墙或砌体剪力墙的建筑,$T_1 = 0.075/\{\sum A_{wi}[0.2 + (l_{wi}/H)]^2\}^{1/2}$。

式中,H 表示从基础或地下室顶部算起的建筑总高度;A_{wi}、l_{wi} 分别表示在建筑第一层中 T_1 平行方向上的剪力墙 i 的有效横截面面积和长度。

以上表达式代表了较低的界限值(均值减去 1 个标准差),这些值是从过去美国加州地震中对建筑的测量中推断出来的。由于这些测量包括非结构构件的影响,所以这些经验表达式给出的周期估计比式(D4.6)的计算结果要低。之所以使用它们,是因为它们给出了 $S_d(T_1)$ 的保守估计——通常在恒定谱加速区段内进行基于力的设计。这些表达源自高地震活动性区域,对于中、低地震活动性区域,其结果更为保守，因为在这些区域，结构的抗震要求较低，因此其抗侧刚度也更低。此外，由于式(D4.6)中对 T_1 的估算相当准确，并且只需简单的额外计算[应用式(D4.6)只需进行简单的线性静力分析，即底部剪力分析]，因此很少采用上述经验表达式。

使用从力学计算的周期，不管其值与经验值相比如何，以及在式(D4.5)中引入系数 λ，都表明 Eurocode 8 中侧向力法的结果更接近振型分解反应谱分析的结果，而不像美国标准那样。

4.5.2.5　侧向力模式

条款4.3.3.2.3

将峰值基底剪力从式(D4.5)转换为同一方向上的一组侧向惯性力(即地震作用的水平分量)，并使其作用于结构自由度(i)上，假定同向峰值侧移在立面上的分布为 $\Phi(z)$。在单一振动模态下，自由度 i 的峰值侧向惯性力与 $\Phi(z_i)m_i$ 成正比，其中 m_i 是与该自由度相关的质量。并且依据式(D4.5)分配到自由度上的基底剪力 F_b 可通过下式得出：

$$F_i = F_b \frac{\Phi_i m_i}{\sum_j \Phi_j m_j} \tag{D4.7}$$

式中，分母中的求和延伸到所有自由度上。

为简单起见，在可采用底部剪力法的范围内(结构在立面上规则，高阶振型不重要)，第一侧移振型通常假定为与从基础或地下室顶部算起的高度 z 成正比，即 $\Phi_i = z_i$。此外，尽管上述介绍的是一般情况，但对于质量和空间自由度的任何布置，对于具有刚性楼板的建筑，式(D4.7)中的离散化是指楼层(下标 i，最低楼层 $i=1$，屋顶 $i=\eta$)和施加在楼层质量中心的侧向力 F_i。

式(D4.7)的结果 $\Phi_i = z_i$，通常被称为侧向力的“倒三角”模式(虽然实际上它只是一个具有“倒三角形”分布的侧移，并且力也取决于质量分布 m_i)。

4.5.3　振型分解反应谱法

4.5.3.1　模态分析及其结果

条款4.3.3.3

与线性静力分析不同，设计人员可能不太熟悉振型反应谱的线性动力分析。此外，一些具有振型分解反应谱分析能力的商用计算机程序可能不能按照 Eurocode 8 的相关要求进行分析。例如，其他抗震设计标准(如美国标准)，计算程序仅利用振型分解反应谱分析来计算楼层的峰值惯性力，并将这些力作为静力，然后像底部剪力法一样来计算静力响应。基于这些原因，下面概述了如何利用 EN 1998-1 进行振型分解反应谱分析。

振型分解反应谱分析的第一步是确定三维振型和自振频率(特征模态和特征值)。现在有许多专门用于地震反应分析的计算机程序可以非常可靠和有效地完成这一步。

即使建筑在两个正交水平方向 X 和 Y 上有两个独立的平面分析，也最好在全三维结构模型上进行振型分解反应谱分析。以 Φ_n 表示的每阶振型在 X、Y 和 Z

三个方向上都有位移和转动分量。换言之，矢量 Φ_n 一般包括结构的所有自由度（除非特征值问题的解只基于部分自由度，其余的自由度则是静力凝聚或动力凝聚的，见下文）。

如果整体坐标系 X-Y-Z 的原点远离结构的质心，那么三维振型特征值分析的准确性可能会受到影响。虽然大多数广泛使用的计算机程序都考虑到了这一点，但设计者仍应该理性地选择原点，使其位于结构的内部。

根据 X、Y 和 Z 三个方向上的反应谱，后续计算峰值弹性响应所需要的振型-特征值分析的结果包括每阶主振型 n：

- 自振圆频率 ω_n 和相应的自振周期 $T_n = 2\pi/\omega_n$。
- 用矢量 Φ_n 表示的振型。
- 振型参与系数 Γ_{Xn}、Γ_{Yn}、Γ_{Zn} 分别对应 X、Y、Z 方向上的地震作用分量，计算公式为：

$$\Gamma_{Xn} = \frac{\Phi_n^{\mathrm{T}}\mathbf{M}I_X}{\Phi_n^{\mathrm{T}}\mathbf{M}\Phi_n} = \frac{\sum_i \varphi_{Xi,n} m_{Xi}}{\sum_i (\varphi_{Xi,n}^2 m_{Xi} + \varphi_{Yi,n}^2 m_{Yi} + \varphi_{Zi,n}^2 m_{Zi})}$$

式中，i 表示与动力自由度有关的结构节点；$\mathbf{M}$ 表示质量矩阵；矢量 I_X 表示平动自由度，在平行于 X 方向上等于 1，其他方向上等于 0；$\varphi_{Xi,n}$ 表示 Φ_n 中平行于 X 方向上 i 节点的平动自由度对应的元素，m_{Xi} 是质量矩阵的相关元素（类似于 $\varphi_{Yi,n}$、$\varphi_{Zi,n}$、m_{Yi} 和 m_{Zi}）。如果质量矩阵 $\mathbf{M}$ 包含转动惯性矩 $I_{\theta Xi}$、$I_{\theta iY}$、$I_{\theta Zi}$，则相关联的项也出现在分母之和中。Γ_{Yn}、Γ_{Zn} 的定义类似。

- X、Y 和 Z 方向上的振型参与质量 M_{Xn}、M_{Yn} 和 M_{Zn} 的计算公式为：

$$M_{Xn} = \frac{(\Phi_n^{\mathrm{T}}\mathbf{M}I_X)^2}{\Phi_n^{\mathrm{T}}\mathbf{M}\Phi_n} = \frac{\left(\sum_i \varphi_{Xi,n} m_{Xi}\right)^2}{\sum_i (\varphi_{Xi,n}^2 m_{Xi} + \varphi_{Yi,n}^2 m_{Yi} + \varphi_{Zi,n}^2 m_{Zi})}$$

M_{Yn}、M_{Zn} 的公式与此类似。它们本质上是基底剪力振型参与质量，因为由 n 阶模态引起的 X、Y 或 Z 上的反力（基底剪力）分别等于 $F_{\mathrm{b}X,n} = S_{\mathrm{a}}(T_n)M_{Xn}$，$F_{\mathrm{b}Y,n} = S_{\mathrm{a}}(T_n)M_{Yn}$ 和 $F_{\mathrm{b}Z,n} = S_{\mathrm{a}}(T_n)M_{Zn}$。$X$、$Y$ 或 Z 上的振型参与质量在结构所有振型上的总和（不只考虑 N 阶振型）等于结构的总质量。

振型分解反应谱分析的主要目的是确定任何地震作用效应在 X、Y 或 Z 方向上所有模态的地震作用分量的峰值（无论是整体效应，如基底剪力，还是局部剪力，如构件内力，甚至中间力，如层间位移）。这可以通过不同的计算机程序中的不同方法来实现。一个简单有效的方法是：

- 对于每个主振型 n，谱位移 $S_{\mathrm{d}X}(T_n)$ 由所考虑的地震作用分量的设计（伪）加速度谱计算得出，即 $X = (T_n/2\pi)^2 S_{\mathrm{a}X}(T_n)$。
- 由地震作用分量引起的 n 阶模态的结构节点位移向量的计算方法可表述如下。例如，X 方向上的由地震作用分量引起的结构节点位移矢量 U_{Xn} 的计算公式为：$U_{Xn} = (T_n/2\pi)^2 S_{\mathrm{a}X} \cdot (T_n)\Gamma_{Xn}\Phi_n$，其中，$S_{\mathrm{a}X}(T_n)$ 为谱位移值，Γ_{Xn} 为 n 阶模态

在 X 方向上的振型参与系数，Φ_n 为 n 阶模态的特征向量（振型）。

- 由前述步骤确定的模态位移向量可计算得到地震作用分量的模态峰值：首先从振型 n 的节点位移矢量计算构件的变形（例如杆件的旋转）或楼层的变形（例如层间位移）；然后通过将构件模态变形（例如杆件的旋转）乘以构件刚度矩阵来计算模态构件端力，同静力分析一样；最后通过构件剪力、弯矩、轴向力的平衡分析计算层间剪力或倾覆力矩。

上面得到的峰值模态响应是准确的。然而，它们只能近似组合，因为它们发生在不同的响应时点。峰值模态响应组合的规定见 4.5.3.3。4.9 中考虑了在不同的近似水平下，地震作用分量同时发生的情况。

对于水平楼板被视为刚性楼板的建筑物，如果地震作用的竖向分量对设计不重要，有时采用静力和动力缩聚技术来减少静力自由度数，则每层仅有三个动力自由度（两个水平平动和一个沿垂直轴的转动）。动力缩聚得益于小惯性力，这种惯性力通常与地震作用水平分量引起的水平轴竖向位移和节点转动有关。在三维空间中，缩聚的动力模型只有 $3n_{st}$ 个主振型，其中 n_{st} 为层数。对于每个主振型 n，输入自振周期 T_n，可确定相应的谱加速度 $S_a(T_n)$。然后，对每个主振型 n 和楼层 i 计算相对于垂直轴的两个水平力和一个扭矩分量：$F_{Xi,n}$、$F_{Yi,n}$ 和 $M_{i,n}$，其中 X 和 Y 在此处表示两个力的方向，而不是地震作用分量的方向（可能是 X 或 Y）。这些力和力矩的计算如下：

- 与地震作用分量相对应的主振型 n 的参与系数，例如 X 方向上的地震作用分量 Γ_{Xn}；
- 与楼板自由度相关的质量 $m_{Xi}=m_{Yi}$ 和楼面转动质量惯性矩 $I_{\theta i}$；
- 振型向量的对应分量 $\varphi_{Xi,n}$、$\varphi_{Yi,n}$ 和 $\varphi_{\theta i,n}$；
- $S_a(T_n)$。

分别考虑地震作用的两个水平分量，对于每阶振型 n，将得到静力 $F_{Xi,n}$、$F_{Yi,n}$ 和力矩 $M_{i,n}$，然后将这些力与力矩施加于各楼层 i 对应的动力自由度上，对结构的三维静力分析模型进行静力分析。对每阶振型的响应峰值，如节点位移、构件内力、构件变形（杆件旋转）或层间位移等分别计算，并按照 4.5.3.3 的规定对地震作用水平分量 X 或 Y 作用下的所有模态响应进行组合。

前述方法不适用于不满足刚性楼板假定的结构，且当地震作用的垂直分量不能忽略时也不适用。此外，由于当今计算机硬件强大的储存和计算性能，无须将静力自由度数减少到小于动力自由度数进行计算。

在结束这一相对较长的模态分析时，注意到振型参与系数和振型参与质量不仅是振型分解反应谱法中引入的两个数学量：这两个参数也具备一定的物理意义，它们对于理解每阶振型的相对重要性及其本质属性是很有帮助的。例如，振型参与系数或振型参与质量的相对大小决定了振型的主导方向：该方向与水平方向 X 的倾角等于 Γ_{Xn}/Γ_{Yn}；具有最大基底剪力的振型主导方向，连同正交方向可以作为结构平面内的“主”方向，地震作用的水平分量应该沿着该方向施加。然而，无法根据沿三个方向（X、Y 和 Z）定义的振型参与系数和振型参与质量来判断模态中是否存在扭转：绕旋转轴的振型参与系数和振型参与质量可实现该目标，但其值通常在计算机程序的输出报告中不显示。振型中扭转的重要性可以根据振型反力和力矩来判断。最后（但并非最不重要），不考虑平面规则性的定性标准，在（少数）较低的振型中，关于垂直轴（以及相对于该轴的总扭矩）的旋转一般并不显著。

4.5.3.2　需要考虑的最小振型数

通常情况下，应考虑对响应值有显著贡献的所有振型。然而，由于考虑的振型数要输入到特征值分析中，所以应采用适用又简单的标准。这种标准只能基于整体响应量。Eurocode 8 采用最常用的标准，要求所考虑的 N 个振型沿 X、Y 或 Z 中任一方向的总振型参与质量至少等于结构总质量的 90%。 条款*4.3.3.3.1(2)*，*4.3.3.3.1(3)* *4.3.3.3.1(4)*

作为备选方案，如果上述标准难以满足，特征值分析中的任意单个振型沿着地震作用 X、Y 或 Z 向的振型参与质量均应大于总质量的 5%。显然，因为在特征值分析时振型还是未知的，所以这个标准难以应用。

作为复杂案例的第三种备选方案（例如，在扭转振型显著的房屋建筑中，或者当设计中考虑竖向地震作用分量 Z 时），最小振型数 N 应至少等于 $3\sqrt{n_{st}}$（其中 n_{st} 表示基础或刚性地下室的顶部之上的楼层数），并且其最短固有周期不超过 0.2s。从标准的措辞可以清楚地看出，只有在证明上述两个方案都不适用的情况下，才能选择第三个备选方案。 条款*4.3.3.3.1(5)*

最常用的标准要求设计中考虑的每个地震作用分量 X、Y 或 Z 的振型参与质量总和至少占总质量的 90%，且只考虑基底剪力的大小，甚至仅部分考虑：振型剪力等于振型参与质量和结构自振周期对应的谱加速度的乘积；因此，如果基本周期在（伪）加速度谱的尾部，而高阶模态的自振周期在恒定（伪）加速度区段，则振型参与质量低估了高阶振型对基底剪力的重要性。其他整体响应量，如基底处的倾覆力矩和顶部位移，对振型数的敏感性甚至比基底剪力更低。然而，相比于局部响应，例如层间位移、上层剪力或构件内力，整体响应量的估算对振型数的敏感度更低。作为抗震设计过程的重要步骤，例如承载力极限状态的构件尺寸是基于局部（即构件）水平分析的地震作用效应，特征值分析中考虑的振型应该占总质量的 90% 以上（接近 100%），以使构件水平的动力响应峰值具有足够的精度。

某些技术可以近似地估计由于高阶振型截断（例如通过增加静力响应）而造成的质量丢失。与包括 EN 1998-2（桥梁）在内的其他标准不同，EN 1998-1 不要求采取这种措施。

4.5.3.3　结构模态响应的组合

在反应谱分析法中，对两种不同振型的弹性响应通常是相互独立的。振型 i 和 j 之间的相关性的大小可以通过这两种振型的耦联系数 r_{ij} 来表示[42,43]： 条款*4.3.3.3.2(1)*

$$r_{ij}=\frac{8\sqrt{\xi_i\xi_j}(\xi_i+\rho\xi_j)\rho^{3/2}}{(1-\rho^2)^2+4\xi_i\xi_j\rho(1+\rho^2)+4(\xi_i^2+\xi_j^2)\rho^2} \tag{D4.8}$$

式中，$\rho=T_i/T_j$；ξ_i 和 ξ_j 分别为振型 i 和 j 的阻尼比。如果两种振型的自振周期相近（即如果 ρ 接近于1），耦联系数的值也接近于1，则这两阶振型的响应不能被视为相互独立。对于房屋建筑，EN 1998-1 认为如果其周期的最小值与最大值之比 ρ 介于 0.9～1/0.9 之间，则不能将两个振型 i 和 j 看作是相互独立的；当 ρ 处于这个范围内且 $\xi_i=\xi_j=0.05$ 时，由式（D4.8）可得 $r_{ij}=0.47$（EN 1998-2 在桥梁上更加严格，振型 i 和 j 不相互独立时 ρ 的范围在 $1+10(\xi_i\xi_j)^{1/2}$ 到 $0.1/[0.1+(\xi_i\xi_j)^{1/2}]$ 之间；当 $\xi_i=\xi_j=0.05$ 且 ρ 处于这个范围内时，由式（D4.8）可得 $r_{ij}=0.05$）。值得注意的是，在 X 和 Y 这两个水平方向具有相似结构布置和抗震性能的房屋建筑中，在平面内相互垂直的两个方向上（通常不是在 X 和 Y 这两个水平方向上），会存在相似的两阶模态，且其自振周期相近。在这种情形下，这两阶振型不是相互独立，而是紧密相关的。

条款4.3.3.3.2(2)

如果所有相关的模态响应都是相互独立的，那么地震作用效应可能的最大值 E_E 等于各阶模态响应的平方和的平方根（SRSS 准则[44]）：

$$E_E=\sqrt{\sum_N E_{Ei}^2} \tag{D4.9}$$

式中，在 N 阶振型内求和，E_{Ei}表示由于振型 i 引起的该地震作用效应的峰值。

条款4.3.3.3.2(3)

如果任意两种振型 i 和 j 的响应不相互独立，Eurocode 8 要求使用更精确的模态最大响应组合方法，以完全二次式组合（CQC 准则[42]）为例。根据该准则，地震作用效应可能的最大值 E_E 为：

$$E_E=\sqrt{\sum_{i=1}^{N}\sum_{j=1}^{N}r_{ij}E_{Ei}E_{Ej}} \tag{D4.10}$$

式中，r_{ij}是由式（D4.8）给出的振型 i 和 j 的耦联系数；E_{Ei}和 E_{Ej}分别是由振型 i 或 j 引起的地震作用效应的峰值。由于振型耦联，SRSS 准则是偏于不安全的。在这种情况下，与时程分析结果的比较已经证明了 CQC 准则的精确性。

如果 $i\neq j$（$i=j$ 时，显然 $r_{ij}=1$），SRSS 准则中式（D4.9）是式（D4.10）中 $r_{ij}=0$ 时的特例。在具有特征值和反应谱分析能力的计算机程序中，式（D4.10）的复杂性不是问题。因此，没有理由在程序中采用更简单的式（D4.9）来替代更为通用且更精确的式（D4.10）。

4.5.4 地震作用竖向分量的线性分析

条款4.3.3.5.2(1)

在房屋建筑中，地震作用的竖向分量通常可以忽略不计，因为：

- 它的影响通常由持久设计状况和短暂设计状况所涵盖，包括永久荷载（恒荷载）和外加载荷（活荷载），两者都乘以荷载分项系数，通常大于 1.0；
- 除了建筑物中大跨度和大质量的梁之外，竖向振动基本周期由竖向构件的轴向刚度控制并且很短，因此竖向地面运动的谱放大系数很小。

考虑到上面针对这种可能性的两个论点，Eurocode 8 规定当竖向地震活动的影响较大，且满足以下两个条件时，应考虑地震活动的竖向分量：

(1) 地面的设计峰值竖向加速度 a_{vg} 超过 $0.25g$。

(2) 建筑物或结构构件属于以下类别之一：

(a) 建筑物是基础隔震的；

(b) 所设计的结构构件是（几乎）水平的（即梁、大纵梁或板）且：

—跨度至少 20m；

—悬臂超过 5m；

—由预应力混凝土组成；

—在其跨度的中间点支撑一个或多个柱。

在条件(2)(b)的情况下，对竖向分量的动力响应通常具有局部性质，例如，它涉及需要考虑竖向分量的水平构件，以及与它们的相邻或支撑构件，但不涉及整个结构。因此，Eurocode 8 允许建立局部结构模型来进行分析，该模型可计算竖向地震响应，同时避免对重要结果产生不相关和不重要的影响而引起混淆与模糊。局部结构模型将包括考虑竖向分量作用的构件（上面列出的）及其直接相关的支撑构件或子结构，而其他所有相邻构件（如相邻跨）可能只考虑它们的刚度贡献。

条款 4.3.3.5.2(2)，4.3.3.5.2(3)

4.5.5　非线性分析法

4.5.5.1　适用范围

Eurocode 8 中非线性分析方法的主要用途是评估新设计的抗震性能，或评估现有或改造的房屋建筑。事实上，EN 1998-3（关于房屋建筑的评估和改造）中的参考分析方法是非线性的。在 EN 1998-1 中，非线性方法仅限于：

条款 4.3.3.1(4)，4.3.3.4.2.1(1)

- 详细评估新房屋建筑设计的抗震性能（包括确定塑性机制及损伤的分布和程度）。

- 隔震房屋建筑的设计，在相当严格的条件下允许使用线性分析方法，并且以非线性方法作为参考。

另外，对于非线性静力（推覆）分析法，EN 1998-1 介绍了两种附加用途：

- 验证或修改系数 α_u/α_1 的值，该系数被纳入混凝土、钢或组合结构的性能系数的基本或参考值 q_0 中，以考虑由于结构系统冗余度导致的超强现象（参见 5.5 和图 5.2）。

- 对不是通过线弹性分析和考虑性能系数 q 设计谱的基于力的，而是基于非线性静力分析和延性构件变形验算的结构设计。地震作用由 5% 阻尼比的弹性反应谱（参见 4.5.5.2）而不是设计谱计算的目标位移来进行定义。

Eurocode 8 新引入了“推覆”分析法（静力弹塑性分析法）。由于世界上没有先例，并且可参考的设计经验不足以判断这一方法是否可行，因此除了隔震房屋建筑的设计外，允许各国通过其国家附件进行限制甚至禁止将非线性分析法用于设计。

4.5.5.2　非线性静力（“推覆”）分析

条款4.3.3.4.2

不同于侧向荷载或模态响应谱的线弹性分析（长期以来一直是新建结构抗震设计的基础）以及非线性动力（时程）分析（自从20世纪70年代以来广泛用于研究、标准校验或其他特殊目的），非线性静力（“推覆”）分析并不是一个广为人知或普遍使用的方法，直到美国发布了重要的设计指南[45,46]，以满足针对现有建筑抗震评估和改造的实际和具有成本效益的计算方法的迫切需要。此后，由于其简单性和直观性以及在计算机程序中的广泛可用性，“推覆”分析已成为现有建筑抗震性能评估的主流分析方法。

条款 4.3.3.4.2.1(1)，4.3.3.4.2.2(2)，4.3.3.5.2(5)

推覆分析是一种在重力荷载保持不变、水平荷载单调增加条件下的非线性静力分析方法。侧向荷载施加于结构模型中的质心，以模拟由地震作用单个水平分量引起的惯性力。由于施加的侧向荷载不固定而是单调增加的，该方法可以描述塑性机制和结构损伤的演变，并估算这些塑性机制和损伤与侧向荷载大小及水平位移的函数关系。

该方法实质上是将线性分析的底部剪力法推广到非线性范围。因此，该方法只能分析地震作用的水平分量，而不能分析竖向分量。

侧向力模式

条款 4.3.3.4.2.2(1)

推覆分析最初是为平面分析而开发的，这也是它现在主要应用的领域。即使在三维结构模型的应用中，所施加的侧向力也会模拟由于地震作用的单个水平分量而产生的惯性力，在推覆分析过程中施加到质量 m_i 上的力 F_i 与特定水平位移模式 Φ_i 成比例：

$$F_i = \alpha m_i \Phi_i \tag{D4.11}$$

根据 Eurocode 8，应使用以下两种侧向荷载模式进行推覆分析：

（1）“均布分布”，对应于均布的单向横向加速度，即式（D4.11）中的 $\Phi_i = 1$。

（2）“振型分布”，取决于以下适用于特定结构的线性分析类型：

—如果建筑物满足底部剪力法的应用条件，即“倒三角形”单向荷载模式，类似于在底部剪力法中使用的模式[即式（D4.11）中 $\Phi_i = z_i$]。

—如果建筑物不满足底部剪力法的应用条件，则在水平方向上模拟第一振型的峰值惯性力并进行分析。虽然 Eurocode 8 在这方面没有具体规定，但其明确式（D4.11）中的 Φ_i 应遵循由模态分析确定的第一振型。如果第一振型不只有平动，则 Φ_i 和侧向荷载 F_i 不再是单向的：它可能具有与所考虑的地震作用分量正交的水平分量。

条款4.3.3.4.2.4，4.3.3.4.1(7)

宜采用两种标准侧向荷载模式（“均布”和“振型”模式）的推覆分析中的最不利结果。此外，除非相对于所考虑的地震作用分量的正交轴具有完美的对称性，否则在正向和负向上都应施加侧向荷载作用，并且取这两个分析中最不利的一个。

能力曲线

条款4.3.3.4.2.3

推覆分析的关键成果是“能力曲线”，即基底剪力 F_b 与结构侧移 d_n 之间的关系。该位移通常指结构模型的某个节点 n 处的位移，称为“控制节点”。控制节点通常指顶层的质心。推覆分析必须至少拓展到能力曲线上的点，该点位移等于1.5倍“目标位移”，这个点表示地震作用分量的需求。当达到目标位移时，推覆分析得到的结构非弹性变形和力是局部构件的需求。

虽然在物理概念上，依据基底剪力和屋顶位移表示能力曲线是很有吸引力的。但是，从数学上讲，依据等效单自由度（SPOF）体系的侧向荷载和位移表示的能力曲线，即用谱值定义地震需求是更好的选择。下面介绍了确定地震需求所必需的等效单自由度体系。

假定位移模式的等效单自由度体系

本节涉及 EN 1998-1 的*附录B.2*　。

推覆分析的等效单自由度是通过 Fajfar[47] 的 N2 算法推导得出的，参见 EN 1998-1*附录B*。

式（D4.11）中的水平位移 Φ_i 进行了归一化，因此在控制节点处，$\Phi_n=1$。等效单自由度体系的质量 m^* 为：

$$m^* = \sum m_i \Phi_i \tag{D4.12}$$

等效单自由度体系的力 F^* 和位移 d^* 分别为：

$$F^* = \frac{F_b}{\Gamma} \tag{D4.13}$$

$$d^* = \frac{d_n}{\Gamma} \tag{D4.14}$$

其中，

$$\Gamma = \frac{m^*}{\sum m_i \Phi_i^2} \tag{D4.15}$$

从式（D4.11）～式（D4.15）可以清楚地看出，如果 Φ_i 模拟主振型的形状，则转化系数是该振型在侧向荷载作用方向上的振型参与系数。

能力曲线的理想弹塑性化

本节涉及 EN 1998-1 的*附录B.3*　。

为了根据“目标位移”确定地震需求，需要估算等效单自由度系统的周期 T^*。根据 Fajfar 的 N2 算法，该周期 T^* 是根据符合单自由度体系能力曲线的理想弹塑性曲线的弹性刚度确定的。理想弹塑性曲线的屈服力 F_y^*，也就是单自由度体系的极限承载力，与形成完全塑性机制时的力 F^* 相等。理想弹塑性曲线的弹性刚度确定方式为：实际能力曲线下的面积等于理想弹塑性曲线形成塑性机制时的面积（图4.2）。此条件对理想弹塑性单自由度体系的屈服位移给出了下列值：

$$d_y^* = 2\left(d_m^* - \frac{E_m^*}{F_y^*}\right) \tag{D4.16}$$

式中,d_m^* 表示形成塑性机制时等效单自由度体系的位移;E_m^* 表示实际能力曲线在该点处的变形能。

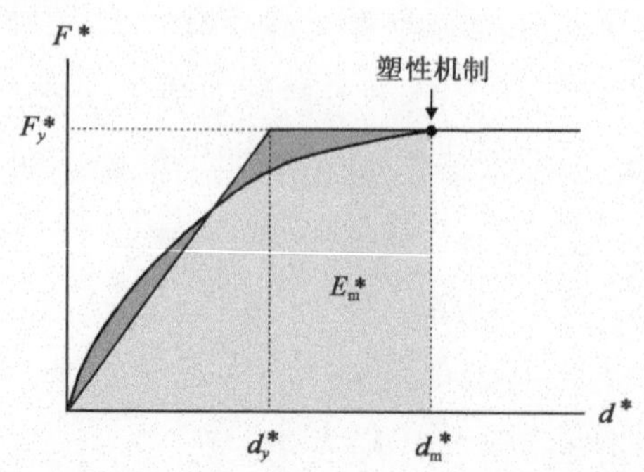

图 4.2 推覆分析中等效单自由度体系能力曲线的理想弹塑性曲线[47]

单自由度体系的屈服力 F_y^* 和屈服位移 d_y^* 的唯一用途是估算弹性刚度,即 F_y^*/d_m^*。确定这两个参数的值并不需要在能力曲线上识别塑性机制。如果在目标位移和能力曲线的终点之间没有形成完整的塑性机制,则可以依据能力曲线终点确定 F_y^*、d_m^* 和 E_m^*。

等效单自由度体系的周期

本节涉及 EN 1998-1 的*附录B.4* 。

等效单自由度体系的周期 T^* 的计算公式为:

$$T^* = 2\pi\sqrt{\frac{m^* d_y^*}{F_y^*}} = 2\pi\sqrt{\frac{m^* d_{ny}}{F_{by}}} \tag{D4.17}$$

式中,F_{by}和 d_{ny}分别为理想弹塑性单自由度体系"屈服点"处的基底剪力和控制节点位移。

如果结构达到理想弹塑性单自由度体系的屈服点前是线弹性的,则由式(D4.17)得到的周期 T^* 与式(D4.6)的瑞利法计算值相等。在瑞利法中采用与求解能力曲线相同的侧向荷载模式进行线性分析。换言之,在将三维结构转换成等效单自由度体系的过程中,结构的基本周期保持不变。

目标位移

条款4.3.3.4.2.6

本节涉及 EN 1998-1 的*条款4.3.3.4.2.6* 和*附录B.5* 。

底部剪力法和振型分解反应谱的线弹性分析或非线性动力(响应时程)分析,都容易计算得到在给定地震作用下结构的最大响应(即地震需求)。与之不同的是,推覆分析本质上仅能得到能力曲线,而其地震需求须单独计算。地震需求通常根据地震引起的最大位移计算。等效单自由度体系的最大位移或整个结构控制节点的最大位移即为"目标位移"。

Eurocode 8 中采用 Fajfar[47]的 N2 算法来估算目标位移。N2 算法基于等位移法则,适用于短周期结构。在该算法中,如果周期 T^* 大于转角周期 T_C(即弹性谱的恒定伪加速度段和恒定伪速度段的分界点),依据式(D4.17)可求得具有周期 T^* 的等效单自由度体系的目标位移。等效单自由度体系能力曲线中理想弹塑性曲线屈服点处的目标位移可由 5% 阻尼比弹性加速度谱 $S_e(T)$ 求得：

当 $T \geqslant T_C$ 时，
$$d_{et}^{*} = S_e(T^{*})\left(\frac{T^{*}}{2\pi}\right)^2 \tag{D4.18}$$

如果 T^* 小于 T_C，则根据 Vidic 等[4] 提出的 q-μ-T 关系式[式(D2.1)和式(D2.2)]校正目标位移。式(D2.2)给出：

当 $T < T_C$ 时，
$$d_t^{*} = \frac{d_{et}^{*}}{q_u}\left[1 + (q_u - 1)\frac{T_C}{T^{*}}\right] \geqslant d_{et}^{*} \tag{D4.19}$$

式中，q_u 表示 $m^* S_e(T^*)$ 与理想弹塑性曲线屈服强度 F_y^* 的比值。图 4.3 以图形方式描述了式(D4.18)和式(D4.19)的计算原理。

通过反演式(D4.14)，可求出单自由度系统目标位移对应的控制点 n 处的位移。

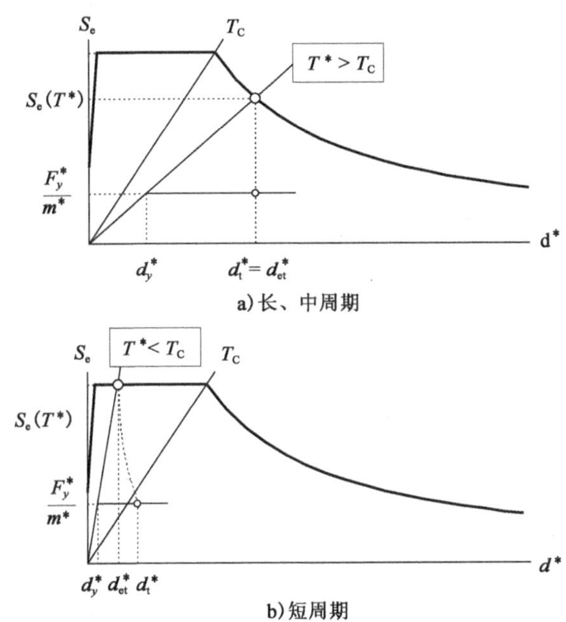

图 4.3　推覆分析确定的等效单自由度体系目标位移[47]

推覆分析中的扭转效应

如前所述，采用推覆分析以及 EN 1998-1 中 Fajfar 的 N2 算法对地震作用的单个分量进行平面分析。从上面可以清楚地看出，只有在响应过程中侧向惯性力 F_i 确实遵循由式(D4.11)得到的假定水平位移模式 Φ_i 时，即结构的响应遵从单一振型[见式(D4.11)]，标准推覆分析才能得出预期的塑性机制及损伤的分布和程度。如果三维模型中的扭转和/或高阶振型效应可能显著影响响应，则须考虑标准推覆分析的适用范围及在这种情况下该如何修正的问题。

条款
4.3.3.4.2.7(1)，
4.3.3.4.2.7(2)

如果推覆分析中两个正交方向上的基本振型包含扭转分量，侧向力 F_i 作用于节点，且对应的位移模式 Φ_i[式(D4.11)]遵循基本振型的形状，则可计算该扭转分量对响应的影响。然而，如果在两个正交水平方向之一中的第一或第二振型主要是扭转振型，则标准推覆分析可能高估平面中较柔/弱一侧的挠度(即在与之平行的侧向静荷载作用下,一侧的水平位移比对侧的更大),并且低估刚性/强一侧的挠度。较柔/弱一侧的计算偏差通常偏于安全(保守),可以忽略。然而,在刚性/强一侧的计算偏差可能偏于不安全。根据 Eurocode 8,应该考虑这一因素。

更具体地说,这一规定可按如下方式执行[48,49]:

(1)对三维结构模型进行标准推覆分析,将侧向荷载的单向模式依照"均布模式"或"振型模式"施加于楼层的质心。

(2)建立了等效单自由度体系,并给出了其能力曲线的理想弹塑性近似;等效单自由度体系的目标位移由具有 5% 阻尼比的弹性反应谱确定,并通过式(D4.14)转换为屋顶质心控制点 n 处的位移。

(3)对同一三维结构模型进行振型分解反应谱分析。首先,进行推覆分析后,通过平方和的平方根[式(D4.9)]或完全二次式[式(D4.10)]组合准则,计算顶层所有节点(包括质心的控制节点)的水平位移。其次,将顶层水平位移除以顶层质心控制节点上的位移值,即可得到"放大系数"。"放大系数"的数值定量反映了扭转对位移的影响。

(4)当上述(3)的放大系数大于 1.0 时,用它乘以沿同一垂直线的所有节点位移,而这些节点位移是由上面(1)和(2)点的标准推覆分析计算得到。一方面,计算结果反映了整体塑性的发展;另一方面,反映了整体扭转对塑性平面分布的影响。限制放大系数大于 1.0 意味着忽略由扭转引起的放大。因为,非线性时程分析表明,塑性的程度和幅值越大,扭转对局部响应的影响越小。

推覆分析的高阶振型效应

如上所述,当振型形状与式(D4.11)所用的位移模式近似时,基于式(D4.11)的力模式的推覆分析能分析单一振型的影响。针对高阶振型的影响,提出了模态推覆分析方法[50,51]。它在柔性多层钢框架(即对称的及质量不对称的钢框架)中的应用表明,考虑三阶主振型的模态推覆分析结果与非线性时程分析的计算结果基本一致。

EN 1998-3[52]规定,只有满足 4.5.2.2 中条件(a)(基本周期小于 2s 且为恒定加速度谱区段与恒定伪速度谱区段之间的特征周期 T_C 的 4 倍)时,才可采用基于两种标准侧向荷载模式("均布"和"振型"模式)的推覆分析。对于不满足此条件的房屋建筑,可使用非线性动力(响应时程)或模态推覆分析。

4.5.5.3　非线性动力(时程)分析

条款
3.2.3.1.1(2),
3.2.3.1.2(4)(a),
4.3.3.4.3(1)
4.3.3.4.3(3)

非线性动力(时程)分析方法是在 20 世纪 70 年代发展起来的,用于研究、标准校准或其他特殊目的。之后,由于具有非线性动力分析能力的计算机程序的广泛应用,该方法在工程实践中逐渐被采用。非线性动力分析用于评估通过其他方法(例如,通过性能系数 q 和线性分析的基于力的常规设计)或循环分析实现的结构设计。非线性时程分析在隔震结构(房屋建筑或桥梁)分析中的应用最为广泛,因为隔震结构的动力响应是由强非线性的隔震装置来控制的。隔震装置的力-位移滞回性能是强非线性的,且不遵循标准模式,主要取决于所使用的隔震装置。

与静力分析不同,非线性动力分析不需要预先近似确定整体非线性抗震需求(参见推覆分析中的目标位移),整体位移需求是在响应分析过程中确定的。此外,与仅提供峰值响应最佳估计的振型分解反应谱分析(通过统计方法,例如SRSS和CQC准则)不同,通过非线性动力时程分析确定的峰值响应是十分精确的。该方法的唯一缺点是较为复杂,并且其结果对输入的地震动比较敏感。

对于非线性动力时程分析,地震作用以地面运动时程(地震波)的形式表示,并且地震波的反应谱在平均意义上与定义地震作用的5%的阻尼比弹性反应谱一致。在分析中,应至少采用三个人工波、实测波或模拟波作为地震动输入(成对的或三个不同的记录为一组,在地震作用下用于两个或三个方向下的分析)。如果响应是由至少七次非线性时程分析得到的,其中(三个或一对)地震波的反应谱在平均意义上与5%的阻尼比弹性反应谱一致,则所有分析结果的平均值可作为相关验算的依据;否则,抗震验算应取地震响应的最不利值。

4.6　线性建筑结构分析模型

4.6.1　离散化程度

对于抗震设计分析,在建立结构模型时,设计人员应谨记分析的目标是为结构抗震设计服务,而不是分析本身。实现最终目标需要是一个漫长的过程,其中间阶段通常是对结构模型进行线弹性分析。构件的详细设计阶段也同样重要,包括分析内力结果、确定构件的尺寸及为满足延性要求对构件的详细设计。建模和分析的唯一目的是为详细设计的倒数第二阶段提供数据。如果不仅仅考虑柱构件,则应充分考虑基于构件的实际尺寸和构造措施来抵抗低周非弹性往复变形的设计细则。二维(平面)构件的相应细则,仅适用于具有特定结构功能的特殊情况,例如反对称弯曲的低剪力比混凝土组合梁、含偏心支撑钢框架的抗震连接区域或梁柱内外节点区域。因此,结构模型主要采用三维梁单元。

根据EN 1998-1 *第4 章*,线弹性分析的建筑结构模型应能很好地表示结构单元的刚度分布和整个建筑的质量分布。对于设计而言,这可能还不够。正如上文所强调的,结构的理想化和离散化应该与其三维几何构型紧密对应,这样才能达到分析的主要目的,即为构件和截面的尺寸和构造措施的确定提供地震作用效应结果。这意味着,例如,一个葫芦串模型,其中楼层的所有构件组合成一个单元,且每层只有三个自由度(用于三维分析),这种简单模型不足以达到抗震设计的目的。 *条款4.3.2(1)*

另一极端是,一个非常精细化的有限元模型,对每个节点提供非常“精确”的弹性位移和应力估算,但其实际上没有意义。原因是:与确定构件尺寸相关的“平均”地震作用下的可靠与精确的计算结果,即应力分析结果,可由结构的空间框架有限元模型计算得到。此外,通过精细有限元模型分析得到的一些精细结果,例如,深梁横截面中的应变空间分布,或具有组合横截面构件中的剪力滞后,在非弹性响应的条件下会失去其参考价值(不适合用作设计地震作用下的结构承载力极限状态验算和构件验算)。还应回顾：①由二维单元建模的平面构件或区域；②同一个平面内的三维梁单元需要特殊处理，如在壳体有限元中，垂直于壳体表面的转动自由度不具有任何刚度，因此不能直接连接到三维梁单元。基于以上原因，适用于抗震设计分析的结构模型类型包含每个构件的模型，其中每个梁、柱或支撑，以及楼层之间的墙的每个部分均用三维梁单元建模，这些构件每个节点处包括 3 个平动自由度和 3 个转动自由度。质量也可能集中在这些节点上，一般与这 6 个自由度相关。如果分析还考虑了地震作用的竖向分量，则还应包括大跨度梁跨中或悬臂梁末端的集中质量。不管其他单元是否连接到这些节点，这些节点应具有 6 个自由度。

4.6.2 梁、柱和支撑的建模

梁、柱和支撑的建模通常为柱状三维梁单元，其参数包括横截面积 A，相对于横截面主轴 y 和 z 的惯性矩 I_y 和 I_z，剪切面积 A_y 和 A_z，扭转惯量 C 或关于质心轴 x 的圣维南扭转 I_x。

对于截面由多个矩形截面(如 L 形、T 形和 C 形截面)组成的构件，其内力(弯矩和剪力)总是与截面的边平行。因此，分析应该提供与平行于截面侧面的质心轴相关的作用效应。在横截面不对称的柱、墙或支撑(如 L 形和 T 形截面等)中，这些质心轴通常偏离横截面的主轴。当这种偏差很大并且两个实际主弯曲方向之间的抗弯刚度差异很大(例如 L 形截面)，且抗弯刚度差异影响较大(例如，为了与这两个方向的不同抗弯能力保持一致)时，则除了计算关于平行截面侧面的质心轴 y 和 z 的惯性矩外，还应计算惯性矩 I_{yz}(或者应该给出 y 轴和 z 轴相对于整体坐标系的方向及主惯性矩)。对于相同类型的截面，令平行截面侧面两个方向上的剪切面积等于矩形的整个面积，其中长边平行关注的方向且投影在主质心轴上，以得到这些方向上的剪切面积 A_y 和 A_z。

与混凝土板连接的混凝土或组合梁的横截面通常为 T 形或 L 形，且整个跨度内有效翼缘宽度保持恒定。为方便起见，有效板宽的规定与重力载荷的规定相同，即在涉及材料的 Eurocodes 中，规定有效板宽为梁反弯点之间距离的分数。支撑在二级托梁或竖向截断的柱中间的主梁，应通过一系列次梁的形式来进行建模。所有这些次梁的有效翼缘宽度应相同，并应在竖向构件之间对应的主梁跨度内进行建模。相比之下，二级托梁的有效翼缘宽度取决于主梁之间的较短跨距。

与本小节第二段中关于 T 形、L 形或其他非对称横截面的柱、墙或支撑的说明不同，连接到楼板的有翼缘混凝土梁应分别指定垂直或平行板平面的 y 轴和 z 轴，即使它们的腹板不垂直板平面(例如支撑斜屋顶的水平梁)。基于有效翼缘宽度可计算 T 形或 L 形截面的转动惯量和梁腹板的剪切面积 A_y。如果与梁连接的板为刚性板，则不需要计算 A、I_y 和 A_z；反之，则可能必须计算这些值以模拟楼板的弹性。

根据 EN 1998-1 第4章，结构模型还应考虑节点域（例如框架梁或柱的端部区域）对结构变形能力的贡献。为此，三维梁单元在另一构件节点区域内通常被认为是刚性的。如果所有构件的节点都进行这种假定，则总体结构刚度偏高，因为在节点核心区域内有显著的剪切变形（还有混凝土接缝处的纵向钢筋的滑动和局部伸出）。因此，建议仅将节点内部与体积较小和刚性的构件（例如通常是梁）的连接区域考虑为刚性的。模拟构件刚性节点的方法有以下两种： *条款4.3.2(2)*

(1)考虑梁的净跨，即梁的实际"弹性"长度，用一个(6×6)转换矩阵来表示柱实际端部的自由度和相应节点自由度之间的约束刚体运动。

(2)在"弹性"构件的实际端部和相应节点之间插入虚拟的、近似无限刚性的刚臂。

除了由于附加构件和节点而增加的计算量之外，方法(1)可能会带来不良问题，因为实际的和虚拟的连接构件之间的刚度差异很大。如果使用这种方法，由于缺少方法(2)的计算能力，则应检查结果对虚拟构件刚度的敏感性，例如，当虚拟元件的刚度改变一个量级时，确保计算结果仍保持基本不变。

如果构件的端部，例如梁的端部在节点处建模为刚性，那么构件端部的应力结果通常可在计算中得出，进而直接用于确定柱端部的截面尺寸。如果没有上述刚性端部，那么梁顶部的应力和梁的挠度将根据梁的高度等参数来单独计算，或者基于节点处的应力结果保守地确定柱的尺寸。

如果连接构件的质心轴不相交，则应当将数学模型的节点设在连接构件之一的质心轴上，通常是竖向构件，而其他构件的端部宜以偏心的方式连接到该节点上。偏心连接将会在节点内梁端区域的刚性模型中考虑：刚性端部不会与梁轴共线，而是成某个角度。

在具有刚性末端的构件上指定的分布荷载，通常被分析程序认为仅作用于刚性末端之间的"弹性"部分。在"弹性"构件长度之外未被计算的荷载，部分应单独指定为节点处的集中力。

4.6.3　墙体建模的特殊考虑

4.6.1 针对构件类型的建模，将每一个单独连接到其他构件的结构构件作为一个三维梁单元，也适用于混凝土、砌体甚至组合（钢与混凝土）墙，或连续楼层和/或开口之间的墙体。墙体的这种建模通常被称为"宽柱类比"。EN 1998-1 第5章规定由相连或相交的矩形截面（L形、T形、U形、I形或类似）组成的混凝土墙宜考虑轴力弯曲和剪力作用，作为单个整体单元来确定尺寸，该单元由一个或多个与剪力（大致）平行的腹板和与其垂直的一个或多个翼缘组成。此外，考虑到单个整体截面，也给出了计算这种墙中配筋的规定。因此，对于确定尺寸和构造措施的后续设计阶段来说，最方便的是将任意截面模型转化为具有整体截面特性的单层高三维梁单元。该方法的唯一问题可能涉及截面不是（接近）矩形的墙的扭转建模，详见下一段。 *条款5.4.3.4.1(4)*

对于由相连的或相交的矩形段组成的墙,另一种单个单元建模方法是在每个矩形段的质心轴处使用单独的三维梁单元。根据 EN 1998-1 *第5 章*的要求,为了确定考虑轴力弯曲作用下的整体截面尺寸和细部构造,每个三维梁单元计算得到的弯矩和轴力需要转化为整个截面的 M_y、M_z 和 N。如果这些构件在楼板水平处连接到共同的节点上(例如,通过绝对刚性的水平段或等效动力约束),则该模型完全等同于沿整个截面质心轴的单个三维梁单元。

除了半封闭截面墙之外,协调扭转不是墙抗震性能的重要组成部分。因此,精确估算扭转剪力对于墙体本身的设计并不重要。相关问题是,对于截面不是(接近)矩形的墙,其扭转刚度和响应的建模是否会显著影响其他结构构件的地震作用效应。如果采用具有整体截面特性的单层高三维梁单元,那么提高其他构件抗震效应计算精度的措施是使三维梁单元的轴线通过其横截面的剪切中心,而不是质心轴。对于 L 形或 T 形截面,这是非常方便的,因为剪切中心位于横截面的两个矩形部分纵向轴线的交点处,该纵向轴线通常与伸入墙中的梁腹板轴线重合。将墙体构件轴线设在横截面的剪切中心而不是其质心会产生误差。例如,梁端部通过水平刚臂连接到相应的墙体节点上,则在计算由于墙体弯曲转动引起的竖向位移时,会产生误差。另一个问题是关于刚性转动的估算。假定纯圣维南扭转[即 $G\sum(l_w b_w^3/3)$,l_w 和 b_w 表示截面每个矩形段的长度和厚度]的估算不考虑扭转引起的截面翘曲而产生的抗力。然而,在考虑这些问题时,设计人员应该知道,正如4.6.4(最后一段)所述,混凝土开裂导致的扭转刚度降低存在很大的不确定性。

在楼层等处深入墙体的梁应连接到墙轴线处的节点上。该节点与梁的实际端部之间的任何偏心在建模时都宜视为刚性连接。如果偏心框架梁与墙体的平面成直角(即在其弱方向上),则计算连接的挠度会更准确,如果这在计算上可行:在梁端部和墙中心线处节点之间的刚性连接构件可以认为具有部分扭转刚度 $GC = Gh_{st}b_w^3/3$,其中 h_{st} 表示楼层高度,b_w 表示墙壁厚度。

4.6.4　混凝土与砌体的开裂刚度

条款4.3.1(6),4.3.1(7)

Eurocode 8 关于耗能和延性设计的基本假设是,结构对单调侧向荷载的非弹性响应是双线性的,即接近理想弹塑性。分析中使用的弹性刚度是双线性力-变形滞回曲线对应的弹性刚度。这意味着在分析中使用未开裂的混凝土或砌体的完全弹性刚度是不合适的。因此,EN 1998-1 *第4 章*要求对混凝土、钢与混凝土组合结构或砌体结构的分析应以构件刚度为基础,同时考虑开裂的影响。此外,为了反映弹性刚度对应于双线性力-变形滞回曲线弹性刚度的要求,EN 1998-1 *第4 章*还要求混凝土构件的刚度对应于钢筋的屈服点。除非对开裂构件进行更精确的建模,否则将该刚度取为未开裂构件刚度的 50%,而忽略钢筋的影响。该默认值相当保守:试验测量的钢筋混凝土构件在初始屈服点的割线刚度,包括钢筋滑移和节点中屈服渗透的影响,平均约为未开裂混凝土截面的 25% 或更少[53]。试验值与 Eurocode 2 中计算混凝土结构二阶效应的有效刚度一致，取为：

- 未开裂混凝土全截面的刚度 E_cI_c 的一部分等于轴向荷载比 $\nu_d = N/A_cf_{cd}$ 的 20% 或 0.3 倍，取两者的较小值，再加上钢筋相对于截面质心的刚度 E_sI_s；
- 如果配筋率超过 0.01（但其确切数值尚不清楚），取为未开裂混凝土截面刚度 E_cI_c 的 30%。

在分析中取偏低的有效刚度估计值时，二阶效应增加，依据 Eurocode 2，这是偏于安全的。相比之下，在 Eurocode 8 的抗震设计中，使用有效刚度的偏高估计值更为保守，因为这减小了周期并增加了相应的谱加速度。使用 50% 的未开裂截面刚度正是为了达到这一目的。然而，根据过高的有效刚度值计算的侧向位移和 P-Δ 效应可能被严重低估。

梁、柱或支撑的扭转对其抗震性几乎无影响。在混凝土结构中，构件裂缝对角线上的抗扭刚度远大于开裂时的剪切刚度或抗弯刚度。混凝土构件的有效抗扭刚度 GC_{ef} 应指定一个非常小的值（接近于零），因为由于变形协调引起的扭矩在开裂时也会随着抗扭刚度下降，并且当其取较大值时可能会降低构件的抗弯和抗剪刚度。相比之下，抗弯刚度和抗剪刚度对抗震性能更重要。构件抗扭刚度的降低不应通过降低混凝土 G 值来实现，因为这可能会降低有效抗剪刚度 GA_{sh}，并过度增加构件的剪切变形。

4.6.5　考虑二阶（P-Δ）效应

EN 1998-1 *第4章*要求考虑结构的二阶（P-Δ）效应，对于楼层竖向构件，这些效应总体上超过一阶效应的 10%。层间位移灵敏度系数 θ 为层中总二阶矩与该层一阶倾覆弯矩变化值的比值： *条款4.4.2.2(2)，4.4.2.2(3)*

$$\theta_i = \frac{N_{tot,i}\Delta d_i}{V_{tot,i}h_i} \tag{D4.20}$$

式中：

- $N_{tot,i}$ 表示在抗震设计下，根据 4.4.2 确定的第 i 层及以上的总重力荷载。
- Δd_i 表示第 i 层的层间位移，即该层顶部和底部的平均侧向位移 d_i 和 d_{i-1} 的差；如果在设计反应谱（即 5% 阻尼比的弹性谱除以性能系数 q）的基础上使用线弹性分析，那么 d_i 和 d_{i-1} 应乘以性能系数 q；层间位移值在楼层质心处确定（如果使用主节点，则在主节点处）。
- $V_{tot,i}$ 表示楼层 i 的总剪力。
- h_i 表示楼层 i 的高度。

如果所有楼层中 θ_i 均小于 0.1，则可忽略二阶效应；但如果所有楼层中 θ_i 均大于 0.1，则宜对整体结构考虑二阶效应。如果所有楼层中 θ_i 均小于 0.2，则 P-Δ 效应可近似不考虑二阶效应分析，但地震作用水平分量产生的一阶效应应乘以 $1/(1-\theta_i)$。在所有楼层中 θ_i 取最大值的整体结构是安全的，并在一阶分析的框架内可保持力的平衡。当所有楼层中 θ_i 均大于 0.2 时，则需要精确的二阶分析。对于没有刚性楼板的房屋建筑,可采用下一段所述的模型进行分析。

如果连接竖向构件的楼板为刚性楼板,则可以根据上一段内容充分考虑 $P\text{-}\Delta$ 效应。如果没有这样的刚性楼板,或者楼板不能假定为刚性楼板,则可以通过柱的弹性刚度矩阵减去其线性化的几何刚度矩阵,在单个柱的基础上考虑 $P\text{-}\Delta$ 效应。如果在设计反应谱的基础上进行弹性分析,每个柱的线性化几何刚度矩阵应乘以性能系数 q,解释 $P\text{-}\Delta$ 效应需根据结构的塑性变形,而不是用弹性变形除以性能系数 q 来计算。在弹性分析的框架内,几何刚度矩阵中的柱的轴力可以取为常数,并且等于考虑抗震设计时重力荷载引起的轴力,参见 4.4.2。

4.7　用于非线性分析的房屋建筑建模

4.7.1　非线性模型的一般要求

条款4.3.3.4.1(1),4.3.3.4.1(2)

非线性分析建模旨在对线性方法的扩展补充,也包括分析结构构件屈服后的性能。换句话说,如果在地震响应中未达到构件屈服强度,则非线性分析转为线性分析。在线性范围内,非线性分析的建模宜与线性分析的建模一致。一致性并不意味着离散化的程度和弹性刚度的建模需要与线性分析一致:由于非线性分析主要是为了评估设计,因此其建模不受当前抗震构件尺寸与构造措施的限制。然而,考虑到与线性分析的一致性,以及非线性有限元建模所需的计算和工作量,每个梁、柱、支撑或连续层之间的墙体采用非线性三维梁单元建模是最合理的。

理论上,线弹性分析仅关注构件的刚度特性。正如 4.6.4 所强调的,整体弹性刚度对应于单调加载中双线性力-变形滞回曲线的弹性刚度。因此,在构件模型中,双线性力-变形滞回曲线的弹性刚度应取为屈服点的割线刚度。用于非线性分析的构件模型还应包括构件的屈服强度,因为这取决于构件中最关键(即最弱)的传力机制,以及构件在单调加载条件下的屈服后性能。

根据 Eurocode 8 的相关条款,对于模拟非线性构件模型中的单调力-变形关系,本指南所主张的双线性力-变形关系为最低要求。对于混凝土和砌体而言,这种双线性力-变形关系的弹性刚度应为 4.6.4 中开裂混凝土截面的弹性刚度。若为了与线性分析保持一致,取为未开裂截面刚度的 50%,则严重低估了层间位移和构件变形需求。如果通过比较构件变形需求与(实际)变形能力(参加 Eurocode 8 附录 A 第 3 部分[52])来评估响应,则还宜将构件割线刚度在初始屈服的代表值作为有效弹性刚度来估算实际变形需求(参见 EN 1998-3 的附录 A[52],在 Biskinis 和 Fardis[54]之后)。

条款4.3.3.4.1(3)

如果屈服后的单调加载性能表现出应变硬化(如在混凝土构件弯曲时或组合构件弯曲或剪切或拉伸时),则可以考虑屈服后刚度的恒定硬化比(例如 5%)。或者可以忽略正应变硬化,并且保守地采用零屈服后的刚度。对于表现出屈服后弹性强度退化的构件,例如(未加固的)砌体墙或受压钢支撑,应以其弹性单调力-变形关系的负斜率来进行建模。应该指出,力传递的延性机制在接近其最终变形时也表现出显著的强度降低，然而，在新的设计中，由于设计地震作用使得延性构件的变形需求远远低于其最终变形，因此在其单调力-变形关系中，不需要在任何地方引入负斜率。

根据4.4.2，像线性分析那样，在抗震设计状况中考虑的重力荷载也宜作用于相关构件上。在确定结构单元的力-变形关系时，Eurocode 8 要求考虑由这些重力荷载产生的轴力。这意味着轴向荷载波动对地震响应的影响可以忽略不计。事实上，这种波动影响只在房屋建筑四周的竖向构件和双肢墙体系的独立墙中显著。大多数有限元模型都可以考虑轴向荷载的波动对竖向构件力-变形关系的影响。例如纤维模型，以及任何带有参数的简单集中非弹性（点铰）模型（例如屈服强度和有效弹性刚度），这些参数都是根据轴向荷载确定。 *条款4.3.3.4.1(5)* *4.3.3.4.1(6)*

为了简单起见，Eurocode 8 允许忽略竖向构件中由重力荷载产生的弯矩，除非这些弯矩对于构件的抗弯能力非常重要。

非线性模型宜采用材料强度的平均值，其高于相应的标准值。对于现有建筑来说，特定材料的平均强度是通过现场测量、样品试验测试和其他相关信息来源推断出来的。对于未来新建建筑中的材料平均强度，Eurocode 8 参考了涉及材料的 Eurocodes。然而，其仅给出了混凝土的平均强度：Eurocode 2 给出的平均强度比标准强度f_{ck}大8MPa。来自欧洲各地的统计数据表明，钢材屈服强度的平均值比其标准值f_{yk}高出15%左右。如果统计数据充分，应取当地的钢筋强度值。同样地，对于结构钢材而言，由于在欧洲大部分地区提供服务的制造商数量相对较少，所以应由钢材供应商提供相关统计数据。 *条款4.3.3.4.1(4)*

除了使用材料强度的平均值而不是设计值之外，可以根据相关基于力的验算来计算非线性构件模型中需要的构件强度。

值得注意的是，材料的平均性能并不仅在非线性分析中采用：线性分析是基于弹性模量的平均值，弹性模量是用于计算（有效）弹性刚度的唯一材料特性。

4.7.2 非线性动力分析的特殊建模要求

为了用于非线性时程分析，构件力-位移模型仅需补充描述屈服后卸载-再加载循环的滞回性能。Eurocode 8 对滞回性能提出的唯一要求是，在地震作用下构件的位移振幅范围内，滞回性能可以反映构件的实际耗能能力。在非线性动力分析中，特别是峰值响应对于构件滞回曲线的精确形状和其他细节并不十分敏感。因此，构件滞回性能一个更重要的属性是其在任何条件下的数值稳定性。数值稳定性是至关重要的，因为几乎可以肯定的是，非线性模型中潜在的数值薄弱点可能会在计算中出现，包括模型可能含有数百个非线性构件、数千个时间步长，并且可能在每一时间步长中都有数个迭代循环。在某些情况下，局部数值问题可能会不收敛并且导致整体响应的不稳定。惯性力和其他稳定影响有时可以防止局部数值问题和计算的整体不稳定问题。然而，由于数值问题，响应的局部甚至全局预测可能都是错误的，更糟糕的是，还需要大量的经验和判断才能认识到预测是 *条款4.3.3.4.3(2)*

错误的。一般而言,简单而清晰的滞回曲线模型可仅使用几条规定来描述在任何卸载和加载循环下的响应。因此,简单而清晰的滞回曲线模型不太可能导致数值问题,这与精细、复杂且模糊的模型不同。

鉴于在 EN 1998-1 的内容框架内,非线性动力分析旨在用于新建筑物设计,并根据 Eurocode 8 评估新结构的最小延性要求和耗能能力。非线性响应仅限于分析与往复荷载传递相关的延性和稳定机制,而分析结构脆性或性能退化方面则受到限制。这有利于滞回模型的选择,因为可忽略随着往复加载而导致的刚度退化和强度退化。所以,对于在往复加载中以延性性能为主导的结构构件,以下提出几种可较好平衡计算精度、模型简单性和结果可靠性的构件模型:

- 对于钢或组合(钢与混凝土)梁、柱或在轴力作用下单向弯曲和剪切的消能梁段,以及处于受拉状态的钢或组合(钢与混凝土)支撑:单调加载的线弹性应变硬化(双线性)力-变形模型,随运动强化的、卸载和加载与单调加载响应平行的双线性模型。

- 对考虑轴力的单向循环弯曲混凝土梁、柱或墙(在混凝土中剪力是一种脆性的力传递机制,设计目的是为了使构件具有足够的抗弯强度,使其保持在弹性范围内):单调加载的线弹性应变硬化(双线性)力-变形模型;力线性卸载到零,然后线性加载到先前在相反方向上单调加载曲线的极值点。换言之,具有“刚度退化”但没有“强度退化”或“挤压”的模型(例如,根据 Otani[56] 修正的 Takeda 模型[55])。

- 对于交替受拉和受压的钢或组合(钢与混凝土)支撑:用于受拉单调加载、线性卸载至受压屈曲荷载的线弹性应变硬化(双线性)力-变形模型;屈曲后荷载随屈曲时间的缩短呈线性或非线性下降;从受压到受拉的线性加载,达到先前在受拉单调曲线的极值点。

非线性动力分析优于静力分析(推覆分析),主要是因为它能计算得到高阶振型响应。为了正确地实现这一点,构件的非线性模型宜提供所有构件致屈服点处的真实刚度。这远比非线性静力分析(推覆分析)更重要,因为当高阶振型的影响显著时通常会涉及在基本振型作用下处于弹性范围内构件的屈服后位移。此外,在推覆分析中,主要是确定受到有效屈服刚度影响的目标位移。实际上,目标位移仅取决于与能力曲线相匹配的整体弹性刚度,并且,目标位移可能对某些构件的弹性刚度是敏感的,这对结构的整体屈服可能至关重要,但在进行非线性分析之前是未知的。

如果响应是完全弹性的,则通过非线性时程分析计算的峰值响应宜与地震动对应的弹性响应谱一致(在单自由度系统的极端情况下;或在多自由度系统中,进行振型分解反应谱法并用 CQC 组合准则的响应估计)。如果考虑混凝土和砌体开裂前和开裂后刚度的差异(例如参见 Takeda[55]),采用 Eurocode 8 中允许的三线性单调力-变形关系的构件则很难达到这种一致性。在循环加载下,这种模型在构件的预屈服阶段产生滞后阻尼,其随着位移幅值从开裂时的零增加到屈服时的最大值。与等效黏滞阻尼比类似,在该弹性响应范围内,三线性模型的弹性刚度并不是唯一值,这种不确定性不允许直接与弹性响应谱的预测值进行比较。因此,在非线性动力分析中,采用在单调荷载作用下具有双线性力-变形关系的构件模型更为合理。毕竟,当混凝土或砌体结构受到强烈的地震作用时,由于重力荷载、温度应变和收缩,甚至是冲击,会出现大面积开裂。最后,钢(或钢与混凝土组合)构件在单调荷载作用下具有双线性力-变形曲线。计算机程序对所有结构材料使用相同类型的单调双线性力-变形模型提供了计算便利。

需要指出的是,在非线性静力分析(推覆分析)中,使用三线性单调力-变形关系对构件的影响将局限于能力曲线的初始部分,并且不会引起上述与非线性动力分析相关的问题和歧义。

如果非线性动力分析采用单调加载下的双线性力-变形模型,如上所述,它还应考虑5%的黏滞阻尼比,以表征弹性响应(在这种情况下是预屈服)。除非用于非线性动力分析的计算机程序为所有具有实际意义的模型提供了用户指定的黏滞阻尼,否则宜采用瑞利阻尼。为确保所有模态的弹性响应的阻尼比与5%差异不大,可在下列情况中将其取为5%:

(1)在采用地震作用的单个分量进行分析的最大振型基底剪力对应振型的固有周期中,或在两个近似正交方向上两个具有最大基底剪力对应振型自振周期的平均值中。

(2)上述(1)对应周期的2倍。

4.7.3 非线性建模的局限:三维构件模型的不足

人们很自然地认为,对于处理一般设计问题,复杂的方法(在这种情况下是非线性地震响应分析)至少与简化方法(在本例中为线性地震响应分析)一样好。然而,如前所述,非线性静力分析(推覆分析)法已经被应用于分析二维地震反应(无论是否使用三维结构模型),但是,它在真正的三维响应(由于扭转效应)情况下的应用仍然出现了一些问题。尽管它也主要用于二维分析,但原则上非线性动力分析方法同样适用于三维地震响应分析。可以认为,对于这种三维扩展,可以获得在三维加载下的构件性能的恰当模型。然而,竖向构件在两个正交横向(双轴弯曲和轴向载荷下的剪切)中的(单调或循环)弹性性能缺乏可靠而简单的模型,实现静力或动力下的三维非线性地震响应分析是目前最需要克服的挑战。

原则上,构件的纤维模型可以很好地表示柱构件在两个正交弯曲方向上的(单调或循环)非弹性弯曲性能。然而,由于这种模型对计算机内存和运算时间方面的要求,以及随着计算量的增加,数值问题的风险呈指数增长,纤维模型无法实际应用于全尺寸房屋建筑的三维非线性地震响应分析。此外,纤维模型需要仔细调整其输入的属性和参数,以便重现构件的预期特性,包括其连接(无论是符合Eurocode 8中规定的构件建模或试验性能的基本假设和规则的模式):这种调整需要专业知识和经验,远远超出了目前设计人员的能力。在不牺牲其简单性、灵活性,最重要的是其可靠性和数值稳定性的情况下,非弹性集中质量(点铰)模型不能很好地表示构件在两个正交横向上的(单调或循环)非弹性性能(即围绕所有属性进行二维非线性分析构件建模)。目前,三维非线性地震反应分析在弯曲的两个正交方向上经常使用这种类型的独立模型。通常忽略这两个方向之间的响应耦联,或者仅考虑屈服弯矩和在两个正交弯曲方向上塑性铰的扭转破坏准则。如果非线性响应主要出现在弯曲的两个方向之一时,则这种近似通常是可以接受的,就像在对称的房屋建筑接受地震单一水平分量作用一样。对于同时施加地震作用的两个水平分量和/或当房屋建筑由于平面不规则而产生强烈的扭转效应时,这种近似可能不够,而且其结果偏于不保守。

4.8 偶然扭转效应分析

4.8.1 偶然偏心

条款4.3.2(1),4.3.3.2.4(2),4.3.6.3.1(2),4.3.6.3.1(4)

当平面内的刚度和/或质量分布不对称时,地震作用水平分量的响应具有一定的扭转位移特征。在对水平分量进行三维分析,特别是在进行振型分解反应谱分析或非线性动力分析时,应充分考虑这些特征。与其他一些抗震设计标准不同,不需要对质量中心和刚度中心之间的"固有"偏心放大或缩小。通常不能唯一地定义楼层刚度中心(见 4.3.2.1)。此外,确定传统定义的楼层刚度中心,其精度和复杂性与固有偏心的动态放大一致,需要繁琐的额外分析。

当平面内的刚度和/或质量分布完全对称时,地震作用水平分量的响应没有扭转特征。根据 Eurocode 8,传统地震反应分析不能确定的效应,如在分析中考虑的名义刚度和质量分布的变化,或在垂直轴上可能产生的地面运动的扭转分量,在名义上完全对称的建筑物中都有可能产生扭转效应。为了确保最低的抗扭强度和刚度及限制不可预估的扭转效应,EN 1998-1 通过代替模型中质量的名义位置来引入偶然扭转效应。假定这种位移沿任意水平方向的正向和负向(实际上,沿着水平地震作用分量的两个正交方向)产生。对于整体地震作用效应来说,考虑结构的所有质量沿着相同的水平方向运动是更为保守的做法。

通过动力分析研究质量置换效应是不切实际的:结构的动力特性随质量位置的变化而变化。因此,Eurocode 8 允许将质量名义位置的"偶然偏心"替换为水平地震分量相对于质量名义位置的"偶然偏心",所有偶然偏心都沿相同的水平方向。偶然偏心的影响通过静力分析方法确定。

地震作用水平分量的偶然偏心是指与该水平分量正交的平面中楼层部分的偏心。通常为楼层平面尺寸的 5%;如果以 4.8.3 中所述的简化方法考虑偶然偏心影响,则会增加一倍至 10%。此外,对地震作用的每一个水平分量的分析并不采用一个完整的三维结构模型,而采用一个单独的二维模型(这对平面规则结构是允许的,但是忽略了楼板刚度和质量中心之间可能存在的小静力偏心)。而且,如果在平面内存在不规则和不对称分布的砌体填充墙(不包括严重不规则的构件布置，例如主要沿房屋建筑两个相邻面的填充墙），则偶然偏心影响增加一倍（即，在参考案例中，偶然偏心为楼层正交尺寸的 10%，或者采用两个简化的独立二维模型评估偶然扭转效应时为 20%）。

4.8.2　通过静力分析估算偶然偏心效应

除了采用振型分解反应谱法分析地震作用两个水平分量的响应，Eurocode 8 还允许对这些分量的偶然偏心效应进行静力分析。在该分析中，在三维结构模型的垂直轴上施加楼层扭矩作用，扭矩等于地震水平分量引起的楼层侧向荷载乘以该楼层的偶然偏心值。侧向荷载是根据底部剪力法计算得出的［参见式（D4.5）和式（D4.7），$\Phi_i = z_i$］，即使这种方法可能不适用特定的结构。实际上，这种考虑偶然偏心效应的静力分析法本质上是在底部剪力法中，考虑偶然偏心相对于其名义位置的偏移。在振型分解反应谱法中，上述方法更具意义且更接近置换质量的概念。楼层扭矩等于楼层偶然偏心乘以楼层质量再乘以地震作用水平分量方向上的响应加速度，并通过 SRSS 或 CQC 组合准则计算。Eurocode 8 推荐的方法在计算上更简单，特别是当在两个水平方向上楼层的偶然偏心在所有楼层都恒定时（这意味着建筑物所有楼层的平面尺寸相同）。对于统一的基底剪力 F_b，只需对与由式（D4.7）（$\Phi_i = z_i$）得出的侧向荷载成正比的楼层扭矩进行独立的静力分析就足够了。每个地震作用水平分量的偶然偏心效应等于独立分析的结果乘以由式（D4.5）得到的基底剪力 F_b。 *条款4.3.3.3.3(1)*

根据上述分析，只有楼层为刚性楼板时，才能将总楼层扭矩作用于楼层的单层节点（“主节点”）。如果楼板不能看作是刚性的并且在三维结构模型中考虑了其平面内柔性，在每个质量为 m_i 的节点 i 处施加节点扭矩而非楼层扭矩更为合理，节点扭矩等于偶然偏心乘以由式（D4.7）（$\Phi_i = z_i$）计算所得的侧向荷载。

从静力分析来看，偶然偏心作用效应有明显的标志。由于偶然偏心标志对应于地震作用的最不利效应，将地震作用水平分量 X 的偶然偏心距 e_X 的作用效应叠加到水平分量 X 本身的作用效应上，得到水平分量 X 的地震总作用效应 E_X。二阶作用效应宜乘以 $1/(1-\theta_i)$ 来考虑 P-Δ 效应。如果想要得到精确的二阶分析，则必须在水平分量 X 的分析中和其偶然偏心分析中进行二阶分析。

4.8.3　偶然偏心效应的简化估算

当采用底部剪力法分析地震作用中两个水平分量的响应时，也可以采用前一节中的方法，在底部剪力法中，这种方法与采用其名义位置的偶然偏心代替质量的理念是一致的。Eurocode 8 允许在这种情况下以更简单的方式考虑偶然偏心效应：用 $1+0.6x/L$ 乘以地震作用每个水平分量的底部剪力法分析结果，其中 x 表示平面内构件与中心的距离，L 表示平面尺寸，二者均与地震作用的水平分量垂直。该系数是从以下假设得出的： *条款4.3.3.2.4(1)*

- 扭转效应完全由水平分量方向上结构单元的刚度和抗力承担，而与正交水平方向上结构单元的刚度和抗力无关；

- 考虑扭转效应的结构单元的刚度和抗力均呈均匀分布。

实际上,$0.6/L$ 是由 $0.05L$ 偶然偏心引起的总楼层扭矩,即地震剪力 V 的 $0.05L$倍,除以 $k_B BL^3/12$,即均匀侧向刚度的转动惯量 k_B,再除以标准楼层剪力 $V/k_B BL$。通常,在平面中平行于侧面 L 的每单位楼层面积也存在横向刚度,$k_L \approx k_B$,这也有助于计算上述(2•)的极惯性矩 $k_L LB^3/12$。由于忽略 k_L 的贡献,$0.6x/L$ 项平均偏保守了 2 倍。如果设计者认为这种偏保守的代价太高,那么可以选择采用前一节中的一般方法(即底部剪力法)。

条款4.3.3.2.4(2), 4.3.3.3.3(3)

4.8.2 的一般方法只能应用于三维结构模型。对于符合 4.3.2.1 或 4.3.2.2 条件的房屋建筑,设计人员可以选择底部剪力法或振型分解反应谱法,对地震作用的每个水平分量建立单独的二维模型。由于 4.8.2 的一般方法在这种情况下不适用,因此偶然偏心效应只能通过本节的简化方法来估算。在这种情况下,放大系数的第二项就变成了 $1.2x/L$,以考虑质量和刚度中心之间的任何静力偏心效应。

条款3.2.3.1.1(2), 4.3.3.5.1(1), 4.3.3.5.2(2), 4.3.3.5.1(7)

4.9 地震作用分量效应的组合

一般认为,地震作用的两个水平分量和竖向分量同时作用于结构,只能通过响应的时程分析处理多个分量同时作用(在 Eurocode 8 中其意味着是非线性的)。所有其他分析方法都只能对地震作用单个分量作用下的作用效应峰值进行估算。E_X 和 E_Y 表示两个水平分量(考虑到还包括相关的偶然偏心效应),E_Z 表示竖向分量。地震作用效应的峰值不会同时出现,因此 $E = E_X + E_Y + E_Z$ 的组合偏于保守。Eurocode 8 中采用了基于概率的更具代表性的组合准则,用于估算三个分量同时作用下地震作用峰值的期望值 E。

条款4.3.3.5.1(2) 4.3.3.5.2(4) 4.3.3.5.1(6) 4.3.3.1(11)

由于各个分量单独作用,地震作用效应峰值 E_X、E_Y 和 E_Z 的参考组合准则为平方和的平方根(SRSS)组合[57]:

$$E = \sqrt{E_X^2 + E_Y^2 + E_Z^2} \tag{D4.21}$$

无论 E_X、E_Y 和 E_Z 是通过底部剪力法分析计算的,还是通过振型分解反应谱法计算的,式(D4.21)总为正值。如果 E_X、E_Y 和 E_Z 是通过振型分解反应谱法计算,采用 CQC 准则组合,则式(D4.10)以及 X、Y 和 Z 三个方向上的地震作用分量在统计上是独立的。在弹性结构中,式(D4.21)的计算结果确实是在地震作用分量同时作用下最大作用效应的期望值 E。在这些条件下,式(D4.21)在 X 和 Y 方向上的结果不变。换言之,在同时涵盖 X、Y 和 Z 三个分量的单一振型分解反应谱分析并采用 CQC 准则的基础上,式(D4.21)在 X 和 Y 方向上的计算结果均为最大弹性地震作用效应的期望值 E。式(D4.21)满足 Eurocode 8 对于不在两个垂直方向上的抗力构件的建筑的相关要求,因此不必选择 X 或 Y 方向作为主方向:即沿所有相关的水平方向 X 及其正交方向 Y 作用两个水平分量。

条款4.3.3.5.1(3), 4.3.3.5.2(4), 4.3.3.5.1(6)

Eurocode 8 采用式(D4.21)的组合准则作为参考,即应用振型分解反应谱分析和 CQC 组合准则，其计算结果是精确的。式(D4.21)的组合准则还可用于其他类型的分析：线性静力分析(水平分量的底部剪力法，如果考虑竖向分量，则采用4.5.4.3所述的方法)，结合 SRSS 准则的振型分解反应谱分析，甚至非线性静力(推覆)分析。然而，Eurocode 8 也认可线性组合准则作为备选方案：

$$E = E_X + \lambda E_Y + \lambda E_Z \tag{D4.22a}$$

$$E = \lambda E_X + E_Y + \lambda E_Z \tag{D4.22b}$$

$$E = \lambda E_X + \lambda E_Y + E_Z \tag{D4.22c}$$

其中"+"表示叠加。式(D4.22)的三个等式中都有相同的符号 λ，并且 $\lambda \approx 0.275$ 时与式(D4.21)的结果一致。在 Eurocode 8 中，经过四舍五入，$\lambda = 0.3$，这可能使式(D4.21)的结果最多偏低9%(当 E_X、E_Y 和 E_Z 大致相等时)，并且偏高不超过8%(当这三个地震作用效果中的两个比第三个小一个数量级时)。

如果尺寸的确定是基于单个应力计算结果，例如梁的弯曲或剪切，则式(D4.21)的结果或式(D4.22)中三个备选方案的最大值应加上或减去设计地震作用下重力荷载(参见4.4.1节)的作用效应。因此，式(D4.21)和式(D4.22)的计算结果大致相当。

条款4.3.3.5.1(8)

在平面规则且在两个正交水平方向上具有完全独立的抗侧力体系的房屋建筑中，每个方向上的地震作用分量在正交方向的抗侧力体系中不产生(显著)地震作用效应。因此，对于平面内完全独立的、仅由墙或支撑体系组成的两个正交水平方向抗侧力体系的建筑结构，EN 1998-1 *第4章*不要求对地震作用的两个水平分量进行组合。

4.10　"主要"与"次要"抗震构件

4.10.1　定义及其作用

条款4.2.2(1)，4.2.2(3)

EN 1998-1 规定，对于某些非结构抗震体系重要组成部分的结构构件，就其对建筑结构抗震性能的作用和贡献而言，可被视为"*次要*"抗震构件。这种区分的主要目的是为了简化结构抗震设计，即在结构模型中不考虑这些构件。因此，只有被称为"*主要抗震构件*"的构件，才应按照 EN 1998-1 *第5～9章*的规定，在结构分析中进行建模和设计，并详细说明其抗震性能。

主要与次要构件的区别在本质上等同于美国新建建筑抗震设计标准中对抗侧力体系和非抗侧力体系构件的区别。美国既有建筑抗震加固标准也采用了主要与次要构件的术语[45,46]。在 EN 1998-1 中，增加了"抗震"一词，以表明该特性仅适用于地震作用。

建筑结构在设计上仅依靠其主要抗震构件保证其抗震性能。在主要抗震构件的尺寸确定和细节设计中，应完全遵循 EN 1998-1 *第5～9章*中耗能和延性构件设计的规定和要求，不考虑主要地震构件的强度和/或刚度的退化。

在地震作用分析中，忽略次要抗震构件的强度和刚度对侧向荷载的抗力。但是,它们在抵抗其他作用(主要是重力载荷)方面的贡献应充分考虑。

条款4.2.2(4)

所有次要抗震构件对抗侧刚度的贡献不应超过主要抗震构件的15%。为满足这一要求,由主要和次要抗震构件组成的完整结构体系的侧移应小于仅含主要抗震构件的结构体系的1.15倍。并且,侧移的计算应考虑分别在两个主要水平主轴方向施加的侧向荷载,这种侧向荷载应依据*条款4.3.3.2.3*的规定(针对侧向力法)沿高度分布。此外,应对比分析结构顶层侧移的计算值,但最好对比分析所有楼层的侧移值。

4.10.2 次要抗震构件设计的特殊要求

条款4.2.2(1),5.7(1),5.7(2)

次要抗震构件不需要符合 EN 1998-1 规范*第5~9章*中基于耗能和延性抗震构件设计的规定和要求;它们只需要满足其他 Eurocode(2~6)的规定,加上 Eurocode 8 的特殊要求,即在地震设计最不利位移和变形的条件下,能支撑重力荷载。这些变形是根据等效位移法则确定的,即它们等于设计地震作用弹性分析的计算结果(当然,忽略次要抗震构件对抗侧刚度的贡献)乘以性能系数 q。如果灵敏度比 θ 大于0.1[见式(D4.20)],则宜通过将一阶值除以($1-\theta$)来考虑二阶(P-Δ)效应的影响。EN 1998-1*第4章*是针对特定材料的细则。

条款5.7(3)

尽管,这些规定仅在 EN 1998-1*第5章*中针对混凝土结构给出。但是这些规则足以适用于所有采用其他材料的结构。根据其内容,基于上述变形及其(开裂)抗弯和抗剪刚度计算出的次要抗震构件内力(弯矩和剪力)不宜超过根据涉及材料的 Eurocode 确定的抗弯和抗剪强度设计值(M_{Rd}和 V_{Rd})(Eurocode 2,针对混凝土结构)。其含义包含两个方面:

- 用于分析的计算机软件宜具有计算次要抗震构件刚度矩阵的能力,该刚度矩阵具有完整的(开裂)刚度和与端节点的正常连通性(不管模型中引入何种铰链),以便从实际端节点的位移计算其内力。这可能需采用次要抗震构件的特殊模块,其在整体刚度矩阵的组装期间忽略它们的抗弯和抗剪刚度项和/或考虑由于虚铰导致的构件端释放,但是在计算的回代阶段中考虑了实际的抗弯和抗剪刚度项和/或去除构件的端部释放。
- 在抗震设计中,次要抗震构件需保持弹性。如果次要抗震构件的强度受抗震设计控制,这等同于次要抗震构件的超强系数 q。除非:(1)主要抗震构件整体刚度及其与次要抗震构件的连接使得后者的地震变形较小;(2)次要抗震构件的实际抗弯和抗剪刚度非常低,否则要满足这些要求(保持弹性),次要抗震构件的尺寸可能是不够的,也是不可行的。

4.11 验算

EN 1998-1*第4章*关于建筑物的验算规定,详细说明了2.2.1中关于有限损伤的遵从准则,以及2.2.2.1和2.2.2.2中关于(局部)防倒塌要求的遵从准则。这些规定在此按顺序列出,因为这是设计过程中通常遵循顺序。

4.11.1　有限损伤极限验算

建筑物的有限损伤要求仅仅是在多遇（正常使用状态下）地震作用下层间位移比要求的上限。层间位移比限值为： *条款4.4.3.1(1)，4.4.3.2(1)*

(1)当脆性非结构构件与结构相连，导致其被迫随结构一起变形时，为0.5%；

(2)当连接到上述结构上的非结构构件为延性时，为0.75%；

(3)当结构上没有附加非结构构件时，为1%。

楼层 i 的层间位移比需求是根据平面内最不利点确定的，即竖向构件的顶部和底部的侧向位移 d_i 和 d_{i-1} 的差 Δd_i，再除以楼层 i 的高度 h_i。这个最不利点是指层间位移比达到最大值的点（例如，考虑自然和偶然扭转的影响，如果层间位移达到最大值的平面区域内没有隔墙，但是，在其他平面区域延性隔墙与结构相连，则平面内这两部分上的最大位移比应根据相应的限值单独验算）。

层间位移比应根据多遇（正常）地震作用确定。多遇地震作用是指设计地震作用的5%阻尼比弹性反应谱乘以反映这两种地震作用平均重现期效应的系数 ν。如果基于设计反应谱的设计地震作用分析是线弹性的（即具有5%阻尼比的弹性谱除以性能系数 q），那么用于 d_i 和 d_{i-1} 等于该分析的结果乘以性能系数 q。如果分析是非线性的，则应根据弹性谱（具有5%阻尼比）确定地震作用（时程分析的加速度时程，推覆分析的加速度-位移复合谱）的层间位移比。应采用4.9的规定，考虑地震作用同时产生的两个水平分量对侧移的影响。根据本节开头所列的第(1)或(2)条侧移限值，层间位移需求验算应在含相关隔墙的结构平面内进行。应根据第(3)条侧移限值，在与地震水平分量平行的抗侧力体系平面内验算层间位移需求。

如果结构中存在（脆性或延性的）非结构构件，并且除非大多数抗侧力是由混凝土、组合墙、砖墙或重型（钢）中心支撑提供的，否则构件尺寸将会受层间位移比控制。因此，在确定构件尺寸和详细设计以满足防倒塌要求之前，应确定是否符合有限损伤的要求。鉴于构件尺寸的有限损伤要求的重要性，混凝土结构设计者应尽量采用50%未开裂总截面刚度的默认值，而不是采用更精确和有代表性的截面刚度值。虽然采用更精确的截面刚度值可使构件的设计尺寸没那么保守，满足防倒塌要求，但可能会令设计更难以满足有限损伤的要求。

鉴于满足层间位移限值所需的整体刚度较大，P-Δ 效应的灵敏度系数 θ 的限值（上限为0.3，如果 $\theta>0.2$，则需要进行几何非线性分析）通常对于结构并不重要。实际上，式(D4.20)表明 θ 值等于楼层质心处的层间位移比除以楼层的剪切系数（楼层剪力与上覆层重量之比），这两个值都可在设计地震作用下计算得到。因此，P-Δ 效应在基础（楼层剪切系数最小）中可能很重要。这种现象主要在中等地震活动区域中，其地震作用相对较低但又不低至可采用较小的 q 值时进行"低耗能"设计。

4.11.2　防倒塌验算

在2.2.2.1中，关于 q 大于1.5的耗能（通常通过延性）抗震设计，以及2.2.2.2节关于 q 小于1.5的无耗能或无延性抗震设计均适用。本指南进一步阐述了在耗能和延性设计框架内实现防倒塌(局部)要求的具体规定。

4.11.2.1 线性分析条件下基于力的耗能设计验算

在基于性能系数 q 大于 1.5 的条件下,以线性分析为基础,在基于力的抗震设计标准案例中,进行以下验算:

条款4.4.2.2(1)

- 耗能区的尺寸设计使得力传递的延性机制设计抗力 R_d 和由抗震设计得到相应作用效应对应的设计值 E_d 满足式(D2.3)要求。

条款4.4.2.2(2),4.4.2.2(3),4.4.2.2(7)

- 对于耗能区域外部的结构区域和耗能区域内部或外部力传递的非延性机制,这些结构区域的尺寸设计应可使其保持弹性直到耗能区屈服。这是通过对未被视为耗能区的区域进行保守设计实现的,以及通过在设计地震作用下力传递的非延性机制(E_d)的保守设计来实现。通常这种保守设计是通过“承载力设计”实现的。在承载力设计中,假设耗能区中力传递的延性机制产生超强承载力 $\gamma_{Rd}R_d$,并且在不考虑耗能区和力传递非延性机制中,根据力的平衡来计算作用效应。承载力设计还将非弹性变形需求扩展到整个结构中,防止非弹性变形需求集中在结构的有限区域。在框架结构中,根据 4.11.2.2 的规定和算法进行上述设计。
- 耗能区提供所需的变形和延性能力,这与结构设计对所选性能系数 q 值的要求是一致的。

条款4.4.2.6(1),4.4.2.6(2)

- 基础也是基于上部结构耗能区中力传递延性机制的超强进行承载力设计。基础构件要么设计成能够在上部结构的耗能区中保持弹性而不屈服,要么像上部结构那样根据耗能和延性确定其尺寸和细部设计。

4.11.2.2 将非弹性变形需求扩展到整个结构的设计思路

条款4.4.2.3(3)

根据 2.2.1 及式(D2.1)和式(D2.2),当 q 大于 1.5 时,设计的建筑结构应能够承受与整体位移延性系数 μ_δ 相对应的延性要求,约等于 q。在多层建筑中,整体位移延性系数是根据建筑物或屋顶或侧向荷载合力作用高度处的水平位移来定义的。以 μ_δ 表示的整体位移延性需求应尽可能均匀地分布到结构的所有楼层。换言之,应避免使用层-摆(或薄弱层)机制,而应提倡使用梁-摆机制。如图 4.4a)所示,如果形成一个薄弱层机构,整个非弹性变形将集中在那里:底层柱端的转角将为 $\theta_{st}=\delta/H_{st}$,其中 δ 表示柱顶部位移(其大小基本上是由地震作用的弹性结构性质和弹性反应谱决定的,与非弹性反应无关),H_{st} 表示底层高度;对于两层以上的建筑物,底层柱无法承受这种转角需求,很可能导致局部破坏甚至整体倒塌。与此相反,而在梁-摆机制中,整体位移需求均匀分布在所有楼层,所有非弹性变形和耗能均发生在梁端。该机制的竖向构件不仅对整体稳定性更重要,而且在本质上比梁本身的延性更低,其只在基底处产生塑性铰[见图 4.4b)和 d)],这种铰接也可以由柱基础的转角代替[见图 4.4c)和 e)]。在图 4.4b) ~ e)的梁-摆机制中,塑性铰形式的构件端部的转角为 $\theta=\delta/H_{tot}$,其中,如果弹性结构的性质和地震作用的弹性谱相同,则顶部位移 δ 本质上与图 4.4a)的薄弱层机制相同,H_{tot} 表示建筑总高度。

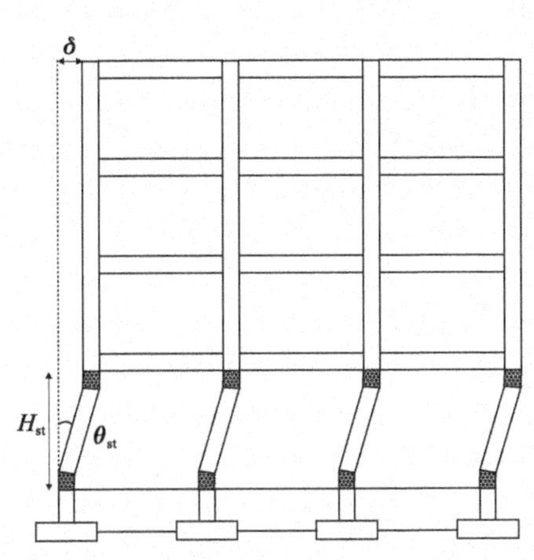

a)弱柱/强梁框架中的薄弱层机制

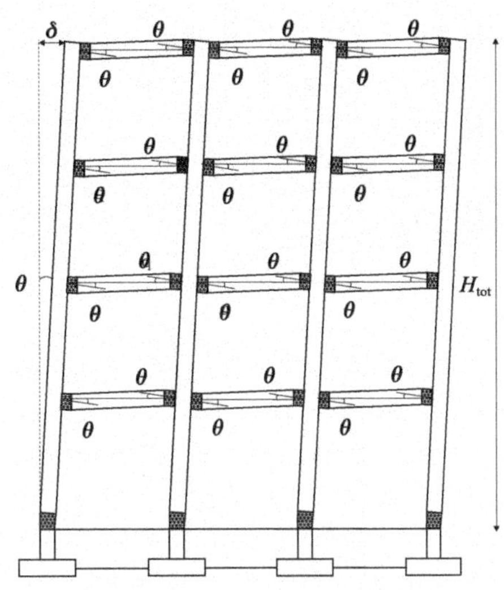

b)强柱/弱梁框架中的梁-摆机制

c)强柱/弱梁框架中的梁-摆机制

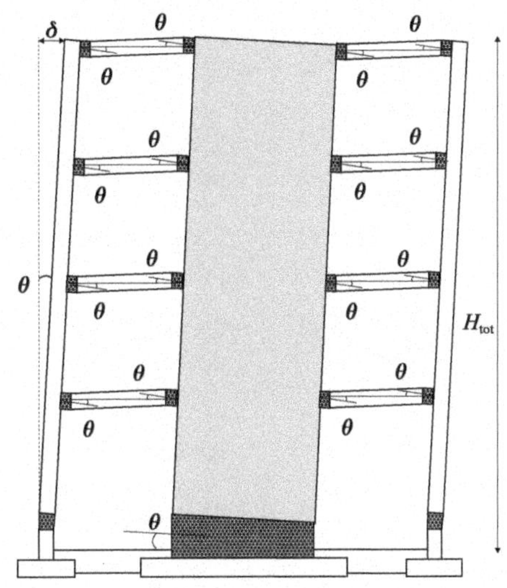

d)墙体系中的梁-摆机制

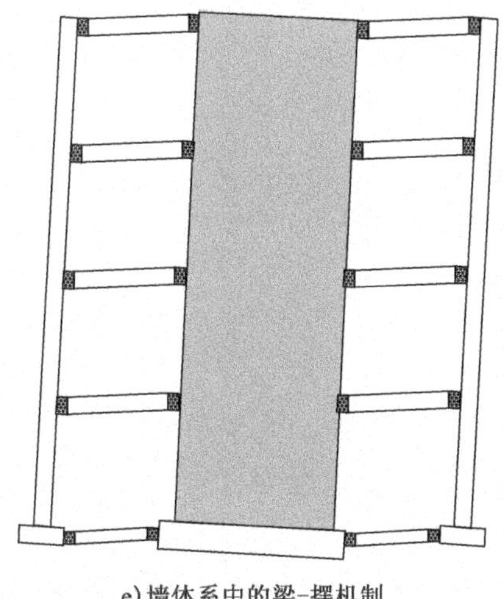

e)墙体系中的梁-摆机制

图4.4　框架和墙体系中的塑性机制

Eurocode 8 通过一个刚性和超强的竖向体系确保基础上的上部结构在响应过程中保持弹性,从而在多层建筑物中采用梁-摆机制。这是通过以下方式实现的:

- 结构形式的选择;
- 竖向构件的尺寸规定,使其在基础上方形成刚性竖向体系。

更具体地说:

(1)在混凝土建筑结构中,推荐采用墙体系(或等效墙双重体系),其墙体经过承载力设计确保其在弯曲和剪切时在基础上方保持弹性。在钢和组合(钢与混凝土)结构中,采用中心或偏心支撑的框架,除少数用于耗能的构件外(即不包括中心支撑框架中的受拉对角撑或偏心支撑框架中的"抗震连接构件"),所有构件都设计成在响应过程中在基础上方保持弹性。这些体系通过严格的层间位移限制来间接地满足有限损伤状态下地震作用的需求(参见 4.11.1)。框架结构本身很难满足这个要求,尤其是在采用构件的开裂刚度进行分析的混凝土框架中。

(2)在抗弯框架(和混凝土双重框架)体系中,通过上述层间位移限值,以及 4.11.2.3 中描述的柱抗弯承载力设计,间接地提高柱的强度,从而避免了柱塑性铰比梁塑性铰更早出现。

4.11.2.3 避免柱出现塑性铰的框架承载力设计

条款4.4.2.3(4),4.4.2.3(5),4.4.2.3(6)

Eurocode 8(混凝土、钢或组合)抗弯框架设计的目标是使塑性铰从柱中转移到梁中,从而形成梁-摆机制,并防止出现薄弱层。为此,在梁的节点处,主要抗震柱的(承载力)设计要比梁强,梁的设计抗弯承载力超强系数为 1.3:

$$\sum M_{\mathrm{Rd,c}} \geqslant 1.3\sum M_{\mathrm{Rd,b}} \tag{D4.23}$$

其中,$M_{\mathrm{Rd,c}}$和 $M_{\mathrm{Rd,b}}$分别为柱和梁的抗弯承载力设计值。左侧的求和延伸至节点上方和下方的柱截面;无论是否是抗震主梁或抗震次梁,右侧的求和延伸至所有连接梁柱节点的梁端。

式(D4.23)必须在建筑平面内的两个主要水平方向上分别进行验算,或者至少在框架体系或等效框架双重体系的主方向上进行验算。在每个水平方向上应验算式(D4.23),在与框架(或等效框架双重)体系水平方向垂直的正(顺时针)方向上,首先,必须使柱的抗弯承载力满足式(D4.23);此外,在负(逆时针)方向上,梁的抗弯承载力对应的弯矩总是以相反的方向施加给梁柱节点。

如果梁与水平方向的夹角为 θ,则式(D4.23)中的 $M_{\mathrm{Rd,b}}$应乘以 $\cos\theta$。另一方面,如果柱抗弯承载力的两个截面轴与水平方向的夹角分别为 θ_1 和 $\theta_2 = 90° + \theta_1$,则式(D4.23)中的 $M_{\mathrm{Rd,c}}$应分别乘以 $\sin\theta_1$ 和 $\sin\theta_2$。

顶层的节点不需要满足式(D4.23)。实际上,在顶层立柱顶部或顶层梁末端形成的塑性铰对塑性机制没有任何影响。因为,式(D4.23)的要求是很难满足的,因此在式(D4.23)左侧的求和公式中只考虑一根柱。

4.11.2.4 基础及基础构件的设计验算及构造措施

条款4.4.2.6(1),4.4.2.6(2),4.4.2.6(3)

由于房屋建筑整体结构基础的重要性,以及对破损基础工程的检查和修复的困难,房屋建筑基础耗能能力的设计验算基于承载力设计对应的地震作用。参照上部结构屈服构件的超强度承载力进行建筑基础的设计。这通常适用于地基土的验算，也适用于基础构件的尺寸确定。这与美国标准[39,40]相反。由于考虑基础的上拔效应，美国标准允许基础倾覆力矩在线性静力分析中降低 25%，在反应谱分析中降低 10%。

如果依据承载力设计，针对基础或其构件的地震作用效应超过了不考虑性能系数 q 的设计地震作用效应，则在验算中采用的地震需求为后者这个较小的地震作用效应。这适用于基础的个别部分和个别基础构件。此外，还可以选择令 $q = 1.5$，从设计地震作用的分析中计算整个基础的地震作用效应，而完全忽略承载力设计。该方案与根据 2.2.2.2 设计为“低耗能”建筑的地震作用效应计算方法一致。然而，在高地震活动区，对中高层建筑，这并不是一种可行的备选方案。这是因为在整个基础中令 $q = 1.5$ 所产生的地震作用效应可能非常高，因此无法对基础的某些部分进行验算。

对于各个竖向构件的单独基础（本质上是独立基础），依据承载力设计确定的地震作用效应可以计算。这需要假定从弹性分析得到的地震作用效应成比例增长，直到控制地震作用效应的耗能区或耗能构件达到承载力设计值 R_{di}，且通过超强系数 γ_{Rd} 增加。当上部结构的性能系数 q 大于 3 时，超强系数 $\gamma_{Rd} = 1.2$。这是通过将分析中所有地震作用效应乘以 $\gamma_{Rd}\Omega = \gamma_{Rd}(R_{di}/E_{di}) \leq q$ 实现的，其中 E_{di} 表示通过对耗能区或构件的弹性分析得出的地震作用效应。 *条款4.4.2.6(4)*

在抗弯框架柱或墙体的独立基础中，Ω 为 M_{Rd}/M_{Ed} 的最小值。在两个正交主方向，竖向构件最小横截面的比值为 M_{Rd}/M_{Ed}。在抗震设计时，最小横截面上可以形成塑性铰，具有小横截面的构件将首先承受荷载。计算 M_{Rd} 时，应假定竖向构件截面的轴力等于该特定抗震设计条件下分析所得出的值。在钢或组合支撑框架柱的独立基础中，Ω 为所有支撑框架耗能区承载力与设计地震作用效应的比值的最小值。对于中心支撑框架，则 Ω 为整个支撑框架所有对角线上 $N_{pl,Rd}/N_{Ed}$ 比率的最小值。对于特定的抗震设计状况，支撑是受拉的，因为在支撑框架中仅受拉对角支撑用于能量耗散。如果是偏心支撑框架，则 Ω 为所有塑性剪切区上的 $V_{pl,Rd}/V_{Ed}$ 比值的最小值和在该特定支撑框架中的所有塑性铰上的 $M_{pl,Rd}/M_{Ed}$ 比值的最小值。其中，$V_{pl,Rd}$ 和 $M_{pl,Rd}$ 分别表示偏心框架中消能梁段的塑性抗剪设计值和抗弯设计值。在特定抗震设计分析中，这些值可能取决于消能梁段的轴力。在上述计算中 Ω 隐含的假设是，与 R_{di} 和 E_{di} 相比，抗震设计时重力荷载的作用效应可以忽略不计。对于独立基础的连接梁，地震作用效应也应乘以邻近独立基础的 $\gamma_{Rd}\Omega$ 值。 *条款4.4.2.6(5)，4.4.2.6(6)，4.4.2.6(7)*

对于包含一个以上竖向构件的常见基础（例如筏板基础、基础梁和条形基础），Ω 的值来自在抗震设计状况下最大地震剪力对应的竖向构件。或者 $\gamma_{Rd}\Omega$ 的值可以取为 1.4，这意味着没有任何承载力设计计算的条件下，地震作用效应被放大了 1.4′倍。 *条款4.4.2.6(8)*

基础或基础构件中的所有地震作用效应乘以适用于该特定设计情况的 $\gamma_{Rd}\Omega$ 值。对于独立基础,这包括从竖向构件和任何连系梁到基础和所有地面构件部分传递的地震作用效应。这意味着,如果竖向地震反力是拉力,由于重力荷载和竖向地震反力的组合乘以 $\gamma_{Rd}\Omega$ 所引起的总竖向反力的偏心率可能很大。

4.11.2.5 基于非线性分析的位移耗能设计验算

条款4.4.2.2(5),4.3.3.1(4)

EN 1998-1 允许基于非线性分析(主要为推覆分析)进行设计,无须使用性能系数 q。在这种情况下,对防倒塌(局部)要求的验算包括:

(1)在抗震设计状况下(酌情考虑二阶效应),基于非线性分析得到的设计作用效应 E_d、线性分析得到的抗力设计值 R_d 和相同的材料分项系数,通过式(D2.3)来验算脆性构件或力传递的机制。

(2)为增加结构延性而进行计算和构造措施设计的耗能区,通过用构件变形(例如,塑性铰和柱转角)表示的式(D2.3)进行验算。其中,将非线性分析(包括二阶效应)得到的变形作为设计作用效应 E_d,将构件变形能力(包括变形能力的适当分项系数)的设计值作为抗力设计值 R_d。

条款4.3.3.1(6)

(3)还应验算 EN 1998-1 第5~9章中关于抗震耗能设计的所有特定材料规定。这些规定包括 DCM 对材料、构件几何形状和细部等的最低要求,以及在抗弯框架(或混凝土等效框架双重体系)节点处满足式(D4.23)的要求。这些规定还包括 DCM 混凝土墙体剪力的放大,但不包括通过承载力设计确定的混凝土梁或柱的剪力设计值,因为上面第(1)点明确涵盖了这一点。这些规定也不包括确定塑性铰中的约束钢筋,或混凝土墙或柱的其他耗能区作为曲率延性系数的函数,因为这是由性能系数 q 确定的。根据第(2)点对耗能区的变形验算更直接地满足了这一要求。

条款4.4.2.3(8),4.4.2.3(3)

(4)在抗震设计下预估会发展的塑性机制是符合要求的,因为避免了薄弱层塑性机制或类似的非弹性变形集中。

鉴于已经满足其他所有条件,再满足上述第(3)点的要求会显得多余。然而,引入这一要求是为了确保最终设计具有整体延性和变形能力,这是在比设计地震强得多的地震作用下,作为防止整体坍塌的一种安全保障。在没有性能系数 q 的非线性分析的基础上,随着设计经验的积累,可以逐步细化、修改甚至废除这些最低要求。

条款4.3.3.1(4)

EN 1998-1 允许基于非线性分析(主要是推覆分析)进行设计,而不采用性能系数 q,并且大胆尝试为新建建筑引入基于位移的设计方法。但是,这一尝试并没有完成,因为没有给出关于变形能力的具体资料,其通过国家附件,要求各国具体说明和确定这些变形能力及相关分项系数(通过参考相关信息来源)。幸运的是,Eurocode 8 的第 3 部分[52]填补了这个空白。在完全基于位移设计的情况下,Eurocode 8 在资料附录中给出了混凝土、钢(和组合材料)和砌体构件的最终变形能力,以及这些"重大损坏"的极限状态分项系数。这等同于根据 EN 1998-1 在新建建筑物中验算防倒塌(局部)要求的承载能力极限状态(在EN 1998-3[52]部分的注释中)。这些附件中的信息可以为 EN 1998-1 的国家附件提供指导,甚至可以直接用于构件的变形能力和相关的分项系数。

4.11.2.6　相邻结构或同一结构独立单元之间的抗震缝验算

建筑物被设计成独立的结构单元,且独立于相邻的结构单元。为了确保分析所采用的结构模型合理,并防止相邻结构动力相互作用产生任何不可预见的后果,EN 1998-1 要求确保这些相邻结构单元满足最小间距。抗震缝应设置在相邻结构之间,并且可以由非结构材料局部或完全填充。该非结构材料在地震作用下应具有很小的抗压性能。 *条款4.4.2.7(1), 4.4.2.7(2)*

如果正在设计的建筑与其相邻的建筑属于同一性质,或者是同一建筑的各个独立结构单元,那么设计人员可以得到两栋建筑或独立结构单元的完整结构建模所需的信息,及其对设计地震作用的分析。然后,可以计算在设计地震作用下,两栋建筑或两个结构单元之间,在抗震缝竖向平面垂直方向的最大水平位移。如果基于设计反应谱(即 5% 阻尼比的弹性谱除以性能系数 q)的设计地震作用分析是线性的,则楼板位移等于分析所得位移乘以性能系数 q。如果分析是非线性的,则直接从设计地震作用的分析中确定楼板位移。4.9 规定,应考虑地震作用的两个水平分量同时对楼板位移的影响。除非分析是响应时程类型,否则它只能得出响应期间楼板位移的峰值。考虑这些峰值不同时发生,抗震缝的宽度可取两栋建筑或两个结构单元在垂直于抗震缝竖向平面的水平峰值位移,此峰值位移采用平方和的平方根准则(SRSS 准则)进行组合计算。

如果正在设计的建筑与其相邻的建筑不属于同一性质,业主和设计人员通常无法获得足够信息,因此,难以计算两栋建筑或单元之间的抗震缝竖向平面垂直方向的最大水平位移。即使他们能够获得这些信息,通常也无法控制建筑红线另一边的未来发展。因此,EN 1998-1 只要求设计人员保证从建筑红线到潜在碰撞点的距离至少等于根据前一段计算的相应水平方向的峰值水平位移,即使相邻建筑或单元已经接近建筑红线也没有影响。

除了结构模型的有效性和地震反应分析预测的不确定性之外,相邻建筑的动力相互作用通常不会产生灾难性的影响。相反,考虑到即使是在非常强烈的地震作用下,也只有少数建筑会倒塌,柔性建筑结构可以通过与两侧相邻的刚性建筑接触来避免倒塌。因此,EN 1998-1 允许将前两段计算的抗震缝宽度减少 30%。但前提是,某一建筑的楼层或独立单元在其净高内,不存在与另一建筑的竖向构件发生碰撞的危险。因此,如果两个相邻建筑或单元的楼层在建筑高度上重叠,则只需取根据前两段计算的抗震缝宽度的 70%。 *条款4.4.2.7(3)*

4.12　砌体填充框架体系的特殊规定

4.12.1　概述与适用范围

现场经验和分析试验研究表明,框架结构砌体填充墙对结构抗震性能整体上 *条款2.2.2(6)*

是有利的,特别是当结构抗震能力较低时。如果填充墙被框架有效约束,考虑填充墙的平面内抗剪刚度,则填充墙可降低层间位移需求。考虑填充墙的平面内抗剪强度,则填充墙增加了楼层的抗侧力。此外,考虑填充墙滞回特性,填充墙增加了结构的整体耗能能力[58]。在抗震设计的建筑中,砌体填充墙通常构成了抗震第二道防线,并导致结构超强。但是,EN 1998-1 不鼓励设计人员因考虑砌体填充墙的有利影响而降低结构的抗震性能要求。

如果砌体填充墙对建筑抗侧强度和抗侧刚度的贡献大于结构本身,则填充墙的设计可能会覆盖结构的抗震设计,使设计人员和 Eurocode 8 通过将非弹性形变需求扩展到整个结构和建筑来控制非弹性响应的意图无效。例如,底层填充墙的完整性缺失会产生薄弱层,并可能导致结构框架本身倒塌。如果填充墙在平面内不均匀分布,或者沿建筑高度不均匀分布,则建筑物的部分区域很有可能出现非弹性变形需求集中的现象。这种情况也可能对结构的抗震性能和安全性产生不利影响。此外,填充墙对框架结构产生的不利影响可导致结构的脆性破坏。EN 1998-1 通过指导性措施或强制性规定来防止这种整体或局部的不利影响。

条款4.3.6.1(1), 4.3.6.1(2), 4.3.6.1(4)

当结构本身的抗侧刚度和抗侧强度相对较低,但具有较高的延性和变形能力时,EN 1998-1 中关于含砌体填充墙结构的规定是强制性的,这是针对 DCH 设计的无支撑抗弯框架体系(在混凝土中,等效框架双重体系)的情况(即高延性且性能系数 q 较大)。当结构的延性较低(DCL 或 DCM)时,设计时其抗侧强度应较大。具有中心或偏心支撑和混凝土墙(或等效墙体双重体系)的钢或组合框架的刚度足够大,则不会受到砌体填充墙的影响。对于这两类结构体系,Eurocode 8 中规定的防止填充墙不利影响的保障措施并不是强制性的,但是建议设计人员将它们作为指导性措施。

条款4.3.6.1(5)

如果砌体与周围框架构件之间有结构连接件(通过剪力连接件、其他杆件、圈梁、构造柱),则应将该结构考虑并设计为有约束砌体结构,而不是含填充墙的混凝土、钢或组合框架。

4.12.2 针对平面不规则填充墙不利影响的设计

条款4.3.6.2(1), 4.3.6.3.1(1), 4.3.6.3.1(4)

在地震水平分量作用下,平面内填充墙的不对称分布可能会引起扭转响应。显然,由于响应的扭转分量,平面内填充墙较少的一侧(在扭转不平衡结构中称为"柔性"侧)的结构构件将比相对较多填充墙一侧的结构构件承受更大的变形需求。分析和试验研究表明[59,60],由于填充墙导致抗侧强度和抗侧刚度的增加,补偿了层间位移需求在平面上的不均匀分布。换言之,在平面不规则填充墙存在的情况下,构件的最大变形需求通常不会超过(至少不会超过很多)没有填充墙的类似结构中平面内的峰值需求。然而,由于局部变形需求可能超过忽略填充墙分析得出的估计值,EN 1998-1 要求在分析忽略平面不规则填充墙的结构时,将 4.8 的偶然偏心加倍。这并不会对设计过程和结构造成不利影响,特别是当结构几乎完全对称且在平面内规则时,不考虑偶然偏心,结构的响应不含任何扭转特性,它也是相当有效的。

EN 1998-1 *第4章*区分了由于填充墙的不对称布置而造成的平面内严重不规则的情况。例如，它提到沿着建筑物周边的两个连续侧面集中布置的填充墙可能会导致建筑物的拐角彼此接触。事实上，这种结构发生严重破坏甚至倒塌的概率更大，尽管这种没有得到完全证实的说法常常将这种差异归因于碰撞。无论如何，EN 1998-1 并不认为将偶然偏心加倍能应对这种情况，它需要的是对一个明确包含填充墙的三维结构模型进行分析。此外，由于填充墙的性质、模型甚至未来布置（包括窗户的尺寸和布置）的不确定性，还需要对填充墙刚度和位置的影响进行灵敏度分析。它忽略了一个平面框架三或四分之一的填充墙，特别是在更灵活的侧面，作为灵敏度分析的主要部分。遗憾的是，除了说明具有多个明显开洞或穿孔（门、窗等）的填充墙不应包含在模型中之外，Eurocode 8 本身并未提供有关填充墙模型的任何指导性建议。对于国家附件中没有提供关于（砌体）填充墙力学模型的参考文献的情况，下文各段将为设计人员提供相关指导。 *条款4.3.6.3.1(2)，4.3.6.3.1(3)*

实心填充墙在建模时可以作为沿其受压对角线的对角支撑。EN 1998-1 中关于混凝土结构的*第5章*提到应用弹性地基梁模型[61]来估算斜压杆宽度。另外，EN 1998-1 *第5章*中也可以将斜压杆宽度取为填充墙对角线长度的固定比例，通常为对角线长度的 15%。 *条款5.9(4)*

在线性分析的框架内，可以认为填充墙斜压杆是弹性的，其横截面积等于墙厚 t_w 乘以斜压杆宽度，模量即为填充砌体的模量 E。在非线性分析、验算或其对周围框架构件局部影响的计算中，填充墙的强度等于墙的水平剪切强度（水平缝抗剪强度乘以墙的水平横截面积）除以对角线和水平线夹角 θ 的余弦值。

Eurocode 8 建议设计人员注意离填充墙集中最远的一侧（“柔性侧”）的结构构件的验算，以验算由填充墙引起的扭转响应的影响。由于在建筑周边两连续边上刚性填充墙的集中所导致的严重不规则性，地震作用水平分量在这两边相接拐角处会引起扭转响应。结果表明，没有填充墙的该结构体系在地震作用两个水平分量单独作用时，拐角处或附近的竖向构件的变形和内力需求峰值会同时发生[59,60]。因此，无论在三维结构模型中是否考虑填充墙，由两个地震水平分量引起的竖向构件地震作用效应（弯矩和轴力）最好考虑为同时产生，而不是按照 4.9 进行组合。 *条款4.3.6.3.1(2)*

4.12.3　针对立面不规则填充墙不利影响的设计

相对于其他楼层（尤其是上面的楼层）而言，如果某楼层减少了填充墙，则该楼层可能会变成薄弱层。对于底层架空（几乎架空）的建筑而言，结构的整体抗震性能最为关键。不幸的是，这似乎是立面不规则填充墙的最常见情况。 *条款4.3.6.2(2)*

与相邻楼层相比，楼层中填充墙的减少会增加该层柱的非弹性变形需求，原因如下：

- 特定楼层整体侧移集中（薄弱层效应）；

- 由于填充墙限制了邻近楼层的侧移,该层的柱接近固接状态。

与柱不同的是,该层之上和之下楼层梁由于其转角需求较低,因而不会受到过度破坏。此外,通过式(D4.23)进行的设计不能有效防止在减少填充墙的楼层柱中形成塑性铰。理由如下[62]:由于该楼层上下楼层的填充墙减少,该楼层的层间位移比会降低,且这些楼层的柱端转角也会非常低。事实上,如果这些楼层的填充墙刚度很大,柱与梁的转角符号可能相反,所以它们的代数和确实可得到较低的层间位移比。由于柱端弯矩大小与转角大小直接相关,因此在填充墙减小的楼层中,抵抗梁抗弯承载力的总和为 $\sum M_{Rb}$[59,62] 时,柱端部分将从节点的另一个柱段得到非常小的帮助。所以,尽管在框架节点处满足式(D4.23),但在填充墙减少的情况下,楼层柱顶部和底部均可能形成塑性铰。此外,这些塑性铰的转角需求可能大到超过其承载力,从而导致楼层倒塌。

条款4.3.6.3.2(1),
4.3.6.3.2(2),
4.3.6.3.2(3)

针对楼层的填充墙相对于其上覆楼层较少,为防止在该楼层柱中首先出现塑性铰,EN 1998-1 规定这些柱应保持弹性,直到上覆楼层的填充墙达到其极限状态。为了实现这一目标,应该通过增加框架竖向构件的抗力来补偿层内填充墙抗剪强度的不足。更具体地说,就是将由设计地震作用分析计算得到的柱的地震内力(弯矩、轴力、剪力)乘以系数 η,其值为:

$$\eta = 1 + \frac{\Delta V_{Rw}}{\sum V_{Ed}} \leqslant q \qquad (D4.24)$$

式中,ΔV_{Rw}表示与上覆楼层相比,楼层中砌体墙抗力的总减少值;$\sum V_{Ed}$表示楼层中所有主要竖向抗震构件的地震剪力之和(楼层剪力设计值)。如计算所得的系数 η 小于 1.1,则可以忽略地震作用效应的放大。

第5章 混凝土建筑的设计和构造措施

5.1 适用范围

本章包含了 EN 1998-1 *第5章*条款的混凝土建筑抗震设计的相关内容。本章不是复述原有的条款，而是通过对其实际应用、背景知识进行评述和解释，来总结*第5章*中的重点内容。 *条款5.1.1*

EN 1998-1 的*第5章*适用于现浇和预制混凝土建筑。*第5章*中很明确地表明了其规定及条款未完全包含采用“无梁楼盖”（柱之间通过楼板相连，而不是通过梁）作为主要抗震构件的建筑。在这类建筑中，柱之间的板带在地震作用下的作用和特性类似于梁，板带的有效宽度随抗震要求的提升而增大，抗震要求的大小通过层间位移来表示，但是，这种表示方法是不准确的。这些带状区域在非弹性循环荷载下的力学性能也具有非常大的不确定性，特别是在柱周围的区域。如果忽略这种不确定性，板带的刚度和抗弯承载力低于柱，如强柱弱梁设计中，有助于梁柱体系仅仅在柱底出现塑性铰。然而，由于带状楼盖区域具有类似于梁的柔性，这样的结构可能会产生很显著的二阶效应（P-Δ 效应）。

尽管对*第5章*的适用范围没有给出明确的界定，但是应明确的是，EN 1998-1 中未完全涵盖在主要抗震构件中采用预应力的相关内容。在建筑中，对大跨度的主要抗震梁采用预应力是有利的。然而，设计者希望在地震作用下塑性铰能形成于梁端处，*第5章*给出了主要抗震梁的端部区域延性和耗能设计的方法和构造措施。这些规定仅限应用于钢筋混凝土梁之中，言外之意就是在主要抗震构件中应避免采用预应力结构。

*第5章*提供的混凝土结构的消能设计，可适用于楼盖板或预应力混凝土梁，前提是将这些构件及与它们相连的柱都作为次要抗震构件考虑。另一种方法是，在设计带有楼盖板或预应力混凝土梁的混凝土建筑时，可以认为所有的构件都是主要抗震构件，但是在设计地震作用下，它们都必须保持在弹性受力状态，亦即以低延性等级（DCL）和性能系数 q 不大于 1.5 为前提进行设计。需要注意的是，EN 1998-1仅在低地震活动区内推荐使用这种备选方法。

5.2 混凝土结构构件的类型——对“关键区域”的定义

*第5章*中把主要抗震混凝土构件分为梁、柱和墙三大类，以便为每一种不同类 *条款5.1.2*

型的构件分别指定相应的计算方法和构造措施。

5.2.1 梁和柱

梁通常被定义为在“设计地震作用”(抗震设计状况下梁的最大标准化轴压比 $\nu_d = N_{Ed}/A_c f_{cd}$ 的限值为 0.1)下主要承受横向荷载而轴压力较小的水平构件。与其相对的,柱通常被定义为承受由重力产生的轴向压力或在抗震设计状况下(柱的轴压比限值 ν_d 大于上述的 0.1)产生不可忽略的轴向压力的竖向构件。根据这一定义,即使柱的受荷很小,其也不会被界定为“梁”,例如建筑顶层的柱,即便其同样承受横向荷载。而任何受显著轴向压力作用的结构构件都会被定义为“柱”,无论它是竖向的、水平的还是倾斜的,以及是否受横向荷载作用。

5.2.2 墙体

如果一个构件的横截面的长宽比(横截面两边长度之比)大于 4,正常情况下它是竖向放置的且支撑其他构件,这样的结构构件被定义为墙。显然,如果横断面由多个矩形组成,其中某个矩形的长宽比大于 4,那么这个构件同样被界定为墙。根据这个定义,仅根据横截面形状的不同而言,一面墙和一根柱的区别在于,墙主要在某一水平方向抵抗侧向力的能力较强,将它称为横截面的长边方向。更进一步,在对单向抗力进行设计时,由结构区域相对的两端(“翼缘”或是“拉压弦杆”)提供抗弯承载力,而“腹板”提供抗剪承载力,就如同在梁中一样。竖向(亦即垂直向)钢筋集中布置和混凝土约束仅仅存在结构区域的两端提供抗弯承载力。如果横截面不是细长形的,则竖向构件在两个水平方向都会有相当大的抗侧能力,这种情况下再去区分翼缘和腹板是没有意义的,两者区分的依据是:在翼缘处竖向钢筋被加密,混凝土处于受约束状态;在梁腹板处并没有钢筋的加密,混凝土并不处于受约束状态。

上述墙体的定义与 EN 1992-1-1[条款 9.6.1(1)]一致,并且对于横截面的尺寸与构造措施确定而言是恰当的。由于将墙体在结构体系中所起的预期作用,以及其设计、尺寸及构造作整体考虑,而不仅仅是在横截面类别上,所以这些定义并不十分重要。事实上,如果地震在水平方向上引起的不小于 50% 的基底剪力是由混凝土墙来进行抵抗(参见下面提到的等效双重复合剪力墙体系的定义),那么 EN 1998-1 仅采用墙体来防止楼层在此方向上形成机构,不需要任何额外的验算:无需对满足塑性铰出现在梁上而非主要抗震柱上的式 D4.23 进行验算。然而,墙体能够满足加强梁摇摆性机构的要求,只要墙体特性类似竖向悬臂梁(亦即只要其弯矩图的符号至少在下部若干层内不发生改变,见图 5.1)并且仅仅在结构底部(与基础连接处)形成塑性铰。上述定义的墙体与竖向悬臂梁和仅在结构底部产生塑性铰的这一假定相似,是所有第 5 章中“延性墙”的计算和构造措施的基础。然而,这一假定是否符合墙体真正的特性,截面的长宽比对其影响并不很大,其主要取决于墙体和其在层间相连的梁的强度比和刚度比。为了使混凝土墙发挥 EN 1998-1规定的作用并且满足其默认假设,其横断面的长度尺寸 l_w 不仅宜与其

厚度 b_w 有关，且宜足够大。为达到此要求，并且考虑到建筑中的梁的常用尺寸，对于低层建筑其值 l_w 推荐至少为 1.5m，而对于中高层建筑 l_w 推荐至少为 2m。

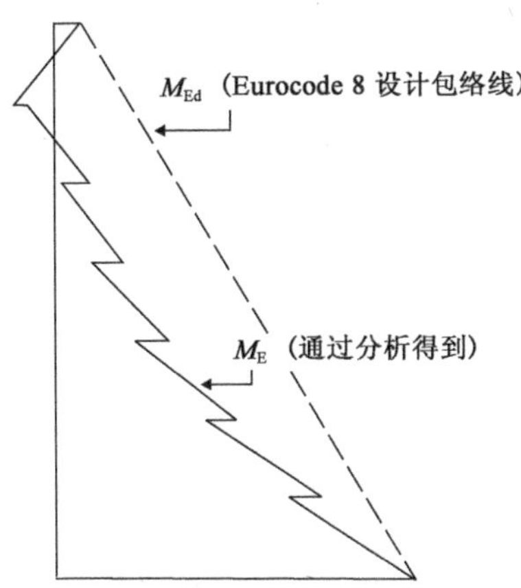

图 5.1　根据 Eurocode 8 所得的典型的由分析得到的混凝土墙弯矩图和线性混凝土墙的典型弯矩图

标准的第5章区分了“延性墙”和“大尺寸少筋混凝土剪力墙”这两个概念，延性墙又进一步分为“联肢延性墙”和“非联肢延性墙”。

5.2.3　延性墙：联肢和非联肢

根据标准的第5章，墙体中最主要的一类墙体为延性墙，在以耗能为目标进行设计和确定构造时，其只在结构底部与基础相连处出现弯曲塑性铰而其他高度部分仍保持弹性状态，目的是为了促进甚至强制产生梁摆机构：当在结构底部产生具有高延性和耗能能力的塑性铰时，延性墙应固定以阻止结构底部相对于其他结构构件产生扭转。另外，延性墙底部上方的区域不应进行开洞和穿孔，因为这些对塑性铰的延性有不利影响。

两个及以上独立的延性墙通过有规律或无规律布置的梁相连从而满足特殊的延性条件（这些梁也就是“连梁”），该部分可以当作一个结构构件来考虑，称为“联肢延性墙”。假设通过连梁的连接作用，联肢墙某肢底部的弯矩比其各自单独作用时能够至少减少 25%。值得注意的是，一个联肢延性墙的底部弯矩为各肢底部弯矩加上由于连梁的作用在延性墙中产生的轴力引起的联肢墙底部弯矩（一系列连梁在结构底部的剪力会累计成为作用在与其相连的墙肢上的轴力，连梁两端，一端形成正向轴力，另一端形成反向轴力，这些轴向力造成的约束弯矩由连梁引起，并与联肢墙的总弯矩相叠加）。严格来说，为检查一个剪力墙体系是否符合联肢墙的标准，应将连梁从模型中去除后，重复对其进行水平设计地震作用下的结构计算。另外，若建筑中有多个可能符合条件的联肢墙体系，上述操作应分别对每一个联肢墙重复进行。如果判定墙体是否为联肢墙的方法是基于对包括连梁在内的结构体系的单一分析，以及对各墙体独立作用下结构底部的弯矩之和与被验算的联肢墙体结构底部的总弯矩数值（这个值是每肢墙的底部的弯矩之和，加上其轴力在联肢墙的墙体形心处产生的弯矩）的 75% 进行比较，那么上述的结论不会改变。毕竟,尽管联肢性给墙的延性带来了显著的提高,但联肢墙的特性对计算带来的影响很小。唯一实用的结论是在地震作用造成的结构底部剪力(65%以上)都由墙体来承担的结构(剪力墙体系,见 5.3),其性能系数 q 要减少 10% ~20%,前提是非联肢墙体提供 50%以上的墙体承载力,而不是联肢墙。

因为在联肢墙中,在连梁中耗散的能量比在任一独立墙肢底部的塑性铰中要多,所以连梁和这些墙体同等重要,因此标准的第*5*章对于它们都有专门的尺寸和构造要求(事实上,在独立墙体中,规定其总弯矩至少有 25% 由联肢型墙体来考虑,而独立墙体中的轴力引起的约束弯矩仅仅按所有连梁两端的弯矩之和来考虑,同时将其作用位置从独立墙体的表面转移至墙体的轴线处)。对于独立的墙体,标准没有给出专门的规定要求,尽管它们作为一个体系在发挥着作用,但计算中将这些墙分开,各自按抗弯和抗剪确定尺寸。但是,确定竖向钢筋规格时的弯矩和轴力的数值的大小的确反映了它们相互之间的联肢性,至少,在弹性分析时采用的是这种做法。应该注意的是,考虑到在设计地震作用下,计算得到的独立墙体中的轴力是很大的,因此通常在抗震设计状况下的独立墙体之中的最大轴力和最小轴力的绝对数值会相差很大(包括重力荷载引起的轴力)。由于每一个墙体底部的竖向钢筋的配置通常由计算所得的弯矩 M_{Edo} 和最小轴向压力(或者最大轴向拉力)共同控制,因此当最大轴向压力作用于墙底时墙体的抗弯承载力 M_{Rdo} 比 M_{Edo} 要大很多。这对高延性等级(DCH)墙体的抗剪设计产生了严重影响,因为在这些墙体中分析得出的用于剪力 V_{Ed} 上的设计承载力放大系数 ε 取决于 M_{Rdo}/M_{Edo} 的比值[参见式(D5.17)和式(D5.18)]。在某些情况下,ε 值可能会过高以至于无法验算独立墙体的抗剪承载力(尤其是在斜压破坏时)。从低轴压(或受净轴向拉力)作用的独立墙向高轴压作用的独立墙进行弯矩 M_{Edo} 的重分布(高达 30%),如同 EN 1998-1 条款*5.4.2.4(2)*向联肢墙推荐的那样,或许可以采用它来优化设计,然而,因为弯矩计算产生的重分布的剪力限制了其优化。所以,如果作用于受低轴压力墙体上的弯矩降低到 $0.7M_{Edo}$,作用于受高轴压力墙体上的弯矩增大至 $1.3M_{Edo}$,那么其抗弯承载力将会降低至 $M'_{Rdo} < M_{Rdo}$,由 $M'_{Rdo}/1.3M_{Edo}$ 决定的放大系数 ε 将会降低更多。降低后的放大系数将应用于 $1.3V_{Ed}$ 上,而抗剪验算的益处也会受到限制。

基于此,尽管总体上采用联肢墙对抗震性能有一定的加强,然而目前标准第*5*章的规定并没有鼓励设计人员采用联肢墙,特别是在高延性等级的建筑中。

5.2.4 大尺寸少筋墙

与高度相比,平面尺寸较大的墙体无法通过使塑性铰出现在结构底部来有效地进行耗能设计,因为墙体无法轻易地通过固定来抵抗结构其他部分的扭转。如果单片墙体与一个或更多的与之垂直方向的墙体连接,而那些墙体大到不能仅仅视作单片墙体的翼缘或肋,对这种塑性铰出现在结构底部进行的墙体计算将会更加困难。标准第*5*章认为,这种墙体由于其尺寸很大,最有可能产生有限的开裂和在设计地震作用下处于非弹性状态。设计人员期望其产生的裂缝主要是水平向的，并且位置与楼层上的施工缝重合，如果发生弯曲屈曲，其产生部位同样也主要为这些地方。然后，大型墙体的侧向偏斜，如同竖向悬臂梁那样，将会通过以下两者的共同作用产生，屈曲时墙体以多刚体的方式摇晃：①墙体的基础构件相对于地基扭转，基础构件通常会在地基中局部抬升；②类似的集中于水平裂缝处的扭转及可能在一层或更多层中出现的弯曲屈曲。由于在大型墙体中轴力荷载水平相对较低，所有这些旋转作用的“中性轴”都会非常接近基础构件受压端部或是位于墙体的开裂处，以及（可能存在的）屈曲区域的受压边缘处。这种扭转会在墙体截面形心处产生显著的顶升，进而抬升由墙体和嵌于墙体的梁端支承的楼板，这对于结构的整体响应和体系的稳定性而言是有利的。例如，地震输入结构体系的部分能量是暂时没有危害的，其转化为了这些附属质量的势能，代替了这些能量作用于墙体产生破坏性变形。另外，墙体的刚体晃动会促进辐射阻尼的产生，其对减少输入的地震动中的高频成分是十分有效的。

标准第5章认为，大尺寸墙体能够承受强震需求的能力，是通过其本身的几何尺寸实现的，而非由钢筋提供的强度和滞回耗能能力。标准定义“大尺寸少筋墙体”为水平尺寸 l_w 至少为4.0m或者其高度 h_w 的三分之二（两者中取小值）的墙体，让其在结构中起特殊的作用，并为其提供了特殊的设计和构造要求（这些规定会让墙体中的配筋量远少于延性墙），上述定义和规定的前提是认为这种墙体用于主要由其组成的抗侧力体系（见5.3中大型配筋墙体系的定义）。

5.2.5　延性构件中的临界区

混凝土构件能发挥其消能作用的主要但非唯一的受力状态为受弯状态。消能作用产生于构件端部的弯曲塑性铰承受正弯矩或负弯矩作用时，虽然遭受显著的横向荷载作用的大跨梁同样也可能在距梁端部分一定距离处在正弯矩作用下产生单边塑性铰。在标准第5章中，混凝土构件的耗能区称为“临界区”。正如第5章所述，这一术语比术语“耗能区”具有更多的内涵，EN 1998-1第6～8章采用“耗能区”来表达通过设计使能量耗散发生于构件或连接的部分，这一定义是相对宽松的概念。在第5章中，临界区按照惯例定义为局部主要抗震构件，为构件底部截面以上一段特定距离的部分，或者对于梁来说，是梁由横向荷载和设计地震作用共同引起的最大正弯矩点的某一特定长度的部分。第5章规定了临界区的长度，其由主要抗震构件的类型和延性等级决定，在该长度范围内还需遵守一些专门的构造要求及其他规定。通常认为临界区位于主要抗震柱或梁的端部（无论塑性铰是否预计出现在那里），或者位于梁和柱与基本构件相连的特定节点处。

5.3　混凝土结构的抗震结构体系类型

标准第5章根据系统对地震作用水平构件的反应，确定了下列几种混凝土建筑的结构体系类型：　*条款5.1.2，5.2.2.1*

- “倒立摆”体系;
- “扭转柔性”体系;
- “框架”体系;
- “剪力墙”体系(联肢和非联肢);
- 框架和剪力墙的“双重体系”;
- “大尺寸少配筋混凝土剪力墙体系”。

第一类和第二类体系在地震作用下的响应和性能存在一些不合理特征。因此,这两类体系的性能系数 q 取低值。系数 q 取低值的意义在于,通过让其响应保持在弹性范围附近来更好地保护这两种脆弱的结构体系,同时作为一个不推荐使用这两种结构体系的信号(或是警告)。

大尺寸少筋混凝土剪力墙体系与非联肢型延性墙的区别并不在于系数 q 的取值的不同(两者系数 q 的取值完全相同),而在于其尺寸确定和构造要求,两者在这一方面有根本性的差异。

其他三种结构体系(框架、双重体系和剪力墙体系)不存在差异,无论是性能系数 q 的取值还是它们的设计规定都完全相同:梁、柱或联肢及非联肢延性墙的尺寸确定和构造要求都是相同的,无论这个构件是属于框架体系、双重体系还是剪力墙体系。就计算而言,以下两者之间有很大的区别:(1)框架或等效框架双重结构体系(框架占主导地位);(2)剪力墙或等效剪力墙双重体系(剪力墙占主导地位)。前者的柱(总体上)应满足强柱弱梁的规定,这是为了防止薄弱层的产生,以及促进产生梁摆机构。而在后者,这个终极目标应仅通过延性墙来实现,通过设置足够数量和足够尺寸的延性墙来限制整个结构体系,使其在晃动时仍能保持直立状态。出于类似的原因(即墙体方面的原因),(2)中列出的结构体系认为在地震响应时不受任何砌体填充墙的影响,因此,不必受(1)中列出的使用砌体填充墙时的特殊的设计和构造要求的约束。

标准第5章认定的混凝土建筑不同类型结构体系的主要特征,以及其对设计的影响将会在之后的叙述中进行讨论。

5.3.1　倒立摆体系

倒立摆体系定义为顶部三分之一高度范围内的质量至少为总质量的50%,或是单个结构构件的根部具有耗能能力的结构体系。从字面上看,单层的混凝土建筑通常符合这一分类要求。但是,若在设计地震状况下任何柱的最大归一化轴压比 ν_d 不超过0.3,柱顶部在两个水平方向都相连的单层框架,则明确规定不包含在这个结构分类之中。如此低的轴向荷载(对应于通常为0.2的轴压比以及取值为1.5的混凝土分项系数 γ_c)提高了柱根部的局部延性。若两层框架每层的质量大小相等,那么其也不属于倒立摆体系,但若集中于屋顶的质量显著大于第一层的质量,则其属于倒立摆体系结构。

5.3.2 扭转柔性体系

如果一个体系在其所有层上都不能完全满足式(D4.2)的两个条件(即建筑的某层平面内,楼层的一个或两个主轴方向上的质量的回转半径大于其扭转半径),那么这个体系被定义为扭转柔性体系。

5.3.3 框架体系

标准第5章将框架体系定义为,根据分析结果,至少65%的地震基底剪力由(或者更确切地说应该由)组成框架的主要抗震梁柱来承担的结构体系。框架体系一个显著的特征是其抗震承载力主要是通过常规的作用效应来体现:柱两端形成异号的**弯矩**,以提供抵抗层间剪力需求的柱剪力;结构整体的倾覆弯矩(主要)由外边缘柱的**轴力**来抵抗。由于框架构件的剪跨比(弯矩与剪力之比除以构件截面高)通常不小于2.5,其承载力和极限变形能力由弯曲状态控制,因此结构构件的延性都非常好。另外,通过在弯曲状态下确定柱的尺寸可以满足强柱弱梁的规定,也可避免构件在挠曲破坏之前发生超前的剪切破坏,通过关键区域塑性铰的延性构造,框架体系得以可靠地设计并实现可控,以及具有非常好的延性非弹性响应。

5.3.4 剪力墙体系

根据标准的第5章,由分析结果可知,如果一个结构体系中地震基底剪力的65%都由(或者更确切地说应该由)主要抗震墙来承担抵抗,那么这样的体系称为剪力墙体系。剪力墙体系直接通过弯矩而非各独立墙中的轴力来抵抗倾覆弯矩。如果剪力墙体系中还包含底部固定的墙体,以及其相对梁而言有足够的强度和刚度,从而表现出如同竖向悬臂梁的性质,那么该体系能非常有效地抵抗水平地震作用:对于同样数量的混凝土和水平向钢材(决定基底的抗剪强度)而言,随着墙体水平尺寸 l_w 的增加,侧向刚度(对于位移控制非常重要)会增加,并且所需要的竖向钢筋的总量会减少。l_w 的极限值为剪跨比 L_s/l_w 不小于2.5时的值,其能保证弯曲状态控制的特性,以及能加强墙体的延性。

如果大于50%的总墙体承载力由联肢墙体提供,那么这个体系就认为是联肢墙体系。由于联肢墙不仅仅通过独立墙肢底部的塑性铰而且还通过连梁来发挥耗能作用,故在基底抗剪能力相同的情况下,其总体的耗能能力比非联肢墙要大很多。所以,与非联肢墙体系不同,联肢墙体系中 q 可与固有延性框架体系具有相同的基值。

5.3.5 双重体系

根据分析结构,35%~65%的地震基底剪力由(或者更确切地说应该由)框架的主要抗震梁和柱来承担,而剩余的地震基底剪力由主要抗震墙体来承担的体系为双重体系。双重体系结合了墙体的刚度强、承载力高、成本效益好和框架变形能力强的优点,其框架的变形能力可作为结构的第二道防线,以防止结构中(某些)脆弱的墙体碎裂失效。另外,双重体系可以用承受(大部分)重力荷载作用的梁和柱来抵抗侧向力,也可以增加柱在两个水平方向上抵抗侧向力的能力。其非弹性性能比纯框架或纯剪力墙体系具有更多的不确定性,其不确定的例子包括:

(1)由于将力从墙体传至框架或从框架传至墙体的楼盖的传力能力的不确定,这些子系统在不同楼层中分担楼层剪力的情况是不同的。

(2)墙体和框架之间的侧向力分配由墙体和柱底部基于于地基的柔性而产生的扭转决定(在竖向构件尺寸几乎相同的结构体系中,这种转动并不会明显影响楼层剪力在竖向构件中的分配)。

结构体系响应对于这种不确定性的敏感性应通过合适的概念设计予以降低,或者应通过敏感性分析来解决。

如果超过50%的基底剪力都由主要抗震墙体来承担,那么组合体系将会被归为等效剪力墙体系;否则其将会被归为等效框架体系。如同P85中指出的,区分等效剪力墙双重体系和等效框架双重体系会对实践应用产生很重要的影响,因为这决定了双重体系中的柱是否应按照其底部上方的塑性铰进行承载力设计,以及设计时是否应考虑使用砌体填充墙产生的效应。

5.3.6 大尺寸少筋混凝土墙体系

Eurocode 8 与多种国际性标准相比,所具有的独特之处在于其包含了对于由数量很多但配筋很少的混凝土墙组成的结构体系的特别规定。这种混凝土墙在设计时不是通过塑性铰的滞回作用耗散动能,而是通过将这种能量转化为墙体的势能,并且通过从地基中产生辐射的方式将部分能量返还给地基来满足抗震要求。为满足 Eurocode 8 规定的特殊要求,这种结构体系在每一个水平方向上都至少要有两面墙(用于强度储备和抵抗扭转作用),每一方向的墙体都需满足5.2.4的“大尺寸少筋墙”的要求,所有墙体总共至少要承担某一水平方向地震基底剪力的65%(使结构符合剪力墙体系的要求),并且需要承担至少20%的总重力荷载(即两个方向的墙体总共至少要承担40%的总重力荷载)。建筑每一水平方向的基本周期,在假定其所有竖向构件底部都被固定以抵抗扭转的前提下,应不大于0.5s。最后一个条件使墙体的高宽比保持在很低的状态下,或者使其横截面面积占楼层总面积的比例非常高,并且与仅仅用几何尺寸方法相比能更好地考虑墙体上开洞造成的影响。每一水平方向的墙体至少要承担20%的重力荷载,这一条件保证了这些墙体在产生晃动时能至少使具有此比例的结构总质量的势能增加。每一水平方向至少有两面墙体这一条件也可以被放宽,前提是:(1)两个条件:至少承担20%的重力荷载和基本周期不大于0.5s(可以通过此方向的单独一面墙体得到满足);(2)与其垂直的方向上至少有两面大型的墙体;(3)在只有一面大型墙体的方向上的系数 q 的值要降低三分之一。

若结构体系满足上述的所有要求,标准第5章允许所有符合要求的大型墙体,根据后文5.8列出的对大尺寸少筋墙的特殊规定,以一种非常经济的方式确定其计算和构造要求。大尺寸少筋墙的性能系数 q 的值应满足中等延性等级(DCM)下更严格的延性墙的规定,来确定满足设计及构造要求的非联肢延性墙组成的剪力墙体系的系数 q 值。在大尺寸少筋墙体系中长度 l_w 小于4m(或小于6m的建筑的墙体的总高度的三分之二)的墙体应根据中等延性等级的延性墙的相关规定进行计算和构造。如果在 l_w 方向上结构体系并不符合大尺寸少筋墙体系的要求,那么长度 l_w 大于4m(或小于6m的建筑的墙体总高度的三分之二)的墙体同样也应遵守下述相关规定。

5.4 概念设计:以强度或延性或耗能为目标进行的设计——延性等级

如同2.2.2已经提到的那样,Eurocode 8 给出了以更高的强度和更低的延性为目标进行混凝土建筑设计的选项,反之亦然。这种选项通过混凝土建筑的延性等级来进行应用实践:Eurocode 8 通过提供了三种可选用的延性等级[低延性等级(DCL)/中延性等级(DCM)和高延性等级(DCH)]来允许牺牲一定的延性和耗能能力以换取更高的结构强度。 *条款5.2.1*

中延性等级和高延性等级的建筑的系数 q 值大于1.5,仅考虑结构超强的影响时,这是可靠的。高延性等级建筑的系数 q 值可比中等延性等级建筑的值高,但同时它们的结构构件也必须满足更加严格的构造要求,并且必须在承载力设计计算时提供更高的安全裕度以保证结构的整体延性性能。较高的两个延性等级代表了两种不同的强度与延性的组合,就总体耗费的材料和在设计地震作用下最终表现出的性能而言,它们近似相等。中等延性等级的建筑相对更加容易进行设计,在施工现场也更容易实现,并且在中等地震作用下可能表现出更好的性能。通常认为高延性等级的建筑在比设计地震作用强烈许多的地震下,对于局部和整体破坏具有更高的安全储备。

标准第5章本身并未将两种较高延性等级的选择和场地的地震活动性或者结构的重要性联系起来,也没有对它们的应用加以任何限制。这两种延性等级的选择由欧洲标准化委员会成员国(CEN)根据其国土地区的不同而选用,或者更好的做法是将这个选择留给设计人员,由其根据所设计的特定工程的特点进行选用。

低延性等级的建筑不以延性和耗能能力,而是仅以强度为目标来进行结构设计:在实践中,它们只需遵守 Eurocode 2 中尺寸和构造措施的要求,计算结构地震作用时,其采用与其他侧向作用完全相同的计算方式,例如风荷载作用。虽然仅根据 Eurocode 2 进行计算意味着结构在其设计荷载作用下仍须保持弹性状态,但低延性等级混凝土建筑的构件由弹性反应谱除以系数 q 的值为1.5而非1.0,然后根据所得到的构件内力来确定其尺寸。系数 q 的取值不是由设计建筑的耗能能力来决定的,而仅由结构构件对抗的地震作用的富余量来决定。这种富余量是由以下因素导致的: *条款5.2.1(2),5.3.1,5.3.3*

- 钢材和现浇混凝土由相应设计值(对于混凝土通常认为平均强度比强度

标准值大 8MPa，或者对于钢筋通常认为大 15%，除了这个差异以外，强度标准值要除以材料的分项系数才能得到强度设计值）得到的期望强度的系统性差异。

- 钢筋数量和直径的舍入。
- 梁或柱跨越节点的两个横截面的，由两部分中钢筋需求最大的截面区域决定钢筋的对称布置方式。
- 由非地震作用和/或最小配筋要求控制的钢筋配筋量等。

在介于中高地震活动性区域内，低延性等级建筑的成本效益可能不是很好。另外，由于其不具有工程延性及耗能能力，其在比设计地震作用强很多的地震作用下可能并不具有可靠的安全储备。因此，通常认为其并不适合用于中等地震活动性或高地震活动性的地区。Eurocode 8 推荐低延性等级仅仅在低地震活动性的情况下使用，但是否遵守此推荐条款由欧洲标准化委员会成员国（CEN）自行决定。值得一提的是构成低地震活动情况的定义也是由 CEN 自己决定的，而 Eurocode 8 推荐低地震活动情况下作用于岩石类地基土的设计加速度 a_g 的最高上限值为 $0.08g$，或者根据建筑场地类别的不同，由 a_g 和结构重要性系数 γ_I 确定的设计加速度 a_gS 的最高上限值为 $0.1g$。

5.5　耗能减震设计的混凝土结构性能系数 *q*

条款5.2.2.2

在以耗能性能和延性为目标进行设计的建筑中，用于线性分析的弹性反应谱使用的性能系数 q 对其进行了一定的折减，性能系数 q 的取值依据结构抗侧力体系的类型和设计时所选的延性等级来确定。如同在 5.6.3.2 中所述，系数 q 的取值直接地或间接地与构件的局部延性要求及相应的构造要求相关。

与低延性等级建筑相同，由于推测材料和构件存在超强的特性，故中等延性等级建筑和高延性等级建筑的系数 q 的值取 1.5，上述规定已成为了对中等延性等级建筑和高延性等级建筑给出的系数 q 的取值规定的一部分。此外，由于结构冗余度而造成的结构富余量通过比例 α_u/α_1 明确地在系数 q 的取用之中进行了考虑。α_u/α_1 为导致结构完全变成塑性机构的地震作用与使体系形成第一个塑性铰的地震作用之比，两者都在重力荷载和地震作用同时存在的情况下进行计算。如果 α_1 按应用于设计地震作用弹性分析的地震作用效应的增大系数来考虑，其值应取所有结构构件端部采用比例式（$M_{Rd}-M_V$）/M_E 计算所得的较小值，其中 M_{Rd} 为结构构件端部的抗弯承载力设计值，M_E 和 M_V 为同位置的由设计地震作用的弹性分析得来的和由抗震设计状况下包括重力的荷载效应组合的弹性分析得来的设计弯矩值。α_u 的值可通过由静力弹塑性分析得到的完全变成塑性的结构的基底剪力，与设计地震作用下的基底剪力之比得到（图 5.2）。在静力弹塑性分析中，当侧向力不断增加时，应始终让重力荷载作用与地震作用同时存在。为保证 α_1 计算的一致性，静力弹塑性分析中结构构件端部的抗弯承载力应为设计值 M_{Rd}。如果在推覆分析中使用了抗弯承载力的平均值，那么按照惯例，对于 α_1 也应当使用同样的值来进行计算。

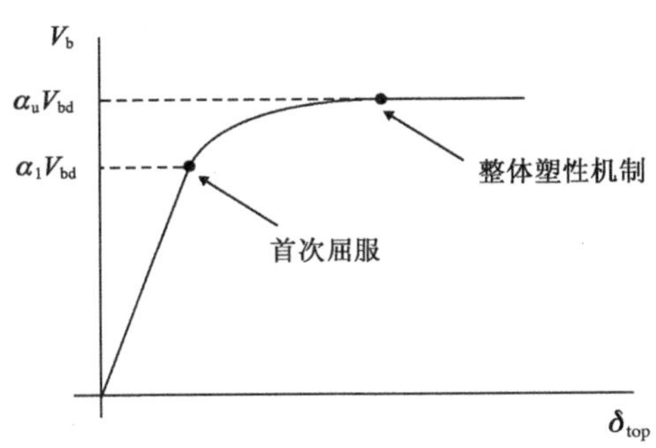

图5.2　基于静力弹塑性分析的基底剪力与顶部位移图的系数 α_u 和 α_1 的定义

（V_b 为基底剪力，V_{bd} 为设计基底剪力）

在大部分情况中，如果仅仅是为了计算用于确定系数 q 的比率 α_u/α_1，设计人员不会考虑是否值得采用静力弹塑性迭代分析，而是直接采用弹性分析进行设计。基于此，标准第5章给出了这个比率的默认值，对于平面规则的建筑，默认值为：

- $\alpha_u/\alpha_1=1.0$，对于每一水平方向仅仅有两面非联肢墙的剪力墙体系。
- $\alpha_u/\alpha_1=1.1$，对于单层的框架体系或框架等效双重体系（框架占主导），以及每一方向上具有两面以上非联肢墙的剪力墙体系。
- $\alpha_u/\alpha_1=1.2$，对于单跨多层的框架或框架等效双体系（框架占主导），剪力墙等效双重体系（剪力墙占主导）和联肢墙体系。
- $\alpha_u/\alpha_1=1.3$，对于多跨多层的框架或框架等效双体系（框架占主导）。

对于平面不规则的建筑，α_u/α_1 的默认值为 1.0 或者上述给出的平面规则建筑中默认值的平均值。

当 α_u/α_1 的值高于默认值时，其使用时采用的最大值不超过 1.5，前提是此值在设计完成后使用的系数 q 通过静力弹塑性分析进行了检验和确认。

对于竖向不规则的混凝土建筑，标准第5章在表 5.1 中详细地给出了系数 q 的取值。

立面规则的混凝土建筑的性能系数 q_0 的基本值　　表 5.1

结构类型	DCM	DCH
倒立摆体系	1.5	2
扭转柔性体系	2	3
非联肢墙体系	3	$4\alpha_u/\alpha_1$
除上述外的结构体系	$3\alpha_u/\alpha_1$	$4.5\alpha_u/\alpha_1$

倒立摆系统的 q 值非常低：当中等延性等级的 q 的取值不大于表中给出的值时才认为其是可用的，因为其仅考虑了富余量的影响而没有任何针对延性的设计。之所以系数 q 的取值非常低，是由于担心结构可能会产生显著的 $P\text{-}\Delta$ 效应或者倾覆弯矩，从而降低了结构的冗余度。鉴于混凝土（单）桥墩桥梁的系数 q 为 3.5，且 50% 以上的质量都集中于桥面，对倒立摆建筑的规定或许过于苛刻。因此，

标准第5章允许倒立摆体系的 q_o 的取值可适当提高，前提是能够确保临界区的耗能能力相对较高。

表5.1中列出的系数 q 的取值称为系数 q 的基本值 q_o，它们用于估算曲率延性要求和详细说明构件的“临界区”[见5.6.3.2中的式(D5.11)]。为了采用线性分析计算地震作用效应，q 的取值可对 q_o 进行一定的折减，具体如下：

- 立面不规则的建筑，系数 q 的值要降低20%。

- 在剪力墙体系、剪力墙等效双重体系(剪力墙占主导)或者易受扭变形体系中，q 取其基本值 q_o(由于立面上的不规则折减了20%)与一个假定其介于0.5~1之间的系数的乘积，否则取 $(1+\alpha_o)/3$，其中 α_o 为体系中墙的(平均)高宽比(各墙体高度 h_{wi} 的总和除以墙体横截面长度 l_{wi} 的总和)。这个系数反映了低剪跨比给墙体延性带来的不良影响。当 $\alpha_o \geq 2$ 时，$(1+\alpha_o)/3$ 取1；当 $\alpha_o \leq 0.5$ 时，$(1+\alpha_o)/3$ 取0.5。考虑到具有如此低高宽比的墙体的剪跨(在结构底部的弯矩和剪力之比)大约为墙体高度 h_w 的三分之二，因此当体系墙体的平均剪跨比小于1.33时，系数 $(1+\alpha_o)/3$ 的值小于1.0；这些墙体都非常的低矮并且延性都不是很好。

不考虑上述对于 q 的折减，中等延性等级和高延性等级建筑的系数 q 的值允许至少为1.5，即便仅考虑其具有的富余量，这样取用 q 值通常认为是可行的。

大尺寸少筋混凝土墙体系只存在于中等延性等级体系，因此，如果墙体的平均高宽比 α_o 小于2，其系数 q 的基本值为3(或者2，如果在所关注的水平方向上仅有一面大型墙体)乘以 $(1+\alpha_o)/3$。通常，这样的结构体系在立面上是不规则的，因此其系数 q 将不再进行进一步折减。

既不属于倒立摆体系也不属于扭转柔性体系的建筑，可能在水平的两个主轴方向上的 q 值会不同，这取决于结构体系及其在这两方向上的立面规则性分类，但与延性等级无关，延性等级对于整个建筑物而言应都是相同的。

5.6 耗能减震设计策略

5.6.1 由承载力计算和构造措施产生的整体和局部延性:概述

条款5.2.3

正如4.11.2.2中已经指出的那样，为了使结构的整体位移延性系数 μ_δ[依据式(D2.1)和式(D2.2)]，与在多层建筑设计中所使用的系数 q 的值相符合，在建筑的整个高度范围内应设置一根刚度大并且强劲的“脊柱”，用于分散整个结构体系的非弹性变形需求。如图4.4b)和d)所示，在混凝土建筑中，这个目标是通过在设计中使用剪力墙体系[或者墙等效双重体系(剪力墙占主导)]或者通过将框架[框架等效双体系(框架占主导)]的柱设计成比梁更强(这使得柱在除了结构底部以外的地方不会形成塑性铰)来实现的。

标准中对剪力墙体系[或剪力墙等效双重体系(剪力墙占主导)]的间接提倡采用，不仅通过在有限损伤地震作用下严格限制层间位移限值的大小(见4.11.2.1)

（这些规定仅使用混凝土框架难以满足），而且也通过剪力墙体系的系数 q 的值来实现。双重结构体系和联肢墙体系的系数 q 的值与框架体系相同，而非联肢墙体系则仅仅小 10% ~20%。

在框架体系［以及框架等效双体系（框架占主导）］中提倡使用强柱，可通过 4.11.2.1 对层间位移极限的严格规定来间接实现，通过按照 4.11.2.3 和式（D4.23）进行的柱在屈曲状态下的性能设计（从而避免柱先于梁产生塑性铰）来直接体现。

通过合理地选用结构形式和竖向构件尺寸（可以让结构底部以上的部分都保持在弹性状态），来进一步控制整体非弹性反应机制的形成。这一设计策略旨在保证那些对整体延性和耗能需求被分散至单个的结构构件，具有维持这一要求的必要的局部承载力。由于混凝土结构构件仅能通过其弯曲来发挥耗能作用和发展其循环延性，而只有在满足材料延性及构造要求的条件下才能够做到这一点，因此需排除构件受剪失效先于受弯屈曲这一可能性。为此，应通过承载力计算而非抗震设计状况下的计算来建立对于中等延性等级和高延性等级建筑中的主要抗震梁、柱、墙，以及高延性等级框架的梁柱节点的抗剪要求来防止构件先发生剪切破坏，如 5.6.4 中概述。此外，它们还应满足上述对弯曲延性发展的条件，至少在这些构件预计会集中产生非弹性变形的部位，以及发挥消能性能的部位（塑性铰—“临界区”）可以实现。5.6.3 概括了标准第5章推行的用于塑性铰区域的和材料延性和曲率延性的条件，还给出了这些延性条件的产生背景以及理论基础。

5.6.2　柱中抵抗塑性铰产生的混凝土框架承载力设计的实现

5.6.2.1　式（D4.23）的左侧

$$M_{\mathrm{Rd,b}}^{-}=A_{\mathrm{s2}}f_{\mathrm{yd}}(d-d_2)+(A_{\mathrm{s1}}-A_{\mathrm{s2}})f_{\mathrm{yd}}[d-0.5(A_{\mathrm{s1}}-A_{\mathrm{s2}})f_{\mathrm{yd}}/bf_{\mathrm{cd}}] \quad \text{(D5.1)}$$

式中，A_{s1} 和 A_{s2}（$A_{\mathrm{s1}} \geq A_{\mathrm{s2}}$）分别为梁横截面顶部和底部钢筋的配筋面积；$b$ 为梁腹板的宽度；d 为截面的有效高度；d_2 为梁截面底部外边缘至底部钢筋 A_{s2} 中心点的距离；f_{cd} 和 f_{yd} 分别为钢筋和混凝土的强度设计值。在不常见的 $A_{\mathrm{s1}}<A_{\mathrm{s2}}$ 的情况下，省略上式中右边的第二项，并且第一项中的 A_{s2} 取 A_{s1} 进行计算。

梁在正弯矩（下凹作用）下的受弯承载力设计值可以由下式计算：

$$M_{\mathrm{Rd,b}}^{+}=A_{\mathrm{s2}}f_{\mathrm{yd}}\max[(d-0.5A_{\mathrm{s2}}f_{\mathrm{yd}}/b_{\mathrm{eff}}f_{\mathrm{cd}});(d-d_1)] \quad \text{(D5.2)}$$

式中，d_1 为梁截面顶部外边缘至顶部钢筋 A_{s1} 中心点的距离；b_{eff} 为受压板的有效宽度。

式（D4.23）中的系数 1.3 是用于考虑梁主要由于钢筋的应变硬化而具有的富余量。这个数值的涵盖程度已经超过了充分考虑这种富余量所需的程度，这是由于目前欧洲国家使用的钢筋主要为表面预先淬火，再进行自身回火热处理法处理后的钢筋，并且不会呈现出太大的应变硬化特性；另外，由于混凝土约束而导致的柱的超强特性在式（D4.23）的左侧中并没有进行考虑，即便如此，值 1.3 也并不是总能足以完全涵盖另外两种不良效应：①由于板中与梁平行的锚固在节点范围内或者超出此范围(见下一段)的钢筋而造成的梁在负弯矩(拱起)作用下的抗弯承载力的增加;②由双轴弯矩引起的双向框架中框架柱的塑性铰的形成。

有充分的试验和实践证据表明,当梁在负弯矩作用下受弯屈服并且产生应变硬化时,这些距梁腹板很远的板中的钢筋被完全激活,并且作为受拉钢筋而提高了梁在负弯矩下的抗弯承载力。标准第5章[条款5.4.3.1.1(3)]详述了有梁嵌入的结构内部柱的每一侧板的有效受拉宽度,在所考虑的问题中,节点的相应侧有相似尺寸的横梁嵌入的前提下,该宽度为板厚 h_f 的4倍,或者若不存在这样的横梁时为板厚 h_f 的2倍。在框架平面内满足式(D4.23)的两个边柱处,上述的梁腹板每一侧的受拉翼缘有效宽度要降低 $2h_f$。这些有效宽度如图5.3所示,在标准第5章中进行了详细叙述,以用于支承于柱的梁针对抗震设计情况下分析得到的负弯矩作用来确定截面尺寸和配筋:任何平行于梁方向的并且在节点范围内或在超出节点范围内都锚固很好的钢筋,都可能被算作梁的顶部钢筋,它们能够减少在梁腹板宽度范围内需要布置的受拉钢筋的数量。在这个背景下,标准已经使梁腹板每一侧的板的有效受拉宽度比由实践和试验证据所建议的大约为梁跨度的值(1/4)要小,因此按照标准确定的梁顶部钢筋的配筋是偏保守的(偏安全的)。但是,这导致了 $M_{Rd,b}$ 在负弯矩作用下的估算值偏低,并且这对于通过满足式(D4.23)来避免在柱中形成塑性铰而言是偏不保守(偏不安全)的。

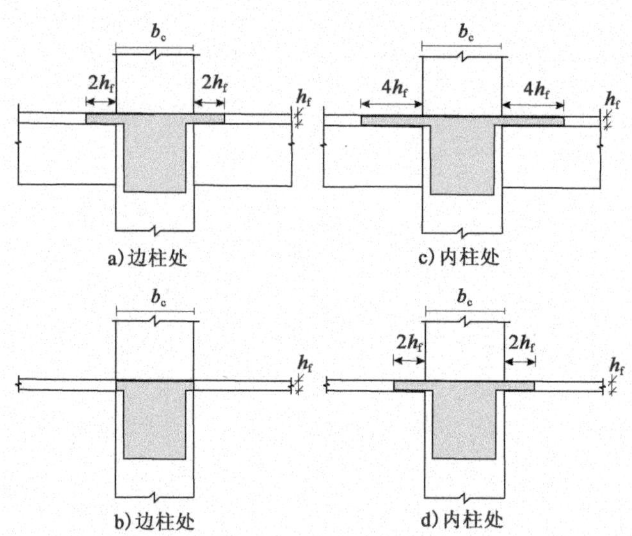

图5.3 板支撑于柱时的受拉翼缘的有效宽度(见标准第5章)

5.6.2.2 式(D4.23)的右侧

柱的抗弯承载力取决于其横截面形状及截面的配筋情况。最常见的情况就是截面形状为高 h[与通过式(D4.23)检验的平面平行]、宽 b 的矩形,受拉和受压钢筋的横截面积为 A_{s1} 和 A_{s2},受拉和受压钢筋都集中于构件在截面高度 h 方向上距各自最近的极限应变纤维 d_1 处,横截面积为 A_{sv} 的附加钢筋沿着截面高度 h 方向,在受拉与受压钢筋之间沿长度($h-2d_1$)近似均匀分布。横截面的钢筋经常对称地进行布置:$A_{s1}=A_{s2}$。然而,这里更多地考虑一般的不对称配筋情况,因为其也可以用于在两个垂直方向上由多于一个矩形部分组成的截面，如 L 形截面、T 形截面或者 U 形截面。对于这样的构件，由于质心轴平行于两个正交方向（不考虑这两个方向可能不与主轴方向重合），计算 $M_{Rd,c}$是很方便的。与这种柱相连的梁，一般会平行于其矩形部分的边，从而确定了像这样的并且通过式（D4.23）验算的平面为框架平面。后文给出的计算 $M_{Rd,c}$的步骤可应用于这种截面，假定中性轴和极限受压纤维之间的受压区宽度是不变的（亦即受压区高度 x 仅在结构部件的单个矩形部分内）。然后，为了当前的目的，结构构件可以按具有不变的等于极限受压纤维处的宽度 b 的矩形来考虑。

根据 Eurocode 2，横截面的抗弯承载力设计值 M_{Rd}可在极限受压纤维达到混凝土的极限压应变 ε_{cu}时获得。应用于 EN 1992-1-1 条款 3.1.7(1)的混凝土的抛物线-矩形 σ-ε 图的 ε_{cu}值在这里用 ε_{cu2}来表示，对于欧洲抗震结构常用的混凝土等级（亦即不超过 C50/60），EN 1992-1-1 的表 3.1 已给出了 ε_{cu2}的取值为 $\varepsilon_{cu2}=0.0035$。达到极限强度 f_c，亦即应力-应变图抛物线部分的峰值时的混凝土应变用 ε_c 表示，其用于抗弯承载力计算的值 ε_{c2}也已在上述相同的表中给出，为 $\varepsilon_{c2}=0.002$（对于不超过 C50/60 的混凝土）。

由于在主要抗震柱中，特别是需要满足式（D4.23）的柱中，抗震设计情况下的轴向荷载是相对较低的，通常期望受拉钢筋 A_{s1}在极限受压纤维达到极限压应变 ε_{cu}时即已屈服，而对于欧洲国家普遍使用的钢筋，距极限受压纤维不远的受压钢筋 A_{s2}，当极限受压纤维达到极限压应变 ε_{cu}时，其压应变也将超过其屈服应变 f_y/E_s。在这些条件下，极限弯矩下的中性轴距受压边缘的距离，根据其与构件截面的有效高度的归一化表达式 $\xi=x/d$，等于：

$$\xi_{cu}=\frac{(1-\delta_1)(v+\omega_1-\omega_2)+(1+\delta_1)\omega_v}{(1-\delta_1)(1-\varepsilon_{c2}/3\varepsilon_{cu2})+2\omega_v} \tag{D5.3}$$

式（D5.3）得到的值（下标 cu 表示由混凝土极限压应变 ε_{cu}控制的极限条件）可以用来计算柱的抗弯承载能力公式中的参数 ξ：

$$M_{Rc}=bd^2f_c\left\{\frac{(1-\delta_1)(\omega_1+\omega_2)}{2}+\frac{\omega_v}{1-\delta_1}\left[(\xi-\delta_1)(1-\xi)-\frac{1}{3}\left(\frac{\xi f_y}{E_s\varepsilon_{cu}}\right)^2\right]+\right.$$
$$\left.\xi\left[\frac{1-\xi}{2}-\frac{\varepsilon_c}{3\varepsilon_{cu}}\left(\frac{1}{2}-\xi+\frac{\varepsilon_c}{4\varepsilon_{cu}}\xi\right)\right]\right\} \tag{D5.4}$$

式（D5.3）和式（D5.4）中的变量为 $\omega_1=A_{s1}f_y/bdf_c$，$\omega_2=A_{s2}f_y/bdf_c$，$\omega_v=A_{sv}f_y/bdf_c$，$\nu=N/bdf_c$，以及 $\delta_1=d_1/d$。若 f_y 和 f_c 分别取设计值 f_{yd}和 f_{cd}，ε_c 和 ε_{cu}分别取 $\varepsilon_{c2}=0.002$ 和 $\varepsilon_{cu2}=0.0035$，那么计算式（D5.4）即可得到抗弯承载力 $M_{Rd,c}$。

若式（D5.4）要应用于在两个正交方向上由多于一个矩形部分组成的极限受压纤维处的构件截面宽度为 b 的横截面，从式（D5.3）得来的 ξ 计算所得的受压区高度 $x=\xi d$ 不应超过宽度 b 所属的矩形部分的其他尺寸（高度）。

计算 $M_{Rd,c}$所需的柱所受的轴力 N 应通过抗震设计状况分析得到，并且取满足式(D4.23)的最不利的值,即最小压力或最大净拉力,这从物理方面而言与$M_{Rd,c}$是相符的。确定这个值的方法取决于所采用的分析方法(底部剪力法或者振型反应谱分析法),以及构件的地震作用效应组合(参见4.9)。

5.6.2.3 柱中塑性铰能力设计规定[式(D4.23)]的不适用情况

单层结构内混凝土墙的顶部和底部在异号弯矩作用下都发生屈服且产生塑性铰是根本不可能的,即便墙体的尺寸仅仅符合 Eurocode 8 的最小尺寸要求(例如,对于矩形墙体,刚好超过0.2m×0.8m)。所以,在建筑物有墙体承受至少50%的地震基底剪力的水平方向上(剪力墙体系和等效墙体双重体系),Eurocode 8期望墙体能够防止软弱层机制的形成,并且对主要抗震柱与梁的节点放弃了需要满足式(D4.23)这一要求。在框架和等效框架双重体系(框架占主导)中,对于以下对象同样不需满足式(D4.23):

- 对于顶层的节点,同样允许所有框架结构根据4.11.2.3进行设计。
- 对于二层建筑的底层节点,假若其所有柱的轴压比 ν_d 在抗震设计状况下都不超过0.3(轴压比如此低的柱具有很好的延性,并且产生的 P-Δ 效应很小;所以它们可以在底层形成软弱层机制时,位移延性要求等于与设计中使用的 q 值相一致的位移延性系数 μ_δ 的2倍的情况下仍不失效)。
- 当平面框架的四分之一为尺寸相近的柱时,由于其尺寸相近,因此对于抗震而言其重要性相似[可能在设计时会使内柱而不是边柱不满足式(D4.23),因为仅仅只有一根梁伸入边柱节点在此处更宜满足式(D4.23)]。

对于满足上述要求而不采用式(D4.23)进行检验的柱的端部(包括剪力墙体系或者等效墙体双重复合体系中的柱),标准第5章对于高延性等级建筑(但不适用于中等延性等级建筑)的规定旨在使柱具有足够的能使塑性铰发展的延性。事实上,这些规定让柱具有了与其底部部分相同程度的延性,前提是假设整体延性要求均匀地分布在所有层中。

5.6.2.4 满足式(D4.23)的柱的尺寸确定的步骤

对一个梁柱节点采用式(D4.23)进行验算时,预先假定伸入节点的梁端部的纵向钢筋的配筋,已经通过基于抗震设计状况下分析的受弯承载能力极限状态(ULS)确定,并且已经充分考虑了构造要求,满足了特定延性等级下的最大和最小配筋要求。应注意的是,抗震设计状况是对于(1)永久荷载的标准值 G_k 和根据4.4.1的活荷载的准永久值和(2)设计地震作用的组合,而(2)包括分别考虑具有偶然偏心的每一水平分量,以及通过根据式(D4.21)而来的两个分量(包括了它们偶然偏心的最不利效应)的平方和的平方根,或者根据式(D4.22)30%~100%的规定(通常为同号的两分量造成的内部作用效应)而进行的组合。

原则上,对于穿过柱节点上、下面的竖向钢筋的配筋,在基于抗震设计状况分析的受弯承载能力极限状态(ULS)下,并为满足特定延性等级而采取相关构造措施后,需采用式(D4.23)进行验算。但是,由于式(D4.23)的条件通常要比基于抗震设计状况下分析的受弯承载能力极限状态更加苛刻,因此柱竖向钢筋通过式

(D4.23)验算之后进行配筋是合理的。在那个阶段,式(D4.23)左侧的值可能大约有一半会被分配至节点正上方的结构构件中,剩余的则会被分配至节点正下方的结构构件中。然后,这两部分结构构件所共有的竖向钢筋的配筋可由这两个构件单轴弯矩与相应的抗震设计状况下的柱的最小轴力(按P93中5.6.2.2最后一个自然段建议确定)共同作用来确定。因为,对于给定配筋的竖向钢筋,抗弯承载力会随轴(压)力的增加而增加,因此将略小于式(D4.23)左侧的值的一半分给节点正上方的柱的构件是合理的,而基于成本效益最好的分配方式是在这两块部件中布置相同数量的竖向钢筋(45%/55%的划分通常是适用的)。

底层柱底部(柱与基础的连接处)的纵向钢筋是由抗弯承载能力极限状态与抗震设计状况下进行作用效应分析得到的轴力值的共同作用确定的,没有考虑任何能力设计。特别是,对于地震作用效应的计算采用了系数 q 的高值并且可能结果相对较小的高延性等级的柱,标准第5章要求布置在底层底部的纵向钢筋不小于布置在顶部的纵向钢筋。这个要求旨在为了确保在底层柱的底部塑性铰发展后,顶部的弯矩相比底部的弯矩不会增大(很多)。上底部的屈曲相比,这样的增加可能会过度地降低塑性铰处的剪跨 $L_s = M/V$,也同样会降低柱底部非常重要的塑性铰的扭转能力。根据式(D5.5)和式(D5.8),式(D5.5)中的 L_s 值为在底部屈服的初始值(通常大于柱净高的一半),因而决定了塑性铰扭转能力的式(D5.8)中的 L_s 值会是随后的较小的一个。 *条款 5.5.3.2.2(14)*

根据标准第5章,由柱在抗震设计状况下分析得到的双轴弯矩和轴力的各种组合的承载能力极限状态验算,可以通过一种偏安全的简化方式进行,即一次分析中忽略双轴弯曲的一个弯矩分量,假定轴力的作用下另一个分量小于相应的单轴抗弯承载力的70%。由于在进行组合时,双轴弯矩中的某一个分量通常都会比另一个分量要大很多,上述的简化验算(被设计成包含两分量近似相等的双轴弯曲的情况),对于柱的竖向钢筋的验算而言是相当保守的。使用这个方法时,其将得出节点正上方和正下方的柱的抗弯承载力之和 $\sum M_{Rd,c}$,其大于(包括抗震设计状况下的所有组合中的最大值)由分析得到的节点正上方和正下方的柱的弯矩之和 $\max\sum M_{E,c}$ 乘以1/0.7。由于 $\max\sum M_{E,c}$(大约)等于相应的节点相对两边的梁弯矩之和的最大值 $\max\sum M_{E,b}$,因此简化的双轴承载能力极限状态的验算给出了关系式:$\sum M_{Rd,c} \geqslant \max\sum M_{E,b}/0.7 = 1.43\max\sum M_{E,b}$。通常在 $\max\sum M_{E,b}$ 之上的大量的强度储备都由 $\sum M_{Rd,b}$ 值来提供,而 $\sum M_{Rd,b}$ 由采用抗震设计状况下分析得出的临近节点的每一个梁弯矩 $M_{E,b}$ 所确定的梁截面的尺寸得出,这些截面都进行了钢筋加密且采取了构造措施,以满足标准的最低要求(特别是在梁底端)。如果在梁中的那种强度储备大约为10%,简化的柱弯矩双轴验算方法自动满足式(D4.23)中 $\sum M_{Rd,c}$ 的取值,言外之意为采用式(D4.23)右侧弯矩值的一半进行柱的竖向钢筋尺寸确定得到的最终结果,与在分析抗震设计状况基础上采用简化的柱的双轴承载能力极限状态验算方法所得到的结果几乎相同(特别是按照EN 1998-1条款 *4.4.2.2(1)* 和条款 *5.4.2.1(1)* 允许,对柱节点正上方和正下方的弯矩进行重分 *条款 5.4.3.2.1(2)*

布)。如果梁中的强度储备大于 10%,或设计人员采用基于抗震设计状况分析的柱的真实双轴承载能力极限状态验算方法时,通过后一条验算所需要的竖向钢筋甚至比满足式(D4.23)所需要的竖向钢筋还要少,因此这个验算是多余的。

传统观点认为,以式(D4.23)进行柱的能力设计会使设计过程复杂化。但上述观点得出了一个相反的结论:直接根据式(D4.23)确定柱的竖向钢筋的配筋比采用基于抗震设计状况分析的柱承载能力极限状态验算要更加简便,即便当采用的是上述的简化方法时也是如此。若没有其他要求,这必须要以满足式(D4.23)为目标在每一个水平方向(柱横轴)都进行计算,然而,由于需要根据 4.9 进行地震作用分量的组合及需要说明偶然偏心效应,基于抗震设计状况分析结果的柱的承载能力极限状态验算通常会涉及 4 种甚至 16 种不同的弯矩与轴力的组合。最后(但并非最不重要),如果梁的超强相对于抗震设计状况下分析得出的要求的富余量不是很大,那么满足式(D4.23)(至少超强系数采用 1.3)时,不会使柱的竖向钢筋配筋过多。所以,除了顶层柱以外,不应仅为经济性或者设计简化免除应用标准第5章的式(D4.23)。

5.6.3 塑性铰区域弯曲延性的构造要求

5.6.3.1 材料要求

条款5.3.2,5.4.1.1,5.5.1.1

变形和延性能力不仅仅取决于构件的构造措施,而且也取决于材料的固有延性。局部变形和延性要求随着延性等级的提高而提高(随延性等级的提高 q 的值也增加),因此材料的延性要求随延性等级的提高而提高。

因为混凝土具有的强度在工程实践的各个方面(从黏结力和抗剪强度的增加到直接增强变形能力),都会对构件的延性和耗能能力产生有利影响,标准第5章对于主要抗震构件设置了一个圆柱体抗压强度标准值的下限要求,在中等延性等级建筑中为 16MPa(混凝土等级 C16/20),或者在高延性等级建筑中为 20MPa(混凝土等级 C20/25),标准没有设置混凝土强度的上限要求,因为没有试验证据表明受压的高强度混凝土较低的表观延性(由于 EN 1992-1-1 的表 3.1 详细列出的 ε_{c2} 和 ε_{cu2} 的值从在混凝土等级为 C50/60 时为 $\varepsilon_{c2}=0.002$ 和 $\varepsilon_{cu2}=0.0035$ 降低为在混凝土等级为 C90/100 时的 $\varepsilon_{c2}=\varepsilon_{cu2}=0.0026$)会对构件的延性和耗能能力产生不利影响。

在中等延性等级甚至低延性等级的建筑的主要抗震构件中,钢筋的硬化率 f_t/f_y 至少为 1.08,并且最大应力下的应变(常称为伸长率)ε_{su},至少为 5%(这两个值都指在具有 90% 保证率前提下)。根据 Eurocode 2 表 C.1,这些规定是针对 B 级和 C 级钢。在高延性等级建筑的主要抗震构件的临界区,ε_{su} 至少为 7.5%,硬化率即张拉与屈服强度之比 f_t/f_y 应在 1.15 ~ 1.35 之间,实际屈服应力的上分位标准值(具有 95% 的保证率)$f_{yk,0.95}$,不应超过屈服强度的标准值 f_{yk} 的 125%。最初的两个条件,根据 Eurocode 2 表 C.1,由 C 级钢满足。给 ε_{su} 设定下限值的目的是为了通过保证在混凝土压碎前钢筋不断裂,或者将钢筋断裂的发生推迟至钢筋达到目标弯曲变形之后[见式(D5.7)],来确保钢筋具有所必须的最小曲率延性和弯曲变形能力。f_t/f_y 的下限值旨在确保弯曲塑性铰至少具有一个最小长度,因为理论上塑性铰长度 L_{pl} 等于剪跨 L_s 乘以$(1-M_y/M_u)$,其中屈服弯矩 M_y 与极限弯矩 M_u 之比约等于 f_y/f_t。最后,设置 f_t/f_y 和 $f_{yk,0.95}/f_{yk}$ 的上限值的目的是限制弯曲结构超强,并且构件和节点的抗剪承载力要求也由此而来,因在构件端部处结构配筋由弯曲屈曲控制,从梁传入柱的弯矩也同样由此而来[参见式(D4.23)]。

严格来讲,对于属于中延性等级的建筑,至少要使用 B 级钢材这一要求仅对其主要抗震构件的临界区适用。由于低延性等级没有定义临界区,至少要使用 B 级钢材这一要求适用于主要抗震构件的全部范围内。而由于中延性等级建筑或高延性等级建筑的局部延性,应在所有方面都比低延性等级结构高,因此中延性等级建筑和高延性等级建筑的主要抗震构件在全长范围内都应至少使用 B 级钢筋。对于高延性等级建筑临界区的额外要求基本上适用于:①主要抗震柱的整个高度范围内;②主要抗震墙底部的临界区处;③主要抗震梁和柱、墙相连的节点附近的临界区处(包括在图 5.3 中定义的平行于梁且落在受拉翼缘有效宽度范围内的板中钢筋)。显然,对于混凝土构件的某一特定部分(其耗能区或临界区)与其剩余部分有不同要求的材料标准的实施并不容易。因此在实践中,常常期望将对于临界区处的钢筋的要求应用于整个主要抗震构件范围内,包括可能共同发挥作用的板内钢筋。

5.6.3.2 曲率延性要求

对于组成混凝土构件的两种材料,只有钢筋的固有延性较好,并且仅在其受拉时才如此,因为钢筋受压时可能会屈曲,发挥不出其承载力并且可能有立即或者随后折断的危险。混凝土不具有延性,除非约束有效限制其侧向扩展。 *条款5.2.3.4(1), 5.2.3.4(2)(a), 5.2.3.4(2)(b)*

只有一种机制可以有利和可靠地利用钢材基本的受拉延性,并有效地通过侧向约束增强混凝土和受压钢筋的延性。这种机制就是挠曲。即便在循环加载下,挠曲会在单个定义明确的方向上产生应力和应变,并且因此有助于其有效地使用钢筋,在承担拉力的同时也约束了垂直于压应变的混凝土和受压钢筋。由剪力控制的非弹性应力场是二维的,产生任意斜方向上的主应力和应变(特别在循环加载时),这并不能有助于钢筋非弹性作用的有效发挥、裂缝开展的控制(若不有效地抑制,可能会发展至受压区并且将其完全破坏)以及混凝土的有效约束。所以,不同于受剪被视为一种延性传力机理的钢构件,因为钢在主应变的扭转方向上总是有较好的延性,在混凝土中,总认为受剪状态下的混凝土是易碎的并且所受剪力的大小在弹性性能范围内受到设计的约束。因此,耗能和循环延性只受挠曲的影响,在构件端部形成的塑性铰处的地震作用弯矩最大发生挠曲作用。接下来,详细说明了在设计地震作用下,塑性铰区的非弹性变形需求。 *条款 5.2.3.4(2)(a), 5.2.3.4(3)*

标准第5章旨在将塑性铰的局部位移和变形需求与设计中使用的性能系数 q

联系起来。由于在 q 取值中引入体系超强系数 α_u/α_1 产生了一个连续的 q 值谱,q 和局部位移及变形要求之间的联系必须以代数形式表达,因此,这个联系的表达式为将整体位移延性系数 μ_δ 与 q 联系起来的式(D2.1)和式(D2.2)。应注意的是,对于中等延性等级建筑或高等延性等级建筑,表5.1 给出的系数 q 的值已经考虑了(材料和构件)超强系数 1.5 的影响,所以,通常在使用式(D2.1)和式(D2.2)时,右侧的 q 值应取与非弹性作用和延性相符合的 $q/1.5$ 这一值进行计算。如果使用的值为 q,那么在 μ_δ 的最终结果中隐含了一个 1.5 的安全系数。

塑性铰处的局部位移和变形需求和整体延性系数 μ_δ 之间的联系,由墙体在结构体系中占优,或实际中所有梁柱节点都满足式(D4.23)所确保的梁摆机制的运动学确定。显然,从图4.4b)和图4.4d)中可得出,在这种机构中,塑性铰形成处的所有构件末端处的弦转角的局部延性系数的需求值 μ_θ,近似等于整体位移延性系数的需求值 μ_δ。应注意的是,构件端部的弦转角 θ 为反弯点相对于所考虑构件轴线端部的切线的偏移量除以 L_s;所以其为衡量构件位移大小而不是结构部件相对转角的指标。反过来,μ_θ 的需求值可与端部截面的曲率延性系数 μ_ϕ 的需求值通过下式建立联系:

$$\mu_\theta = 1 + (\mu_\phi - 1)\frac{3L_{pl}}{L_s}\left(1 - \frac{L_{pl}}{2L_s}\right) \tag{D5.5}$$

式中,L_s 为考虑部分端部的剪跨(弯矩与剪力之比);L_{pl}为塑性铰的长度。后者是一个常规量,是基于以下假定而定义的:①剪跨内发生的是纯弯曲形变;②从端部开始 L_{pl}范围内的非弹性曲率为一个常量。L_{pl}适宜采用经验关系进行计算,以致在试验中结构构件失效时其平均值能满足式(D5.5)。在这种做法中,μ_ϕ 按照 ϕ_u/ϕ_y 计算,而 μ_θ 按照 θ_u/θ_y 计算,其中屈服曲率 ϕ_y 由基本原理计算获得,θ_y 按 $\theta_y = \phi_y L_s/3$ 计算,ϕ_u、θ_u 取构件端部截面的极限曲率和极限弦转角(位移比)。这些极限变形量通常由循环加载时出现峰值力转折点来确定和识别,低于构件或截面极限强度的80%的荷载。极限曲率是由基本原理计算得来的,而极限弦转角(至少为了使 L_{pl}能够符合经验关系)取试验所得值。

用于计算 ϕ_u 和 ϕ_y 的基本原理为:①平截面假定;②构件轴线方向力的平衡;③材料的 σ-ε 规律。ϕ_y 的计算基于线性非弹性性能,而为了计算 ϕ_u,我们取钢材的 σ-ε 规律为理想弹塑性材料的规律,取约束混凝土的 σ-ε 规律为 Eurocode 2 的抛物线-矩形规律。后一个关系导致混凝土的极限应变 ε_{cu}因侧向约束压应力 σ_2 得以提高,如下所示:

$$\varepsilon_{cu2,c} = 0.0035 + 0.1\alpha\omega_w \tag{D5.6}$$

式中,$\omega_w = \rho_w f_{yw}/f_c$,表示约束钢筋相对于核心区约束混凝土的力学体积比;f_{yw}为钢的屈服应力;α 为约束效应比。对于矩形截面由下式计算:

$$\alpha = \left(1 - \frac{s_h}{2b_o}\right)\left(1 - \frac{s_h}{2h_o}\right)\left(1 - \frac{\sum b_i^2}{6h_o b_o}\right) \tag{D5.7}$$

在式(D5.7)中 b_o 和 h_o 为约束混凝土核心到环箍中心线的尺寸距离；b_i 为纵向钢筋的间距(下标用 i 表示)，如同字面意思，纵向钢筋由沿构件截面周长的转角箍筋或交叉相连的箍筋进行约束。截面在受拉钢筋达到其最大应力下的应变 ε_{su}，或者混凝土的极限压应变 ε_{cu} 被耗尽时失效。那么，ϕ_u 为：

$$\phi_u = \min\left(\frac{\varepsilon_{su}}{d - x_{su}}; \frac{\varepsilon_{cu}}{x_{cu}}\right) \tag{D5.8}$$

式中，受压区高度 x 取决于失效时的状态，其下标根据状态的不同而改变。极限形变通常在混凝土保护层剥落后发生，并且式(D5.7)中的 d 和 x 都取截面约束核心中的值。钢筋在循环加载下的断裂在应变达到 ε_{su} 时发生，这一值低于最大应力下的应变平均值：对于 A 级或 B 级钢，EN 1992-1-1(表 C.1)给出的最大应力下应变的 10% 的分位值为 2.5% 和 5%，或者对于 C 级钢 $\varepsilon_{su} = 6\%$。当 ε_{su} 采用这些值，并且 ε_{cu} 由式(D5.6)计算而得，进而来计算 ϕ_u 时，下式给出的是最符合弯曲控制的失效状态下构件弦转角循环试验结果的 L_{pl} 表达式：

$$L_{pl} = 0.1L_s + 0.17h + 0.24\frac{d_{bL}f_y(\text{MPa})}{\sqrt{f_c(\text{MPa})}} \tag{D5.9}$$

式中，h 为构件的截面高度；d_{bL} 为受拉钢筋的(平均)直径。

对于建筑结构构件中常见的参数 L_s、h、d_{bL}、f_y 和 f_c 的取值范围，由式(D5.9)得出的 L_{pl} 的值，对于柱而言介于 $0.35L_s \sim 0.45L_s$ 之间(平均值为 $0.4L_s$)，对于梁而言介于 $0.25L_s \sim 0.35L_s$ 之间(平均值为 $0.3L_s$)，对于墙而言介于 $0.18L_s \sim 0.24L_s$ 之间(平均值为 $0.21L_s$)。这些值都是偏高的，因为 Eurocode 2 采用的模型低估了极限应变 ε_{cu} 的值，尤其是对于强约束混凝土构件；所以 $\mu_\phi = \phi_u/\phi_y$ 这一参数的值也同样被低估了。为避免通过式(D5.5)将偏差传递给 μ_θ，式(D5.9)宜根据更贴近实际的 ε_{cu} 估计值高估 L_{pl} 的值。

原则上，对于与通过式(D2.1)和式(D2.2)进行设计所用的 q 值相对应的 $\mu_\theta = \mu_\delta$ 的值，可通过对每一个构件应用式(D5.5)计算端部截面的曲率延性系数 μ_ϕ 的需求值，计算时采用特定的由式(D5.9)计算得来的 L_{pl} 值。然而，在标准第5章中，选择给出一个将 μ_ϕ 与 q 联系起来的单一关系，这个关系基于下式对式(D5.5)进行偏保守的近似：

$$\mu_\theta = 1 + 0.5(\mu_\phi - 1) \quad \text{即}\ \mu_\phi = 2\mu_\theta - 1 \tag{D5.10}$$

选择这个关系式不仅仅因为其形式简单，而且是为了与 EN 1998-1 之前的 ENV 版本(即 EN 1993-1-3)保持连续性。在此标准中，式(D5.10)产生的是和随后的 q 的离散值一起用于三种延性等级的 μ_ϕ 的离散值，其与 EN 1998-1 采用的方法的主要区别为式(D2.1)结果的平均值不同以及“等能量”近似的结果平均值不同：在先前标准方法中，不论周期 T 的值为多少，μ_δ 都取 $\mu_\delta = (q^2 + 1)/2$。

在中延性等级建筑和高延性等级建筑的 q 值的所有可能取值范围，以及三种类型的混凝土构件的 L_{pl} 值的常用取值范围内,式(D5.10)得出的结果所具有的安全系数的取值,对于柱大约为1.65,对于梁大约为1.35,对于延性墙大约为1.1,至于转换式(D5.5),其给出的结构则更加接近实际。这些数值都假定 q 的取值完全符合所研究结构的非弹性作用和延性性能。当 q 值中仅 $q/1.5$ 产生非弹性形变和延性需求时,μ_ϕ 的需求值所隐含的安全系数的平均值对于柱而言为2.45,对于梁而言为1.9,对于延性墙而言为1.2。这一安全系数在 μ_ϕ 被用于在计算柱"临界区"(见5.7.7)及延性墙"临界区"的边缘构件(见5.7.7和5.7.8)中要求的起约束作用的钢筋时会进一步增加,同样的,在计算梁端截面的受压钢筋(见5.7.2)时也会进一步增加。

标准第5章的关系式,通过将式(D5.10)、式(D2.1)、式(D2.2),以及 $\mu_\theta=\mu_\delta$ 结合起来,根据性能系数的基本值 q_o 给出了 μ_ϕ 的需求值,计算式如下:

当 $T \geq T_C$ 时,
$$\mu_\theta = 2q_o - 1 \tag{D5.11a}$$

当 $T < T_C$ 时,
$$\mu_\theta = 1 + 2(q_o - 1)\frac{T_C}{T} \tag{D5.11b}$$

其中 T 和 T_C 如式(D2.1)和式(D2.2)所示,q_o 和 T 都指采取了构造措施的构件发生弯曲作用的竖直平面。式(D5.11)的计算采用的是性能系数的基本值 q_o,而不是由于高度上不规则或者墙的高宽比太小而导致的比 q_o 要小的最终值 q,因为我们认为这些因素在给定局部延性能力的情况下会降低结构整体的延性能力(例如在建筑极度不规则的情况下,由构件的延性和变形需求是不均匀分配的这一原因而造成的)。出于同样的道理,在弱抗扭体系中,为使用式(D5.11),应指定高于用于折减弹性谱值的系数 q 的值,因为沿这些体系周长的构件或许比结构体系剩下的部分有更高的延性和变形要求;在这个情况下,建议设计人员在沿弱抗扭体系的周长的构件确定构造措施时要更加小心和保守。但这对于倒立摆体系的建筑不是必要的,因为其性能系数的基本值 q_o 已经很低了,这样的体系在设计地震作用下一定会保持弹性状态。

应注意的是,表5.1中系数 q 的基本值(对于由基本值得来的因高度上不规则或墙体高宽比太小而进行折减后的系数 q 的最终值也一样)表示采用弹性反应谱导出设计谱过程中所使用的 q 的上限。即使设计人员为某一特定工程的延性等级选择使用一个低于上限值的数值,式(D5.11)的曲率延性系数的要求和对于构件的构造要求也都不能被放宽。

条款5.2.3.4(4)

认识到当纵向钢筋采用低延性钢时构件的弯曲延性可能会降低这一点[参见式(D5.8)中包含 ε_{su} 的一项],对于使用 EN 1992-1-1(表 C.1)的 B 级钢的主要抗震构件的"临界区"(如同允许在中等延性等级建筑中使用的那样),标准第5章要求将 μ_ϕ 相对于式(D5.11)得出的结果再提高50%。但是,因为使用 μ_ϕ 结果值所确定的构造措施针对的是由受压钢筋和受压区约束混凝土控制的截面的延性,所以这种措施不能直接补偿由于使用脆性钢较多而可能造成的延性损失。然而,其可能通过警告设计者使用这种钢材会增加结构的危险性,并且鼓励使用 C 级钢或选择低延性等级来进行替换而产生显著的间接效应，在低延性等级中使用 B 级钢不会产生不良作用，这是因为此时进行的设计不依赖于结构体系的延性。

如同 98 页和 100 页中所提到的，q 的取值中考虑了材料和构件的超强系数 1.5，当 q 用于式(D5.8)进行 μ_ϕ 的计算时其不应被移除。在根据 Eurocode 8 所设计的延性墙中，与系数 q 直接相关的抗侧承载力仅取决于结构底部截面的抗弯能力。所以，比例 M_{Rd}/M_{Ed}（其中 M_{Ed} 为由抗震设计分析得出的结构底部的弯矩，M_{Rd} 为由分析得出的相应的轴力作用下的承载力设计值）表达了构件所具有的超强程度。标准第5章允许在对延性墙临界区的 μ_ϕ 进行计算时，在式(D5.11)中所使用的 q_o 的值取其除以在抗震设计状况下所得的 M_{Rd}/M_{Ed} 的最小值之后的结果。若使用比例 $\sum M_{Rd}/\sum M_{Ed}$ 来替换进行计算，结果会更具有代表性（即使在设计阶段不那么方便），因两个求和计算涉及体系中的所有墙体。基于同样的理由，由于构件超强而造成的梁和柱临界区中的 μ_ϕ 的需求值的降低也可能会被修正。但是，与墙体根部控制整面墙承载力（可能对于整个结构体系的抗侧能力有重要作用）的塑性铰不同，单独的梁和柱中的塑性铰对于整体承载力的贡献较小；所以，塑性铰的变形需求与其弯曲超强之间不存在一一对应的关系，从而降低了局部 μ_ϕ 的需求值。 *条款 5.4.3.4.2(2)，5.5.3.4.5(2)*

5.6.4　针对超前剪切破坏构件的能力设计

5.6.4.1　概述

如前所述，剪力作用控制的传力机理在循环加载时并不能提供耗能作用。更重要的是，一旦受剪钢筋屈服，在循环作用下承载力降低得十分迅速，导致构件在相对小的变形下就发生破坏失效。所以，这种传力机理并不利于构件本身的非弹性延性性能，并且应被限制在弹性范围内。这个要求是通过在剪力作用下对混凝土构件进行尺寸设计来满足的，设计采用的不是混凝土构件分析得来的需求力，而是物理上可能在构件中发展的最大剪力。这个剪力的最大值是根据可能形成塑性铰的最近截面的弯矩，并且假定这些弯矩等于其相应的抗弯承载力（通过平衡）来表达剪力而进行计算的。由于这些截面的弯矩根本不能超过其（考虑了应变硬化效应的）抗弯承载力，因此这样计算所得的剪力是可能产生的最大剪力。一旦通过这个设计剪力进行了尺寸确定或验算之后，直到截面塑性铰的发展影响剪力值大小之前，结构构件在剪力作用下将会一直保持弹性状态。 *条款5.2.3.3(1)*

5.6.4.2　梁和柱抗剪承载力设计

图 5.4 所示的柱可能会在其两端部截面 1 和截面 2 处产生塑性铰，除非在其中一端或两端处，塑性铰首先在所考虑端部的节点的梁中形成[设计时满足式(D4.23)的柱通常是这种情况]。在这种情况发生时，节点正上方和正下方的柱的弯矩之和等于该节点相对两侧的梁的抗弯承载力之和 $\sum M_{Rd,b}$。可以假定这个总弯矩按节点正上方和正下方截面的抗弯承载力之比分配至相应截面之中。然后，此时柱端部截面 $i(=1,2)$ 的弯矩等于柱端部的抗弯承载力设计值 $M_{Rd,ci}$ 乘以 *条款5.4.2.3，5.5.2.2(3)*

$\sum M_{\mathrm{Rd,b}}/\sum M_{\mathrm{Rd,c}}$,其中$\sum M_{\mathrm{Rd,b}}$为 i 端部节点的相对两侧的梁的截面,$\sum M_{\mathrm{Rd,c}}$为相同节点正上方和正下方的柱的截面。$\sum M_{\mathrm{Rd,c}}$对于节点的作用的方向与 $M_{\mathrm{Rd,c}i}$ 相同,而$\sum M_{\mathrm{Rd,b}}$则相反。所以,柱 i 的剪力设计值为:

$$\max V_{\mathrm{CD,c}} = \frac{\gamma_{\mathrm{Rd}}\left[M_{\mathrm{Rd,c1}}\min\left(1,\frac{\sum M_{\mathrm{Rd,b}}}{\sum M_{\mathrm{Rd,c}}}\right)_1 + M_{\mathrm{Rd,c2}}\min\left(1,\frac{\sum M_{\mathrm{Rd,b}}}{\sum M_{\mathrm{Rd,c}}}\right)_2\right]}{l_{\mathrm{cl}}} \tag{D5.12}$$

在式(D5.12)中,系数 γ_{Rd}考虑了由于钢的应变硬化而可能产生的超强特性,对于中等延性等级建筑的柱 $\gamma_{\mathrm{Rd}}=1.1$,对于高等延性等级的柱 $\gamma_{\mathrm{Rd}}=1.3$,l_{cl}为梁的两端部截面之间的净距。

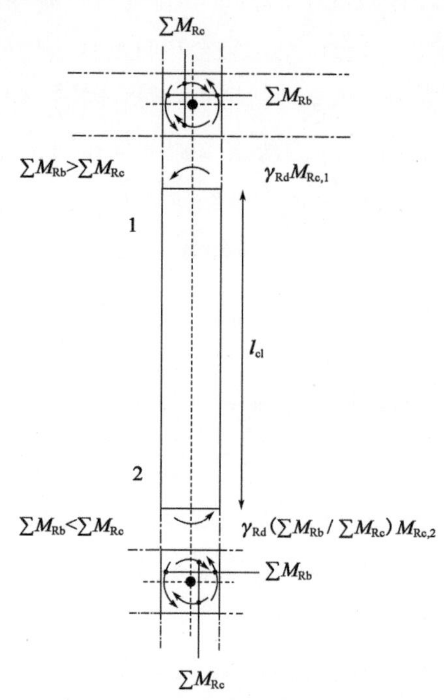

图 5.4　柱的抗剪承载力设计值的确定

条款5.4.2.2,5.5.2.1(3)

图 5.5 中的梁将会在两端截面 1 和 2 处产生塑性铰,除非在一种很少见的情况下,塑性铰将首先会在嵌入所考虑端部节点的柱中形成。基于相同的推理论证,对于式(D5.12),梁中距端部 i 较近的 x 截面中的最大剪力设计值为:

$$\max V_{i,\mathrm{d}}(x) = \frac{\gamma_{\mathrm{Rd}}\left[M^{-}_{\mathrm{Rd},bi}\min\left(1,\frac{\sum M_{\mathrm{Rd,c}}}{\sum M_{\mathrm{Rd,b}}}\right)_i + M^{+}_{\mathrm{Rd},bj}\min\left(1,\frac{\sum M_{\mathrm{Rd,c}}}{\sum M_{\mathrm{Rd,b}}}\right)_j\right]}{l_{\mathrm{cl}}} + V_{g+\psi 2q,\mathrm{o}}(x) \tag{D5.13a}$$

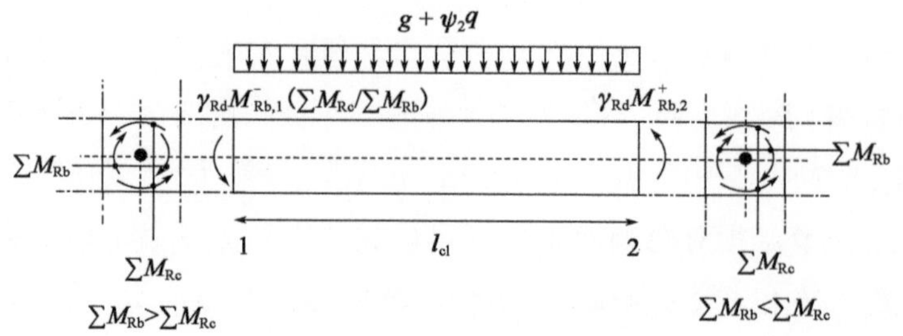

图 5.5　梁中抗剪承载力设计值的确定

在式(D5.13a)中,j 表示梁的另一端(即如果 $i=1$,则 $j=2$);梁的抗弯承载力 $M_{\mathrm{Rd,b}}$在端部 i 处认为是负(拱起)弯矩,在相对的端部 j 处认为是正弯矩。在式(D5.13a)中,所有弯矩和剪力均为正号。$(\sum M_{\mathrm{Rd,b}})_i$ 对于节点的作用的方向与 $M_{\mathrm{Rd,b}i}$相同,而$(\sum M_{\mathrm{Rd,c}})_i$ 对于节点的作用的方向则相反(但在 j 节点上则相同)。系数 γ_{Rd}同样表达的是由于钢的应变硬化而可能产生的超强特性,对于中延性等级梁 $\gamma_{\mathrm{Rd}}=1$,对于高延性等级梁 $\gamma_{\mathrm{Rd}}=1.2$。l_{cl}为梁端部截面间的净距,$V_{\mathrm{g}+\psi2\mathrm{q,o}}(x)$为横截面 x 处由抗震设计状况下竖向荷载 $g+\psi_2 q$ 引起的剪力值,而梁按简支考虑(下标:o)。$V_{\mathrm{g}+\psi2q,\mathrm{o}}(x)$可以很方便地仅由结构对于竖向荷载 $g+\psi_2 q$ 的分析结果计算得到(特别是如果荷载 $g+\psi_2 q$ 沿梁长的分布不均匀时),因为在整个结构中截面 x 处的剪力 $V_{\mathrm{g}+\psi2\mathrm{q,o}}(x)$要进行由在整个结构中梁 1 和 2 两端截面处的弯矩 $M_{\mathrm{g}+\psi2\mathrm{q},1}$和 $M_{\mathrm{g}+\psi2\mathrm{q},2}$造成的$(M_{\mathrm{g}+\psi2\mathrm{q},1}-M_{\mathrm{g}+\psi2\mathrm{q},2})/l_{\mathrm{cl}}$的修正。我们规定在距端部 i 较近的截面 x 处的梁的剪力 $V_{\mathrm{g}+\psi2\mathrm{q,o}}(x)$为正剪力,则该截面的最小剪力为:

$$\min V_{i,\mathrm{d}}(x)=\frac{\gamma_{\mathrm{Rd}}\left[M^{+}_{\mathrm{Rd,b}i}\min\left(1,\frac{\sum M_{\mathrm{Rd,c}}}{\sum M_{\mathrm{Rd,b}}}\right)_i+M^{-}_{\mathrm{Rd,b}j}\min\left(1,\frac{\sum M_{\mathrm{Rd,c}}}{\sum M_{\mathrm{Rd,b}}}\right)_j\right]}{l_{\mathrm{cl}}}+V_{\mathrm{g}+\psi2\mathrm{q,o}}(x) \tag{D5.13b}$$

因为式(D5.13b)右侧的弯矩和剪力都是正的,其计算结果可正可负。如果计算结果是正的,那么 x 截面的剪力不会改变作用方向,尽管地震荷载具有循环作用的特性;如果计算结果是负的,那么剪力的方向就要发生改变。详见 5.7.6,比例为:

$$\zeta_i=\frac{\min V_{i,\mathrm{d}}(x_i)}{\max V_{i,\mathrm{d}}(x_i)} \tag{D5.14}$$

其作为一个端部 i 处剪力转换的量度,用于确定高延性等级梁中抗剪钢筋配筋(在端部 j 处类似)。

中延性等级或高延性等级建筑的主要抗震梁和柱的设计剪力总是通过式(D5.12)和式(D5.13)进行计算。在净距 l_{cl}很小的梁和柱中,这些表达式计算得出的设计剪力值非常大。短柱在由式(D5.12)得出的很高剪力状况下是非常脆弱的,因此我们在概念设计阶段应采用特殊的预防措施来规避这种情况。在短梁中公式(D5.13)的最后一项很小,而式(D5.14)得出的 ζ_i 值接近于 1。虽然其问题性没有短柱那么严重,但是短梁采用由式(D5.13a)得出的高剪力值和由式(D5.14)得出的接近于 1 的 ζ_i 进行尺寸确定是非常困难的(参见 5.7.6,P117)。所以应通过柱的合理布置来避免这种情况。应注意,在此时虽然剪力墙的连梁可能很短,但是它们受特殊的尺寸确定和构造要求的限制,这些限制能保证其在很大和完全相反的剪力作用下保持延性性能。

式(D5.12)和式(D5.13)中的 $M_{\mathrm{Rd,b}}$的值可由式(D5.1)和式(D5.2)计算获得,而 $M_{\mathrm{Rd,c}}$的值可由式(D5.3)和式(D5.4)计算获得。对于 $M_{\mathrm{Rd,c}}$,应计算其在抗剪验算中最不利的轴力下的值。对于柱,具体如下:

- 抗剪承载力随轴向荷载的增加而增加(对于由横向钢筋控制的抗剪承载力 $V_{Rd,s}$,以及由构件腹板斜向受压控制的抗剪承载力 $V_{Rd,max}$ 而言都是如此,参见 5.7.6);
- 由式(D5.12)得来的剪力需求随柱的抗弯承载力 $M_{Rd,c}$ 的增加而增加,反之,当轴向荷载提高至平衡荷载(亦即,极限受压纤维发生受压破坏的同时受拉钢筋发生屈服的荷载)时,柱的抗弯承载力 $M_{Rd,c}$ 也会随之增加。

应考虑以下两种最不利工况:

(1)在抗震设计状况下分析得来的柱轴力的最小值;

(2)$M_{Rd,c}$ 最大时,轴向荷载在抗震设计状况下变化范围内的值。这个 $M_{Rd,c}$ 的值是由以下两个量的最小值计算获得:抗震设计状况下的归一化的柱的轴力最大值 ν_{max} 和平衡荷载 ν_b。

$$\nu_b = \frac{(\varepsilon_{cu} - \varepsilon_c/3) + (\varepsilon_{cu} - \varepsilon_y)\omega_v/(1 - \delta_1)}{\varepsilon_{cu} + \varepsilon_y} - \omega_1 - \frac{\delta_1}{1 - \delta_1}\omega_v + \omega_2 \quad \text{(D5.15)}$$

平衡荷载 ν_b 作用下的 $M_{Rd,c}$ 的值可由式(D5.2)计算获得,其中 ξ 取:

$$\xi_{cu} = \frac{\varepsilon_{cu}}{\varepsilon_{cu} + \varepsilon_y} \quad \text{(D5.16)}$$

式(D5.15)和式(D5.16)中的变量与式(D5.3)和式(D5.4)中的相应变量的定义相同,并且通过使用 f_{yd} 和 f_{cd} 进行计算,使用时 f_{yd} 和 f_{cd} 分别取为等于 f_y 和 f_c。在式(D5.15)和式(D5.16)中,ε_c 和 ε_{cu} 常用值分别取为 $\varepsilon_{c2} = 0.002$ 和 $\varepsilon_{cu2} = 0.0035$。

通常梁中的轴向荷载为 0,所以式(D5.13)中的 M_{Rd} 值应为由上述(2)确定的最大值。

当由式(D5.12)和式(D5.13)确定的剪力设计值太大以至于超过了其抗剪承载力时,且梁中的剪切是由斜向受压(腹板破坏)控制时,对于最终完成梁或柱的抗剪验算来说,通常减少其横截面的尺寸要比增大其横截面尺寸更有效。构件抗剪承载力 M_{Rd},在很大程度上决定了由式(D 5.12)和式(D 5.13)得出的设计剪力的大小,并且其对构件的横截面尺寸比对构件的抗剪承载力要更加敏感,因为抗剪承载力是由斜向压力 $V_{Rd,max}$ 来控制的。当构件的纵向钢筋由最小配筋要求控制时,或者如果截面尺寸的改变对纵向钢筋所分担的(由分析而得的)弯矩会产生比例因素之外的影响[对于柱,这通常发生在不用满足式(D4.23)的要求时;对于梁,这通常发生在其支座处的钢筋由抗震设计状况而非竖向荷载所控制时]时更是如此。

5.6.4.3　延性墙中的抗剪承载力设计

条款 5.4.2.4(6), 5.5.2.4.2

延性墙被设计为只在其底部截面产生塑性铰,并且其剩余高度部分的墙体仍保持弹性状态。仅使用墙体底部截面的抗弯承载力 M_{Rdo} 和平衡法并不足以确定墙体不同高度上最大地震剪力的值,因为不同于图 5.5 中的梁,墙体楼板平面处的水平力和弯矩在地震响应的过程中不是常量,而是不断变化的。面对这个难题,我们提出的第一个假定为,如果 M_{Rdo} 超过了由设计地震作用的弹性分析得来的墙体底部的弯矩值 M_{Edo},那么墙体任意高度处的地震剪力都会比进行相同的弹性分析得来的剪力值大(比例为 M_{Rdo}/M_{Edo})。所以,由设计地震作用下的弹性分析得出的剪力 V'_{Ed} 要乘以一个承载力设计放大系数 ε,其取值如下:

在高延性等级建筑中:

- 对于“矮胖”墙(高度和长度之比 $h_w/l_w \leq 2$ 的墙体):

$$\varepsilon = \frac{V_{Ed}}{V'_{Ed}} = 1.2\left[\frac{M_{Rdo}}{M_{Edo}}\right] \leq q \tag{D5.17}$$

- 对于“细长”墙(高度和长度之比 $h_w/l_w > 2$ 的墙体):

条款5.5.2.4.1(6),5.5.2.4.1(7),5.4.2.4(7)

$$\varepsilon = \frac{V_{Ed}}{V'_{Ed}} = \sqrt{\left(1.2\frac{M_{Rdo}}{M_{Edo}}\right)^2 + 0.1\left(q\frac{S_c(T_C)}{S_e(T_1)}\right)^2} \leq q \tag{D5.18}$$

在中延性等级建筑中:

- 为简单起见:

$$\varepsilon = 1.5 \tag{D5.19}$$

由式(D5.17)和式(D5.18)计算出的 ε 值不应大于系数 q,这样,最终设计剪力 V'_{Ed} 就不会超过完全弹性响应下的 qV'_{ed}。另外,ε 不应小于为中延性等级建筑中提供的常数 1.5。

如同在 5.8.3 中描述的那样,高于式(D5.17)和式(D5.18)计算得出的 ε 的值被指定适用于:通常在中延性等级下进行设计,且为蹲式的大尺寸少筋混凝土墙。

式(D5.17)和式(D5.18)中的系数 1.2 的作用是考虑了由于超强而存在的墙体底部大于抗弯承载力设计值 M_{Rdo} 部分的抗弯承载力,例如,因为竖向钢筋的应变硬化而产生结构超强。式(D5.18)的平方根下的第二项中,$S_e(T_1)$ 为在墙体剪力水平方向上,在基本模态的周期下的弹性谱加速度的值乘以 ε,$S_e(T_C)$ 为特征周期 T_C 下弹性谱加速度的值。后面的这一项旨在考虑由 Eibl 和 Keintzel[63] 提出的,由于弹性和非弹性状态响应中的高阶振型的影响而产生的大于已经由第一项进行了表达的弹性超强值部分的剪力。在比第一阶更高阶的振型中,墙底处的剪力与弯矩之比大于基本振型中相应的值,基本振型被认为主要(如果不唯一)由弹性分析的结果反映获得。基本振型下的周期 T_1 越长,则 $S_e(T_1)$ 的值越低,并且 ε 的值越高,这表明高阶振型对剪力的影响越显著。应指出的是,虽然式(D5.18)主要是对设计地震作用下“侧向力”(等效静态)分析步骤的结果起修正作用,如果弹性分析确实是动力的(“振型反应谱”分析),那么其结果反映了高阶振型对于(至少是弹性)地震剪力的影响。

条款5.4.2.4(8)

高阶振型对于非弹性剪力的影响在墙体的上层中更大,并且在双重结构体系中更是如此。这种体系的框架在上层中能对墙体进行约束,由“侧向力”弹性分析步骤得出的墙体顶层中的剪力符号与施加的总地震剪力的符号相反,其在顶层往下一或两层处变化至0。由式(D5.16)~式(5.18)计算得到的系数ε与低层的剪力相乘并不能让它们的大小接近于由高阶振型产生的相对高层中的剪力(参见图5.6中表示分析剪切力的虚线曲线及其放大倍数ε)。对位于上部的层中经过放大的剪力仍然很小(不符合实际)这一问题,标准第5章要求双重体系中延性墙在顶部的设计剪力的最小值至少要等于其底部放大后的剪力值一半,最小设计剪力从顶部往下线性增加至位于从其底部算起的三分之一墙体高度处的放大后的剪力值$\varepsilon V'_{Ed}$(图5.6)。

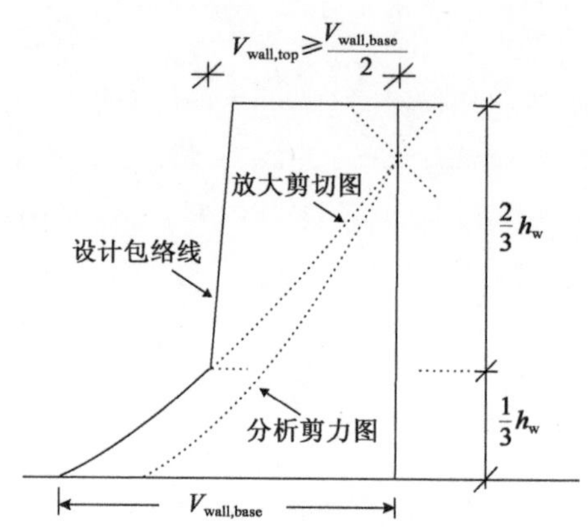

图5.6 双重结构体系中的墙体的设计剪力

如果墙体中由设计地震作用分析得来的轴力值很大(例如在高层建筑转角附近的细长墙中,或者在联肢墙中),那么在抗震设计状况下独立墙体中的最大轴力和最小轴力在绝对数值上会相差很大(包括由重力荷载引起的轴力)。由于墙体底部处竖向钢筋的配筋是由分析得来的弯矩M_{Edo}与最小轴向压力进行组合控制的,所以当考虑最大轴向压力作用于墙体底部时,抗弯承载力M_{Rdo}要比M_{Edo}大得多,然后,式(D5.17)计算出的ε的数值可能会过高,以至于使独立墙体的抗剪承载力验算(特别是针对斜向受压破坏的验算)无法通过。

5.6.4.4 梁柱节点中的抗剪承载力设计

条款5.5.2.3

不同于重力荷载,通常在节点相对两侧的梁中引起的弯矩符号是相同的,地震荷载会在梁柱节点中引起非常大的剪力。如果把一个节点考虑为梁的一部分,则可以理解节点中剪力的大小,并且注意到在跨过这个节点的过程中,梁的弯矩由一个(非常高的)负值变化为一个正值,这会产生一个竖向剪力V_{jv},其等于梁中地震剪力V_b与其净跨L_{bn}的乘积除以柱截面高度h_c的平均值。相似的,如果把一个节点考虑为柱的一部分,柱弯矩在节点正上方表面处非常大,而在节点正下方表面处也相当大,但其符号与节点正上方表面处相反,在这个转变过程中会产生一个水平剪力V_{jh},其等于节点正上方和正下方柱中地震剪力V_c与其净层高h_{stn}的乘积除以梁截面高度h_b的平均值。这些剪力对应于混凝土节点中的名义剪应力,即$\sum M_c = \sum M_b$与节点体积$h_c h_b b_j$之比,其中b_j为节点的有效宽度,根据标准第5章,其等于:

当 $b_c > b_w$ 时，$b_j = \min\{b_c;(b_w + 0.5h_c)\}$；否则 $b_j = \min\{b_c;(b_w + 0.5h_c)\}$

(D5.20)

剪应力主要是通过沿梁和柱的构成节点核心的钢筋的黏结应力引入节点中。由于不管是根据水平剪力 V_{jh} 还是竖向剪力 V_{jv} 计算，混凝土的名义剪应力都是相同的，从能力设计这一角度来看，基于通过沿梁顶部钢筋的黏结应力进行传力的 V_{jh} 来进行计算会更加简便，因为即便是那些不满足式(D4.23)的梁，也会比柱先屈服(即使梁不屈服，这对于节点而言也是偏安全的)。如果沿梁顶部钢筋的黏结应力不发生失效，则 V_{jh} 可能达到的最大值可按节点一侧梁上部钢筋可能产生的最大拉力之和 $A_{sb1}f_y$，加上节点另一侧的梁上部翼缘可能产生的最大压力之和，再减去柱中节点正上方的剪力 V_c 来计算。不考虑如何在混凝土和上部钢筋之间进行分配，梁上部翼缘中可能出现的压力的最大值将会由梁底部的钢筋控制，并且其会等于其可能产生的最大拉力值 $A_{sb2}f_y$。因此，节点中水平剪力的设计值为：

$$V_{jhd} = \gamma_{Rd}(A_{sb1} + A_{sb2})f_{yd} - V_c \tag{D5.21}$$

式中，梁中的钢筋取其超强强度值 $\gamma_{Rd}f_{yd}$，柱中的剪力 V_c 可等于由抗震设计状况分析所得的值。从式(D5.21)的推导中可明显看出，在总和($A_{sb1} + A_{sb2}$)中，梁顶部钢筋配筋面积 A_{sb} 指的是节点的一个垂直面，而底部钢筋面积 A_{sb2} 指的是节点的另一个与前面相对的垂直面，因此应考虑取两个总和中较大的一个。通常情况下没有必要进行区分，因为特别是在内节点中，节点两侧所配的钢筋都是相同的，而在外部节点中，仅需要考虑求和中的一项($A_{sb1} + A_{sb2}$)。

式(D5.21)采用了一个超强系数 γ_{Rd}，对于高延性等级建筑的梁柱节点，$\gamma_{Rd} = 1.2$。为简单起见，在中等延性等级建筑中，其梁柱节点并不由基于式(D5.21)计算得出的剪力的抗剪设计来确定其尺寸和配筋，而是通过约定俗成的构造要求来确定。在以往的地震中，这些规定已经被证明能够十分有效地保护节点，让其免受地震破坏。

5.7　混凝土构件局部延性的构造要求

5.7.1　一般规定

标准第5章的某些对于梁、柱和墙的构造要求是约定俗成的，并且来自不同欧洲地震地区的抗震设计的传统惯例。构造要求和特殊尺寸确定规定中最重要部分都有合理的依据。这些规定及它们的理由（来源）都会在以下小节中给出。标准第5章规定的构造要求在全方位上都略微严格于美国标准[39,40]中针对相应延性等级给出的内容(标准中“Intermediate”对应中延性等级，“Special”对应高延性等级)。标准对位于梁柱节点处或者穿过梁柱节点的梁中钢筋锚固的规定比美国标准中给出的内容要更加详细，要求也要更加严格。

5.7.2　梁纵向钢筋最小配筋率

在由力控制的状态下，如果其开裂弯矩大于其屈服弯矩，少筋梁可能会突然

发生弯曲破坏:

- 地震对结构和其构件造成变形,而不是施加力;
- 在位移控制的条件下,混凝土构件在其变形达到极限变形能力时会发生受弯破坏,与其对于力的承载能力无关。

条款
5.2.3.7(3)(b)
5.4.3.1.2(5)
5.5.3.1.3(5)
5.5.3.1.7(2)(d)

这个现象的原因是混凝土的开裂本身是脆性的,并且当它发生时会释放大量的变形能,特别是如果梁的横截面面积很大,而钢筋的面积却很小时更容易发生。所以,我们应在梁中配置足够的纵筋来确保梁的屈服弯矩大于其开裂弯矩。因为梁中的地震弯矩是十分不确定的,这种抗弯需求被强加于一根梁的所有截面之中,并且不管抗震分析所得的弯矩符号如何,对于正负弯矩的情况都要加以考虑。

最小配筋面积为 $A_{s,min}$ 的钢筋,通过其屈服力 $A_{s,min}f_y$ 应足以承担混凝土开裂时所释放出的全部拉力。对于应力在横截面线性分布的情况,这个力等于 $0.5f_{ct}bh_t$,其中 b 和 h_t 分别是混凝土开裂前截面中的受拉区的宽度和高度。梁截面通常都为 T 形,对于正弯矩而言,未开裂截面的中性轴非常接近于受压翼缘(位于板中),以至于我们习惯性假定 $h_t \approx 0.9h \approx d$。对于负弯矩,受拉区的范围通常都超过了梁的有效翼缘(位于板中)范围,其高度和宽度都是不确定的;然而,我们可以再一次假定 $bh_t \approx bd$,其中 b 和 d 分别是 T 形截面矩形腹板的宽度和有效高度。那么,相对于 bd 的最小配筋率为:

$$\rho_{min} = \frac{A_{s,min}}{bd} = \frac{0.5f_{ct}bh_t}{bdf_{yk}} \approx 0.5\frac{f_{ctm}}{f_{yk}} \tag{D5.22}$$

式中,平均值 f_{ctm} 用于表示混凝土的抗拉强度,特征值或者说是标准值 f_{yk} 用于表示纵向钢筋的屈服应力。值得注意的是,对于截面来说真正的危险是所配的最少钢筋的断裂,并且钢筋的抗拉强度 f_t 和 f_{yk} 之间的强度储备约为 25%,以提供一些安全保证来抵抗受拉时(在 95% 的强度保证率下 f_{ct} 比 f_{ctm} 大 30%)混凝土的超强。

5.7.3 在临界区中梁的最大纵筋配筋率

条款5.2.3.4(2)
5.2.3.7(3)(a)

在梁中,通过式(D5.11)所确定的用于塑性铰部位的 μ_ϕ 的值是由临界区受拉纵筋的配筋率的上限值 $\rho_{1,max} = A_{s1,max}/bd$ 来提供的。$\rho_{1,max}$ 值的来源如下。

5.4.3.1.2(3)
5.4.3.1.2(4)

当受拉钢筋少于受压钢筋,即 $A_{s1} < A_{s2}$ 时,梁端部处的极限变形将在受拉钢筋的有效极限应变 ε_{su} 耗尽时出现。考虑到标准第5章中陈述的中延性等级或高延性等级建筑中对于钢材等级的限制,以及 5.6.3.2 中提到的在中延性等级建筑中使用 B 级钢会对 μ_ϕ 产生不良影响(见 P101),我们希望,当受拉钢筋面积大于受压钢筋时:$A_{s1} > A_{s2}$,在梁端部因为受压区破坏而达到其极限变形之前,这个条件不会被满足。对 $\rho_{1,max}$ 进行限制适用于后一种情况,因此,取 μ_ϕ 等于 ϕ_u/ϕ_y,ϕ_u 由式(D5.8)括号中的第二项给出,在该项中,取 ε_{cu} 等于 Eurocode 2 中对非约束混凝土给出的极限应变 $\varepsilon_{cu2} = 0.0035$,原因是梁临界区的延性不依赖于受压区的约束;取 x_{cu} 等于 $\xi_{cu}d$,其中 ξ_{cu} 由式(D5.3)及补充条件 $\omega_v = 0$,$\nu = 0$ 及 ε_c 和 ε_{cu} 分别取

$\varepsilon_{c2}=0.002$和 $\varepsilon_{cu2}=0.0035$ 来确定。而用于式 $\mu_{\phi}=\phi_u/\phi_y$ 中的半经验值 $\phi_y=1.5\varepsilon_y/d$ 是从梁屈服时的试验结果中获得的，梁的受拉钢筋配筋率 ρ_1 上限值的结果为：

$$\rho_{1,\max}=\rho_2+\frac{0.0019}{\varepsilon_y\mu_{\phi}}\frac{f_c}{f_y} \tag{D5.23}$$

式中，$\rho_2=A_{s2}/bd$ 为受压钢筋配筋率。应注意ρ_1 和ρ_2 所除的都是受压翼缘的宽度 b，而非梁腹板的宽度。标准第5章所采用的梁受拉钢筋配筋率 ρ_1 上限值的表达式涉及混凝土和钢筋强度的设计值$f_{cd}=f_{ck}/\gamma_c$ 和$f_{yd}=f_{yk}/\gamma_s$，以及其相应的应变 $\varepsilon_{yd}=f_{yd}/E_s$ 和 $\varepsilon_y=f_y/E_s$。

$$\rho_{1,\max}=\rho_2+\frac{0.0018}{\varepsilon_{yd}\mu_{\phi}}\frac{f_{cd}}{f_{yd}} \tag{D5.24}$$

如同5.6.3.2（见 P97）中所述，对于建筑中具有代表性的梁，比值 L_{pl}/L_s 取0.3，而式（D5.10）的结果相对于通过反演式（D5.5）给出的更为实际的结果，具有大约1.35 的安全系数（或者具有 1.9 的安全系数），如果认为只有 $q/1.5$ 的部分产生非弹性形变以及延性需求。再考虑式（D5.24）右侧第二项中的系数0.0018，μ_{ϕ} 所具有的安全系数，在使用 Eurocode 2 推荐的持久设计状况和短暂设计状况下的值 $\gamma_c=1.5$ 以及 $\gamma_s=1.15$ 时，变为 $1.35\times0.0019\times1.5/(1.15)2/0.0018\approx1.6$，或者，当使用 Eurocode 2 中推荐的偶然设计状况下的值 $\gamma_c=\gamma_s=1.0$ 时，为 $1.35\times0.0019/0.0018\approx1.4$。这两个隐性安全系数之比为 $1.6/1.4\approx1.15$，亦即，等于钢在持续设计状况和短暂设计状况下的分项系数，与在抗震设计状况下是否采用这个安全系数一致。这个“理论上的”安全系数可与梁中不断测试得到的弯曲破坏下的$(\rho_1-\rho_2)$的真实值和由式（D5.24）、式（D5.10）得到的梁极限挠度下的μ_{θ} 之比进行比较。由 52 个梁的试验所得结果的中值，在 $\gamma_c=1$ 和 $\gamma_s=1$ 时为0.725，在 $\gamma_c=1.5$ 和 $\gamma_s=1.15$ 时为0.825，由于其都小于1.0，因此这些值表明了式（D5.24）是不保守的。然而，如果μ_{θ} 的值不由梁的极限挠度与试验屈服挠度之比所确定，而是由梁的极限挠度与符合 Eurocode 8 中 $0.5EI$ 的有效弹性刚度的假定的 $M_yL_s/3(0.5EI)$之比来确定，那么 52 个试验的比例的中值变为在 $\gamma_c=1$ 和 $\gamma_s=1$ 时为2.5，在 $\gamma_c=1.5$ 和 $\gamma_s=1.15$ 时为2.85，亦即大于上述“理论”安全系数的1.4 倍和1.6 倍。

式（D5.24）对于梁支座处顶部的配筋率的限制性是很严格的，特别是如果μ_{ϕ} 的值很高时，例如，系数 q 基本值很高的高延性等级建筑。为了在不过分增加梁截面尺寸的前提下保证梁顶部具有足够的钢筋能满足梁端处的弯曲承载力极限状态，梁底部的配筋率ρ_2 可能会被增大至超出由式（D5.22）得到的$\rho_{\min}$，以及标准第5章对于梁临界区底部钢筋规定的最小值$0.5\rho_1$。

5.7.4　穿越梁柱节点的纵向钢筋的最大直径

剪力主要是通过沿梁和柱的构成节点核心的纵向钢筋的黏结应力引入梁柱节点中。上述给出节点中的设计剪力的式（D5.21）中假定沿梁顶部钢筋的黏结 *条款5.6.2.2(2)*

强度大到足以完全传递这个剪力。虽然沿这些钢筋的粘结力损失不会造成严重的整体性后果,但其更宜通过对沿梁钢筋黏结力的验算来避免。这个验算是通过穿过内梁柱节点或锚固于外梁柱节点的梁纵向钢筋直径 d_{bL} 的上限值的形式来体现的,其上限推导如下。

若 l 和 r(表示"左边"和"右边")表示节点的两个竖直面,σ_s 为梁钢筋中的应力,并且如果 h_{co} 为平行于柱截面高度 h_c 的节点的约束核心的宽度,那么沿这些梁钢筋的平均黏结应力为:

$$\tau_b = \frac{\pi d_{bL}^2}{4}\frac{|\sigma_{s1} - \sigma_{s2}|}{\pi d_{bL} h_{co}} = \frac{d_{bL}}{4}\frac{|\sigma_{s1} - \sigma_{s2}|}{h_{co}} \tag{D5.25}$$

其中沿约束混凝土核心区以外的钢筋长度方向上分布的黏结应力可以不考虑,假定塑性铰会在节点左右两侧的梁截面中形成和发展。由于顶部翼缘无论是在受拉时还是在受压时通常比底部翼缘都强很多,只有底部钢筋屈服了,其中的力才能被平衡,所以,在底部钢筋中我们取 $\sigma_{s,l} = -f_y$,$\sigma_{s,r} = f_y$ 以及 $\tau_b = d_{bL}f_y/2h_{co}$。关于顶部钢筋,假定在梁的塑性铰处,受拉的面中发生屈服:$\sigma_{s,l} = f_y$。在节点的右侧面中,其受压的应力 $\sigma_{s,r}$ 与顶部混凝土翼缘的力 $F_{c,r}$(其为负,因为是受压)一起与底部钢筋中的拉力进行平衡。底部钢筋的横截面积为 $A_{s,r2}$,并且在塑性铰处它们由于顶部翼缘的强迫而屈服,因此:

$$\sigma_{s,r} = -\frac{A_{s,r2}}{A_{s,r1}}f_y - \frac{F_{c,r}}{A_{s,r1}} = -\frac{\rho_2}{\rho_1}f_y\left(1 - \frac{\xi_{eff}}{\omega}\right) \tag{D5.26}$$

式中,ρ_1 和 ρ_2 为节点右侧面的顶部和底部钢筋的配筋率,其由钢筋面积除以乘积 bd 获得,定义 ω 等于 $\rho_1 f_y/f_c$,以及 ξ_{eff} 为相对 d 进行归一化得来的虚拟受压区高度,从而 $F_{c,r} = -bd\xi_{eff}f_c$。因此,在顶部钢筋处 τ_b 为:

$$\tau_b = \frac{d_{bL}f_y}{4\ h_{co}}\left[1 + \frac{\rho_2}{\rho_1}\left(1 - \frac{\xi_{eff}}{\omega}\right)\right] \tag{D5.27}$$

其值比沿具有相同 d_{bL} 值的底部钢筋的剪应力值要小。然而,顶部钢筋的黏结问题可能更加突出,因为黏结应力沿钢筋直径并非是均匀分布,而是更加集中于面对节点核心的一侧面上,对于顶部钢筋而言即为钢筋的下表面,在此处,由于被压紧而造成的混凝土的固结及浮浆产生的影响,黏结条件被认为是非常"恶劣的"。而在底部钢筋处黏结条件被认为是"良好的"。

根据 Eurocode 2,极限黏结应力的设计值对于"良好的"黏结条件而言为 $2.25f_{ctd}$,对于"恶劣的"黏结条件而言为上述值的 70%。混凝土抗拉强度的设计值 $f_{ctd} = f_{ctk,0.05}/\gamma_c = 0.7f_{ctm}/\gamma_c$。由于钢筋被从节点核心区拔出产生的后果并不是灾难性的(这会增加框架的表观柔性、层间位移,并会阻止梁的节点截面中的弯矩达到其抗弯承载力),将设计黏结强度基于混凝土抗拉强度的 5%,此外,还要将其除以混凝土分项系数的做法似乎过于保守,所以,这里不再使用此分项系数。由于混凝土约束核心以外的黏结应力被忽略了,因此我们根据 1990 年欧洲混凝土委员会/国际预应力协会样板规范(CEB/FIP Model Code 90[64])考虑了节点箍筋约束、横梁顶部钢筋及周围大量混凝土的有利影响,亦即,将最终黏结应力的设计值翻倍,而不是根据 Eueocode 2 将其除以 0.7。对于顶部钢筋("恶劣的"黏结条件下),结果 $0.7\times2.25\times0.7f_{ctm}\times2=2.2f_{ctm}$可加上由于钢筋-混凝土法向应力 $\sigma\cos^2\varphi$ 而产生的摩擦力,其由节点上方混凝土的平均竖向压应力 $\sigma=N_{Ed}/A_c=\nu_d f_{cd}$表达。使用 Eueocode 2 中规定的设计值 $\mu=0.5$ 作为描述钢筋和混凝土界面的粗糙性的摩擦系数,以及将钢筋周围的摩擦力 $\mu\sigma\cos^2\varphi$(亦即,在 $\varphi=0\sim180°$之间)加入表达式中之后,摩擦力将黏结强度的设计值增大至 $2.2f_{ctm}+0.5\times0.5\nu_d f_{cd}\approx2.2f_{ctm}(1+0.8\nu_d)$,圆括号中的系数 0.8 隐含了 $f_{ck}=1.5f_{cd}$与 f_{ctm}之比取 10.5(这个比值对于 C20/25 混凝土为 9,对于 C45/55 混凝土为 11.8,剩余的在这范围之内变化,10.5 对应于等级 C30/37 的混凝土)。将式(D5.27)中的 T_b 设为沿顶部钢筋的黏结强度设计值,则梁柱节点的梁纵向钢筋的直径 d_{bL} 计算公式如下:

- 在内梁-柱节点中

$$\frac{d_{bL}}{h_c}\leqslant\frac{7.5f_{ctm}}{\gamma_{Rd}f_{yd}}\frac{1+0.8\nu_d}{1+k\rho_2/\rho_{1,max}} \tag{D5.28a}$$

- 在梁方向上位于外部的梁-柱节点中

$$\frac{d_{bL}}{h_c}\leqslant\frac{7.5f_{ctm}}{\gamma_{Rd}f_{yd}}1+0.8\nu_d \tag{D5.28b}$$

式中,梁中钢筋的超强系数 γ_{Rd},在中延性等级建筑中取 1.0,在高延性等级建筑中取 1.2。系数 k 代表式(D5.27)中的$(1-\xi_{eff}/\omega)$;在式(D5.28a)中,对于中延性等级建筑 $k=0.5$,对于高延性等级建筑 $k=0.75$。在外梁-柱节点中,取 $\sigma_{s2}=0$,即等效为 $k=0$,从而得到式(D5.28b);$\nu_d=N_{Ed}/f_{cd}A_c$ 的值应由抗震设计状况下 N_{Ed}的最小值计算得到;对于净轴向拉力,虽然 Eurocode 8 中没有给出特别的说明(其可能在中层或高层建筑的外柱中出现),但是从式(D5.28)中可以清楚地看出,在此情况下 $\nu_d=0$。

在刚开始确定柱的尺寸的阶段,基于所需的梁中钢筋的最大直径来使用式(D5.28)是非常方便的,其中 ν_d 可以取抗震设计状况下所粗略估算出的 ν_d 的最小值(对应于外柱中仅有重力荷载及重力减去由于外部倾覆力矩产生的轴向力的情况)。在这一阶段中,式(D5.27)中的顶部钢筋配筋率 ρ_1 的最终值是未知的,所以在式(D5.28a)中,式(D5.27)中的 ρ_1 的值取为等于式(D5.24)中所允许的最大值 $\rho_{1,max}$。在相同阶段中,可以取底部钢筋配筋率 ρ_2 等于式(D5.22)计算出的最小值,或者等于 $0.5\rho_{1,max}$。这些为便于计算所取的 ρ_2 和 $\rho_{1,max}$的值对于 d_{bL}是不保守的。应该注意并牢记的是,式(D5.28a)对于内柱尺寸的要求是非常严格的:在常见的取值为($\nu_d\sim0.2$)的轴向荷载,标准屈服应力为 500MPa 的钢材,以及相对低等级(C20/25)混凝土的高延性等级建筑中,柱的截面高度 h_c 要求要大于 $40d_{bL}$。即当 $d_{bL}=14$mm 时,h_c 应大于 0.6m,当 $d_{bL}=20$mm 时,h_c 则应大于 0.8m。对于中等程度至高程度的轴向荷载和更高等级的混凝土而言,这个要求可被放宽

至大约 $30d_{bL}$。如果选用中延性等级方案,那么所要求的柱的尺寸可以降低 25%。虽然很费劲,但这样的要求通过试验证明是合理的:对于内节点进行的循环试验[65]表明,$h_c = 18.75d_{bL}$的梁柱节点的循环性能受节点内梁中钢筋的黏结滑移控制,并且其特点是耗能性能很差,以及刚度降低得非常快;如果组合体的循环性能要由梁中的弯曲来控制并且要求其有稳定的耗能性强的滞回曲线,那么柱的尺寸需要为 $h_c = 37.5d_{bL}$(而 $h_c = 28d_{bL}$的组合体的结果介于两者之间)。根据 Kitayama[66]等的研究工作,$h_c = 20d_{bL}$的组合体按 2% 的层间位移比进行循环,所耗散的能量对应于整体有效阻尼比仅为 8%。

虽然式(D5.28a)是为上部钢筋推导得来的,根据 Eurocode 8,其同样也适用于底部钢筋。对于底部钢筋,式(D5.28a)第二项的分母应替换为 2,并且分子中 $7.5f_{ctm}$这一项应除以 0.7,表示"良好的"黏结条件。这样所得的最终结果与式(D5.28a)所得的基本相同,所以,为简单起见,同样的公式也适用于底部钢筋,但应注意的是,对于外节点的底部钢筋,由于"良好的"黏结条件,式(D5.28b)对于所需柱截面高度 h_c 保守系数约为 0.7。

对于外柱节点,式(D5.28b)对顶部和底部两处的钢筋的计算都是偏保守的,但这是由于其他的原因:虽然在这种节点的外表面处,梁顶部的钢筋通常向下弯折而底部钢筋通常向上弯折,而式(D5.28b)所考虑的仅仅是沿这些钢筋水平部分分布的黏结力,完全没有考虑 90°弯钩部分的贡献。Eurocode 2 的条款 8.4.4 及表 8.2 强调了这一点,根据其内容,对于钢筋,仅其直线部分才计入压缩锚固状态,如果钢筋的直线部分不足以完全将钢筋屈服力传递到节点中,那么 90°弯钩就有被推出的潜在可能性,这也是在此采用 Eurocode 2 的原因。然而,在这种节点外表面附近的 90°弯钩会通过在节点处的 90°弯钩和外表面之间加密箍筋来防止被推出(也会防止受拉时使外包混凝土层开裂及脱落)。此外,通常来讲,顶部钢筋在受压时会通过顶部翼缘相对于底部翼缘所具有的超强来防止其达到屈服。因此,在外节点中,仅底部钢筋才可能在受压时达到屈服;但对于它们而言,对于 h_c,可以获得上述提到的大约为 0.7 的裕度。根据 Eurocode 2 对于节点外表面附近处的具有标准 90°弯钩的受拉钢筋的锚固的规定,h_c 同样可以获得约 0.7 的裕度。在这些的基础上,在外节点中,h_c 可以取式(D5.28b)所要求值的 70%,在这种情况下,其关于黏结力破坏方面的安全性并不小于用于内节点时式(D5.28a)所得出的值。标准第5章提出了如图 5.7 所示的锚固方案作为一个备选方案,来增大柱的尺寸,或是减小在外梁柱节点中的梁钢筋的直径,从而能够满足式(D5.28b)的条件。

式(D5.28)导致了在双向框架中要使用方柱,另外,除非柱的尺寸是因为其他设计原因[位移控制,为满足式(D4.23)而进行的强柱弱梁设计,等等]而变得很大,式(D5.28)同样也会导致梁中钢筋直径的尺寸很小。为防止它们屈曲,这种钢筋需要由加密布置的箍筋来进行约束,特别是位于缺少横向约束的梁底部时，因为在顶部，板可以起侧向约束的作用。

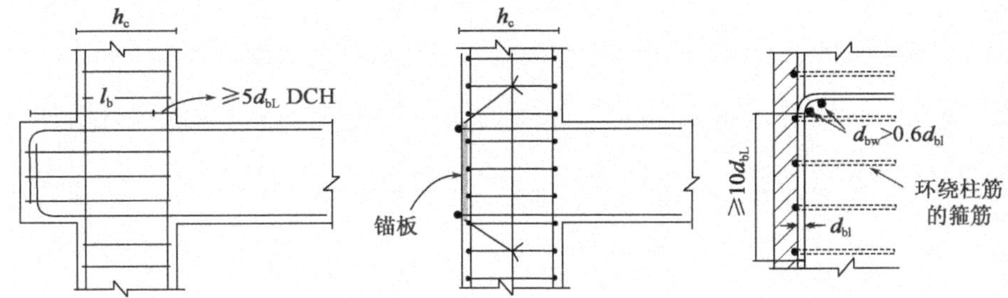

图5.7 标准第5章提出的外梁柱节点处的梁的直线锚固方案的详细布置

5.7.5 梁柱节点的抗剪验算

假定沿构成节点核心的梁和柱的钢筋的黏结强度足以完全将由式(D5.20)得出的水平剪力 V_{jhd} 传递至节点中，然后通过节点本身来抵抗此剪力，这个剪力被转化成剪应力来表达，并认为在节点的体积内剪应力是均匀的，节点体积定义为，柱最外层钢筋之间的水平距离 h_{jc}，梁顶部和底部钢筋之间的净距 h_{jw}，以及由式(D5.20)计算得出的水平宽度 b_j 所围成的体积。

条款 5.5.3.3(1)，5.5.3.3(2)，5.5.3.3(3)

$$v_j=\frac{V_{jhd}}{b_j h_{jc}} \tag{D5.29}$$

对于节点抵抗循环剪力并最终破坏的这种情况，目前尚没有普遍接受的合理的传力模型。由 Kitayama 等[66]收集并汇编的内节点的试验数据表明以剪应力形式所表达的节点抗剪承载力，即式(D5.29)中的 v_j，随节点内水平钢筋配筋率 ρ_{jh} 的增加大约以线性的方式增长，从 $\rho_{jh}=0$ 时 $v_j\approx 0.15f_c$，增长至 $\rho_{jh}=0.4\%$ 时，v_j 介于 $0.24f_c$ 和 $v_j\approx 0.4f_c$ 之间(平均值：$v_j\approx 0.32f_c$)。当配筋率高于0.4%且小于2.4%时，极限强度似乎总是由混凝土的斜向受压控制的，并且在实践中与 ρ_{jh} 的值和柱的轴压比 $\nu=N/f_cA_c$ 无关。

基于上述的试验结果，并且考虑到缺乏普遍认可的模型，标准第5章采用了一个非常简单的平面应力模型来进行高延性等级建筑中的梁柱节点的抗剪强度承载力的验算。这个模型假定节点内的均匀应力由以下部分组成：

(1)由式(D5.29)计算得出的剪应力 v_j；

(2)柱中的竖向的法向应力，$-N/A_c=-\nu f_c=-\nu_d f_{cd}$(负号表示其为压力)；

(3)水平的法向应力 $-\rho_{jh}f_{yw}$(负号表示其为压力)，其为在节点即将破坏时由于其膨胀而使水平钢筋屈服时拉力的反力。

节点强度的判断准则是基于以上1~3种应力下的主应力形成的，主拉应力用 σ_{I} 表示，主压应力用 σ_{II} 表示。所要求的水平钢筋的配筋率 ρ_{jh} 基于 σ_{I} 不超过混凝土的抗拉强度 f_{ct} 确定。

$$\rho_{jh}f_{yw}\geq\frac{\nu_j^2}{f_{ct}+\nu f_c}-f_{ct} \tag{D5.30a}$$

或者，采用强度的设计值 $f_{ctd}=f_{ctk,0.05/\gamma_c}=0.7f_{ctm}/\gamma_c$

$$\frac{A_{sh}f_{ywd}}{b_j h_{jw}} \geqslant \frac{(V_{jhd}/b_j h_{jc})^2}{f_{ctd}+\nu_d f_{cd}} - f_{ctd} \quad (D5.30b)$$

式中，A_{sh}表示节点内箍筋在梁顶部和底部钢筋之间的水平肢的总面积。为了对 A_{sh} 做出一个偏安全（偏保守）的估计，式（D5.30b）中的 ν_d 在抗震设计状况下由节点正上方柱轴力的最小值计算得出。值得注意的是 $\rho_{jh}=0$ 时，式（D5.30a）根据在 0～0.3 之间变化的 ν 计算所得的 v_j 的变化范围在 $0.1f_c \sim 0.2f_c$ 之间，与 Kitayama等[66]汇编的试验结果中表明的 $\rho_{jh}=0$ 时，v_j 的平均值约为 $0.15f_c$ 这一结果吻合。

另一个验算条件为 σ_{II} 不能超过混凝土的抗压强度，因为其由于横向拉应力和/或应变的存在（亦即 σ_I 的作用）而有所降低。取降低后的抗压强度的值等于 $\eta f_{cd}=0.6[1-f_{ck}(MPa)/250]f_{cd}$（折减系数 η 与 Eurocode 2 条款 6.2.3 中为了混凝土构件的抗剪验算而用于 f_{cd} 上的系数 ν 相同，因为这里同样由混凝土的斜向受压控制；Eurocode 8 使用了符号 η 表示这个量，来避免与频繁使用的归一化轴向荷载 ν 产生混淆）。水平法向应力 $-\rho_{jh}f_{yw}$ 对 σ_{II} 大小的不利影响及其在斜方向通过约束作用对抗压强度产生的有利影响都不予考虑，所以，由 $-\eta f_{cd} \leqslant \sigma_{II}$ 条件可以得出：

$$V_{jhd} \leqslant \eta f_{cd}\sqrt{1-\frac{\nu_d}{\eta}}\,b_j h_{jc} \quad (D5.31)$$

式（D5.31）为内梁柱节点针对斜向受压破坏的验算标准。对于外节点，我们需要在式（D5.31）中加上一个 0.8 的系数：

$$V_{jhd} \leqslant 0.8\eta f_{cd}\sqrt{1-\frac{\nu_d}{\eta}}\,b_j h_{jc} \quad (D5.32)$$

不同于式（D5.30），其中为了使验算方法偏于安全（偏保守）而使用了抗震设计状况下的柱轴力的最小值进行计算，式（D5.31）和式（D5.32）应使用抗震设计状况下的柱轴力的最大值来进行计算（包括外节点中由倾覆弯矩而产生的轴力）。对于常见值 ν_d（～0.25），式（D5.31）计算所得到的相应的剪应力 v_j 接近 $0.4f_{cd}$，正好是 Kitayama 等[66]汇编所得出的内节点强度值的上限。试验结果表明了，在柱中接近于 $0.4f_{cd}$ 的剪应力 v_j 的极限值可以通过在梁的顶部高度处设置楼板，并且在节点的两侧都设置横梁来获得。对于外节点，由于倾覆弯矩对柱轴力的影响，通常其验算时的 ν_d 值都较高，式（D5.31）计算得出的结果接近于在无顶板和横梁的内节点中观测到的试验结果的平均值 $0.32f_{cd}$。因此，结论是，除非 $f_{cd}=f_{ck}/\gamma_c$ 使用的混凝土的分项系数 γ_c（远）大于 1.0，式（D5.31）和式（D5.32）并没有为节点的斜向受压破坏提供一定的安全储备。

条款5.5.3.3(4)

作为式（D5.30）的替代，标准第5章从 Park 和 Paulay[67]提出的一个典型的物理模型中导出了节点横向钢筋的配筋要求。根据该模型，节点通过两种机构相结合来抵抗剪力：

（1）介于处于节点对角的梁柱受压区之间的混凝土支撑。

(2)延伸覆盖于整个节点核心的桁架,由以下部分组成:

—(任何)节点内的水平箍;

—(任何)介于柱角部钢筋之间的竖向垂直钢筋(包括对节点正上方和正下方的柱端部截面的抗弯承载力有贡献的柱的纵向钢筋);

—混凝土中的斜向压力区。

假定支撑中的力的来源为:

- 支撑两端的梁柱受压区之中的混凝土所受的力。
- 在支撑本身宽度范围内的传递至节点核心区的黏结应力。

桁架承受了其余的节点的剪力。然后,为了使计算得出的水平节点配筋偏安全(保守),不应对支撑力的水平分量过高估计。为此,采用了 Paulay 和 Priestley[68] 提出的假定,即在梁受正弯矩(底部受拉)的节点面处,由于顶部钢筋中塑性变形的积累,裂缝不会接近顶部翼缘。这对于桁架和水平节点钢筋而言是非常保守的,因为梁的受压区并没有传水平力给混凝土支撑,而仅仅是梁顶部钢筋的压力(与另一相对的节点面处的拉力一起)按它们在顶部钢筋水平处所分担压力的比例传递给桁架和支撑。由于在相同水平处的支撑的水平宽度等于节点上方柱的受压区高度 x_c,并且为了简单起见,假定通过黏结力进行的合力$(A_{sb1}+A_{sb2})f_y$,沿节点内顶部钢筋的总长 h_c 均匀传递,这个力中 x_c/h_c 部分被计入支撑的水平力中,剩下的$(1-x_c/h_c)$部分被计入桁架中。计算 V_{jhd}的式(D5.21)中的最后一项的柱中剪力 V_c,是通过上方柱的受压区直接作用于支撑,并且仅仅影响其水平剪力的大小而不对桁架产生影响,这样对于桁架的水平钢筋而言既是符合实际的,也是偏安全的。所以,由于节点竖直面的全部高度都被桁架占据,节点内箍筋的水平肢的总面积 A_{sh}应由力$(1-x_c/h_c)(A_{sb1}+A_{sb2})f_y$ 来确定。我们可以用式(D5.3)以及补充条件 $\omega_1=\omega_2$,$\omega_\nu=0$(为方便起见)、$\varepsilon_{co}=0.002$ 和 $\varepsilon_{cu}=0.0035$(由于柱端截面处的混凝土极限纤维的剥落)来计算 x_c/h_c 的值。然后,$\xi_c\approx\nu_d/0.809=\nu_d/(1.5\times0.809)\approx0.8\nu_d$,其中 ν_d 和 ξ_c 都是对 h_c 进行归一化得到的。所以,应要知道下述的水平箍筋的总面积:

- 对于内节点:

$$A_{sh}f_{ywd}\geqslant\gamma_{Rd}(A_{sb1}+A_{sb2})f_{yd}(1-0.8\nu_d) \tag{D5.33}$$

式中,取 γ_{Rd}等于1.2[如用于高延性等级建筑的式(D5.21)所示],并且归一化的轴向力 ν_d 为抗震设计状况下的节点上方柱中的最小值。

若在式(D5.33)中令 $A_{sb2}=0$,则无法通过其获得外节点处的配筋要求。潜在的原因为梁顶部钢筋的弯折发生在距节点很远的面处,并且当其受拉时,其会在弯折处将支撑全部的斜向压力传递给始于此处的斜向支撑,此力的水平分量接近于$f_yA_{sb1}-V_c$,因此几乎为零,由介于支撑和面对梁的节点面之间的桁架以抵抗水平剪力的方式来承担的力,则通过沿支撑外部分的顶部钢筋的黏结力来进行传递。对桁架的水平剪力起主要控制作用的是沿支撑外部分底部钢筋的黏结力进行传递的力(距节点很远的面处的向上弯折的底部钢筋在受压时并不会将力传给节点核心)。梁底部的受压区会将一个等于混凝土中压力的力传给支撑的下底部,即等于顶部受拉钢筋中的拉力 $A_{sb1}f_y$ 与底部受压屈服钢筋中的压力 $A_{sb2}f_y$ 之间的差值。支撑上顶部的支撑力的水平分量 $A_{sb1}f_y - V_c$,和支撑下底部处从梁和下部柱传来的水平力 $(A_{sb1} - A_{sb2})f_y - V_c$,以及底部钢筋处在支撑范围内由黏结力传递的水平力 $(1 - x_c/h_c)A_{sb2}f_y$ 之间的区别为:力是否是沿支撑的宽度范围内部分的底部钢筋的黏结力进行传递,以及是否是由节点外表面和支撑之间的桁架以抵抗水平剪力的方式承担该作用力。这从而给出了:

- 对于外节点:

$$A_{sh}f_{ywd} \geqslant \gamma_{Rd}A_{sb2}f_{yd}(1 - 0.8\nu_d) \tag{D5.34}$$

其中仍为 $\gamma_{Rd} = 1.2$,但 ν_d 为抗震设计状况下的节点正下方柱中归一化轴向荷载的最小值。

这两个可供选择的模型,式(D5.21)、式(D5.30)与式(D5.33)、式(D5.34)给出的结果有很大的区别。根据式(D5.21)和式(D5.30)得出的所需配筋量对于 ν_d 和 v_j 非常敏感(表明根据这个模型,依靠斜向受拉机构抵抗的剪力对水平钢筋的配筋量不敏感),而根据式(D5.33)和式(D5.34)计算得出的所需的配筋量对 ν_d 不敏感并且与 v_j 成比例。当 ν_d 的值在中高范围内(即大约为 0.3 时),式(D5.21)和式(D5.30)计算出所需的节点配筋量比式(D5.33)和式(D5.34)计算得出的结果要小很多,而若 ν_d 的值在低范围内(即大约为 0.15 时),当 $v_j < 0.3f_{cd}$时,式(D5.21)和式(D5.30)计算出所需的节点配筋量比式(D5.33)和式(D5.34)计算得出的结果要小;而当 $v_j > 0.3f_{cd}$时,结果则相反。对于 ν_d 接近于 0 的情况,式(D5.21)和式(D5.30)计算出所需的节点配筋量比式(D5.33)和式(D5.34)计算得出的结果要大很多,特别是当 v_j 的值很高时。除上述差异外,更令人不安的是两种模型的预测结果与 Kitayama 等[66]编制的试验强度值之间的差异。对内部节点:对于一个给定的剪应力 v_j,试验证据表明其实际所需要的节点钢筋比两种模型中任意一种模型的计算结果都要小很多。唯一一种与试验结果一致的情况是当 ν_d 的值在中高范围内(即大约为 0.3 时),式(D5.21)和式(D5.30)计算的所需配筋量与试验结果非常接近。通过这些比较可得出:设计人员可以非常自信地使用采用式(D5.21)、式(D5.30)式(D5.33)、式(D5.34)计算所得的最小值来进行配筋。

条款
5.4.3.2.2(2),
5.4.3.2.2(11)(b),
5.4.3.3(3),
5.5.3.2.2(2),
5.5.3.2.2(12)(c),
5.5.3.3(9),
5.5.3.3(5)

隐含在式(D5.33)和式(D5.34)背后的桁架机构包含了通过提供竖直拉力场来平衡混凝土中的斜向压力场的竖直分量的钢筋,来作为组成其竖向钢筋的一部分。在角部钢筋之间沿截面高度 h_c 的柱截面的边布置的中间钢筋既可以起到平衡斜向压力场竖直分量的作用,也可以对柱在节点正上方和正下方截面的抗弯承载力做出一定的贡献。这种钢筋要沿着构件截面的周长布置来起到增强混凝土约束有效性的作用,其间距对于高延性等级情况而言不得大于 150mm,对于中等延性等级情况而言不得大于 200mm。就目前而言,标准第 5 章要求在角部钢筋之间至少要有一个竖向的中间钢筋，即便对于短柱的边也是如此（此时对于高延性等级情况而言间距不得大于250mm，对于中延性等级情况而言不得大于300mm）。

对于高延性等级建筑的节点，其节点水平钢筋配筋面积A_{sh}需通过式(D5.21)、式(D5.30)或式(D5.33)和式(D5.34)来进行计算，而其柱的角部钢筋之间的中间钢筋总面积$A_{sv,i}$应根据A_{sh}按下式计算：

$$A_{sv,i} \geqslant \frac{2}{3} A_{sh} (h_{jc}/h_{jw}) \tag{D5.35}$$

系数2/3表示通常情况下，支撑和桁架压力场与节点核心的斜向，相对于竖直方向，其倾斜程度较小。其同样也降低了由于式(D5.21)、式(D5.30)或式(D5.33)和式(D5.34)计算所得的A_{sh}的结果偏大而对竖向钢筋的配筋产生的影响。

根据式(D5.30)~式(D5.35)所进行的梁柱节点的计算性验算仅仅只要求对高延性等级建筑进行。对于中延性等级建筑，采用标准第*5*章对于中延性等级和高延性等级节点的非计算性的构造措施就已足够。根据这些措施，柱的节点正上方和节点正下方（两者中最大的）的临界区中的横向钢筋也应在节点内布置，除非节点的四面都用梁连接，并且它们的宽度大于或等于与其相平行的柱的横截面尺寸的75%。在这种情况下，节点中的水平向钢筋布置的间距可以取为其上下柱中水平钢筋间距的2倍，但不应超过150mm。 *条款5.4.3.3(1)，5.4.3.3(2)，5.5.3.3(7)，5.5.3.3(8)*

为了阐明上述的规定对于节点的最小水平配筋要求的意义，我们可回顾，在高延性等级下对于建筑底部上方柱的临界区，横向钢筋最小配筋率的设计值以机械体积比ω_{wd}表示应为0.08。对于S500级的钢及C30/37级的混凝土，若钢和混凝土的分项系数等于其在持久和短暂设计状况下的推荐值，那么这个值对应于每一水平方向上$\rho_{jh}=0.185\%$时的情况，或者，若它们等于偶然设计状况下的推荐值1.0，则对应于$\rho_{jh}=0.24\%$时的情况（对于其他等级的混凝土，ρ_{jh}的最小值与f_c成比例）。虽然临界区的柱横向钢筋的其他限制要求[例如，对于直径以及横向钢筋的间距的要求：$d_{bh} \geqslant \max(6\text{mm};0.4d_{bL})$，$s_w \leqslant \min(6d_{bL};b_o/3;125\text{mm})$，或者确保$\mu_\phi$的最小值的要求]可能起主导作用，但根据Kitayama等[66]的研究成果，上述引用的ρ_{jh}的值远低于0.4%，这标志着水平钢筋对于节点抗剪承载力贡献的极限值。对于中等延性等级，标准第*5*章没有规定柱临界区的ω_{wd}的下限值，而仅限制了箍筋的直径[$d_{bh} \geqslant \max(6\text{mm};d_{bL}/4)$]及布置间距[$s_w \leqslant \min(8d_{bL};b_o/2;175\text{mm})$]，这些限制值降低了节点处的水平钢筋配筋率。考虑到实际中，中延性等级中箍筋的最小直径为8mm，其肢的最大水平间距为200mm，箍筋之间的最大间距为125mm，这些条件所得出的节点处钢筋的配筋率在每一个水平方向上为$\rho_{jh}=0.2\%$。

5.7.6 梁柱临界区的抗剪箍筋

条款5.4.3.1.1(1)，5.4.3.2.1(1)，5.5.3.2.1(1)

梁或柱抗剪承载力的设计值是根据Eurocode 2中单调加载下的规定计算得

出的，无论其是由横向钢筋 $V_{Rd,s}$ 还是由构件腹板的斜向受压 $V_{Rd,max}$ 来控制。而有一个例外是：高延性等级下梁临界区的 $V_{Rd,s}$ 的值，这个特殊情况对 $V_{Rd,s}$ 的特别规定如下。

条款
5.5.3.1.2(2)

取高延性等级下梁的临界区支撑的倾角 θ 等于 45°（$\cot\theta = 1$），这等效于一个无混凝土贡献项（$V_{cd} = 0$）的经典的 Mörsch-Ritter45°桁架，其中隐含的原因为，试验时观察到在巨大的非弹性循环变形下，塑性铰中（亦即，在弯曲屈曲之后）的 $V_{Rd,s}$ 值变小了。而在最开始就受弯屈服的构件中，这种折减效应以循环加载下剪切变形迅速增长，最终导致剪切破坏的方式充分表现了出来。采用计算循环加载下的受剪承载力，且考虑混凝土贡献项 V_c 的 Mörsch-Ritter45°桁架模型，来对这种现象进行描述是非常方便准确的，在分析时，认为 V_c，或是 V_c 的总和，以及横向钢筋的贡献量 V_w，随着附加位移延性系数的塑性部分的增加而减小。用于混凝土梁、柱（截面为矩形或原型）和墙体的，由 Biskinis 等[69]建立并发展完善的，并收录于 EN 1998-3 的附录 A[52]之中（以兆牛顿和米为单位）的模型就属于这种类型：

$$V_{R,s} = \frac{h-x}{2L_s}\min(N;0.55A_c f_c) + [1-0.05\min(5;\mu_\theta^{pl})][V_w + V_c] \tag{D5.36a}$$

$$V_{R,s} = \frac{h-x}{2L_s}\min(N;0.55A_c f_c) + V_w + [1-0.95\min(4.5;\mu_\theta^{pl})]V_c \tag{D5.36b}$$

式中：

- x 为受压区高度。
- N 为抗震设计状况下的轴向压力（正值，若为拉力则取 0）。
- L_s 为构件端部的剪跨，等于 M/V。
- A_c 为横截面积，当截面为矩形且腹板宽度为 b_w，高度为 d 时，等于 $b_w d$；当截面为圆形时，则等于 $\pi D_c^2/4$（其中 D_c 为箍筋内部核心混凝土的直径）。
- 混凝土贡献项为：

$$V_c = 0.16\max(0.5;100\rho_{tot})\left[1-0.16\min\left(5;\frac{L_s}{h}\right)\right]\sqrt{f_c}A_c \tag{D5.37}$$

其中，ρ_{tot} 为总纵向钢筋配筋率。

- 横向钢筋对抗剪承载力的贡献为：

（a）对于腹板宽度（厚度）为 b_w 的矩形截面：

$$V_w = \rho_w b_w z f_{yw} \tag{D5.38a}$$

式中：ρ_w——横向钢筋配筋率；

z——内力臂长度（对于带肋的或 T 形截面的梁、柱或墙体，$z \approx d - d'$；对于矩形截面墙体，$z \approx 0.8 l_w$）；

f_{yw}——横向钢筋的屈服应力。

(b)对于圆形截面：

$$V_w=\frac{\pi}{2}\frac{A_{sw}}{s}f_{yw}(D-2c) \tag{D5.38b}$$

式中：D——截面的直径；

A_{sw}——圆形箍筋的横截面积；

s——箍筋的中心线间距；

c——混凝土保护层厚度。

在针对建筑中梁的塑性铰进行设计时，通常将这些梁中的 μ_θ 取为按式(D2.1)和式(D2.2)进行设计的 q 值相对应的整体位移延性系数 μ_δ。因此，取决于 α_u/α_1 的值及建筑中的规律性分类，μ_θ^{pl} 的值在中延性等级的梁中的变化范围为 1.5~3.5，在高延性等级中为 2.5~5.5。根据式(D5.38a)，对于中延性等级梁而言，随后对 $V_{R,s}$的折减是很少的，但在高延性等级中则可能很多。为简单起见，对于中等延性等级梁，这一折减被忽略掉了，并且采用 Eurocode 2 中的一般表达式来计算 $V_{Rd,s}$[表达式仅使用了由式(D5.38)计算得出的 V_w，其要乘以 $\cot\theta$，$\cot\theta$ 的取值范围为 1~2.5]。对于高延性等级梁，对带有 μ_θ^{pl} 的塑性铰处的 $V_{R,s}$进行的折减不能忽略，并且在 Eurocode 2 的相关内容中，$V_{Rd,s}$的计算表达式中不含 V_c 项，并且 $\cot\theta$ 取 1 进行计算[参见式(D5.38)]，这等效为将 V_c 减少至 0，而不是如同式(D5.36b)所表明约减少一半。在图 5.8 中，用于拟合出式(D5.36)和式(D5.37)的数据采用支撑倾斜角 θ 为变量进行描述，从图中可以看出这种近似是很保守的。

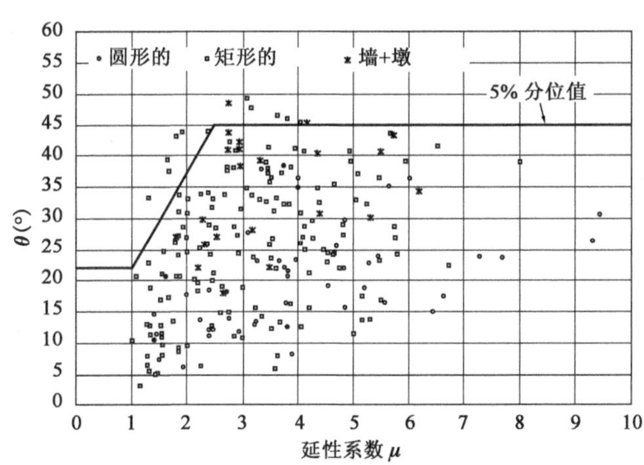

图 5.8　在受弯屈服[69]后的循环加载下，以附加弦转角延性比为变量来表征支撑倾角 θ 的试验数据

根据 Eurocode 8 的设计理念，其并不期望塑性铰出现在耗能建筑的柱中。如果这种情况确实发生了，通常，这会导致弦转角的延性要求与之后对 $V_{R,s}$值的折减程度都低于梁。标准希望，如果这种折减发生了，它造成的影响可以被抗剪承载力设计计算所采用的 γ_{Rd}所抵消[参见式(D5.12)]，其在中延性等级下取 1.1，高延性等级下取 1.3。所以，对于柱而言，在塑性铰处的抗剪承载力的折减被忽略 *条款 5.5.3.2.1(1)*

了,从而使用的是 Eurocode 2 中计算 $V_{\mathrm{Rd,s}}$的一般表达式。这一表达式使用了由式(D5.38)计算出的 V_{w},其与 $\cot\theta$ 相乘,$\cot\theta$ 的取值范围为 1 ~ 2.5,还包括了由式(D5.36)中取消 $0.55A_{\mathrm{c}}f_{\mathrm{c}}$ 上限约束的第一项计算出的斜向受压弦杆的贡献。为简单起见,取该项等于$(d-d_1)/l_{\mathrm{cl}}$。

条款 5.5.3.1.2(2)

高延性等级梁中塑性铰的抗剪验算与 Eurocode 2 规定的第二点不同之处是在梁端截面处与梁轴线成 $\pm\alpha$ 角度的弯起钢筋的使用,其用于抵抗受剪时的滑动作用。这种滑动可能出现在裂缝沿端部截面贯通并且所受剪力相对较高时。要想使这种滑动发生,剪力必须要明显地变为反号,并且具有很大的峰值。式(D5.14)的 ζ 值,其在代数上小于0.5,为标准第5章采用的剪力是否发生明显反号的判据,并且由式(D5.13a)计算得出的大于$(2+\zeta)f_{\mathrm{ctd}}b_{\mathrm{w}}d$ 的最大剪力,为能够在$\zeta<-0.5$ 情况下造成滑动的剪力峰值的界限值。当 $\cot\theta=1$ 时,这个界限剪力在三分之一到二分之一倍的 $V_{\mathrm{Rd,max}}$之间变化。由于易受剪切滑动影响的面并没有箍筋穿过,如果剪力超过了这些界限值,那么穿过这些面的弯起钢筋应进行配筋计算,并通过它们屈服力的竖向分量 $A_{\mathrm{s}}f_{\mathrm{yd}}\sin\alpha$ 来起抵抗作用,其屈服力既要考虑受拉也要考虑受压,并且其竖向分量至少为式(D5.13a)计算所得的峰值剪力的 50%。当取 50%时,其对应的是界限值 $\zeta=-0.5$ 的情况,并且遵守了 Eurocode 2 条款 9.2.2(3)要通过链杆至少抵抗 50%设计剪力的建议。如果梁很短,那么弯起钢筋沿其两对角线布置是非常方便的,就像在连梁中的一样,那么,$\tan\alpha\approx(d-d')/l_{\mathrm{cl}}$。如果不是短梁,那么与梁轴线的斜向夹角 α 就很小,沿这个方向布置的斜向钢筋的有效性也就很低,而此时两种受剪链杆(一种与轴线的夹角 $\alpha=45°$,而另一种 $\alpha=-45°$)会很有效。但选择采用这种措施带来的问题是建造这种结构会非常困难,并且钢筋的排列会非常拥挤。通常情况下,如果框架的构造在选择时避免了采用相对较短的梁,并且在抗震设计状况下的重力荷载并不很大[亦即,式(D5.13)的右侧的第一项的值很高并且第二项的值很低],则结构既不会剪切滑动也不需要配置弯起钢筋。

条款 5.5.3.2.1(1)

柱中的塑性铰会承受几乎完全反号的剪力作用($\zeta\approx-1$),并且由式(D5.12)计算得出的剪力峰值通常很高。然而,对于上述情况并没有要求配置弯起斜向钢筋,这是因为竖向钢筋中存在轴力及塑性应变较小的缘故,并且裂缝在端截面的截面高度范围内总是闭合的。另外,大直径竖向钢筋中的夹持作用及销栓作用能够抵抗剪切滑动,它们通常可布置于截面端部的钢筋之间,并在柱的正向或负向峰值响应下仍保持弹性状态。对于高延性等级的延性墙,标准要求对剪切滑动及起抵抗作用的斜向钢筋的布置进行验算(见 5.7.9),因为在墙体中轴向荷载的水平较低、腹板钢筋的直径较小,并且与柱相比布置得更为稀疏。在实际中,柱与墙体在这一方面一个很重要的区别是,由于尺寸、横向和竖向钢筋的疏密程度、横截面形状的单向性,以及墙体的功能作用的原因,墙体中的斜向钢筋很容易进行布置,并且在抗剪中所起到的作用十分有效;而对于相同条件下的柱而言,情况往往并不是这样。

5.7.7　柱和延性墙临界区的约束钢筋

柱和墙体中的纵向钢筋通常都是对称布置的，$\rho_1=\rho_2$。所以，无法像梁一样，通过式（D5.11）为塑性铰指定 μ_ϕ 值，亦即，不能通过使受压钢筋和受拉钢筋配筋率之间的差值 $\rho_1-\rho_2$ 较小，来保证混凝土的极限纤维应变一直处于极限应变之下[参见式（D5.23）]。在柱中和墙体中，我们反而让混凝土的极限纤维达到其极限应变并且发生剥落，但随后依赖于约束混凝土核心至箍筋中心线的极限应变的提高。换而言之，μ_ϕ 所必需的值是通过约束提供的。必要的约束钢筋的配筋量按如下推导获得。

条款 5.4.3.2.2(7)，5.4.3.4.2(2)，5.4.3.2.2(8)，5.4.3.4.2(3)，5.4.3.4.2(4)，5.5.3.2.2(8)，5.5.3.2.2.2(9)，5.5.3.4.5(2)，5.5.3.4.5(3)，5.5.3.4.5(4)

与 5.7.3 中进行的论证相同，ϕ_u 由式（D5.8）括号中的第二项给出，但这一次其用于削减至箍筋的中心线以内的截面，削减以后的截面高为 $h_o=h_c-2(c+d_{bh}/2)$，宽为 $b_o=b_c-2(c+d_{bh}/2)$，有效高度为 $d_o=d-2(c+d_{bh}/2)$，其中 c 表示箍筋外的混凝土保护层厚度，h_c 和 b_c 分别表示原未产生剥落的混凝土截面的外尺寸，d_{bh} 表示所用箍筋的直径（图 5.9）。根据 Eurocode 2[式（D5.6）]，取约束混凝土核心的极限纤维的应变 ε_{cu}^* 等于约束混凝土的极限应变 $\varepsilon_{cu2,c}$。还应注意的是，根据 Eurocode 2，对混凝土进行约束提高了混凝土的强度及相应的极限应变值：

$$f_{c,c}=\beta f_c \tag{D5.39}$$

$$\varepsilon_{c2,c}=\beta^2\varepsilon_{c2} \tag{D5.40}$$

其中

$$\beta=\min(1+2.5\alpha\omega_w;1.125+1.25\alpha\omega_w) \tag{D5.41}$$

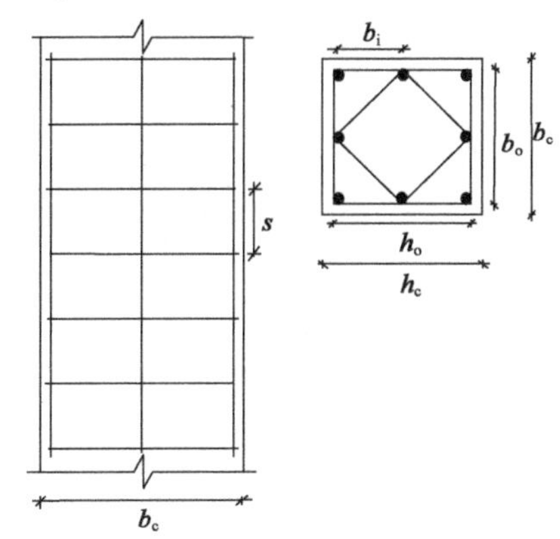

图 5.9　柱中混凝土约束的几何量定义

对于 $\mu_\phi=\phi_u/\phi_y$ 中使用的半经验值 $\phi_y=\lambda\varepsilon_y/h$，其中对于柱 $\lambda=1.85$，对于墙体 $\lambda=1.45$。这两个值来源于柱和墙体在屈服时的试验结果，当 μ_ϕ 的期望目标已经给定时，混凝土约束核心的极限纤维的应变值 ε_{cu}^* 为：

$$\varepsilon_{cu}^*=\lambda\mu_\phi\varepsilon_y\xi_{cu}^*\frac{h_o}{h_c} \tag{D5.42}$$

带有星号的变量表示有关约束核心的量，而非原未剥落截面的量。约束核心的受压区高度值，对 h_o 进行归一化后用 ξ_{cu}^* 表示，其由式（D5.3），以及补充条件

$\omega_1{}^* = \omega_2{}^*$,$\delta_1 = (h_o - d_o)/h_o = (d_{bL} + d_{bh})/2h_o << 1$(因此 $\delta_1 \approx 0$),$\omega_v{}^* = A_{sv}f_y/b_o h_o f_{c,c}$,$v* = N/b_o h_o f_{c,c}$共同给出:

$$\xi_{cu}^* \approx \frac{\nu^* + \omega_\nu^*}{(1 - \varepsilon_{c2,c}/3\omega_{cu2,c}) + 2\omega_\nu^*} \approx \frac{\nu + \omega_\nu}{(1 - \varepsilon_{c2,c}/3\varepsilon_{cu2,c})(f_{c,c}/f_c)(b_o h_o/b_c h_c) + 2\omega_\nu} \quad (D5.43)$$

其中,$\omega_v = A_{sv}f_y/h_c b_c f_c$,$\nu = N/h_c b_c f_c$ 分别为中间竖向钢筋的机械配筋率(位于截面最外端受拉钢筋和受压钢筋之间)及未剥落截面的轴压比。将此对于 ξ_{cu}^* 的表达式替换为式(D5.45),并且令 ε_{cu}^* 等于式(D5.6)的 $\varepsilon_{cu2,c}$,将式(D5.39)~式(D5.41)计算所得$f_{c,c}$,$\varepsilon_{c2,c}$的值代入$f_{c,c}$,$\varepsilon_{c2,c}$,并且忽略一些值很小的计算项之后,对于 $\alpha\omega_w$ 取值为一般水平(亦即很小)时,其最终结果为:

$$\alpha\omega_w \approx 10\lambda\mu_\phi\varepsilon_y(\nu + \omega_\nu)\frac{b_c}{b_o} - 0.0285 \quad (D5.44a)$$

或者,将式(D5.44a)两边同乘$(f_{yd}/f_y)(f_c/f_{cd}) = \gamma_c/\gamma_s$,得:

$$\alpha\omega_{wd} \approx 10\lambda\mu_\phi\varepsilon_{yd}(\nu_d + \gamma_s\omega_{\nu d})\frac{b_c}{b_o} - 0.0285\gamma_c/\gamma_s \quad (D5.44b)$$

标准第5章最终采用了下式而非式(D5.44b):

$$\alpha\omega_{wd} = 30\mu_\phi\varepsilon_{yd}(\nu_d + \omega_{\nu d})\frac{b_c}{b_o} - 0.035 \quad (D5.45)$$

并且,在柱中忽略含 $\omega_{\nu d}$的计算项,因其与 ν_d 相比而言很小。最后一项小于根据持久和短暂设计状况下 γ_c 和 γ_s 的推荐值确定的 $0.0285\gamma_c/\gamma_s = 0.037$(比它更加保守),并且大于偶然设计状况下的值 0.0285(没有它保守)。相对于约束钢筋通常所取的值,计算所得的最终约束要求与其之差对应于两者的 γ_s 之差(γ_s = 1.15与 γ_s = 1.0 相比)。采用系数 10λ 与 30 对计算结果造成的差值,为给定 $\alpha\omega_{wd}$ 时计算所达到的 μ_ϕ 的平均值提供了一个安全系数。宜根据 5.6.3.2 进行回顾(见 97):

- 对于 L_{pl}/L_s 取代表典型建筑柱的 0.4 时,式(D5.10)所得出的结果相对于式(D5.5)(更接近实际的结果)而言具有大约 1.65 的安全系数,或者,如果认为仅有 $q/1.5$ 的部分产生非弹性形变和延性要求,那么安全系数大约为 2.45。
- 在墙体中,L_{pl}/L_s 取代表典型建筑延性墙的 0.21 时,式(D5.10)计算得出的结果相对于式(D5.5)而言具有大约 1.1 的安全系数,或者,如果认为仅有 $q/1.5$ 的部分产生延性要求,那么安全系数大约为 1.2。

最终所得的结果为 μ_ϕ 的平均安全系数:

- 对于柱,$1.65 \times 30/(10 \times 1.85) \approx 2.65$;
- 对于墙体,$1.1 \times 30/(10 \times 1.45) \approx 2.25$。

对于柱而言,具有一个较大的安全系数是合适的,因为:①对于柱,相对于 ν_d 而言忽略了 $\omega_{\nu d}$项;②由于墙体相对于基础系统和地基而言具有很大的刚度和承载能力，墙体底部，而不是墙体的塑性铰可以吸收一部分地震所施加的非弹性变形。考虑到：①对于整个结构的完整性而言，竖向构件是至关重要的；②试验所得的结果中，μ_ϕ 和 μ_θ 之间对应关系的分散性及不确定性很强，μ_ϕ 的值取 2.5 左右是完全合理的。事实上，鉴于这种不确定性，“理论上的”安全系数已与以下值进行了比较：由将柱体或墙体加载至极限挠曲情况下发生弯曲破坏，来测得此时 μ_θ 的值的多次试验结果而确定出的式（D5.45）和式（D5.10）计算得出的 $\alpha\omega_{wd}+0.035$的要求值与在试验构件中提供的 $\alpha\omega_{wd}+0.035$ 的值之比[根据式（D5.45），其应与可获得的 μ_ϕ 值成正比]。对于 $\gamma_c=1$、$\gamma_s=1$ 的情况，626 个柱体的 ν_d 非零的循环试验所得结果的中间值为 0.88，对于 $\gamma_c=1.5$、$\gamma_s=1.15$ 时为 0.92。而与其相对应的49 个受弯控制的墙体的试验结果中间值在 $\gamma_c=1$、$\gamma_s=1$ 时为0.93，在 $\gamma_c=1.5$、$\gamma_s=1.15$ 时为 0.96。所有中间值都小于 1.0 表明了式（D5.45）是不保守的。然而，如果 μ_θ 的值是按照构件的极限位移与对应于 Eurocode 8 对混凝土或砌体建筑的分析所建议的有效弹性刚度 0.5EI 的值 $M_yL_s/3(0.5EI)$ 而非试验的屈服位移之比，那么在 626 个柱的试验中，对于 $\gamma_c=1$、$\gamma_s=1$，比率的中间值变为 2.08，对于 $\gamma_c=1.5$、$\gamma_s=1.15$，比率的中间值变为 2.26。在 49 个墙体试验中，对于 $\gamma_c=1$、$\gamma_s=1$，比率的中间值变为 2.69，对于 $\gamma_c=1.5$、$\gamma_s=1.15$，比率的中间值变为 3.13，亦即比较接近于上述引用的 2.25 或 2.65 的“理论”安全系数。

如果式（D5.45）中取 $b_o=b_c$ 计算得出的结果为负数，那么无需对混凝土构件进行任何约束配筋即可使 μ_ϕ 达到所要求的目标。考虑临界区时，箍筋仅需遵守相关延性等级的规定性要求即可。

由式（D5.45）计算得出的约束配筋并不是任意布置于所有柱的临界区中，其仅需布置在设计产生塑性铰的部位，这些部位仅仅指中延性等级或高延性等级柱底部的临界区（亦即与基础连接处）。对于中延性等级柱的所有其他的临界区，仅需应用规定性构造要求即可（例如，针对钢筋的屈曲方面的要求，等等）。然而，在高延性等级建筑中，由式（D5.45）计算得出的约束配筋还应配置在不进行式（D4.23）验算的柱端部的临界区中，这些部位满足了 5.6.2.3 所列出的免于验算的条件。另外，通过在两个水平方向上都满足式（D4.23），而不会产生塑性铰的高延性等级柱端部的临界区中也应配置约束钢筋，其配筋采用式（D5.11）计算得出的 μ_ϕ，并通过式（D5.45）算得，而在式（D5.11）中应使用设计中所采用 q 值的三分之二而非百分之百来进行计算。

条款
5.4.3.2.2(6)，
5.5.3.2.2(6)，
5.5.3.2.2(7)

上述的推导和规定中隐含了一个假定，即柱或者墙体的截面是矩形的。对于这种截面，应该采用式（D5.45）进行设计计算，并取宽度 b_c 为横截面中较短的一边。在矩形截面柱中，式（D5.45）中对于 ω_{wd}的计算结果，在实施过程中应认为是两横向的力学配筋率之和，即$(\rho_x+\rho_y)f_{ywd}/f_{cd}$，应特别注意的是，对于两横向的力学配筋率，应让它们大致相等，即 $\rho_x\approx\rho_y$。我们将在下一小节中讨论矩形和非矩形截面墙体中的约束钢筋的布置。

对于圆形截面柱，唯一的区别在于约束有效性系数 α，这个系数被定义为混凝土核心的最小约束面积与总核心面积之比。对于圆形截面柱,系数 α 通过式(D5.6)的变化进行计算,具体为在式(D5.6)中去掉第三个系数,以及用箍筋环中心线的直径 D_o 替换核心尺寸 h_o 和 b_o。如果选用的是螺旋箍筋而非独立的环状箍筋,那么采用螺旋箍筋最小的约束核心面积进行计算所得的结果为 $\alpha = 1 - s_h/2D_o$。

条款
5.4.3.4.2(5),
5.5.3.4.5(5)

墙体或者柱的截面可能由若干个相互垂直的矩形部分构成(空心矩形截面,端部截面处带肋的墙体,带有翼缘的 T 形、双 T 形、U 形甚至是腹板垂直于翼缘的 Z 形截面,等等)。这些截面中,约束钢筋的体积配箍率应分别对每一个可能作为受压翼缘的矩形部分进行确定。在这种情况下,对于式(D5.45)的应用,首先应取 b_c 为截面边界极限应变纤维处的表面宽度,b_c 值同样也应用在轴力 N_{Ed},以及受拉翼缘和受压翼缘之间钢筋面积 A_{sv} 的归一化过程之中,即 $\nu_d = N_{Ed}/h_c b_c f_{cd}$,$\omega_{\nu d} = (A_{sv}/h_c b_c) f_{yd}/f_{cd}$,其中 h_c 为垂直于 b_c 方向的剥落截面的最大尺寸。换言之,在这个计算中,截面可当成宽 b_c、高 h_c 的矩形来处理。为了对其进行检查,极限曲率下约束核心外混凝土剥落后的中性轴高度基于上述可按下式计算:

$$x_u = (\nu_d + \omega_{\nu d})\frac{h_c b_c}{b_o} \tag{D5.46}$$

此外,其也需与由于外层混凝土的剥落而进行了$(c + d_{bh}/2)$折减的垂直于 b_c(亦即平行于 h_c)的矩形受压翼缘尺寸进行比较。如果后者的值大于 x_u,那么式(D5.45)计算所得的 ω_{wd}的值应通过在认为受压的翼缘中布置箍筋来实现。虽然更合适的做法是应让受压翼缘的两个方向上的横向钢筋的配筋率大致相同,即 $\rho_x \approx \rho_y$,但在这种情况下,垂直于 b_c 的箍筋分肢的配箍率占据主导地位。

如果式(D5.46)计算所得的 x_u 的值明显大于混凝土保护层剥落后受压翼缘垂直于 b_c 方向上的尺寸,那么这里有三个可供选择的方法:

(1)难度较大的选项。标准第5章推荐的计算复杂而取巧的选择,将上述对式(D5.44)和式(D5.45)进行推导时所采用的理论上可行的方法,基于以下几点得以推广:

—定义 μ_ϕ 为 $\mu_\phi = \phi_u/\phi_y$;

—ϕ_u 由式(D5.8)的第二项进行计算,即 $\phi_u = \varepsilon_{cu2,c}/x_{cu}$,并且取 $\phi_y = \varepsilon_{sy}/(d - x_y)$;

—通过截面上的应力平衡来计算中性轴的高度 x_u 和 x_y;

—用式(D5.6)以及式(D5.39)~式(D5.41)来计算约束混凝土的性质。对宽度为 b_c 的受压翼缘及与其相邻且相垂直的矩形部分("腹板"),应推导出必需的约束钢筋的配筋数量。这一推导计算应使 μ_ϕ 与使用式(D5.45)而非式(D5.46)进行计算所得的结果具有相同的安全裕度[换句话说,当其应用于矩形截面时,所得的结果应大致与式(D5.45)的计算结果相同]。

(2)简单的选项。增大矩形受压翼缘在垂直于 b_c 方向上的尺寸,这样,即便由于混凝土保护层的剥落会进行$(c + d_{bh}/2)$的折减,其仍会大于由式(D5.46)计算所得的 x_u 的值。

(3)折中的选项:仅在垂直于受压翼缘的截面的矩形部分(腹板)中配置约束钢筋。而这一选项只有在受压翼缘的高度很小,并且宽度比腹板大得不多的情况下才有意义,并且截面的中性轴高度需已提前通过式(D5.46)计算得出。然后,应当使用式(D5.45)进行计算,但 b_c 应等于腹板的厚度(对于 N_{Ed} 以及 A_{sv} 归一化为 ν_d 以及 ω_{vd} 的过程也是这样)。式(D5.45)计算得出的 ω_{wd} 的结果应通过腹板中的箍筋布置来实现。与这种方法相一致的是,在受压翼缘从腹板突出的部分中,通过布置仅满足相应延性等级下箍筋的间距和直径规定的横向钢筋,而忽略所有对约束钢筋的要求来舍弃受压翼缘。而如果在翼缘中配置与腹板中相同的约束钢筋,那么这种设计则更加严谨。

虽然上述方法也适用于组合型截面的墙体和柱体,但标准第5章仅对墙体单独进行了明确的规定(取 h_c 为墙体长度 l_w)。在这一方面,墙体与柱体的区别仅在于在长度 l_w 方向上约束范围的不同,这一点将在下一小节中进行表述。

5.7.8　延性墙临界区中截面端部处的边缘构件

条款 5.4.3.4.2(6),5.5.3.4.5(6)

如同5.2.2中的墙体的定义,混凝土构件墙体与柱体的设计与构造要求的主要区别在于,对于墙体,截面的抗弯承载力被分配至其中相对的两端处(翼缘或者拉压弦),而抗剪承载力则分至两端之间的腹板处。这种结果是通过按照边缘构件的形式,将竖向钢筋进行集中,并且限制混凝土约束仅存在于截面的两端来实现的(图5.10)。

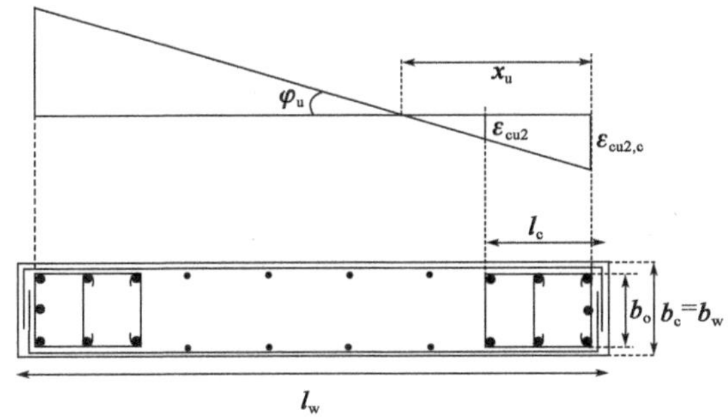

图5.10　矩形墙中的边缘构件和在极限曲率下其截面应变的分布

约束边缘构件的覆盖范围仅需包括局部截面,在极限挠曲条件下,混凝土产生的应变大于非约束混凝土极限应变 $\varepsilon_{cu2}=0.0035$。这意味着箍筋中心线围成的边缘构件在墙体长度 l_w 方向上至少不小于 $x_u(1-\varepsilon_{cu2}/\varepsilon_{cu2,c})$,其中 x_u 由式(D5.46)进行计算,式中的 $\alpha\omega_{wd}$ 取边缘构件所具有的值。从混凝土极限受压纤维到约束构件边缘的距离 $l_c \geqslant x_u(1-\varepsilon_{cu2}/\varepsilon_{cu2,c})+2(c+d_{bh}/2)$,其应遵守其最小为 $0.15l_w$ 和 $1.5b_w$ 的要求。

上述带有约束的边缘构件仅在中延性等级和高延性等级墙体底部的临界区中有相应要求。在高延性等级墙体中,应继续在底层上方的一层中配置相当于临界区中所要求的一半约束钢筋。虽然 Eurocode 8 中没有要求,但是建议将边缘构件延伸至墙体的顶部,延伸部分的覆盖范围和配筋都取最小值。对于带肋墙体而言更是如此,其中,肋的部分需按照类柱构件来确定构造措施。

5.7.9　延性墙临界区中的抗剪验算

条款 5.4.3.4.1(1)

类似于梁和柱,延性墙体由横向钢筋控制的抗剪承载力的设计值 $V_{\mathrm{Rd,s}}$,或由腹板的斜向受压控制的抗剪承载力 $V_{\mathrm{Rd,max}}$,都是按照 Eurocode 2 对单调加载进行的相关规定来计算的,除了高等级延性墙体特别是其临界区。对于高等级延性墙体所做出的特殊规定在下文中进行了详述。

条款 5.5.3.4.2(1)

在高等级延性墙体的临界区中,由腹板的斜向受压控制的循环剪力的抗剪承载力设计值 $V_{\mathrm{Rd,max}}$ 仅为 Eurocode 2 对于单调加载给出值的 40%。因为 Biskinis 等[69]发现,循环加载大幅降低了墙体的这种特定的抗剪承载力,并且他们建立起了此种抗剪承载力的表达式,该式被收录于 EN 1998-3 的附录 A[52]中(式中的单位为兆牛顿和米),具体如下:

$$V_{\mathrm{R,max}}=0.85\left[1-0.06\min(5;\mu_{\theta}^{\mathrm{pl}})\right]\left[1+1.8\min\left(0.15;\frac{N}{A_{\mathrm{c}}f_{\mathrm{c}}}\right)\right]\times\left[1+0.25\max(1.75;100\rho_{\mathrm{tot}})\right]\left[1-0.2\min\left(2;\frac{L_{\mathrm{s}}}{h}\right)\right]\sqrt{\min(100;f_{\mathrm{c}})}\,b_{\mathrm{w}}z \tag{D5.47}$$

式(D5.47)中的变量,包括弦转角延性系数的塑性部分 $\mu_{\theta}^{\mathrm{pl}}=\mu_{\theta}-1$,都与式(D5.36)~式(D5.38)中相应的变量相同。在受弯屈服前腹板斜向受压剪切破坏就已经发生的有限的试验结果表明,式(D5.47)也包含了这种情况,对于此种情况,令 $\mu_{\theta}^{\mathrm{pl}}=0$ 即可。符合式(D5.47)的试验数据表明,当 μ_{θ} 取高延性等级墙体中具有代表性的延性要求的值时,平均来讲,Eurocode 2 所给出的 $V_{\mathrm{R,max}}$ 值为循环抗剪承载力试验值的 40%。因此,标准第 5 章对高延性等级墙体的临界区给出了相关的规定。这两者的差值是巨大的,但是通常来讲,这一点应该也已经在 Eurocode 8 对于中等延性等级的延性墙的规定中进行了考虑,但即便这样,由于抗剪承载力折减的程度很大,当乘以式(D5.19)得出的系数之后的剪力很大时,设计人员可能会被禁止在抗震建筑中采用延性混凝土墙。所以,我们决定让中延性等级的墙体不受这一设计规定的影响,至少直到由现有数据所得出的这种对抗剪承载力进行的折减被更多的试验结果证明是可靠的之前都如此。目前,设计人员要注意避免耗尽中等延性墙体中对于腹板斜向受压的目前尚不准确的限值。

条款 5.5.3.4.3(1),5.5.3.4.3(3)

Eurocode 2 中一般规定的高延性等级墙体的抗剪设计中的第二点,在高延性等级墙体的剪跨比 $\alpha_{\mathrm{s}}=M_{\mathrm{Ed}}/V_{\mathrm{Ed}}l_{\mathrm{w}}$ 小于 2 的楼层中的水平向和竖直向的腹板配筋率 ρ_{h} 和 ρ_{v} 的计算之中,α_{s} 计算中所用的 M_{Ed} 值为该层中的最大值(通常在墙体底部)。对于 $\alpha_{\mathrm{s}}<2$ 且斜向受拉破坏的墙体,其在循环荷载下的性质具有非常大的不确定性(也因此,这种情况由腹板钢筋来对其进行控制),因为在实验室对 $\alpha_{\mathrm{s}}<2$ 的墙体进行循环测试时,其大部分都产生的是斜向受压破坏[也因此,这些数据也被用于支持式(D5.47)]。与斜向受压破坏情况下具有足够丰富的数据不同,在受弯屈服后发生的斜向受拉剪切破坏,符合式(D5.36)~式(D5.38)要求并且其

$\alpha_s<2$ 的，在26个实验室墙体中只有4个。鉴于缺乏循环加载的信息，Eurocode 2 条款6.2.3(8)给出的下列针对单调加载情况下 $0.5<\alpha_s<2$ 的构件的横向钢筋计算修正规定，也同样用于确定 $\alpha_s<2$ 的楼层中的 ρ_h：

$$V_{Rd,s}=V_{Rd,c}+\rho_h b_{wo}(0.75 l_w \alpha_s) f_{yhd}=V_{Rd,c}+\rho_h b_{wo}\left(0.75\frac{M_{Ed}}{V_{Ed}}\right) f_{yh,d} \quad (D5.48)$$

式中，ρ_h 为水平钢筋的配筋率，其对腹板宽度 b_{wo} 进行归一化；$f_{yh,d}$ 为其屈服强度设计值，式中还包含了一个 V_c 项，其等于依据 Eurocode 2 得来的无抗剪钢筋的混凝土构件的抗剪强度的设计值 $V_{Rd,c}$。若墙体的 b_{wo} 以及有效高度 d 的单位是 m，那么墙体的毛截面面积 A_c 的单位就为 m^2，$V_{Rd,c}$ 和抗震设计状况下的墙体的轴力 N_{Ed} 的单位为 kN，若 f_{ck} 的单位为 MPa，那么 $V_{Rd,c}$ 如同 Eurocode 2 中给出的一样，其中 ρ_L 表示受拉钢筋配筋率，γ_c 表示混凝土的分项系数。然而，在墙体的临界区中，若 N_{Ed} 为拉力（负值），那么取 $V_{Rd,c}=0$。然后，通过确定腹板竖向钢筋配筋率 ρ_v，来使其与水平钢筋和腹板中由抗震设计状况下的最小轴向压力 N_{Ed} 引起的腹板垂直压力一起，给腹板提供一个45°的斜向压力场。一旦获得更多的有关发生斜拉剪切破坏的小剪跨比墙体的循环性能和破坏的数据资料，这些规定必定会有改进的余地。

$$V_{Rd,c}=\left\{\min\left[\frac{180}{\gamma_c}(100\rho_L)^{1/3},35\sqrt{1+\sqrt{\frac{0.2}{d}}}f_{ck}^{1/6}\right]\right.$$
$$\left.\left(1+\sqrt{\frac{0.2}{d}}\right)f_{ck}^{1/3}+0.15\min\left(\frac{N_{Ed}}{A_c},0.2\frac{f_{ck}}{\gamma_c}\right)\right\}b_{wo}d \quad (D5.49)$$

如同在5.7.6的结束部分中所提到的那样，对于在其临界区内的高延性等级墙体的截面应进行抗滑动剪切验算，验算可能仅限于位于墙体的临界区以内的层端部截面，通常其与一施工缝相接。若墙体的临界区被限定为仅存在于其底层，那么仅仅只需验算底部截面即可。 *条款 5.5.3.4.4(1)*

抵抗滑动剪切的承载力设计值由以下三部分组成： *条款 5.5.3.4.4(2)*

(1)销栓作用项，取下述部分中的最小值：

—取纯剪作用下的竖向钢筋的承载力等于 $0.25A_{sv}f_{yd}$，其中 A_{sv} 为腹板中的竖向钢筋加上所有边缘构件中额外布置的专门用于抵抗剪切滑动而不算作抗弯钢筋的竖向钢筋的总截面面积。至于钢筋在纯剪作用下所具有的等于 $A_{sv}f_{yd}/\sqrt{3}$ 的屈服力，这一数值所具有的安全系数值为2.3。

—销栓抗力，其定义为钢筋与其周围混凝土的相互作用，取其等于 $1.3A_{sv}(f_{yd}f_{cd})^{1/2}$，其中 A_{sv} 定义与上述相同。深埋在混凝土中无应力钢筋的单调销栓作用的承载力等于 $1.3d_{bL}^2\cdot(f_{yd}f_{cd})^{1/2}$，其安全系数为 $4/\pi=1.275$。

对于较低等级的混凝土，例如低于C25/30等级的混凝土，$0.25A_{sv}f_{yd}$ 这一项起主导作用。为了使钢筋对这些承载力的来源做出的贡献能被完全利用，截面的钢筋外部的混凝土保护层在墙体厚度方向至少要有 $3d_{bL}$ 厚，在墙体长度方向上的厚度，在钢筋前方（亦即朝向截面受压区的方向上）至少要为 $8d_{bL}$，在钢筋后方（亦即背离截面受压区的方向上）至少要为 $5d_{bL}$。这些限制性很强的条件，以及由于钢筋中存在轴向应力而对销栓抗力进行的折减，是上述提到的产生很大的安全系数的原因，以及 A_{sv} 中不包括那些边缘构件中的抗弯竖直钢筋的原因。

（2）受压区的贡献，取下述部分中的最小值：

—由受压区中的斜向受压控制的抗剪承载力，在计算时按照截面的有效高度等于受压区有效高度 x，宽度等于腹板宽度 b_{wo} 的梁的矩形截面进行计算。这种计算方法适用于受压支杆的倾斜角等于45°，并且作用于 f_{cd} 的折减系数为 $0.6[1-f_{ck}(\text{MPa})/250]$ 的情况[Eurocode 2 条款6.2.3 中的系数 ν_o，或者5.7.5 中式（D5.31）和式（D5.32）中的系数 η]。

—摩擦承载力，取其等于摩擦系数 μ 与受压区法向力的乘积。取后一种力等于由地震设计状况分析得出的弯矩 M_{Ed} 传递给受压区的压力 M_{Ed}/z，与受压区从整个截面在即将滑动时的总夹紧力中分得的部分 $A_{sw}f_{yd}+N_{Ed}$ 之和。在设计计算时，认为这种力沿墙体的长度 l_w 方向均匀分布，受压区所占的比例等于其高度 x 与墙体长度 l_w 之比。设计时也可以采用 Eurocode 2 所提供的 μ 值进行计算，$\mu=0.6$ 适用于光滑的界面，并且用于施工缝会更加合适，$\mu=0.7$ 则适用于粗糙的界面，即适用于在响应过程中可能会继续发展的大体积混凝土的裂缝处。

通常，前一项（由斜向受压引起的）占主导地位。

（3）所配置的受拉和受压钢筋的屈服力的水平分量 $A_sf_{yd}\sin\alpha$ 专门用于抵抗滑动剪切作用，其与竖直方向的角度为 $\pm\alpha$，并且每一方向钢筋的横截面积为 A_s。我们推荐这样布置弯起斜向钢筋，以便于其与墙体的底部截面相交于其中部，并通过其压力和拉力竖向分量的成对相消来避免对其抗弯承载力 M_{Rdo} 及塑性铰产生的位置造成影响，根据式（D5.17）和式（D5.18），M_{Rdo} 用于设计剪力 V_{Ed} 的计算之中。考虑到标准第5章要求斜向钢筋应至少延伸至底部截面上方 $0.5l_w$ 距离处，取倾斜角 $\alpha=45°$ 的做法不仅是最便利的，而且也是最经济有效的。

条款 5.5.3.4.4(4)，5.5.3.4.4(5)

条款 5.5.3.4.4(3)

通常只有在抵抗剪切滑移的抗力的其他两个分量[即上述列出的第（1）和（2）点]不足的情况下才需配置斜向弯起钢筋。然而，标准第5章要求它们总应布置在低矮的，即高度与长度之比小于2 的高延性等级墙体的底部处，并且所配钢筋的量应至少足以抵抗此处设计剪力 V_{Ed} 的50%。另外，在这种墙体中，应在所有楼层的底部都配置斜向钢筋，并且所配钢筋的量应至少足以抵抗层间设计剪力的25%。

5.7.10 穿过高延性等级墙体中施工缝的限裂钢筋最小配筋率

5.5.3.4.5(16)

对于高延性等级墙体一个额外的要求是，其所配置的穿过所有施工缝的限裂钢筋的量至少要满足最小配筋率的要求：

$$\rho_{\nu,\min}=\min\left(0.0025;\frac{1.3f_{ctd}-N_{Ed}/A_c}{f_{yd}+1.5\sqrt{f_{cd}f_{yd}}}\right) \tag{D5.50}$$

式中，N_{Ed} 为在抗震设计状况下分析得出的最小轴力（受压时取正号）。式

(D5.50)是由施工缝处的黏聚力、摩擦力及销栓作用的组合效应不小于可能使邻近截面受剪开裂的剪应力这一要求推导得出的。根据 Eurocode 2,不同批次的现浇混凝土之间的结合层在自然粗糙、未经处理的情况下的黏聚力和摩擦力所提供的抗剪承载力之和为:

$$V_{\mathrm{Rdi}}=0.35f_{\mathrm{ctd}}+0.6\left(\frac{N_{\mathrm{Ed}}}{A_{\mathrm{c}}}+\rho_{\mathrm{v}}f_{\mathrm{yd}}\right) \tag{D5.51}$$

式中,$f_{\mathrm{ctd}}=f_{\mathrm{ctk,0.05}}/\gamma_{\mathrm{c}}=0.7f_{\mathrm{ctm}}/\gamma_{\mathrm{c}}$ 为混凝土抗拉强度的设计值,ρ_{v} 为墙体在界面处起限制开裂作用的竖向钢筋的配筋率。我们可以假定,在由式(D5.51)给出的抗剪承载力引起的位移下,由销栓作用引起的抗剪承载力设计值的 50% ~60% 也可以发挥作用。至于直径为 d_{bL} 的单个钢筋,销栓作用引起的抗剪承载力等于 $1.3d_{\mathrm{bL}}^2(f_{\mathrm{yd}}f_{\mathrm{cd}})^{1/2}$,销栓作用项可以以 $0.9\rho_{\mathrm{v}}(f_{\mathrm{yd}}f_{\mathrm{cd}})^{1/2}$ 项的形式加在式(D5.51)的右侧。经过这样加强处理之后的界面处的抗剪承载力不应小于造成混凝土开裂的剪应力,在纯剪作用条件下,$\sigma_{\mathrm{I}}=-\sigma_{\mathrm{II}}=\tau$,介于 $\sigma_{\mathrm{I}}=f_{\mathrm{ct}}$ 和 $\sigma_{\mathrm{II}}=-f_{\mathrm{ck}}\approx-10f_{\mathrm{ct}}$ 之间的混凝土线性双轴强度的包络线等于 $\tau_{\mathrm{cr}}\approx0.9f_{\mathrm{ct}}$,为简单起见,取其为 $\tau_{\mathrm{cr}}=0.9f_{\mathrm{ctd}}$,从而给出了穿过施工缝的限裂钢筋的最小配筋率的公式(D5.50)。

5.8　大尺寸少筋混凝土墙结构体系中大尺寸墙的特殊规定

5.8.1　一般规定

条款5.4.2.5, 5.4.3.5

Eurocode 8 在所有区域性(与国家性相对)抗震标准中的独特之处在于,其包含了对具有大尺寸墙体的结构体系的特殊设计规定,这些大尺寸墙体无法基于其底部单一的弯曲铰发展进行延性响应的有效的计算和详细说明。由于这一独特性,标准第5章对这种结构体系的大体积墙体的特殊的尺寸确定和构造的要求描述得更为详细。这些规定是基于法国南部地震区中类似规定的应用经验建立起来的。它们仅适用于大尺寸墙体和属于大尺寸少筋墙体结构体系的墙体。

5.8.2　承载能力极限状态下压弯组合作用时的尺寸要求

条款5.4.3.5.1(1), 5.4.3.5.3(3)

大尺寸墙体应在受弯承载能力极限状态下,仅按照其底部上方处的抗震设计状况下分析所得的设计弯矩来确定其尺寸。另外,应对截面中竖向钢筋的布置进行调整,来使其满足承载能力极限状态下轴力和弯矩组合作用时的要求(例如,钢筋的配置量不能过多,以及腹板中竖向钢筋的最小配筋率小于延性墙中的相关要求)。我们的设计目标不仅是要分散墙底处的弯曲屈服的作用效应,而且还要分散多个楼层中的相应的作用效应。这会使墙体的整体侧向挠曲增加,并且将会通过顶升作用更充分地利用质量以及由中间层墙体支撑的横梁对抗震承载力的贡献。另外,弯曲超强的最小化降低了构件抗剪方面的需求,并且有助于避免发生超前剪切破坏。

条款5.4.3.5.1(2) 5.4.3.5.1(3)

由于这种墙体的厚度相对于其平面内尺寸而言非常小,大型墙体对于平面外的稳定性十分敏感。由于其处于压弯状态下,故标准第5章要求对其所受压应力的大小进行限制以避免发生平面外失稳,然而并没有对这一要求的具体实施给出详细的指导说明。但是其指出,在国家附件中,有相应的补充性的指导说明。这些要求也同样涉及 Eurocode 2 中有关的二阶效应的规定。Eurocode 2 中有关平面外稳定性的规定为:

- 针对无侧向约束的梁受压翼缘的侧向失稳的规定(EN 1992-1-1 条款 5.9);
- 素(即无配筋的)混凝土墙体或少筋混凝土墙体中的二阶效应的规定(EN 1992-1-1 条款 12.6.5)。

当墙体满足$(h_{st}/b_{wo})(l_w/b_{wo})^{1/3}$的乘积小于 70 以及$l_w/b_{wo}$小于 3.5 的条件时,即认为其满足了 Eurocode 2 中针对梁受压翼缘侧向失稳的规定。在墙体中,第二个条件没有意义。

素混凝土墙体或低配筋混凝土墙体中的二阶效应的规定为:

- 混凝土抗压强度的折减系数用$\varphi<1$表示,其值为$\varphi=\min[1.14(1-2e/b_{wo})-0.02l_o/b_{wo},(1-2e/b_{wo})]<1$,其中$l_o$是墙体无支撑部分的长度,$e$为墙体厚度方向上荷载的偏心距,默认值为$e=l_o/400$。当墙体在其长度$l_w$方向上有一端或是两端与横墙相连时,墙体无支撑部分的长度分别等于层间净高h_{st}除以$[1+(h_{st}/3l_w)^2]$或除以$[1+(h_{st}/l_w)^2]$,相连横墙的长度至少为$h_{st}/5$,厚度至少为$b_{wo}/2$。
- (仅针对现浇素混凝土墙)b_{wo}的下限值为$l_o/25$,其中l_o为上述定义的墙体无支撑部分的长度。

条款 5.4.2.5(3), 5.4.2.5(4), 5.4.2.5(5)

大尺寸少筋混凝土墙的地震反应的一个特征为其刚体相对于地面的晃动(如果其位于基础上),或其作为层高的柔性响应的刚体。这种响应会附带对楼面处闭合的水平裂缝或相对地面隆起的基础产生强烈的冲击。这种强烈冲击会激发整个或几层范围内的大型墙体在竖直方向产生高频的振动。由于振动的频率很高,这些振动消失得也非常快,不会产生显著的整体效应。然而,它们可能会使每一个独立墙体中的轴压力发生显著的波动。考虑到局部现象本身具有不确定性和复杂性,标准第5章允许以一种简化且偏安全的方法来考虑这种波动性,也就是通过将每一个独立墙在抗震设计状况下由重力荷载引起的轴力增加或减小一半来考虑这种现象的影响。标准还允许在设计使用的系数q的值不大于 2 的情况下,忽略这个额外力造成的影响。拉弯组合作用时,在承载能力极限状态的验算中考虑额外的轴力会对墙体中的竖向钢筋产生一般程度的影响,而对于混凝土以及墙体的侧向失稳而言,额外的轴压力才更加关键。

条款 5.4.3.5.1(4)

由于这些竖直振动具有很高的频率,在进行压弯组合下承载能力极限状态的验算时,非约束混凝土的极限应变的值可取增大后的值$\varepsilon_{cu2}=0.005$。由于约束而对ε_{cu2}产生的有利效益可按式(D5.6)来进行考虑。如果已经考虑了约束的有利效应,应忽略非约束混凝土中应变大于 0.005 的部分。因此,和薄壁中一样,通常截面受约束的(有效)部分的面积非常小,以 ε_{cu2} 取值的方式在截面受约束的部分中考虑约束产生的有利效应通常无法增加墙体的抗弯承载力,因此这么做是不值得的。

5.8.3 受剪承载能力极限状态下的尺寸要求

为避免发生剪切破坏,每一个大尺寸墙体都应根据剪力 V_{Ed} 来确定尺寸,V_{Ed} 由设计地震作用下分析得出的剪力 V'_{Ed} 乘以一个放大系数 ε 得到: *条款 5.4.2.5(1), 5.4.2.5(2)*

$$\varepsilon = \frac{V_{Ed}}{V'_{Ed}} = \frac{q+1}{2} \tag{D5.52}$$

大尺寸少筋剪力墙体系,一般取:$q=3$,$\varepsilon=2$,大于式(D5.19)对相同延性等级(M)的延性墙计算得出的值。此外:

- 竖向钢筋的配筋规定中明确要求将弯曲超强 M_{Rd}/M_{Ed} 最小化。
- 在墙体长度方向上的基本振型周期 T_1 通常不大于反应谱的特征周期 T_C。

式(D5.52)计算出的 ε 值约等于式(D5.18)对高延性等级的细长延性墙计算所得的结果,并且大于式(D5.17)对高延性等级的蹲式延性墙的计算结果。

由于放大系数 ε 的作用,在设计剪力 $V_{Ed}=\varepsilon V'_{Ed}$ 和分析所得的剪力值 V'_{Ed} 之间形成了很大的裕度,此外,竖向钢筋是在弯曲超强最小的情况下来确定配筋的,因此,若设计剪力 $V_{Ed}=\varepsilon V'_{Ed}$ 小于根据 Eurocode 2 及本指南式(D5.49)得出的无抗剪钢筋的混凝土构件的抗剪承载力的设计值 $V_{Rd,c}$,则标准允许不在大尺寸低配筋墙体中配置最小量的表面经过防锈处理的水平钢筋。这种对于水平钢筋的要求比非抗震设计下要宽松很多,这是因为,即使在满足了验算 $V_{Ed}\leq V_{Rd,c}$ 的情况下依然形成了斜裂缝,它们的宽度也不会像无水平钢筋的墙体在由力主导的作用下(例如风荷载作用)那样不受控制地继续增长,而是在不久后就会闭合,这是因为地震作用具有瞬时性,以及在地震作用中,变形因素占主导地位的缘故。另外,由于墙体的水平尺寸 l_w 很大,任何的斜裂缝都会横穿地面并且会使被要求设置在墙体与地面相交处的水平向联结以及板中位于墙体附近且平行于 l_w 方向的部分钢筋被调动利用。 *条款 5.4.3.5.2(1)*

若 $V_{Ed}>V_{Rd,c}$,则水平钢筋的配筋率应根据 Eurocode 2,基于用于计算抗剪承载力的可变倾斜撑杆模型,或取决于墙体的几何特征的拉压杆模型来计算。第一种模型适用于无开洞的墙体。Eurocode 2 中提供的倾斜撑杆与竖直方向的夹角 θ 在 22°~45°之间,并且 Eurocode 2 还允许基于 $z\cot\theta$ 长度内的最小剪力来计算要求的水平钢筋的配筋量,其中 z 为内力臂长度,通常取 $0.8l_w$。试验以及行业内相关信息表明大尺寸墙体中的撑杆在侧向加载时,从墙体底部计算起 z 距离的范围内都遵循扇形图的变化模式,在此高度以上的撑杆都以 45°角的形式与地面相交并将其当作连接使用。言外之意是,在设计时,墙体的水平钢筋应按 $\theta=45°$ 和从墙底算起 $z=0.8l_w$ 处的剪力值来进行配筋计算,并将水平钢筋当作布置在墙体与地面相交处相拉结筋的横截面中的水平抗剪钢筋的一部分。在所有的拉压杆模 *条款 5.4.3.5.2(2), 5.4.3.5.2(3)*

型中,地面都应包括在拉杆部分内,因为在墙体有很大的开洞时其会发挥作用(见图 5.11)。若墙体的几何形状及其开洞关于中心线不对称,则应对每一种平行于墙体平面的地震作用分别建立不同的拉压杆模型(正的或负的)。撑杆应避免与开洞相交,并且所有撑杆的宽度都应大于 $0.25l_w$ 和 $4b_{wo}$ 中的较小值。

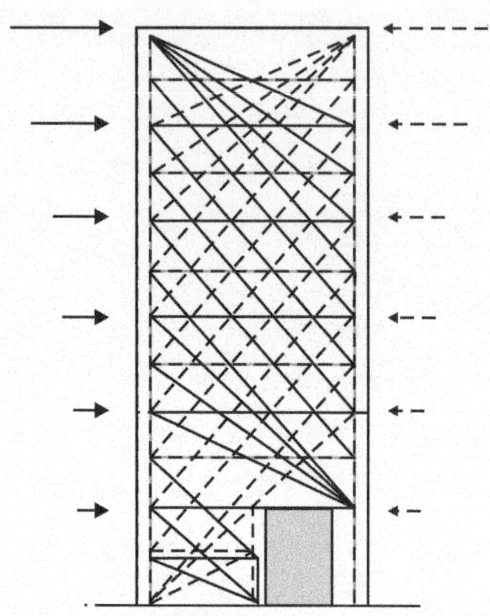

图 5.11　采用撑杆与联结模型,有开洞的大尺寸墙体的设计

若 $V_{Ed} > V_{Rd,c}$,并且水平钢筋的配筋需根据 Eurocode 2 进行计算,那么表面经过涂抹处理的钢筋的配置应满足其最小配筋量的要求。对于大尺寸少筋混凝土而言,这一最小要求是一个国家定义参数,标准的推荐取值等于 Eurocode 2 对于非抗震设计墙体的水平钢筋配筋量的最小要求值。根据 Eurocode 2,墙体水平钢筋应按 0.4m 的最大钢筋间距来进行布置,并且应按照最小配筋率来进行配置,该最小配筋率为国家定义参数,其推荐值为 0.1% 和腹板的竖向钢筋的配筋率两者中的较大值。

条款
5.4.3.5.2(4)

对于由式(D5.52)在地面施工缝处计算所得的剪力 V_{Ed},应用其对界面滑动时所具有的抗剪承载力 V_{Rdi}进行验算,V_{Rdi}的取值根据 Eurocode 2 获得。后者等于式(D5.51)计算所得的剪应力与 $b_{wo}z$ 的乘积。分别对应于黏聚力和摩擦力的系数 0.36 和 0.6 适用于自然状态下不粗糙的未经处理的混凝土表面。如果通过耙平和将骨料暴露在平均 3mm 的粗糙度下(约每 40mm)对表面进行人工粗糙化,那么这些系数值可分别增大至 0.45 和 0.7。对于 Eurocode 2 的一个额外要求是,配筋率 ρ_v 中包含的限裂钢筋的锚固长度应在 Eurocode 2 的一般要求值的基础上增大 50% 。这并不意味着所有穿过界面的竖向钢筋的锚固长度都需要增加:这个要求仅适用于需要包含在配筋率 ρ_v 中从而使 $V_{Ed} \leq V_{Rdi}$的那些钢筋。

条款
5.4.3.5.3(1)
5.4.3.5.3(2)

5.8.4　钢筋的构造要求

如上所述,当大尺寸墙体仅通过其本身的材料而不配置水平钢筋就能抵抗设计剪力 V_{Ed}时,其在修筑时就可以不配置这些钢筋。仅仅只在墙体需要通过横向钢筋来抵抗剪力的地方才需配置等于最小配筋量(Eurocode 2 对于遭受非地震作用的墙体给出的推荐值)的水平钢筋。由于标准第5章并没有特别提及竖向钢筋最小配筋量,故此处采用 Eurocode 2 的有关规定。这些规定要求表面经过涂抹处理的竖向钢筋的布置间距不大于0.4m以及腹板宽度 b_{wo}的3倍。如果最小配筋足以通过压弯组合作用下截面的承载能力极限状态的验算,那么应将其布置为两层,在每一个墙面的附近都布置一层,布置的两层钢筋都满足最大钢筋间距的要求。截面中所有竖向钢筋的最小配筋率是一个国家定义参数,其推荐值为0.002。按上述最大钢筋间距布置的表面经过涂抹处理的腹板钢筋,以及下文中描述的集中在截面边缘处用于压弯组合作用下截面的承载能力极限状态验算的竖向钢筋,都包含在所有竖向钢筋这一范围之内,这些钢筋必须满足最小配筋率的要求。

除了刚才描述的配置量为最小配筋量的表面经过涂抹处理的钢筋,为提供压弯组合作用下的承载力所需的竖向钢筋应被集中在边缘构件之中,在墙体截面每一远端附近都应布置一层钢筋(图5.12)。每一边缘构件在墙体长度 l_w 方向上的长度 l_c 都至少要等于 b_{wo}乘以1.0或$3\sigma_{cm}/f_{cd}$,其中 σ_{cm}为混凝土在压弯作用时承载能力极限状态下受压区中的平均应力,f_{cd}为混凝土抗压强度的设计值。对于通常用于承载能力极限状态验算中的抛物线-矩形的σ-ε图,比率σ_{cm}/f_{cd}等于$\varphi(1-\varepsilon_{c2}/3\varepsilon_{cu2})$,其中 $\varepsilon_{c2}=0.002$,并且当将墙体竖向震动引起的附加力按压力考虑时,$\varepsilon_{cu2}=0.005$,否则 $\varepsilon_{cu2}=0.0035$,$\varphi<1$ 表示上述提到的对于平面外二阶效应的折减系数。在墙体底层以及墙体长度 l_w 的折减程度相对于其下面一层超过了层高 h_{st}的三分之一的所有层中,边缘构件中的竖向钢筋的直径不应小于12mm。在其他所有层中,这些钢筋的最小直径要求为10mm。

所有竖向钢筋应在角落处通过箍筋或交叉配合的弯钩来进行侧向约束。截面两端处的边缘构件应由与四根角部钢筋相啮合的箍筋来进行闭合,但是边缘构件中间的,以及所有位于两边缘构件之间满足竖向钢筋最小配筋要求的竖向钢筋,可只与穿过整个墙体厚度范围的交叉配合的弯钩进行啮合(见图5.12)。这些箍筋和交叉配合的弯钩的最小直径应取至少大于或等于6mm与竖向钢筋直径 d_{bL}的三分之一这两者中的较大值,并且,它们在竖直方向的最大间距要取小于或等于100mm与$8d_{bL}$这两者中的较小值。

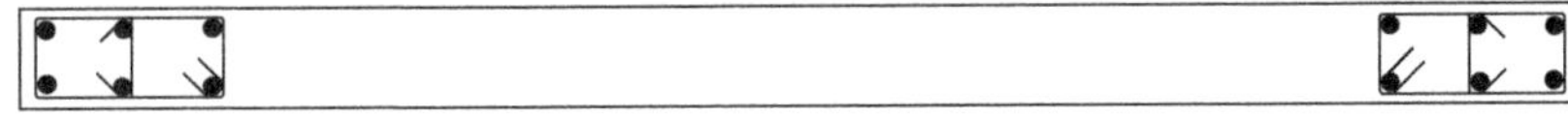

图5.12 大尺寸少筋墙体中边缘构件周围的箍筋及衔接竖向钢筋的拉筋

沿每一个大型墙体与地面相交的方向上都要求有连续的水平钢筋拉筋,这一拉筋应穿过墙体的底端伸至楼板之中,并且应保证伸入部分的长度不仅应足以进行锚固,而且还应足以承受楼盖中产生的惯性力并能将它们传给墙体。在所有大型墙体与横墙或翼缘的交界处,以及沿开洞的竖向边缘处,都要求有竖向拉筋布置。这些竖向拉筋在楼层与楼层之间穿过楼板处应通过合适的搭接布置使其具有连续性。当不同层中的开洞不是交错的,而是具有相同的水平尺寸以及相同的 *条款5.4.3.5.3(4)*

位置时,沿其边缘的竖向钢筋拉筋也应通过搭接而具有连续性(图 5.13)。在洞口上方的过梁处同样也应布置水平拉筋,但其不必在从一个洞口延伸到另一个洞口的过程中一直保持连续。没有专门针对拉筋给出其尺寸确定和承载力的相关规定,但提及了 Eurocode 2 中相关的条款。各国可将这些拉筋的补充性信息源纳入其国家附件以便查用。

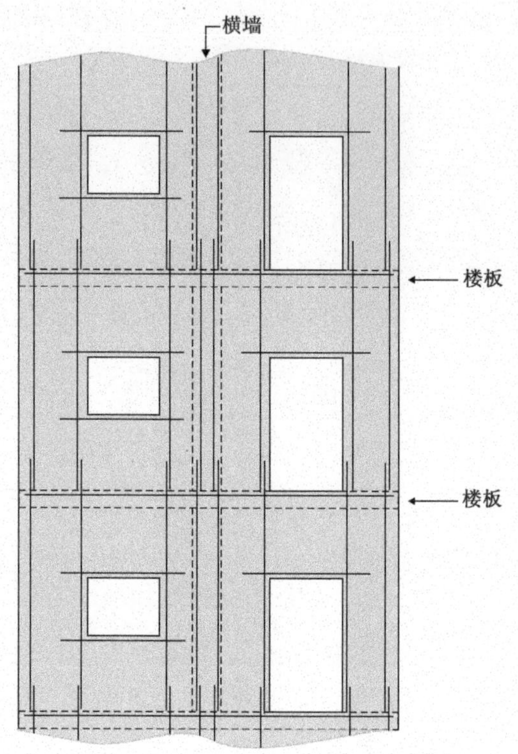

图 5.13 有开洞的大尺寸少筋墙体中的水平和竖向钢筋的拉结

5.9 含砌体或混凝土填充墙的混凝土结构体系的特殊规定

EN 1998-1 *第4章*包含了对混凝土框架(或等效框架)结构,以及对具有非工程性砌体填充物的无支撑钢结构或组合结构建筑的设计和分析的特殊规定(见本指南 4.12)。这些规定仅对高延性等级建筑的设计具有强制性效力。如果建筑是按中等延性等级或低延性等级设计的,那么标准*第4章*仅被视为良好做法的指南。

标准*第5章*包含了对于有填充墙的混凝土结构建筑的额外规定,其既适用于按高延性等级设计的建筑,也适用于按中延性等级设计的建筑(但不适用于低延性等级的建筑),并且与其建筑结构体系的类型无关。这些规定的目标是保护混凝土建筑,避免填充墙的局部效应对其产生不利影响。

填充墙潜在的可能造成不利影响的局部效应主要来自两个方面:

- 由于不均匀和/或不平衡的接触条件,在整个高度范围内都与强填充墙相连的柱可能会产生严重损伤甚至发生破坏失效;

• 由于柱体的整个高度的一部分与填充墙相连(并受其约束)而导致其净高度(以及因此而造成的剪跨)的折减;因此产生的“短”或“受限”的柱极易产生斜向受压控制的弯/剪破坏或是纯剪破坏。

填充板的一部分可能会因破坏失效或严重的损毁而脱位,从而对与其相连的柱体施加一个集中力。填充板越强劲,这个力就越大,柱就越可能发生局部破坏。底层的填充板相对而言更可能会发生破坏,或是发生严重的损坏,由于底层的剪力值是最大的。由于这个原因,在有砖砌体或是混凝土填充墙的建筑中,认为底层柱的整个长度范围都是其临界区,并且要遵守相应的特殊构造和限制要求,通过这些措施让其为由于填充板的失效而在柱的整个高度范围内可能产生的局部超载做好准备。 *条款5.9(1)*

不平衡的接触条件可能仅在与砌体填充墙相连的柱的一边中出现(例如角柱)。我们认为这种柱的整个高度范围都为其临界区,并且应遵守相关的特殊构造和限制要求。 *条款5.9(3)*

由于柱体整个高度的一部分与填充墙相连而产生的侧向约束,通常足以让柱在填充墙端部高度处,而不是在柱与填充墙连接部分以外的柱端部处产生塑性铰。甚至即使在柱端的梁较弱并且满足了式(D4.23)时,情况也可能如此。因此,标准第5章要求在采用式(D5.12)计算“短柱”或“受限的柱”设计剪力时,应使用: *条款5.9(2)*

(1)柱的净高度 l_{cl},取其等于未与填充墙相连的部分的柱高。

(2)min(…)这一项在填充墙与柱相连的端部处的柱截面处取 1.0。

另外,由于柱的净高度可能会被进行折减,以及我们并不清楚填充墙与柱相连端部处的柱截面附近可能形成塑性铰的部位的具体位置,并且其可能会发展并进入填充墙与柱相连的部分中,因此要求:

• 布置的横向钢筋量不仅应足以抵抗沿柱净高度 l_{cl} 范围内的设计剪力,而且还应足以抵抗沿墙体与柱相连处在填充墙平面内的柱的截面高度 h_c 范围内的设计剪力。

• 认为墙体的整个高度范围内都是临界区,并且按照对于临界区所要求的配筋量和配筋方式来对其进行箍筋配置。

这一额外的横向钢筋会使“受限柱”整个柱高范围内的抗剪承载力标准值都提高至超过已确定的设计剪力的程度,并且其会增强所有可能出现塑性铰的部位的变形能力。这可以对 Eurocode 8 缺乏小剪跨比柱(“蹲式柱”)抗剪承载力标准值计算的特殊规定这一不足之处进行一定的弥补,而不用考虑其由沿高度方向上混凝土柱对角线的破坏控制的循环抗剪承载力的降低。事实上,由 44 根发生剪切受压破坏的剪跨比 L_s/h_c 小于或等于 2 的柱的循环试验得出的数据表明,可以使用下式来计算其由混凝土破坏控制的抗剪承载力(单位:MN 和m):

$$V_{\mathrm{R,max}}=\frac{4}{7}[1-0.02\min(5;\mu_{\theta}^{\mathrm{pl}})]\left(1+1.35\frac{N}{A_{\mathrm{c}}f_{\mathrm{c}}}\right)[1+0.45(100\rho_{\mathrm{tot}})]\times\sqrt{\min(f_{\mathrm{c}},40)}\,b_{\mathrm{w}}z\sin2\theta \tag{D5.53}$$

式(D5.53)是式(D5.47)应用于短柱的情况;其中的所有变量与式(D5.47)中的定义相同,除了内力臂 z,这里取其等于 $z=d-d'$ 以及最后一项中的 θ,其为柱的轴线与其对角线在高度方向上的夹角($\tan\theta=h_{\mathrm{c}}/2L_{\mathrm{s}}$)。由 Biskinis 等[69]提出的式(D5.53)已被收录进 EN 1998-3 的附录 A[52]。

如同第一点中所述,若柱的净高度 l_{cl} 很小,那么设计剪力值就可能会很大,以至于柱的抗剪验算难以通过,特别是由于临界抗剪承载力可能由剪压破坏控制[参见式(D5.53)]并且其无法通过配置横向钢筋来进行提高。虽然将这种柱划定为"次要抗震构件"是一种很简便的办法,但更为合适的做法是通过将下列选项之一变换几何条件来尝试解决:

(1)改变填充墙和其上开洞的布局,从而使墙体与柱不再接触或者增大柱在接触部分以外的净高 l_{cl}。

(2)改变柱的横截面尺寸。

采用第二个选项时应当减小而不是增加柱体的尺寸:

- 如果柱的剪跨比 $L_{\mathrm{s}}/h_{\mathrm{c}}$ 增加至 2 以上(或更倾向于 2.5),那么其在循环剪力作用下将不会表现出短柱中特有的脆性以及低耗能性。
- 减小横截面尺寸将会降低式(D5.12)计算得出的设计剪力值(通过降低柱的抗弯承载力设计值 $M_{\mathrm{Rdc,i,i}}=1,2$),其减少量大于抗剪承载力标准值的减少量,这样既有助于解决验算问题也有助于解决实际问题。

在短柱净高度范围内沿两条对角线布置于填充墙平面内的钢筋,对于增加柱体的耗能能力和变形能力是十分有效的。除传统的柱的横向钢筋以外,再额外布置这种钢筋,或是以布置这种钢筋来取代传统的横向钢筋都是可行的选择。这种钢筋可以按照抵抗式(D5.12)得出的设计剪力,和根据联肢墙中连梁的相关规定得出的短柱端截面处的设计弯矩的共同作用来确定配筋。若柱的净高 l_{cl} 小于 $1.5h_{\mathrm{c}}$(与其对应的剪跨比 $L_{\mathrm{s}}/h_{\mathrm{c}}$ 小于 0.75),则必须放置此类钢筋并确定其尺寸,以抵抗全部的设计剪力。

条款5.9(4)

为防止只有一边与砌体填充墙相连的柱发生剪切破坏,填充墙的斜向支撑力所在的柱顶和柱底之间的长度 l_{c},应按照以下两设计剪力之中的较小值来进行抗剪验算:

(1)填充墙支撑力的水平分量,取其值为基于基缝的抗剪强度计算得出的填充板的水平抗剪强度(基缝的抗剪强度乘以填充板的水平截面面积,即 b_{w} 与填充板净长度 L_{bn} 之积)。

(2)由式(D5.12)计算得出的剪力值,在计算时取柱的净高度 l_{cl} 等于接触长度 l_{c},并且取分子中的括号项等于柱抗弯承载力的设计值的两倍,即 $2M_{\mathrm{Rd,c}}$。

在第二种情况中，应取接触长度等于填充墙对角支撑的全部竖向宽度。这与第一种情况中的计算过程一致，其偏保守地假定全部支撑力都作用于柱体。对于柱顶端而言这也更符合实际，因为在那里，填充墙顶部与梁底面的缝可能会在砌体或混凝土填充墙的蠕变作用下被撑开。

5.10　基础构件的计算与构造要求

基础构件通常是由混凝土构成的，即使构成上部结构的可能是另一种结构材料。标准第*5*章给出了适用于混凝土基础构件的设计和构造要求（基脚，拉梁，基础梁，基础板和基础墙体，桩和承台），即使立于它们之上的竖向构件可能使用的是另一种不同的材料。标准第*5*章同样也对混凝土基础构件与上部结构的竖向构件的连接给出了相应的规定，其仅适用于上部结构构件同样是由混凝土构成的情况。 *条款5.8.1(1)*

确定混凝土基础构件尺寸的地震作用效应由下列选项之一得来： *条款5.8.1(2)*

（1）根据EN 1998-1*条款4.4.2.6(3)*，通过采用小于或等于低耗能能力下的q值（对于混凝土建筑为1.5，在钢结构建筑或组合结构建筑中最大为2.0）进行的设计地震作用下的分析。 *5.8.1(4)*

（2）根据EN 1998-1*条款4.4.2.6(2)*以及*条款4.4.2.6(4)～4.4.2.6(8)*进行的能力设计计算。

标准允许采用由上述选项之一得到的地震作用效应确定尺寸的混凝土基础构件，其仅需遵守更简单的适用于低延性等级建筑的尺寸和构造要求（亦即，Eurocode 2中包含的内容，加上至少需要使用B级钢这一要求），无论其上部结构的延性等级如何。其中的原因是，其在设计地震作用下预计将会保持弹性状态（即使当仅仅因为上述第一种情况中低耗能能力下的q值本身所具有的超强量的作用，其才能保持弹性状态时，也是如此）。

虽然上述的选项（1）和选项（2）仅允许用于基础验算，但是标准第*5*章允许如同在上部结构中那样对混凝土基础构件进行耗能设计。在那种情况下，可以由对使用上部结构的q值得到的设计地震作用分析得出的地震作用效应来确定基础构件的尺寸。基础构件同样应满足所有适用于相应延性等级和上部结构构件的尺寸及构造要求。这一规定特别针对拉梁和基础梁，它们应按照能力设计计算得出的剪力，在受剪状态下确定相应的尺寸和配筋，并且应遵守所有有关用于加强局部延性的纵向和横向钢筋的特殊的构造要求。 *条款5.8.1(3)*

从抗震承载力的角度来看，普遍认为箱形基础对于建筑物而言是最好的基础体系，其组成为： *条款5.8.1(5)*

（1）沿整个基础周长布置的类似于墙体的深基础梁，其可能与横跨整个基础长度的内基础梁相连。这些梁是组成基础的主要构件，其能将地震作用效应传递给地基。在耗能型建筑中它们根据*条款4.4.2.6(8)*，按照承载多于一个竖向构件的常见基础构件进行设计，通常，通过将设计地震作用及分析得到的地震作用效应乘以系数 1.4 来进行设计计算。在带有地下室的建筑中，基础周长上的基础梁可兼作地下室的墙壁。

(2)在周边基础梁的顶部翼缘平面处(如果有地下室，其可以作为地下室顶板)的混凝土楼板作为刚性隔板。

(3)基础板或拉梁的梁格或基础梁的梁格，位于周边基础梁的底部。

由于其强度和刚度都很大，因此这种结构体系以刚体的形式发挥作用。所以，其可最小化地震作用效应在地基和基础界面中分布的不确定性，以及确保所有竖向构件在它们与这一基础体系的连接处的扭转相同，这样就可以认为，对于扭转作用，它们在此水平方向上是固定的。另外，这种结构体系还确保了上部结构的底部地基运动处相同，消除了所有地基上方运动的差异性，同时也滤除了所有输入体系的高频成分。

由于箱形基础体系的强度和刚度都很大，对于柱体在箱形基础高度范围内的部分，以及所有基础体系内的梁(包括地下室顶部的那些)，我们认为其在抗震设计状况下会处于弹性状态，因此它们可以仅遵守适用于低延性等级的更简单的尺寸和构造要求(即，Eurocode 2 中包含的内容，加上至少需要使用 B 级钢这一要求)，无论建筑的延性等级如何。

墙体和柱体中的塑性铰将会在箱形基础体系的顶部不断发展(在地下室顶板高度处)。如果在这一高度的上方和下方，墙体的横截面相同(就像一直向下延伸进入基础体系中的内墙那样)，基础体系顶部以下部分的墙体，应根据基础顶部以下的临界区与基础顶部以上的临界区有相同高度 h_{cr} 的特殊尺寸与构造要求来确定其尺寸与配筋。另外，在基础体系顶部高度处，墙体的固定是通过位于基础体系顶部和底部的一对水平力来实现的，在地下室高度范围以内，这种墙体完全自由的高度部分的配筋和尺寸，应在假定墙体的弯曲超强 $\gamma_{Rd}M_{Rd}$ 出现在墙体顶部(地下室顶部)而基底处弯矩(约)为零的前提下，通过受剪状态下的计算来确定(在中等延性等级建筑中 $\gamma_{Rd}=1.1$，在高延性等级建筑中 $\gamma_{Rd}=1.2$)。

条款5.8.2

与不同的基脚或承台相连的拉梁或基础板的底面应位于这些基础构件的顶部以下，从而可避免在相应的地方形成具有剪切脆性的短柱。

在基础板中位于基础和相连区域之间的拉梁，应按抗震设计分析或能力设计计算得到的作用效应中的弯矩与剪力，与抗震设计状况下相连竖向构件的平均设计轴力中的一部分(取受拉和受压中最不利的状态)共同作用时的承载能力极限状态来确定其尺寸与配筋。对于 B、C 或 D 类场地，规定这部分轴力分别等于设计加速度 $g,\alpha S$ 与 0.3，0.4 或 0.6 之积。考虑这一额外轴力的目的是为了包含基础构件之间的相对水平位移引起的效应，其在抗震设计状况分析时并没有明确地表达出相关的内容。对于 A 类场地和低地震活动情况($\alpha S\leqslant 0.1$)下的 B 类场地，其可被忽略。

连梁或基础梁和基础板中相连区的最小横截面尺寸及纵向钢筋的最小配筋

率均为国家定义参数(NDP)。若连梁进行了耗能设计(即,如果它们通过使用大于低耗能性结构的 q 值分析得到的地震作用效应下的剪力和弯矩共同作用时的承载能力极限状态来确定其尺寸和配筋),那么它们同样也应满足对相应延性等级的最小配筋的要求。

基础梁或基础墙体与混凝土柱或混凝土墙的连接必须是倒 T 形或膝状的“梁柱节点”。因此,其应根据相应延性等级下的梁柱节点的规定来进行尺寸确定和构造设计。这意味着位于墙体或柱体底部的临界区中的横向钢筋也同样应布置在其与基础梁或基础墙的连接部位内,除了梁宽至少为柱的相应尺寸的 75% 的两基础梁交叉处的结构内的柱以外。在该种情况下,连接中的水平钢筋的布置间距可以取柱底部处布置间距的两倍,但不应大于 150mm。值得一提的是,混凝土墙体与基础梁或基础墙连接处的水平钢筋,同样也是通过参考中延性等级柱临界区中的横向钢筋来确定的。然而,由于这些规定与那些对延性墙临界区内的边缘构件中的横向钢筋的相关规定在本质上是相同的,因此布置于墙体和基础梁(或墙)的连接中的水平钢筋应具有与上述墙体临界区的边缘构件中的外围拉筋相同的直径和间距,但其应延伸从而将连接部位的整个水平截面完全地覆盖。 *条款5.8.3(1) 5.8.3(4)*

除了受前一自然段中的规定性构造要求的约束之外,在高延性等级建筑中,基础梁或墙与混凝土柱或墙的连接部位应进行专门抗剪验算。用于此验算的水平剪力的设计值 V_{jhd} 应按下述内容进行确定: *条款5.8.3(2) 5.8.3(3)*

- 若基础梁是基于由能力设计计算得出的地震作用效应(即,在实践时,基于将设计地震作用乘以 1.4 后进行分析得出的地震作用效应)来确定其尺寸和配筋,则 V_{jhd} 可由对设计地震作用进行分析来确定。因为这一分析并不直接提供节点处的地震作用效应,V_{jhd} 可按柱或墙体底部截面处的抗弯承载力设计值 M_{Rd} 除以基础梁截面高度 h_b 来进行估算。

- 若基础梁是直接基于设计地震作用分析得出的地震作用效应来确定其尺寸和配筋,则 V_{jhd} 需通过能力设计计算来确定,也就是由式(D5.21)确定,并且,分别取式中的 A_{sb1} 及 A_{sb2} 等于基础梁顶部和底部的配筋面积。这个方法对于连接部位而言一点也不保守(偏不安全)。

第6章 钢结构房屋建筑的设计和构造规定

6.1 适用范围

条款6.1.1

本章在EN 1998-1第6章内容的基础上,介绍了钢结构建筑的抗震设计。主要包括对EN 1998-1第6章重点的归纳总结,相关应用的实例和说明,以及使用背景。

第6章的规定用于框架体系的钢结构建筑,其中材料、连接节点、结构类型、控制指标等条款同样可以适用于第7章的钢与混凝土组合结构;第7章中与本章各节相关的条款见页边注。

6.2 耗能结构与低耗能结构

条款6.1.2(1),
6.1.2(2),
6.1.2(4),
6.1.2(5),
6.1.2(6),

钢结构建筑可根据要求设计成不同程度的耗能结构。如本指南2.2.2.1所述,耗能减震结构是指结构中某些指定的构件具有滞回塑性变形能力,并在特定的条件下能够充分发挥其塑性变形的建筑。这类建筑在地震作用下的基底剪力与变形的关系,更接近于图6.1中具有明显"屈服平台"的b曲线,而不是"脆性"变形的a曲线。这种不仅能提供强度而且具有一定变形能力的延性特征,在非抗震结构中应用较少。

下文中引号标注的"脆性"是指材料达到最大强度后变形很小或没有变形的能力,不限于钢结构中脆性现象的经典含义(即无法阻止裂缝开展),这只是"脆性"的一种可能性。

如本指南2.2.2.1所述,按概念b设计的结构,即延性结构,因其刚度更小、抗性更小,相比按概念a所设计的结构更具有韧性,实际上其是通过减小弹性水平地震力的一个系数$q(>1)$来实现,该系数在耗能结构中更高(钢框架结构中$q=6.5$)。不同结构类型的q值不同,取决于结构实际耗能的能力。其中标准第6章中提到的一种结构类型是无法耗能的,例如6.8所述的带K形支撑的框架结构。

关于连接节点,可以是全弹性或部分塑性设计,这两种情况都需要满足特定的条件。

通过减小设计地震力的手段使得建筑在较低的强度下就可满足使用,需要结构构件及其连接应符合Eurocode8的所有要求。

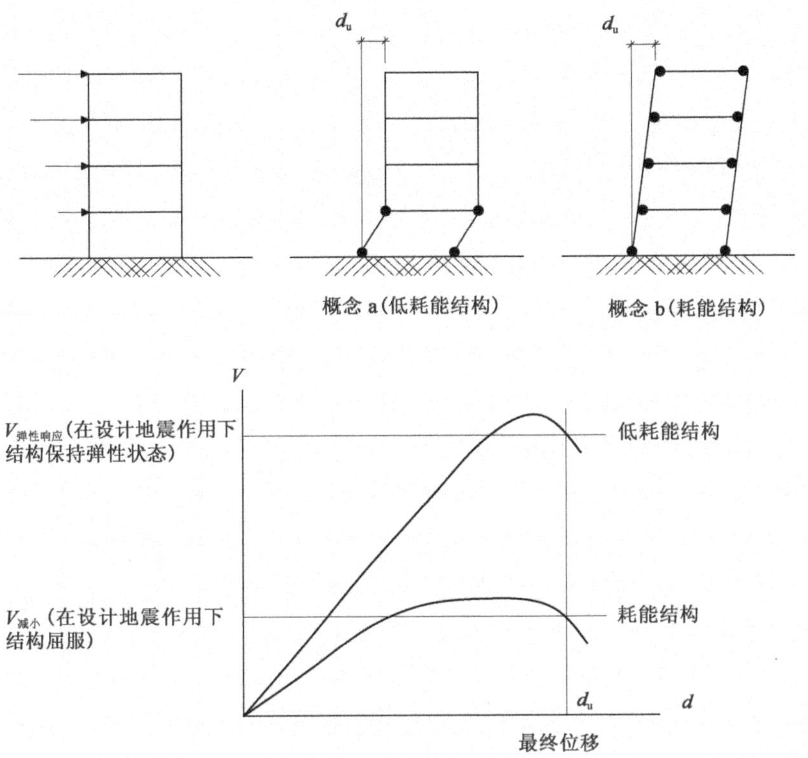

图6.1　设计概念a和b的定义

一般来说能够减小地震作用的结构更加经济,在某些情况下,这样的结论可能是错误的。因为设计不仅要满足地震作用,还要满足所有设计要求,如重力荷载作用下的楼面竖向挠度限值、层间位移限值和抗风能力。设计地震作用下的承载能力极限状态(ULS)抗力设计不一定起控制性作用,整个设计过程中可能会产生承载力高于在设计地震作用下的承载力的结构。Eurocode8 中对延性有一些特殊的要求,例如节点的承载力应大于连接构件强度,或柱的承载力应大于被连接梁的强度。在结构构件本身承载力远高于设计地震作用所需要的强度时,这会造成普遍性的过度设计,这种情况下,设计耗能型的结构可能并不经济。通常情况有以下几种:

- 低地震活动区。
- 使用的结构体系应是高承载力、低延性的,例如使用薄壁型材或使用弱连接的系统。
- 对于柔性结构,正常使用极限状态(SLS)是控制状态。

如果风合力大于用系数 q 的最小标准值($q=1.5$)获得的地震合力,设计耗能结构肯定是不经济的。在项目前期阶段,可以近似进行如下评估比较。最大水平地震合力估算公式 $F_b=mS_d(T)\lambda$[参见4.5.2.3 中的式(4.5)和式(D4.5)],在没有结构周期和场地信息的条件下,一个比较安全的方法是用最大谱坐标 $2.5a_gSm/q$(条款3.2.2.5)作为最不利的状态。当 $S=1.5$、$q=1.5$ 和 $\lambda=1$ 时,$F_b=2.5a_gm$ 作为水平地震合力的估算值,与风合力 F_w 进行比较。如果 $F_b<F_w$ 时,设计耗能结构则是不经济的。

6.3 承载力设计原则

条款6.2(2) 6.4 中列出的对耗能有利因素和不利因素的阐述，能够提供用于可靠耗能区的设计。通过承载力设计使得耗能发生在“耗能区”而不是“脆性”区域。

承载力设计理论，就是让结构构件或部件能够提供的抗力大于外部效应下在塑性区域中产生的最大可能强度，确保结构构件或部件免于发生脆性破坏。

该过程具有以下特点：

- 明确结构中具有稳定塑性区域的部位，并为其设计可靠的强度值；
- 通过确保其承载力超过塑性区域需求的强度，可以保护“脆性”区域或不适合稳定耗能的部件。

为强调承载力设计的概念，通常可按图 6.2 所示的链条进行考虑[68]。链条的强度取决于其最薄弱环节的强度，一个延性连接可用来实现整个链条的延性。延性连接的名义抗拉强度受到材料强度不确定性和高应变下应变硬化效应的影响。其他链节被假定为“脆性的”。但如果它们的强度超过所设想的延性水平下延性薄弱环节的实际强度，则可以防止它们失效。

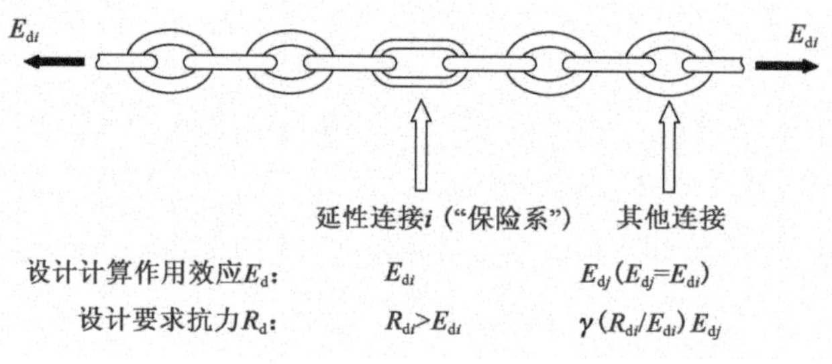

图 6.2 承载力设计原则

如下所述，承载力设计原则的合理应用需要了解耗能部位的塑性区及相邻区域的材料特性，尤其是屈服应力。

承载力设计需要设定一种强度等级，为了使得设计有效，“脆性”部分和韧性部分的真实强度必须严格控制。对于“脆性”部分，屈服强度 f_y 是下限，可以保证具有保持弹性状态所需的设计强度。对于延性区域而言，除了对应于钢的标号的最小标准值 f_y 之外，材料的屈服强度还有上限值的限制。事实上，定义材料屈服应力上限值在钢制品上并不常用，同时也是因为缺乏关于材料屈服应力上限值的统计数据。Eurocode8 则通过考虑不同的可能性来解决这个问题。

条款6.2(3) *条款6.2(3)*中的工况 a）是指，设计过程中耗能区材料的实际屈服应力是未知的，上限屈服应力可以用 $\gamma_{ov}f_y$ 作为估算值。γ_{ov}是基于钢铁产品特征的屈服应力统计的系数，可能因钢铁厂而异。对于欧洲轧制型钢，$\gamma_{ov}=1.25$，但设计人员可根据需要选择不同的值（更大或更小）。在施工阶段，耗能区材料的实际屈服应力的上限不应大于 $f_{y,max}=1.1\gamma_{ov}f_y$，其中系数 1.1 为安全富余系数。

如果在设计阶段中已经知道建筑中使用材料的实际屈服强度，则可以使用 γ_{ov}的实际值 $\gamma_{ov,act}=f_{y,ac}/f_y$，如 *条款6.2(3)* 的工况 c）所述。

*条款6.2(3)*的工况b)是指,钢材供应商可以向市场提供"抗震"钢材的强度等级,规定钢材标号(下限)值和上限值$f_{y,max}$。如果所有部分的设计仅考虑一种抗震钢材的强度等级,并且非耗能部分的钢材比钢材"抗震"强度等级高一级,则自动满足材料强度等级的要求。例如,如果具有$f_{y,max}=355$MPa的S235钢是用于耗能区的"抗震"等级,则S355钢用于非耗散部分或构件。在这种情况下,就不需要γ_{ov},其值可以取为1。

除了对塑性区及相邻区域的材料特性,特别是屈服应力的了解外,承载力设计原则的合理应用还要求对塑性区域的各个部件所承受的应力和应变进行正确评估:如型钢、焊缝、螺栓和连接板。在连接节点及相邻区域,材料应力和应变的实际分布与在梁、柱等构件中的实际分布情况大不相同,只能通过复杂的数值或试验研究来描述。原因如下:平面截面不会一直保持平面,存在应力集中等。如果没有这些复杂的研究,安全性的保证则通过"超强度设计因素"的简单估算取1.1,应用在公式$f_{y,max}=1.1\gamma_{ov}f_y$中。

承载力设计原则的合理应用还需要在塑性区域采用适合的材料,其中"适合"是指材料所需的性能:伸长率、f_u/f_y、韧性和可焊性。塑性区还需要合理设计,以避开大应变的位置。这一要求在6.7中有所解释。

6.4　构件及其连接节点的局部耗能设计

6.4.1　局部延性的有利因素

钢材是一种延性材料,如果选择合适的钢材标号:材料伸长率超过20%,材料延性比$\varepsilon_{y,max}/\varepsilon_y$超过10,就可以提供高延性的耗能区。如果设计人员在设计过程中进行了合理选择,结构部件就会形成塑性机制,例如梁和桁架中的斜杆,具有相当的延性和耗能性。　*条款6.2(7)、6.2(8)、6.2(9)、6.5.2(1)、6.5.2(2)、6.5.2(3)、6.5.4(1)、6.5.5(4)*

以下部位可以找到具有可靠耗能性质的单元:

(1)受拉时杆件的屈服。这种可能性直接取决于使用适合的材料,在设计中避免应力集中或过多的截面削弱(参见6.7),仅产生拉力。因此,受拉时高强螺栓不能用作耗能构件,因为它们不是由延性材料制成,且有可能不仅仅纯受拉,例如在连接变形时受弯,塑性滞回应变会导致早期疲劳失效。

(2)如果避免了提前屈曲,则杆件受压屈服,受压屈服不可避免地以屈曲结束。然而,$\bar{\lambda}<0.2$的粗短构件可以保持其强度并在受压时产生一定的可塑性。近年来,仅用于提供侧向支撑的防屈曲约束支撑(压缩杆插入管中)的设计已经过测试并成功使用[71]。　*条款6.7.2(3)*

(3)受弯屈服的板材。

(4)当翼缘变形足够大而产生屈曲时(参见EN 1998-1 *表6.3*),截面就会弯曲屈服。翼缘屈曲不能完全避免,但是当截面腹板的高厚比c/t很小时,翼缘屈曲会延迟。Eurocode 8使用Eurocode 3的第1、2、3类截面来描述发展"塑性铰"的能　*条款6.5.3(1)、6.5.3(2)*

力。在实际应用中循环塑性扭转能够提供稳定的全塑性抵抗矩,该能力与塑性扭转的要求有关。例如,属于第 1 类的截面能够发生超过 35mrad 的循环塑性扭转而不会有显著的强度损失。

条款6.6.3(7)　(5)板的受剪屈服。受剪屈服是一种延性和稳定机制。受剪的塑性强度与板的长细比有关;应尽量减小长细比。

条款6.5.5(5)　一些局部延性现象可以提高连接节点的延性:

(1)螺栓孔的椭圆形化发生在由延性结构钢制成的连接板上,与剪切或焊接中的螺栓失效形成鲜明对比。即使在组合构件的承载力(“超强”)设计的连接中,原则上不需要满足其他设计条件,设计人员也可以通过设计一个或两个组装连接板,使其受压抗力小于螺栓抗剪强度,从而获得更好的延性。这是因为即使螺栓连接设计为“无滑移”,试验表明,一旦连接构件经过塑性循环,两个连接板之间总会有相对运动。这意味着经过几个循环后,受压成为螺栓连接真正的受力模式。这证明复核受压承载力并将其作为抗力链条中“最薄弱的一环”的要求是正确的。

条款6.5.5(4),
6.5.5(5)　(2)板之间的摩擦:一旦组装连接板之间发生相对移动,处于剪切受力状态中的预拉螺栓连接就可以形成摩擦力。采用预拉螺栓是有利的,提供的摩擦力可以耗能,还可以避免连接松散部件之间的螺栓受到破坏性冲击,但这两个有利的因素对结构的能量耗散无法量化。根据 *条款6.5.5(4)* ,抗剪的 B 型螺栓连接[在正常使用极限状态(SLS)中抗滑移,在承载能力极限状态(ULS)不抗滑移]和进行过 B 级处理的表面(用碱-锌涂漆处理表面)都是可以使用的。实际上,因为它是承载能力极限状态(ULS)的情况,这意味着在地震条件下允许滑移。

条款6.5.2(5)　(3)若连接节点设计成上面列出的一种或几种耗能结构,则耗能也可能发生在连接节点中,而不是构件本身。这一概念提出了对节点部件往复作用的问题,以便选择延性节点(如弯曲板)或设计“脆性”接头(例如受拉螺栓)。EN 1993-1-8 中 1.8(节点设计)虽然没有包括往复作用特性方面,仍然可以作为确定这一问题的依据。事实上,连接特性可能非常复杂,随着研究的进行和未来成果的出现,这种设计的可能性就会越来越高。

6.4.2　局部延性的不利因素

条款6.2(1)　如果出现以下不利情况之一,局部延性将会很小,预计只有很小的能量耗散:

6.2(7),
6.2(8),
6.5.5(1)　(1)完全或部分由脆性或低延性材料制成的区域。这一规定首先涉及截面和钢板的钢材对应的钢材等级、韧性和可焊性的要求;还涉及焊接材料、相邻的受热影响区域、焊接过程和焊接的施工质量。所有这些都可能对基材产生不利影响。

(2)塑性应变发生在一个很窄的区域,一般伴随有“局部应变”或“应力集中”的状况。即使所有与材料和施工相关的条件都是合格的,结构单元的设计,特别是连接的设计也会有塑性应变发生在一个太窄的区域的情况。短小区域的高伸长率可对应于组件的极低变形性,这可能远低于设计人员的期望和标准的要求。这是由于不合理的设计导致的,这个问题将在 6.7 中进一步讨论。

(3)早期局部或整体屈曲影响的结构单元或局部区域。上述规定了整体和局部长细比的限值来控制这些影响。EN 1998-1 *条款6.5.3(1)*和表*6.3* 旨在防范局部屈曲,整体屈曲则是用 Eurocode 3 来验算。Eurocode 8 包含几个关系,旨在确定柱中设计作用效应的安全; *条款6.6.3(1)* 和 *条款6.6.3(2)* 适用于抗弯框架中的柱, *条款6.7.4(1)* 适用于抗弯框架中的梁。 ***条款6.5.3(1),6.5.3(2)***

6.5　以实现耗能区为目标的设计规定

Eurocode 8 的以下条款旨在基于承载力设计原则下创造有效的局部能量耗散条件: ***条款6.2***

- *条款6.2* 规定了材料特性的条件,使得不同部件的屈服应力得到控制,延性"弱连接"实际上是抗力链中的薄弱环节。
- 当耗能区域用于结构构件而非连接节点中的设计时, *条款6.5.5(2)* 中规定了节点的"超强"设计系数为 $1.1\gamma_{ov}$。 ***条款6.5.5(3)***
- 因此,当设计人员计划在节点处实现能量耗散,则需要连接杆件的强度大于节点强度,并通过 *条款6.5.2(5)* 加强。这是因为在设计中,不作为耗能区的杆件,不需要满足其在塑性阶段延性的特定条件,例如属于特定等级的截面。 ***条款6.5.2(5)***

EN 1998-1 中关于钢和钢与混凝土组合结构部分的若干规定旨在对结构构件进行正确的承载力设计,并不作为耗能构件设计。其基本原理是始终控制耗能和非耗能之间的分级,由于这个原因,它们可被称为**分级准则**,这种理念在后面会详细解释。 ***条款6.1.3(2),6.5.2,6.6.1,6.6.3(1),6.6.3(2),6.7.4(1),6.8.3(1),6.8.4(1)***

不以耗能为目的的结构构件的承载力设计以下列方式进行:

(1)非耗散单元中的作用效应。例如柱中的轴向力 $N_{Ed,E}$,是通过在设计地震作用下进行弹性分析来计算的(设计反应谱通过系数 q 折减弹性反应谱而获得)。所考虑的结构构件(例如柱)不存在耗能区,并假设其是梁中的塑性铰。

(2)耗能单元中的作用效应,例如梁中的弯矩 $M_{Ed,E}$通过在设计地震作用下进行相同的弹性分析来计算。

(3)梁截面的选择可以根据导致最小强度的两种不同原因来确定:

—截面超强 Ω,如果没有严格满足 $M_{pl,Rd}=M_{Ed}$的截面,则 $\Omega=M_{pl,Rd}/M_{Ed}$。

—材料超强,因为材料可以提供高于屈服应力的名义值,并且耗能单元中材料的强度可以大于非耗能单元中材料的强度,这可由上述的影响系数 γ_{ov}来解释。

(4)柱的承载力设计,在柱保持弹性的同时梁中形成塑性铰,必须考虑上述两种超强。设计地震轴向力为 $1.1\gamma_{ov}\Omega N_{Ed,E}$,在该表达式中,1.1 是上文 6.3 中解释的安全系数。

(5)根据结构或结构单元的类型,设计地震轴向力由重力效应组成:

$$N_{Ed}=N_{Ed,G}+1.1\gamma_{ov}\Omega N_{Ed,E} \tag{D6.1}$$

(6)柱内轴向力由下式复核:

$$N_{\mathrm{pl,Rd}} \geqslant N_{\mathrm{Ed}} \tag{D6.2}$$

Eurocode 8 中的许多表达式符合这样的逻辑:即在评估非耗能构件的设计力时,将耗能构件的超强度作为增强系数:

- EN 1998-1 *条款4.4.2.3*,以及本指南的 4.11.2.3[见式(D4.23)],适用于所有抗弯框架。
- EN 1998-1 的式(*6.6*)、式(*6.12*)、式(*6.30*)和式(*6.31*)适用于钢结构,也适用于钢与混凝土组合结构。

6.6 Eurocode 8 要求的结构变形能力背景

条款6.6.4(3),
6.6.4(4),
6.6.4(5),
6.7.3,
6.8.2(10),
6.8.4(2),
7.7.4(1),
7.8.3(1),
7.9.3(2)

在 Eurocode 8 中,当整个构件设计成耗能区时,对整个构件的变形能力没有明确要求,同心支撑框架的对角斜杆也是如此。无须明确要求的原因是由于细长钢构件的延伸能力确实提供了地震条件下所需的塑性变形能力(见 P147 的示例说明)。对于耗能区相当局部化的结构类型,要求很明确,常用与结构延性等级相关的绝对变形能力表示:

- 在抗弯框架中,*条款6.6.4(3)*规定了塑性铰在横梁或梁端连接处的扭转能力的最小要求值,中延性(DCM)为 25mrad,高延性(DCH)为 35mrad。
- 对于带偏心支撑的框架,*条款6.8.2(10)* 规定了由延性耗能梁段提供的变形能力。
- 对于带有支撑的框架,无论是中心还是偏心,设计人员都希望在非等强连接中实现塑性变形;EN 1998-1 *条款6.7.3(9)(a)*和*条款6.8.4(2)(a)*指定局部耗能区提供的变形能力必须与计算的结构整体变形有关。这种局部变形能力的评估不需要很高的精度,可以从以下方式的设计地震作用的设计分析中获得,其使用图 6.3 中的符号:

—结构分析提供了承载能力极限状态(ULS)的相对层间位移 d_r。如果设计地震作用的分析是线性的,基于设计反应谱(5%阻尼的弹性谱除以性能系数 q),则设计地震作用下相对层间位移的值是用分析位移乘以性能系数 q(即 $d_r = qd_{r,el}$);如果设计地震作用的分析是非线性的,则层间位移直接由设计地震作用的分析确定。

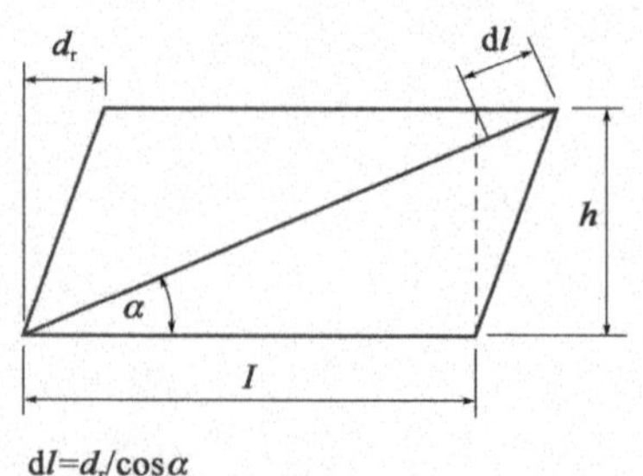

图 6.3 对角斜杆所需伸长率 d_l 的估算

—所需的伸长率 dl 可以由 $dl = d_r / \cos\alpha$ 计算得到,其中 $\cos\alpha = l/(l^2 + h^2)^{1/2}$。$dl$ 需要与对角斜杆端部处的伸长能力之和进行比较(假设两者连接处被激活,这需要具有应变硬化的性能曲线)。

—例如,如果 $d_r/h = 3.5\%$,$l = 6\text{m}$,$h = 3\text{m}$,则 $\cos\alpha = 0.894$,$d_r = 0.035 \times 3 = 0.105$,且 $d_1 = 0.117\text{m} = 117\text{mm}$。

—注意:如果对角斜杆处于延长线的位置,则意味着:$\varepsilon = dl/(l^2 + h^2)^{1/2} = 0.017 = 1.7\%$,这很容易实现。

对于抗弯框架,其要求是明确的:例如,抗弯框架中 DCH 等级的塑性铰在地震施加的循环塑性条件下具有 35mrad 或 3.5% 的扭转能力。这些局部延性要求与结构的整体延性性能大致相关:图 6.4 表明带有 DCH 等级节点的抗弯框架能够承受约 3.5% 的整体相对位移。

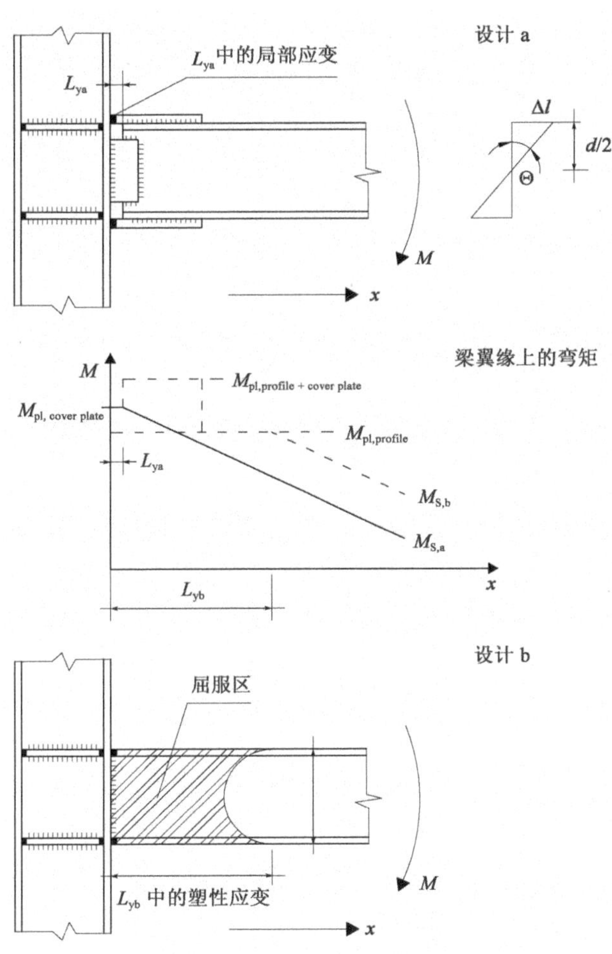

图 6.4 应变局部化(设计 a 中存在,设计 b 中避免)

明确耗能区所需的变形能力,以确保欧洲地区在最不利情况下建筑的安全:高地震区的中高层建筑,耗能区所需的实际变形能力在其他情况下可能更小,这可以由 d_r/H 估算得到,因此标准对于抗弯框架的局部变形能力要求可能更为严格。这些要求还源于另一个方面,这是由于 Northridge(1994)和 Kobe(1995)在观察到地震期间弯矩连接的显著破坏后,进行了大量的研究工作。试验表明,精心设计和制造精良的钢构件可以轻松地达到上述目标值,而不合理的设计则不能。从这个意义上说,Eurocode 8 中衡量刚接的变形能力具有力学试验中临界值或标准值的含义,可以区分设计细节的好坏。6.7 中给出的例子说明了这一点。

6.7　抗应变局部化的设计

条款6.5.5(1),6.5.4(1),7.5.4(1)

Eurocode 8 中,*条款6.5.5(1)*将抗应变的局部化设计规定为连接件的一般要求,未提供强制性连接设计。一些明确的规定与应变局部化的缓解有关,符合标准要求的钢材是其中之一:

耗能区的扩展与屈服的"扩展"有关,需要应变硬化。由于塑性应变材料变得更硬,应变硬化部分变得比相邻的非硬化区域更具抵抗力;因此,后者屈服并硬化,从而产生屈服区的渐进延伸,直到形成塑性区。

材料应变硬化时$f_u/f_y>1$,这是避免在首先屈服的窄断面中发生屈服的必要特性;符合 EN 10025 的钢材具有$f_u/f_y\geqslant 1.4$ 的性质。

*条款6.5.4(1)*中提到 Eurocode 3 关于受拉杆的要求,也是为了降低局部的"脆性"失效。

可以回顾一下这种典型的"承载力设计"条件,要求带孔的"脆性"截面 A_{net}的极限强度应大于全塑性截面 A 的塑性强度(无孔、无应力集中),因此,没有孔的部分在带孔的部分失效之前发生屈服:

$$Af_y/\gamma_{M0}<A_{net}f_u/\gamma_{M2} \tag{D6.3}$$

应用于杆件时,式(D6.3)保证屈服可以影响到杆件的全部长度。

为了实现耗能区所需的绝对变形能力,屈服必须在足够大的区域内进行。"足够大"的含义取决于所需的绝对变形和耗能区中设想的变形方案。

如果较大截面内的狭窄区域不发生屈服,则耗能区可以很大。此时,屈服不会传递,并且构件的延性将低于材料本身的延性。倘若在这种情况下,所有屈服都发生在一个狭窄的区域,则被称为"应变局部化",正如*条款6.5.5(1)P* 所述,应该避免。应变局部化通常取决于设计"构造"。

条款6.6.4(3)

在梁和柱刚性连接的情况下,抗应变局部化设计最好通过抗弯框架梁端耗能区的设计实例来解释。根据地震弯矩图的形状,抗弯框架中梁端不可避免地成为耗能区。许多设计构造可用于梁与柱的连接:

- 在图6.4 的设计 a 中,屈服只能在长度为 L_y 的狭窄区域中发展,因为带有盖板的梁截面或者在远一点的梁截面中 M_{Ed}/M_{Rd}的值小于在柱截面附近连接处的M_{Ed}/M_{Rd}的值。
- 在图6.4 的设计 b 中,潜在屈服的翼缘长度不受限制,且可以延伸,例如其长度 L_y 可以增大到与构件的深度 d 相等。

这两个构造的塑性扭转能力可以通过两个实例来估算:由钢 S500(f_y = 500MPa)制成高度为 d = 400m 的截面,其对应于屈服平台的伸长率为 $\varepsilon_{y,max}=10\varepsilon_y=$

$10f_y/E = 10 \times 500/210000 = 2.38\%$。这相当于失效时的伸长率超过 20%。塑性扭转通过 $\theta = \Delta l/(d/2)$求出，其中 $\Delta l = l\varepsilon_{y,max}$（见图 6.4）。

- 在图 6.4 的设计 a 中：

$L_y = 10\text{mm}, \varepsilon_{y,max} = 2.38\% \Rightarrow \Delta l = 0.0238 \times 10 = 0.238\text{mm}, \theta = 0.238/(400/2) = 1.2\text{mrad} \ll 25\text{mrad}$

- 在图 6.4 的设计 b 中：

$L_y = 400\text{mm}, \varepsilon_{y,max} = 2.38\% \Rightarrow \Delta l = 9.52\text{mm}, \theta = 9.52/(400/2) = 47.6\text{mrad} \gg 35\text{mrad}$

设计 b 提供了显著的塑性扭转，大于 EN 1998-1 *条款6.6.4(3)* 中对 DCH 等级 35mrad 的要求。设计 a 无法提供所需的塑性扭转，即使对于 DCM 等级也是如此。

这个简单示例的结论很直观：

- 为了形成有效的塑性铰，需要一段长度作为截面高度的屈服区，避免应变局部化；
- 需要具有足够高的 $\varepsilon_{y,max}$ 和 f_u/f_y 值的材料；
- 对于给定的材料，因为 $\theta = \Delta l/(d/2)$，则较高的梁截面高度 d 意味着较小的塑性扭转能力。

有关刚接的进一步说明，详见 6.9。

6.8 结构整体耗能性能设计

6.8.1 结构类型和性能系数

性能系数 q 代表了结构在塑性变形中耗能的能力。如果出现以下情况，可以提高结构的 q 值： *条款6.3.1，6.3.2(1)*

- 耗能区能在不损失强度的情况下经历明显的塑性变形；
- 结构的拓扑形式使得大量耗能区被激活。

EN 1998-1 *表6.2* 中给出的值是通过背景研究确定的，但是，可通过一个直接的逻辑可以将结构的拓扑形式与所提到的有利因素联系起来：

- 梁中的塑性铰是很好的局部耗能机构；抗弯框架中可以形成大量塑性铰，并且它们的 q 值可以在 4 ~ 8 之间；带偏心支撑的框架也可以设计成大量塑性铰（q 值在 4 ~ 8 之间）。
- 受拉时对角斜杆可以很好地耗能；同心支撑框架设计时，可以使得更多受拉时对角斜杆被激活成为耗能“连接”（$q = 4$），并形成整体机构。
- 受剪时板是很好的局部耗能机构；偏心支撑框架可以设计成大量这样的剪切板（q 在 4 ~ 8 之间）。
- 抗弯框架形成较少塑性铰导致耗能较少；这种情况往往发生在“倒立摆”结构体系（q 在 2 ~ 2.2 之间）。
- 需要屈曲稳定的单元参与工作的结构（如 V 形支撑）耗能较少（$q = 2$ 或

2.5);如果设计梁时,重力荷载只让梁来承受,支撑不参与(图 6.5),则结构仍具有一定的延性。应该注意的是,同心 V 形支撑的形状和刚度接近某些类型的偏心 V 形支撑,但这两种拓扑形式的系数 q 差别很大。寻求刚度和高 q 值可使设计受益。

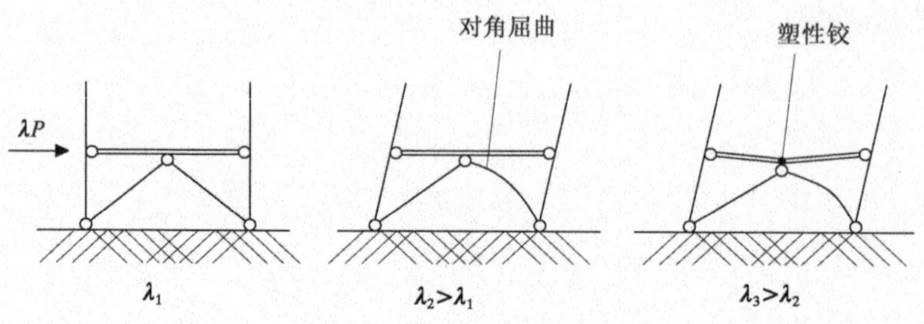

图 6.5 强梁的 V 形支撑中,对角屈曲和梁中塑性铰形成的倒塌

- 带 K 形支撑的框架不能被认为是耗能结构,因为一旦对角斜杆弯曲,框架就会变成一个门式刚架,其在柱的中间高度处有一个塑性铰,这是一个不稳定的结构(图 6.6)。

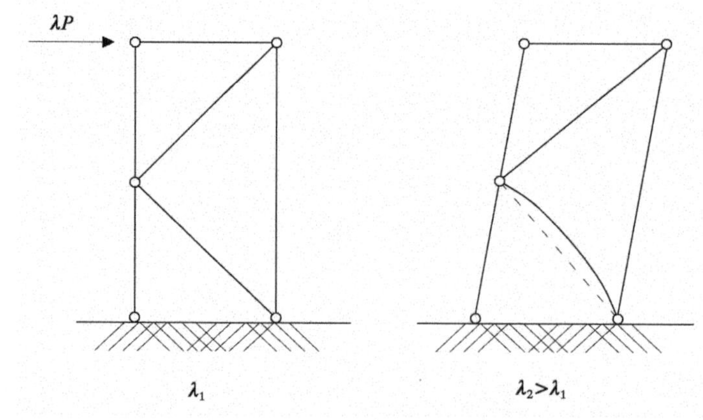

图 6.6 在 K 形支撑中,对角屈曲的倒塌

6.8.2 设计性能系数的选择

条款6.3.2(1)

EN 1998-1 表*6.2* 中提供的性能系数 q 的值是最大限值,设计人员根据情况可使用较小的 q 值。在某些情况下(如 6.2 所述),这样的选择是合理的;抗震设计条件不一定是结构的最主要控制因素,此时试图利用 q 的最大值可能没有实际影响。应该强调的是,由于采用等位移规则,无论分析中使用的 q 值如何,结构的位移总是相同的。如果设计中位移控制占主导,则增加 q 的值无济于事。相反,由于 EN 1998-1 表*6.3* 表达的整体延性(高 q)和局部延性(防止屈曲)之间的必要关系,考虑更高的 q 值将需要使用更坚固的型钢截面(b/t 值较小)。

在实践中,对于诸如抗弯框架的柔性结构,为避免迭代而使用的 q 值通常接近于 3 而不是 6。如果变形起控制作用,将选择更坚固的抗震结构类型,如带有同心或偏心支撑的框架,此时使用的 q 值则更接近于表 6.2 的 q 值。

6.9　抗弯框架

6.9.1　设计目标

与由其他材料制成的抗弯框架一样，钢框架的设计目标也是在梁中形成塑性铰，而不是出现在柱上。这个要求不能用于框架底部、多层建筑顶层和单层建筑。如果满足式(D4.23)，则假定满足此要求。　*条款6.6.1(1)*

式(D4.23)表示在连接处相交的梁、柱塑性抵抗力之间的层级关系，与承载力设计概念一致，该标准的优点在于简单明了。然而，使用动态非线性或静力弹塑性的参数研究分析表明，塑性铰无法保证仅在梁中出现。为绝对避免柱内出现塑性铰，需要将式(D4.23)中的增强系数 1.3 提高到更高的值。事实上，为了确保整体塑性机制作为设计目标，需要使用更复杂的设计方法，例如 Mazzolani 和 Piluso 提出的设计方法。然而，通过满足式(D4.23)获得的塑性机制，尽管涉及柱中一些塑性铰，但仍然是整体的，所以仍使用 EN 1998-1 中的式(D4.23)作为实现抗弯框架的强柱弱梁设计准则。

6.9.2　抗弯框架中的分析问题

抗弯框架对 P-Δ 效应很敏感。如果式(D4.20)中定义的敏感度系数(见 4.6.5 节)在每层都小于 0.1，可以使用考虑结构初始几何形状的一阶理论来确定作用效应。由于位移的限制值要求(见 4.11.1 节)很高，敏感度系数实际上总是小于 0.1。　*条款4.4.2.2(2)*

研究表明[74,75]，抗弯框架的超强可以很高，特别是在中地震活动区域的设计中。通过对试验设计进行静力弹塑性分析，可以更好地评估参数 α_u/α_1 的值，并且如 *条款6.3.2(5)* 所允许的那样，将 q 的值从默认值 1.1 ~ 1.3 增加到 $q=1.6$。这种分析工作可能会对非竖向和水平作用下受变形限制(包括地震破坏限制)控制的结构产生显著的经济影响，低层重型工业建筑的框架设计与这种情况最接近。　*条款6.3.2(1)，6.3.2(3)，6.3.2(5)，*

在重力荷载和地震作用效应的共同作用下，梁的最大正弯矩和负弯矩的值可能会有很大不同。为保证足够安全，梁的控制截面必须与弯矩最大绝对值相关。但是，根据 *条款4.4.2.2(1)* 的描述，钢结构可按照 EN 1993-1 的规定进行弯矩重分布，这样可以减小梁的设计弯矩。本章后面将进一步解释这种重分配的实际效益。　*条款4.4.2.2(1)*

6.9.3　梁柱设计

在 1 级和 2 级的梁中，截面的 b/t 值使得局部屈曲仅在大量塑性扭转之后才发生，足以满足地震下的塑性扭转需求。　*条款6.6.2(1)*

由于局部和侧向屈曲不稳定现象之间的耦合，防止侧向扭转屈曲是梁单元中的另一个严重问题，尤其是由 H 形或 I 形截面构成的梁单元：翼缘一侧向内弯曲伴随着翼缘另一侧向外弯曲，这使得截面不对称并产生侧向运动。因此，对翼缘进行实质的侧向约束可以使得梁的全部塑性能力得以发展，楼板可以对与之连接的梁提供极好的侧向支撑。由于梁端塑性力矩的符号相反,因此上下翼缘都应受到约束(图 6.7)。

图 6.7 支撑底部翼缘,防止梁端在弯拱时侧向屈曲(由加州大学圣地亚哥分校 Chia-Ming Uang 提供)

条款6.6.2(2),7.7.3(3)

设计剪力的计算规定:

$$V_{Ed} = V_{Ed,G} + V_{Ed,M} \quad (D6.4)$$

其反映了承载力设计要求:梁中设计剪力 V_{Ed} 的地震分量 $V_{Ed,M}$ 与承载能力极限状态(ULS)有关,其中塑性力矩 $M_{pl,Rd}$ 在两个梁端产生(而不仅仅是以弹性分析下的地震作用效应计算弯矩),遵循上面 6.5 中解释的基本原理。

$$V_{Ed,M} = (M_{pl,Rd,A} + M_{pl,Rd,B})/L \quad (D6.5)$$

式中,A 和 B 表示梁端截面。

条款6.6.3(1) 6.6.3(2),7.7.1

用于计算柱中设计轴力的规定、6.5 中的式(D6.1),以及用于计算柱设计剪力 V_{Ed} 和弯矩 M_{Ed} 的类似规定,也反映了承载力设计要求。在这种情况下,构件(柱)的设计与塑性区域发展的构件(梁)不同,必须考虑到梁的屈服应力可能高于设计屈服应力的事实。因此与梁中塑性铰的形成相对应的柱中的轴向力 N_{Ed} 的值高于由弹性分析计算的值 $N_{Ed,E}$,系数 $1.1\gamma_{ov}$ 考虑了该材料的增强问题,其实是考虑到由于大多数截面 $M_{pl,Rd,i}$ 的值高于分析计算得到的 $M_{Ed,i}$ 的值这一事实,而采取的截面增强措施。

在框架底部的立柱中形成塑性铰是抗弯框架的预期特征,因为其需要在整体塑性机制中变形协调。因此底层柱承载能力极限状态(ULS)的稳定性检验中必须考虑对应于该情况的弯矩图。

条款6.6.3(6),6.6.3(7),6.6.4(1),6.6.4(4)

柱的节点域设计必须满足:

$$V_{wp,Ed} \leq V_{wp,Rd} \quad (D6.6)$$

由于在柱附近的梁端存在符号相反的塑性弯矩，如图 6.8 所示，施加在节点域的设计剪力 $V_{wp,Ed}$很高（图 6.9）。如果塑性铰是在与柱相连左右两端的梁端中形成，则节点域的水平设计剪力 $V_{wp,Ed}$为：

$$V_{wp,Ed} = M_{pl,Rd,left}/(d_{left} - 2t_{f,left}) + M_{pl,Rd,right}/(d_{right} - 2t_{f,right}) \qquad (D6.7)$$

根据式（D6.7）计算的 $V_{wp,Ed}$值必须与式（D6.6）中柱的节点域的设计抗力 $V_{wp,Rd}$进行比较；后者计算时考虑到柱截面的几何尺寸，特别是柱的截面高度 d_c（见图 6.9）和腹板的长度 h_w。如果塑性铰形成在距离柱表面 D 处，则式（D6.7）中要考虑的弯矩为：

$$M_{sd,left} = M_{pl,Rd,left} + V_{Ed,M,left}D \qquad M_{Sd,right} = M_{pl,Rd,right} + V_{Ed,M,right}D \qquad (D6.8)$$

式（D6.6）是指柱腹板高厚比很小的情况，可以发挥其全部塑性强度。屈曲限制了更细长腹板的承载力，在这种情况下，腹板的抗剪屈曲承载力应该用于式（D6.6）的右侧。

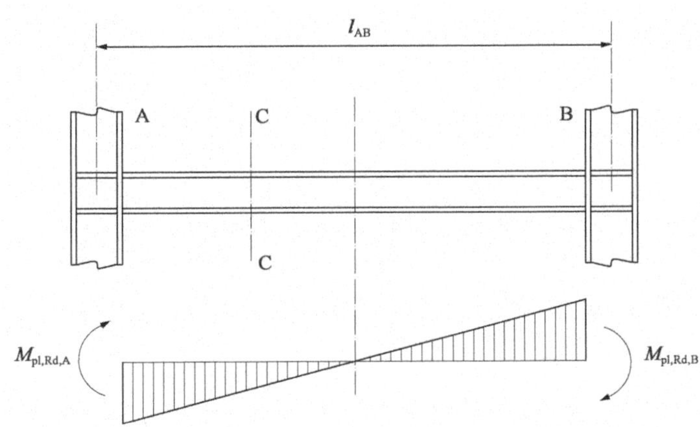

图 6.8　用于计算 $V_{Ed,M}$的设计弯矩

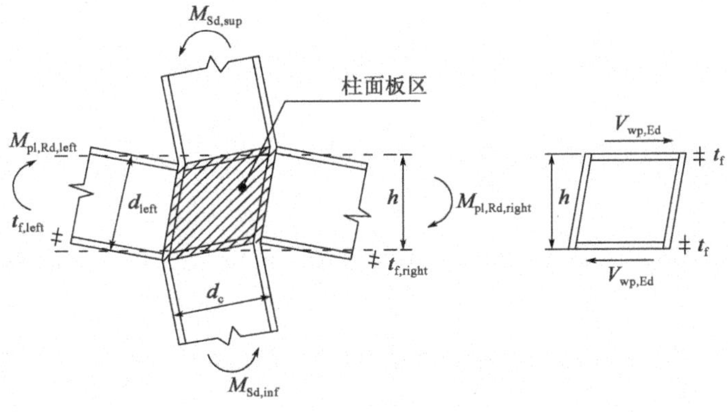

图 6.9　正负弯矩在柱节点域产生高剪力

设计剪力 $V_{wp,Ed}$通常超过由标准轧制截面制成的立柱节点域的受剪承载力 $V_{wp,Rd}$，因此需要安装加强板。可在柱腹板上焊接“双层”板或通过在翼缘和横向加劲上焊接两个板（图 6.10），焊缝的尺寸应与附加板的厚度相符。

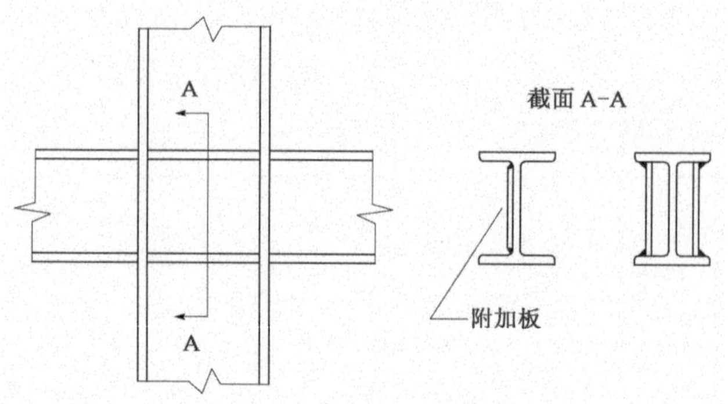

图 6.10 增加节点域抗力的附加板

式(D6.6)反映了柱腹板剪切中塑性变形的可行性，这种塑性机制获悉具有很好的延性和稳定性。然而，有两个原因证明了它不是抗弯框架中基本的局部耗能机制：

- 抗弯框架设计目标的整体机制对应于"弱梁-强柱"的概念，其意图是梁的屈服延伸到整个结构中，避免了局部的"软弱层"。在这个概念中，柱保持完全弹性，接受柱腹板中的耗能机制会违反这个概念。
- 柱腹板的剪切塑性变形导致柱翼缘在腹板加劲和柱翼缘相交的位置发生局部弯曲。如果梁焊接到柱翼缘上，上述柱翼缘的局部弯曲可能导致连接区域产生高塑性应变并产生早期失效。

式(D6.6)意味着通过允许梁中的塑性铰变形和腹板中的塑性剪切变形同时发生，以有限的方式接受柱腹板的塑性剪切变形，这一决定也得到了试验的支持。试验证明，当两种现象同时发生时，可以观测到最具延性的连接性能。数据表明腹板对塑性扭转能力的贡献仅限于总贡献的 30%。

6.9.4 耗能区的设计

条款6.6.4(2)，6.6.4(3)，6.6.4(5)，6.6.4(6)，6.5.5(7)

如前所述，抗弯框架中的耗能区域应该是由弯矩产生塑性铰的区域。根据地震作用下弯矩图的形状，塑性铰出现在梁端(见图 6.8)。

在非等强或半刚性连接设计的情况下，塑性铰可以在连接件中出现。可设计使用以下类型的连接组件：柔性端板、隅撑等。这样的设计需要估算变形能力，即设计中连接件在动态循环条件下的扭转能力。但是目前还没有一种设计、规定或其他方式适合。因此设计人员须根据现有的文献[76]进行改进设计；也可以在选择 6.4 中列出的耗能组件作为延性的"有利因素"之后，使用"组件方法"，该方法原理可在 EN 1993-1-8 中查索到。符合 EN 1998-1 的国家附件可作为参考提供给其他文献作为连接节点设计的指南。

抗弯框架中的塑性铰通常选择出现在梁中，这不仅是因为缺乏部分强度连接的数据，而且因为抗弯框架本质上是柔性的并具有连接的灵活性，因此需要补偿更大的钢截面使其具有高度的灵活性，这可能导致解决方案不经济。

如果使用刚性连接，则存在两种设计选择。即：

(1)塑性铰出现在与柱翼缘相邻的梁段，这是经典连接节点设计方法；

(2)塑性铰从柱翼缘上移开,以便将连接的应力集中与塑性铰的塑性应变分开。可通过以下方式实现:

—加强连接;

—通过调整翼缘来减弱梁(减小梁截面或"狗骨头"设计,如图 6.7 所示)。这个最初的想法[77]已经得到进一步发展,并作为设计建议[78]之一。

图 6.11 为强化和弱化技术的示例。

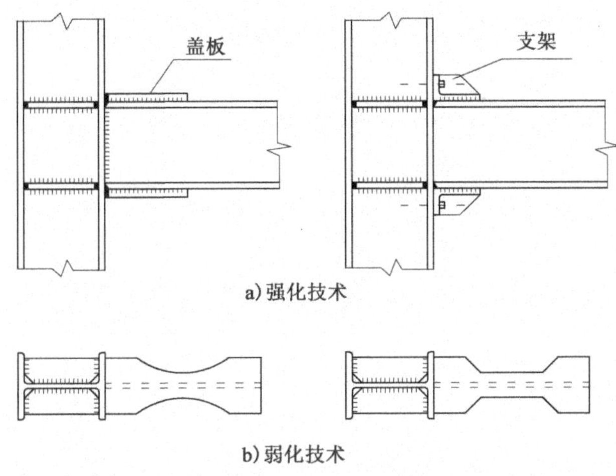

图 6.11 抗弯框架连接节点中强化和弱化技术的示例

在美国,由于在 Northridge(1994)和 Kobe(1995)地震中抗弯框架中的力矩连接性能显示较差,使得从柱翼缘上更换塑性铰的可能性得到了广泛的发展。合理的设计选择是关注柱表面上主要应力区域的质量。地震后的调查和研究表明,除连接设计外,导致观测到的实际性能不佳有以下几个因素:

- 基材可焊接性能低、伸长率低;
- 焊接材料不合适(低韧性);
- 焊接施工加大了应力集中和缺陷的风险(带有应对孔的 V 形设备和在支撑杆两端上的焊接都是必要的,因为只有上述的单面焊接可用于现场焊接);
- 焊接技术不当(现场焊接、气体保护)。

大量的试验证据表明,典型连接可以轻松地实现目标塑性扭转。这些观测已经在 H 截面和 IPE 截面的测试中进行,截面高度达 450mm,采用欧洲标准材料、制造及标准预防措施,例如合适的焊接准备(K)、焊接金属和焊接程序(例如,在 K 制备的情况下,从一侧进行焊接,然后从另一侧焊接),以及具有适当韧性和可焊性的基础材料。这证明 EN 1998-1 中采用连接的位置并不需要详细的规定和连接设计的限制,在 EN 1998-1 的国家附件中包含更多细节。高度大于 450mm 的 H 截面和 IPE 截面,存在一些不确定性,仍在研究中。

无论何种类型连接,都需满足*条款6.6.4(3)*所述绝对扭转能力 θ_p 提供的变形能力的范围。定义 θ_p 的最简单方式是根据试验数据来确定,而不是根据弹性和塑性扭转的理论定义,θ_p 等于在梁的中跨处测得的挠度除以跨度的一半。如果测试的长度较短,则可以将得到的结果调整到该定义中。θ_p 的贡献如下:

- 连接节点的变形,包括柱腹板变形;
- 塑性铰扭转;
- 梁的弹性变形。

θ_p 的贡献不包括节点域外柱的弹性变形,检测表明该变形与塑性区域(梁中的及其与柱的连接处)的扭转能力无关。

6.9.5 超强的限制

如 6.2 所述,整个设计过程可能会产生强度超过设计地震抗力所需强度的结构。超强可能有以下几个原因:

- 在重力荷载作用下梁的设计挠度限值可能导致截面大于抵抗地震所需的截面;
- 柱的承载力设计需要满足式(D4.23)。

如果设计使得正常使用极限状态(SLS)地震有限损伤的位移极限得到验证,设计人员可以优化结构构件的截面。EN 1998-1 提供了三种优化梁、柱截面的可能性:

- 地震作用下梁的设计考虑了重力作用和地震作用效应的组合,其产生了不对称的弯矩图,其中最大正负弯矩的绝对值可能完全不同(图 6.12)。通常,梁截面的选择需要满足 $M_{pl.Rd} \geqslant \max(|M_{Sd}^{+}|, |M_{Sd}^{-}|)$。实际上,根据 EN 1993-1 的规定,在允许的范围内可以对梁进行弯矩重分布,因此可合理地选择更小的截面,通过改变弯矩的影响线进而减小最大设计弯矩和相应的梁截面。

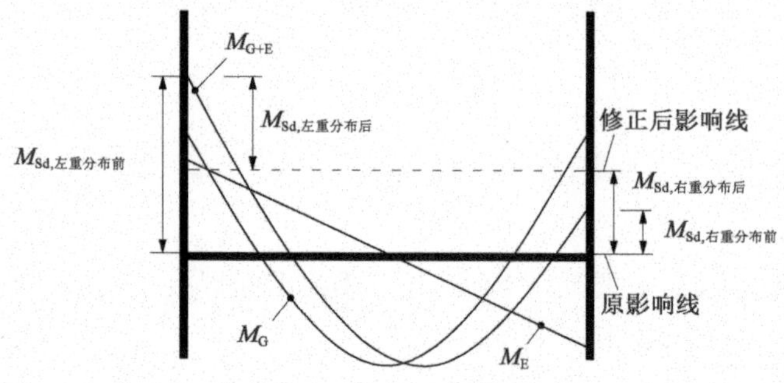

图 6.12 减小设计弯矩的弯矩重分布

- 根据梁弯矩图的形状,柱的承载力设计值[式(D4.23)]取梁端截面的塑性抗力 $M_{pl,Rd,b}$,或连接节点的塑性抗力 $M_{pl,Rd,c}$ 二者中的较小值。如果梁的设计产生明显的超强且有 $M_{pl.Rd} \approx \max(|M_{Sd,E}^{+}|, |M_{Sd,E}^{-}|)$,当满足式(D4.23)时就会带来柱的超强设计。为了避免这种情况,可以减小梁端部截面面积(削弱梁截面或采用"狗骨头"截面)从而减小 $M_{pl,Rd,b}$。
- 通过设计实现 $M_{pl.Rd,c} \approx \max(|M_{Sd,E}^{+}|, |M_{Sd,E}^{-}|)$ 的梁-柱非等强连接,也可以避免柱的超强设计。

如果采用上述方法,则修改后的结构比第一种设计更柔,响应也会改变,须对结构进行重新分析并考虑修改的复核。

6.10　中心支撑框架

6.10.1　考虑性能演化的中心支撑框架分析

在 Eurocode 8 中,中心支撑框架的设计理念为受拉的对角斜杆是可靠的耗能区,而受压的对角斜杆屈曲对刚度和抗力没有显著贡献。 *条款6.7.1(1),6.7.2(2)*

问题在于现实是不断演化的。在第一阶段,对角斜杆中的受压作用效应可以增加屈曲强度 $N_{pl,Rd}$;在随后的循环中,由于第一屈曲阶段的永久变形,使得对角斜杆的强度降低,不再能达到屈曲强度 $N_{pl,Rd}$。这种抗力的减小是急剧的,随着循环加载发展且不易估计。参考 EN 1998-1 中假定的情况,结构系统的刚度和强度相应地减小。问题是需要提出一种设计方法,该方法能安全估算性能演化。事实上,Eurocode 8 中有关于处理受压对角斜杆的条款,尽管原则上这些条款在参考设计模型之外。

如 *条款6.7.2(3)* 所述,对于所有类型的支撑,允许使用合理的非线性程序明确考虑受压对角斜杆的贡献。为简单起见,Eurocode 8 提出标准线弹性分析的简单备选方案,这些备选方案具有特殊要求,稍后将对此进行讨论。 *条款6.7.2(3)*

6.10.2　X 形支撑框架的简化设计

在标准设计中,可以使用以下简化方法: *条款6.7.2(1),6.7.4(1),6.7.3(1),6.7.3(2),6.7.3(3),6.7.3(4)*

- 假定每个 X 形支撑中只有一个对角斜杆存在,另一个对角斜杆被认为已经屈曲且无法提供强度进行结构分析。这相当于低估了结构系统在初始(预屈曲)阶段的刚度和强度,对后屈曲阶段则为安全的考虑。
- 梁和柱的承载力根据对角斜杆的实际屈服强度设计,是通过式(D6.1)给出的轴向力弯曲和根据 4.4.1 获得设计地震作用与重力作用的组合分析的弯矩进行。

倘若未考虑预屈曲阶段的柱、梁中受压的作用效应高于分析设想的后屈曲阶段,这种简化方法对结构的稳定性是不安全的。实际上,如果对角支撑的屈曲荷载接近其受拉时的屈服荷载,则 X 形支撑的初始受剪承载力 V_{init} 会被仅考虑一个对角支撑的模型低估。如果使用小长细比对角支撑,V_{init} 可以接近于仅由一个有效(屈服)对角支撑假设计算得到的 $V_{pl,Rd}$ 值的两倍。防止这种不安全情况的唯一方法是设计细长的对角支撑,其屈曲荷载最多约为 $0.5N_{pl,Rd}$,对于长细比,规定的下限值为 1.3。在 *条款6.7.3(1)* ~ *条款6.7.3(3)* 中规定的上限最大值 $\max(\bar{\lambda})=2$ 是合理的,目的是避免对角线荷载反转期间的冲击效应。低层结构(最多两层)无此限制, 意味着杆或索可以用作这种建筑中的对角支撑。

6.10.3　分离型对角支撑框架的简化设计

分离型对角支撑的结构性能类似于 X 形支撑,但由于有两个支撑区域,每个支撑区域包含一个对角支撑而不是两个,因为有两倍数量的柱参与支撑,所以上 *条款6.7.3(2),6.7.4(3)*

述 X 形支撑的超强设计问题发生的方式不同。

因此,*条款6.7.3(2)*规定,在这种情况下对角斜杆的长细比下限值不受限制。但是,如*条款6.7.4(3)*所述,要完成设计还必须解决对角线处于受压状态的框架部分,因为与其下端相交的柱中有压力,例如图 6.13 的 AB 柱。

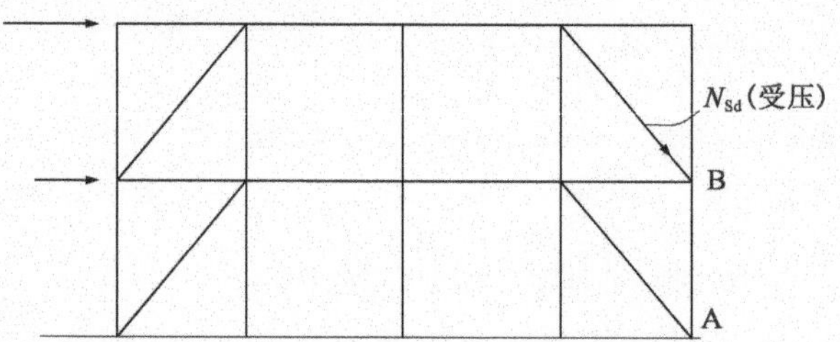

图 6.13 分离式对角支撑

6.10.4 V 形支撑框架的简化设计

条款6.7.2(2),6.7.4(2)

在分析中考虑受拉和受压对角斜杆,V 形或 Λ 形支撑的简化设计方法(Eurocode 8 中称为倒 V,北美术语中称为"chevron"支撑)与 X 形支撑所考虑的简化设计方法不同。相对于忽略受压对角斜杆的分析,结构的计算刚度和强度更高。然而,这个关于 X 支撑的更完整的模型通过将带 V 形支撑的框架与较低的 q 值相关联,来考虑受压对角斜杆中承载力的降低。

- 在 DCM 等级中,$q=2$;
- 在 DCH 等级中,$q=2.5$。

对 X 形支撑 $q=4$,此外,梁的尺寸应确定为:

- 所有非地震的作用效应不考虑对角的作用;
- 受压对角斜杆屈曲后由支撑施加到梁上的不平衡竖向地震作用效应可以如下计算:假设支撑中的力等于 $N_{pl,Rd}$,则受压支撑的屈曲荷载等于 $N_{pl,Rd}$ 值的 30%(推荐值)。

6.10.5 整体塑性机制的形成准则

条款6.7.3(5),6.7.4(1)

*条款6.7.3(5)*中对角斜杆的设计要求仅表达了能够采用计算作用效应 N_{Ed}:$N_{pl,Rd} \geq N_{Ed}$ 的截面要求。为了形成整体耗能支撑结构,在屈服影响大量对角斜杆的情况下实现整体塑性机制,必须满足两个条件:

(1)梁和柱必须能够根据对角斜杆的实际强度进行承载力设计。这可以防止非耗能构件(如柱)先屈服。

(2)在地震作用下,设计标准宜赋予每个对角斜杆一个显著的屈服概率。

为了满足条件(1),梁和柱根据对角斜杆的实际屈服强度进行承载力设计,通过式(D6.1)给出的轴向力 N_{Ed} 进行弯曲。比值 $\Omega_i = N_{pl,Rd,i}/N_{Ed,i}$ 通常在每个对角斜杆上不同,如 $N_{Ed,i}$ 和 $N_{pl,Rd,i}$ 的不同。事实上,由于结构中地震剪切力的高度分布,N_{Ed} 从框架的底部向顶部逐步减小。所以,如果所有的对角斜杆具有相同的截面,屈服将仅发生在第一层对角斜杆上,有可能因地面层对角斜杆中的应变硬化而到达第二层。此时,"软弱层"机制将会形成(图 6.14)。

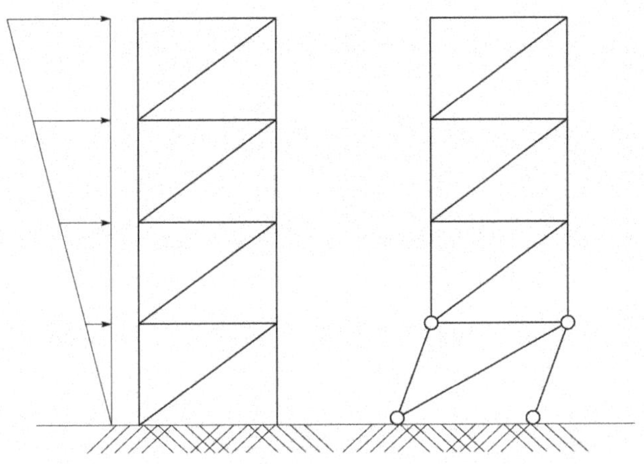

图6.14 桁架型支撑的软弱层形成

条件(2)的加入是为了强制形成整体塑性机制,其目的是为了更好地拟合对角斜杆强度 $N_{pl,Rd}$ 的分布与计算作用效应 N_{Ed} 的分布。考虑到最小需求强度($N_{Ed,i}$)可能在结构的高度上变化不大,比值 $\Omega_i = N_{pl,Rd,i}/N_{Ed,i}$ 定义了对角斜杆截面的增强系数。当式(D6.1)中考虑的 Ω 为最小值 Ω_i 时,其他 Ω_i 的值应在 $\Omega \sim 1.25\Omega$ 的范围内。这就决定了在实践中,结构的高度上要使用截面不同的对角斜杆。 *条款6.7.3(8)*

6.10.6 非等强连接

在中心支撑框架中,尽管有理由证明中心支撑是非等强连接的最佳应用领域,但采用非等强连接却并不常见,其原因是: *条款6.7.3(9)*

- 带中心支撑的框架由于其拓扑形式具有刚度大,且易满足变形标准要求的特点,因此,与抗弯框架不同,连接的额外柔性不会因为使用半刚性连接时需要增加结构单元的截面而受到损害。
- 可以设计非等强连接,使其塑性强度低于对角斜杆的屈曲强度。在这种情况下,上述具有大刚度和强度演变的体系,不适用于"只受拉对角斜杆"的体系。
- 在实践中,使用非等强连接意味着所有对角斜杆都可以用于分析的模型,与上面讨论的"只受拉对角斜杆"的结构模型相比,其带来了额外的刚度。这种积极的贡献补偿了半刚性连接可能带来的柔性。
- 非等强连接可以作为具有"校准强度"的工业产品开发,减少梁和柱超强设计中的不确定性影响;然后可以将 Ω 和 γ_{ov} 都取为1.0。
- 可以证明,通过更好地控制整体塑性机制,带中心支撑及对角斜杆非等强连接的框架的性能系数 q 高于没有这种连接的框架。
- 如果结构因地震而损坏,则屈服和永久变形的部件仅需要在耗能连接的局部区域进行更换。

这些原因的合理性已经在连接节点和框架的试验测试,以及地震作用下完整结构的数值模拟中得到证明。具体设计[79]已经证明了非等强连接在强度、刚度和伸长能力方面的潜力,例如,6.6 的简短示例中所述的符合117mm要求的两个连接方式(见第147页)。

6.11 偏心支撑框架

6.11.1 偏心支撑框架设计的基本性能

条款6.8.1(1),
6.8.1(2),
6.8.1(3)

偏心支撑框架的几何结构与中心支撑框架的几何结构相似；而杆件布置中的一些有意偏心会产生弯矩和剪力。这些结构基本上通过轴心受力构件抵抗水平力,但是它们被设计成在“消能梁段”中先剪切屈曲或弯曲屈曲。后者是由参考中心支撑的杆件朝着远离与其他杆件交叉点的移动而形成的区域(图6.15)。

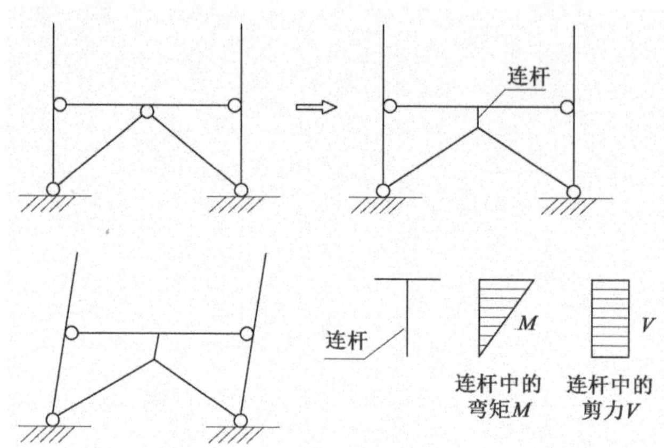

图6.15 通过竖向连杆将中心V形支撑转换为偏心支撑

对偏心支撑框架的分析不需要中心支撑情况下的所有近似值,因为此类框架的设计不是为了使对角斜杆在地震条件下屈曲。对角斜杆是非耗能区域的一部分,它们的承载力设计与整个强度链条相同,从而保持弹性,避免屈曲。

选择偏心支撑框架用于抗震结构的几个原因如下：

- 偏心支撑结合了刚度和高 q 系数(4~8 之间)。
- 连接在三个杆之间,而不是四个,如中心支撑的框架,这使得连接构造不那么复杂,也可以简化结构的安装；
- 对角斜杆是承受重力荷载的结构体系中的一部分,可以提供抵抗这些荷载的强度和刚度。

6.11.2 短连接杆与长连接杆

条款6.8.2(3),
6.8.2(4),
6.8.2(6),
6.8.2(8),
6.8.2(9)

消能梁段根据计算地震条件下连接杆上的剪切或弯曲作用效应进行设计,满足式:

$$V_{\mathrm{Ed}} \leqslant V_{\mathrm{p,link}} \qquad M_{\mathrm{Ed}} \leqslant M_{\mathrm{p,link}} \tag{D6.9}$$

式中,$V_{\mathrm{p,link}}$和$M_{\mathrm{p,link}}$分别是连杆的塑性剪切和受弯抗力。在H形截面中:

$$V_{\mathrm{p,link}} = (f_{\mathrm{y}}/\sqrt{3})\,t_{\mathrm{w}}(d - t_{\mathrm{f}}) \qquad M_{\mathrm{p,link}} = f_{\mathrm{y}} b t_{\mathrm{f}}(d - t_{\mathrm{f}}) \tag{D6.10}$$

EN 1998-1式(*6.17*)允许计算 $V_{\mathrm{p,link}}$时考虑剪力与轴向力的相互作用,EN 1998-1式(*6.18*)允许计算 $M_{\mathrm{p,link}}$时考虑弯曲和轴向力的相互作用。

消能梁段中的局部塑性机制取决于结构的拓扑形式;结构的拓扑形式可以使连杆中的弯矩图对称(图 6.16)或不对称(图 6.15)。

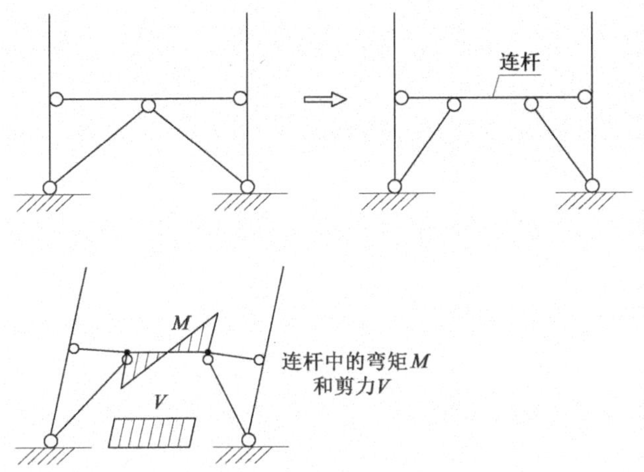

图 6.16　通过水平连杆将同心 V 形支撑转换为偏心支撑

消能梁段中的塑性机制也取决于它们的长度 e;短连杆屈服基本发生在剪切中，在塑性机制中消耗的能量为 $W_V = V_{p,link}\theta_p e$。

长连杆屈服基本发生在受弯中,当长连杆受到如图 6.16 所示的对称作用效应 M 时,塑性机制消耗的能量为 $W_M = 2M_{p,link}\theta_p$。

长连杆和短连杆之间的界限在于屈服发生在剪切还是弯曲中:

$$W_M = W_V \Rightarrow 2M_{p,link}\theta_p = V_{p,link}\theta_p e \Rightarrow e = 2M_{p,link}/V_{p,link} \tag{D6.11}$$

然而,对于式(D6.11)极限附近的 e 值,则同时存在显著的弯矩和剪切力,并且必须考虑它们的相互作用。在 EN 1998-1 中,仅考虑剪切中的塑性机制的 e 值为:

$$e < e_s = 1.6M_{p,link}/V_{p,link} \tag{D6.12a}$$

仅考虑塑性弯曲机制的 e 值为:

$$e > e_L = 3M_{p,link}/V_{p,link} \tag{D6.12b}$$

在 e_s 和 e_L 这两个值之间的连杆被称为“中间杆”,须利用 EN 1998-1 式(*6.17*) ~式(*6.20*)来考虑剪切和弯曲之间的相互作用。

如果结构的拓扑形式使得弯矩图不对称,且连杆很长,则只会形成一个塑性铰,此时 $W_M = M_{p,link}\theta_p$,则长连杆和短连杆之间的界限对应于:

$$e = M_{p,link}/V_{p,link} \tag{D6.13}$$

例如,这是图 6.15 中垂直剪切连杆情况。在 EN 1998-1 式(*6.24*) ~式(*6.26*)中定义了 e_s 和 e_L 的值,以涵盖这种情况。对于代表弯矩图形状的系数 α,这些表达式对对称情况而言是连续的,如图 6.15 所示。

$$\alpha = M_{Ed,A}/M_{Ed,B} = 0 \qquad e_s = 0.8M_{p,link}/V_{p,link} \quad e_L = 1.5M_{p,link}/V_{p,link} \tag{D6.14}$$

6.11.3 形成整体塑性机制的准则

条款6.8.3(1),6.8.2(7)

偏心支撑框架中形成整体塑性机制的准则与中心支撑框架类似,因为它们对应于相同的概念:

(1)梁、柱和连接的承载力设计是根据消能梁段的实际强度设计的。这通过满足以下公式来实现,这些公式与式(D6.1)类似:

$$N_{Rd}(M_{Ed},V_{Ed}) \geqslant N_{Ed,G} + 1.1\gamma_{ov}\Omega N_{Ed,E} \qquad (D6.15)$$

$$E_d \geqslant E_{d,G} + 1.1\gamma_{ov}\Omega_i E_{d,E} \qquad (D6.16)$$

(2)标准给出了的每个消能梁段在地震作用下达到屈服的相似概率,这是通过对其最小需求强度的连杆超强比值 Ω_i 施加限制来实现的。与应用于中心支撑框架的对角斜杆相似,当比值 Ω_i 保持在 25% 的变化范围内时,建筑高度方向的几个位置会同时出现屈服,从而形成整体机制。

6.11.4 偏心支撑类型的选择

偏心支撑有许多可能的类型,包括消能梁段,其可长可短。

短连杆和长连杆之间的选择部分取决于以下因素:

- 短连杆提供比长连杆更大的刚度。
- 剪切变形本质上是连杆截面腹板的平面内变形,没有明显的横向扭转屈曲倾向。
- 长连杆意味着显著的弯曲效应和翼缘屈曲、塑性铰受弯,其扭曲了循环荷载条件下截面的对称性,可能产生侧向扭转屈曲。需要在截面上下翼缘设置有力的侧向约束来避免这种情况的发生。

各种类型之间的选择受到许多因素的影响,包括建筑,可以通过特定的切入口来选择。

也可以考虑结构方面的因素:

- 上面已经指出[参考 EN 1998-1 *条款6.8.2(7)*],需将耗能区的强度"调高"以满足建筑中地震剪切力的高度分布,以使屈服在结构高度方向上均匀扩散。
- 如果消能梁段处于梁中,而梁截面是通过地震作用下的承载能力极限状态(ULS)以外的设计确定的,则上述"调高"可能需要梁和所有其他结构部件的超强设计,因为它们的承载力设计为梁的强度。具有 V 形或倒 V 形偏心支撑的框架,其 V_s 具有平坦的水平尖端,与这种情况相对应。
- 摆脱这种不利情况的一种方法是选择使所有消能梁段同时产生屈服的类型,例如图 6.17 中偏心 V 形支撑框架的演化。
- 如图 6.15 所示类型中的垂直消能梁段可以更容易地设计为特定的"延性保险丝",因为重力加载使它们基本上只受到轴向力的作用,而轴向力不会对它们的弯曲或抗剪切性产生明显的相互作用。

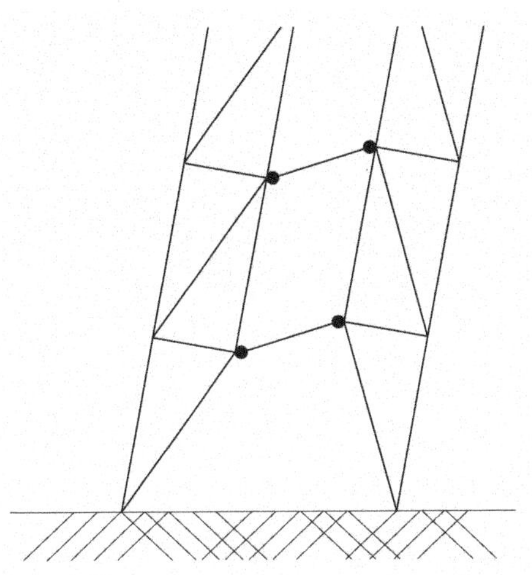

图6.17 实施整体塑性机制的偏心支撑示例

6.11.5 非等强连接

偏心支撑框架采用非等强连接并不符合这种支撑的初始意图,其本意是让耗能发生在"消能梁段"结构构件的区域中。然而,在非中心支撑框架的拓扑形式中使用非等强连接只是另一种"连接"的思路;因此,一旦 EN 1998-1 *条款6.8.4* 中提出的延性和稳定性问题得到解决,就没有理由反对这种选择,其适用于6.10.6提到的中心支撑框架的非等强连接的所有有利方面。 *条款6.8.4(2),6.8.4(3)*

6.12 带填充墙的抗弯框架

根据填充墙的种类及其与框架的连接,带填充墙的抗弯框架分为几种不同类型。 *条款6.10.3(2),6.10.3(3)*

钢框架和墙板的相对刚度会影响它们之间力的分布。如果填充墙板刚度比框架更大,则其吸收地震作用效应更多。根据它们的组成,墙板可以是:

- 抗震性能的重要组成部分:设计精良、连接良好的钢筋混凝土或砌体填充墙板的框架符合这种情况。
- 仅在响应的第一阶段对抗震结构有贡献,之后填充墙会破坏并失效且由框架来承载。然而,由于这种墙板破坏分布不均匀,可能会形成软弱层机制并成为整体失效模式。

设计方法必须考虑多种可能性,选择一些可以正确评估承载机制的标准:

- 如果填充墙是与框架良好连接、设计精良的钢筋混凝土墙板,则该结构体系实际上是组合墙,须按照 EN 1998-1 *第7章*的规定进行设计。
- 如果填充墙是高质量的砌体墙板,旨在作为抗震结构系统的一部分,则该结构体系应视为有约束的砌体,并按照 EN 1998-1 *第9章*的规定进行设计。
- 如果任何性质的填充墙与抗弯框架在结构上是断开的,即填充墙支撑在下部梁上,在顶梁下方有水平缝,两侧有竖缝,则它们仅作为质量块且对抗震能力无任何贡献。竖缝的尺寸 c 宜足以防止填充墙与结构之间的任何接触:$c \geq d_r$,其

中 d_r 是承载能力极限状态下(ULS)的层间位移。侧面和顶部的缝隙采用可变形材料填充,以确保密封性。但是,防止结构上断开的填充墙的平面外运动(可能导致倾覆)可能会很困难。

- 如果填充墙由具有低平面内杨氏模量 E 和低屈服抗力性质的材料组成,则接近于完全断开的情况。
- 如果填充墙是由具有非常低的平面内抗力或在其周边容易立即压碎的墙板制成,则会接近于完全断开,因为墙板材料如同可变形的间隙填充材料。

在实践中,这两种情况必须通过以下比较来评估:

- 填充墙周围钢柱的抗剪强度 V_{Rd} 和由填充材料制成的压缩对角线的屈服强度或失效强度 N_{Rd} 的数量级。
- 在设计地震作用下,钢框架结构的层间位移 d_r 在相同的压缩对角线的最大强度下达到变形 d_1。

当 $N_{Rd} < 0.05V_{Rd}$ 且 $d_1 > d_r$ 时,可认为填充墙在结构上无效,可以忽略。

6.13 设计和施工控制

条款6.11

EN 1998-1 中对钢结构设计和施工控制的要求反映了 6.3 中关于为结构有效整体耗能性能创造条件的担忧。该目标特别要求所有用于耗能组件的材料的屈服应力保持在明确定义的范围内,明显低于上限值。这些要求的原因背景已在 6.3中完整地给出。

关于现场提供的材料问题,可以考虑三种类型的反应:

(1)如果耗能区材料的屈服应力超过了标准上限值 $1.1f_{y,max}$,则宜重复设计中的承载力设计计算,并在复核检验中考虑材料的实际屈服应力。

(2)如果问题仍然存在,可以对结构进行非线性推覆分析,以对整体塑性机制提供明确的评估,包括第一屈服和极限荷载,即使未满足 EN 1998-1 中的一些条款,这种做法也可以被证明是满足要求的。

(3)在材料超强的情况下,另一种选择是减小耗能区的截面,使它们的实际强度 $R_{d,act}$ 更接近于设计强度 R_d。在抗弯框架中,这种方法利用了 6.9 中提到的削弱梁截面设计的方法,类似的方法可用于其他类型的结构。在所有情况下,必须特别注意使屈服区的长度足够大,以提供所需的转动/伸长/剪切变形能力。截面削弱技术还要求“修剪”截面的表面是合适的:例如,氧气切割产生的表面不能粗糙,必须进行加工。

第 7 章　钢-混凝土组合结构的设计和构造要求

7.1　简介

EN 1998-1 *第7 章*介绍的钢-混凝土组合结构类似于第 6 章介绍的钢结构。第 6 章提供的钢结构有关信息也适用于组合结构。在下文中,我们将重点放在那些针对结构构件和结构类型的组合特征方面。

条款7.1.2(5),7.1.2(6),7.7.5(1),7.7.5(2)

Eurocode 8 中关于组合结构的内容是在一个总体设计目标的基础上展开的,这个总体目标是为了实现具有可靠承载力的延性耗能区:在地震期间,保持混凝土的完整性并且使得屈服发生在钢截面上或者钢筋中。

7.2　组合性能等级

任何与混凝土构件(例如混凝土楼板或墙)混合的钢结构,可以定义为钢-混凝土组合结构,因为这些材料在一定程度上相互作用。这种相互作用可能是:

- 仅限于抵抗重力荷载或火灾。这种选择的优点是不需要考虑抗震构造;该结构表现得像钢结构,并按钢结构进行分析。然而,结构分析宜与其真实性能相符合,并且必须对所有结构构件的刚度和强度进行正确估计。尤其是,混凝土对耗能区强度的"隐藏"贡献不容忽视;否则,必须保持弹性的区域的承载能力设计会具有错误的分析基础。因此,必须注意在耗能区附近"断开"的混凝土,*条款7.7.5* 中的规定涉及了对抗弯框架梁的断开情况。但是,如 *条款7.1.2(6)*所述,在标准中可能存在其他没有明确指示的情况。
- 结构单元通过其组合性能有助于结构耗能。

Eurocode 8 *第7 章*是为了让组合结构提供尽可能高的组合抵抗能力而撰写的[80,81]。

7.3　材料

条款7.2 中的第一个要求是结构混凝土的强度分类:

条款7.2.1(1)

- 混凝土应至少达到 C25/30 级; C25/30 是建筑结构应用的标准值,特别是对于楼板。
- 混凝土的最大强度为 C40/50 级;这种限制背后的原因是随着混凝土强度

的增加,压碎应变 ε_{cu}减小。

在带有板的梁截面延性条款的叙述中,$\varepsilon_{cu2} = 2.5 \times 10^{-3}$被认为是地震循环条件下钢筋混凝土的破坏应变;这可能是为了和静态负载条件下的 $\varepsilon_{cu2} = 3.5 \times 10^{-3}$相对应。只要能在静态负载条件下证明 $\varepsilon_{cu2} = 3.5 \times 10^{-3}$,就可以使用 C40/50 以上的混凝土。

条款7.2.2(1),7.2.2(2),7.2.2(4),7.2.3(1)

7.2 中的其他要求是指结构钢材和钢筋,参考类似于第 5 章(混凝土结构)和第 6 章(钢结构)的延性处理方式。设计中较简单的选择是使用延性材料,但是,要考虑不利情况:*条款7.2.2(4)*涵盖了非延性焊接网用于复合结构耗能区的情况。规定是通过采用具有相同横截面积的延性钢筋替换耗能区域中的非延性钢筋,并依靠这些延性钢筋来评估安全塑性能力。然而,在这种复制的情况下存在的非延性和延性钢筋,都应该用于评估横截面抵抗力的上限,用作其他构件承载力设计的参考。

这里所涵盖的问题是,在弯矩框架中的梁柱连接区域中,可靠的塑性负弯矩只能基于具有足够延性的钢筋确定,而在柱的承载设计中考虑的梁的塑性弯矩必须包括钢筋、非延性焊接网的所有可能的作用。当通过延性钢筋复制非延性钢筋可以实现时,柱的承载力计算会导致这些柱的计算偏于保守。

在实践中,最经济的解决方法可以通过下面的任意一种手段获得:

- 使用延性焊接网;
- 避免耗能区中非延性钢筋的连续性;可以通过在耗能区使用标准延性钢筋,并将延性钢筋和非延性钢筋之间的搭接设置在远离耗能区的地方来实现。

7.4 构件局部耗能及其连接设计

7.4.1 结构组合性能对局部延性的有利因素

钢-混凝土组合框架的使用可对局部延性产生积极影响;这些影响是对 6.4 中钢结构所述现象的补充:

条款7.6.1(4),7.6.4(8),7.6.4(9),7.6.4(10),7.6.5(3),7.6.5(4),7.6.5(6)

- 混凝土外壳在型钢周围的有利作用。包裹于型钢中,或填充在型钢翼缘之间的混凝土,可防止钢板向内局部屈曲,并减少由于屈曲导致的强度降低。因此,组合截面中,对板的一些长细比限值比纯钢截面高。H 截面的腹板高厚比的限值比钢截面高一级,如*条款7.1.1(1)*涉及的 Eurocode 4[82]所示,条件是钢腹板按照 Eurocode 4 *条款5.5.3(2)*规定的方式与混凝土连接。对于部分或完全包裹的 H 型钢,表 7.3 中给出的翼缘宽厚度极限值与 Eurocode 4[82]的表 5.2 中 1、2 和 3 级的内容相同,与 Eurocode 3[83]中与钢有关部分的表 5.2 相同。完全封闭的梁目前不在 Eurocode 4 的规定之内;只有部分封闭的梁可以考虑。由于缺乏数据,Eurocode 8 无法对部分和完全封闭的梁截面做出区分。除 Eurocode 4 中假定的标准情况外,Eurocode 8 还引入了增加翼缘宽厚比限值的可能情况,即通过减轻受包裹的 H 形截面翼缘屈曲的方式。在某些情况下,通过特定措施可以将此限制值提高 50%：

—用于完全封闭截面的附加箍筋[见*条款7.6.4(9)*和*条款7.6.4(10)*]；

—用于部分封闭截面翼缘内侧焊接的附加直杆[参见*条款7.6.5(4)*和*条款7.6.5(6)*以及 EN 1998-1 中的图 7.8]。

这些细节可以实现以相对较低的成本改进设计，因为额外的钢筋或箍筋仅需要存在于柱的临界区域中或梁的耗能区域内(梁高的范围内)。

• 包裹在混凝土墙中的钢板和截面的积极作用。以这种方式对混凝土内部的钢材进行考虑，可能看起来像是先前型钢截面周围包裹混凝土效果的重复。但是，在参考结构单元中存在差异，参考结构单元是混凝土墙。通过将混凝土墙转变为组合墙，设计师可以显著提高墙的延性和强度，并解决典型的设计问题，例如当混凝土尺寸在受到建筑相关事项的限制时，提供更高的抗剪切性能。EN 1998-1 的*7.10*和*7.11*，见下文 7.15，为钢筋混凝土墙与钢板和型钢组合提供了设计指导。 *条款7.10，7.11*

• 与钢结构相比，由于钢筋混凝土界面的开裂和摩擦，组合结构的阻尼增加。尽管人们普遍认识到，这种对能量耗散的积极影响在设计过程中并不明显，因为它被认为是，在承载能力极限状态(ULS)下，结构单元的阻尼引起的能量耗散，相对于塑性机构中的能量耗散，前者属于次要因素。

7.4.2　结构组合性能对局部延性的不利因素

钢-混凝土组合框架的使用会对局部延性产生一些不利影响；这些是在 6.4 中描述的钢结构现象之外的： *条款7.6.2(1)，7.6.2(7)，7.6.2(8)，7.6.4(2)，7.6.5(1)*

• 受压时混凝土破碎。受压时混凝土破坏不具有延展性。Eurocode 8 第*7*章的许多方面旨在通过控制混凝土中的应力和应变低于其失效值，作为避免发生这种失效的条件：

—EN 1998-1 *条款7.6.2(7)*、*条款7.6.2(8)和表7.4*定义的钢-混凝土组合楼板的 x/d 极限值，限制了抗弯刚架的组合 T 形梁的中性轴位置，目的是为了使板中的最大应变 $\varepsilon_{concrete}$ 保持在可接受的范围内(图 7.1)。

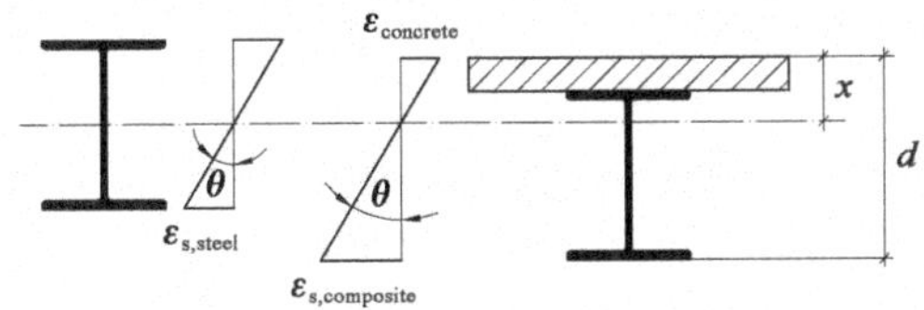

图 7.1　钢截面和组合截面的应变

—EN 1998-1 附录 C 中板内钢筋的设计条件，其定义有以下双重目标： *条款7.5.4(5)，7.6.2(9)*

(a)利用混凝土强度，通过定义作为“系杆”和混凝土压缩“支撑”相平衡的板内钢筋，以最大限度地提高由 H 形钢梁与混凝土板组合成的组合截面的潜在抗力。

(b)通过产生混凝土约束效应,减少抗弯框架中柱子周围板的开裂。

条款7.5.4(7),7.6.4(7),7.6.5(2)

• 循环剪切下的混凝土破碎。循环剪切下的混凝土破碎不是延性的,因为交替的裂缝可能会迅速导致混凝土完全崩解,使混凝土强度降低到几乎为零。这就解释了为什么复合柱节点域的抗力 $V_{wp,Rd}$,其中包括柱翼缘和横向加劲肋形成的"箱"内混凝土受压支撑的贡献,并且必须通过符合 EN 1998-1 的式(7.3)来设计弯曲梁塑性强度的承载力:

$$V_{wp,Ed} \leqslant 0.8V_{wp,Rd} \tag{D7.1}$$

钢结构的类似条件为第6章中的公式(D6.6):$V_{wp,Ed} \leqslant V_{wp,Rd}$。很明显,在组合柱的情况下,与钢柱相比,需要增加安全性以防止面板"失效"。正是为了保证节点域中的剪切应力低于钢的屈服应力,并低于混凝土的极限应力。

受到塑性弯曲部分的剪切强度的显著降低,以及混凝土在交替剪切下失效的情况也证明,在由受包裹的钢截面制成的组合柱的耗能区,设计人员对组合材料部分的抗剪切性能没有把握。*条款7.6.4(7)*和*条款7.6.5(2)*通过要求钢截面的抗剪强度需单独考虑来表达这一点。

条款7.6.2,7.7.1(4)

• 钢-混凝土组合楼板中性轴上升的负面影响。由 H 形钢截面和通过抗剪连接件连接到钢截面的混凝土板组成的组合梁,中性轴上升到钢截面的上部(目前是钢翼缘),其中涉及在钢截面的下翼缘中增加的应变 $\varepsilon_{s,composite}$,与在对称的钢截面中以相同的转角发展的应变 $\varepsilon_{s,steel}$ 相比(图7.1)。由于屈曲使得这些更高的应变导致强度降低更快,因此降低了截面的延性。这种效果通过腹板的高厚比 c/t 的极限值来考虑,这对于完全受压的腹板更具限制性(在带有板的梁中),比受弯曲时的腹板(对称钢截面)限制更高。翼缘的宽厚比 c/t 的极限值保持不变。

• 组合梁有效抗力增加的负面影响。组合作用显著提高了钢梁的有效强度,特别是在梁的曲率使顶部翼缘受压的部分。最重要的是,非耗能结构单元的承载力计算是基于组合强度的值(这是 EN 1998-1 中的情形)。忽略梁的有效组合强度的设计可能会导致结构问题,例如,在抗弯钢框架中,整体"弱柱-强梁"机制或局部"弱板区"条件的发展,或减少梁端削弱的有效性。据评估,北岭(1994)地震中的弯矩连接的损坏,部分是由于组合梁底部翼缘的应力和应变需求较高导致的。

7.5 结构整体耗能性能设计

7.5.1 与钢结构相同的性能系数

条款7.3.1,7.3.2

组合结构系数 q 的值与具有相同结构体系的钢结构相同,也就是说在抗弯框架、同心框架或偏心支撑框架中,如 EN 1998-1 表*6.2* 所示。但是,对这些类型的组合结构有一些局限性,应进行解释。这些限制是:

条款7.3.1(1)

• 组合中心支撑框架的支撑不能为组合构件[*条款7.3.1(1) b*]。如6.10所述,以简单的方式评估中心支撑框架的实际受力状态并不容易。使用混凝土仅在压力下发挥作用的组合支撑构件,将使设计更加复杂。在简化分析中,受压斜撑的抗力将被忽略(见6.10),只有处于受拉状态的斜向拉杆才能承受侧向地震作用。但是,在整个系统的承载力设计中,需要考虑在地震作用下受压的斜撑。如6.10所述,如果在某层受压时斜撑的屈曲承载力超过同一层另一斜撑的拉伸承载力 $N_{pl,Rd}$的50%,则柱受到的轴向力将比简化分析中考虑的更大。这即证明了EN 1998-1 *条款6.7.3(1)*的下限。引入组合支撑会增加设计符合 $\overline{\lambda} > 1.3$ 的细长斜撑构件的难度。

- *条款7.3.1(1)(c)*和*条款7.9.3(1)*要求使用纯钢截面来形成组合偏心支撑框架中的消能梁段(它们可能与板组合),其可能不包括受包裹的钢截面。*条款7.9.1(1)*要求它们的设计应确保耗能作用基本上通过连接的受剪屈服来产生。 ***条款7.3.1(1),7.9.3(1)***

承载力计算需要正确评估耗能区的塑性抗力。在塑性弯曲发展的长连杆中,塑性扭转大于发生相同整体位移的抗弯框架。缺少可以作为组合长连杆的组合抗力参考的试验背景。最初的组合材料抗力肯定会发生,可能伴随着混凝土的劣化,导致承载力仅与钢截面承载能力有关,因此应考虑连杆抗力的两个值:

—组合承载力,用于支撑、梁和柱的承载力计算;

—钢的承载力,用于估算承载能力极限状态下结构的整体承载力。

然而,这两个值都存在不确定性。为了在弯曲中适用于纯钢截面而断开板会引起类似的问题,因为局部断开仅可以参考钢的承载力这一点并不明显。实际上,在抗弯刚架背景下的试验已经表明,具有典型局部特征的断开只有有限的影响:组合承载力仍然存在。结论是在梁单元中,弯曲状态下工作的连杆存在严重的问题,并且不能以可靠的方式设计。

在横梁中,只有由可能带有板肋的未经包裹的钢截面制成的短连杆,在剪切条件下工作时具备可良好控制的情况,因为:

—可以可靠地计算钢截面的剪切塑性抗力;

—板在连杆的剪切抗力方面的贡献可以忽略不计。

竖向钢连杆也对应于可控制的情况。

7.5.2 组合结构体系的性能系数

带有采用不同方式组成的封闭钢截面或钢板组件的混凝土墙是典型的组合墙结构体系。其q值与混凝土剪力墙体系基本相同。内部由钢梁或组合梁构成的墙,系统的值会增加。因为在这些情况下,墙内和梁内都有能量耗散。 ***条款7.3.1(1),7.3.2(1)***

组合墙最有趣和最吸引人的特点不是q值更高,而是它们更高的抗剪承载力和抗弯承载力,以及它们可以为给定的墙体截面提供更高的刚度。这些特性可以通过以下方式帮助解决各种实际问题:

- 以较小的横截面尺寸提供上述承载力和刚度特性。
- 在某一层的墙体尺寸必须很小的情况下,提供立面刚度和强度的连续性和规则性。

7.6　用于结构分析和抗力验算的组合截面特性

7.6.1　计算和分析时力学参数选择的困难点

条款7.4.2，7.5.3

结构构件和由两种结构材料制成的结构的力学性能取决于每种材料的性质以及它们之间的相互连接。特别是对钢与混凝土组合构件，宜考虑以下因素：

- 混凝土提供抗压承载力，但不能（可靠地）受拉。这意味着组合截面的屈服刚度和屈服承载力取决于混凝土中应力的符号。因此，对于结构单元截面的每个力学性能定义了两个值，其中弯矩和法向力的符号相反。这导致组合结构设计具有明显的复杂性。

- 对结构整体承载力的评估宜基于材料的标准强度，标准值低于平均值。相比之下，保持弹性的区域的承载力设计通常宜基于对耗能区真实承载力的估计。耗能区的承载力是平均值或上限值：在某些情况下，截面承载力有两个值，这导致组合结构的抗震设计具有明显的复杂性。

- 结构的振动周期取决于其刚度。按混凝土模量 E 的下限值考虑会导致低估刚度，高估周期和地震位移，以及低估力作用效应（底部剪力等）。

- 在地震环境中，存在多种应力，例如交替的剪力，其引起混凝土的快速退化。这种情况导致需要考虑某些截面的非组合承载力。

- 给定的混凝土的最大抗压强度值变化很大，其取决于在最大应力区中约束的实现。f_{cd}是承载力计算中考虑的强度设计值，但在承载能力极限状态时，设计验算可能隐含地包括约束的有利影响。

- 在以组合方式工作的截面中，通常在混凝土与钢交接处进行剪切力的传递；在动态循环条件下，对这种传递的有效性要求可能高于静载情况。其中的原因可能是，对高黏结承载力没有足够的信心。这意味着在某些情况下，抗震设计比静力设计需要更多的抗剪连接件。

7.6.2　组合截面的刚度

条款7.4.2(1)，7.4.2(2)，7.4.2(3)，7.4.2(4)，7.4.2(5)

在混凝土受压的结构单元中，计算有效等效钢截面时，假设受压的混凝土未开裂，这反映在模量比的值 $n=E_a/E_{cm}=7$ 中。在混凝土处于受拉的结构构件中，有效等效钢截面的计算忽略混凝土的拉力，仅考虑钢筋，根据地震作用效应的符号，截面的刚度可能不同。例如，在与板组合且处于正（下垂）弯矩作用的组合梁中，有效等效钢截面的区域 I_1 的截面二次矩（"惯性矩"）包括所有钢构件（型钢截面加板内钢筋）和混凝土（受压时）。在负弯矩下，区域 I_2 的惯性矩仅包括型钢截面和板内钢筋。另外，对于正（下垂）和负（翘曲）弯矩，板的有效宽度是不同的，I_1 和 I_2 通常是不同的。当且仅当板混凝土的等效截面等于钢筋的截面时，I_1 和 I_2 才可能相等，两个截面在正弯矩和负弯矩作用下按它们各自的有效宽度计算，并且两个截面的中心在相同的位置。

对于带有板的组合梁，计算 I_1（对正弯矩）和 I_2（对负弯矩）时所需板的有效宽度在 EN 1998-1 *表7.5I* 中定义。

I_1 和 I_2 的不同值在结构分析中提出了一个实际问题，因为结构单元中有的区域承受正弯曲，而其他区域承受负弯曲。分析的结构模型必须把 I_1 和 I_2 值分配给这些区域，这意味着模型中含有更多的元素，难以定义下垂和翘起区域的长度。幸运的是，Eurocode 8 中提供了一个更简单的备选方案，允许计算区域的“等效”惯性矩 I_{eq} 在整跨范围内不变。*条款7.7.2(3)* 和 *条款7.7.2(4)* 分别定义了梁的 I_{eq} 和柱的 $(EI)_c$。 *条款7.7.2(2)，7.7.2(3)，7.7.2(4)*

7.6.3　板的有效宽度

在 EN 1998-1 *表7.5I* 和 *表7.5II* 中组合梁中板的有效宽度 b_e 已针对具有刚性连接的抗弯框架确定，其中： *条款7.6.3(1)，7.6.3(2)，7.6.3(3)*

- 耗能区中的局部塑性机理，使得在地震作用期间混凝土板的完整性得以保持。实际上，所提供的 b_e 值在塑性扭转的第一阶段中实现了该目标，但是，随着扭转增加，与柱相邻的混凝土可能发生一些破坏。然而，由于其他因素，构件在弯曲中的承载力保持恒定，这些因素有：钢的应变硬化、板中的其他承载机制、柱周围混凝土的强度由于约束高于 f_{cd} 等。

- 屈服发生在钢截面的底部和板的钢筋中。大量的试验和数值分析工作为 Eurocode 8 的有效宽度值提供了支持，并表明它们对弹性性能和最终（塑性）性能必须是不同的：用于计算 M_{Rd} 的值是用于计算 I 的值的 2～3 倍。如 EN 1998-1 的 *附录C* 中详述的，还考虑了其他影响，例如“横向”梁（垂直于定义了有效宽度的梁）的存在，建筑的正面横梁的类型，与这些正面横梁连接的钢筋设计及梁端弯矩的符号。

7.7　耗能区中的组合连接

以下设计目标对 EN 1998-1 中关于组合连接的 *条款7.5.4* 提供指导： *条款7.5.4，7.5.2(3)，7.5.2(4)，7.5.2(5)*

- 在地震中应保持混凝土板的完整性；
- 屈服发生在钢截面和板的钢筋中。

钢构件与钢构件连接的要求、设计计算与钢结构相同。特别是根据条款 *7.5.2(3)*，连接可以是部分强度型连接或完全强度型连接类型，这取决于所选择的方案。*条款7.5.2(4)* 或 *条款7.5.2(5)* 适用于相邻结构部件的承载力设计准则。

Eurocode 8 中关于组合连接的最具体的设计准则是指为了利用抗弯框架梁柱连接中节点域的组合承载力而要满足的条件。这是通过定义由混凝土组成的节点域“箱体”的墙的尺寸来实现的。由于在箱体开始剪切变形时起作用的对角混凝土受压支撑被激活，因此该组合箱体具有比参考钢节点域更高的承载力和刚度。混凝土的约束延迟其开裂和压碎，因此混凝土对强度的贡献是显著的。这种典型的组合材料设计可以消除在节点域焊接昂贵的双钢板的必要性，如图 6.10 *条款7.5.4(7)，7.5.4(8)，7.5.4(9)，7.5.4(10)*

所示。*条款7.5.4(7)*和*条款7.5.4(8)*分别考虑了完全封闭的节点域和部分封闭的节点域的情况。

此外,还设想了连接不同类型柱的不同类型梁:

- 钢梁、组合完全封闭梁和组合部分封闭梁。
- 组合部分封闭柱、组合完全封闭柱[*条款7.5.4(10)*]和钢筋混凝土柱[*条款 7.5.4(9)*]。在最后一种方案中,设置在柱的外表面的平面上并对节点域的抗剪强度有显著贡献的竖向加强筋称为"面承载板";它们受*条款7.5.4(9)*构造规定的约束。

7.8 对构件的规定

条款7.6.1(4),
7.6.4(9),
7.6.4(10),
7.6.5(4),
7.6.5(5),
7.6.5(6)

通用准定适用于所有类型的构件:梁、柱或斜撑。

对于处于拉伸状态的构件,参考 Eurocode 3 有关钢截面的规定;6.7 已经解释了钻孔的影响。

组合结构构件的耗能特性首先限制了与结构延性等级有关的钢截面板的长细比。这些限制定义来源于:

- Eurocode 4[82]。
- EN 1998-1 *表7.3* 规定了翼缘伸出部分应满足的限值,以使结构属于某个延性等级。
- *条款7.6.4(9)*和*条款7.6.4(10)*适用于完全封闭截面和*条款7.6.5(4)*至*条款7.6.5(6)*适用于部分封闭截面,允许通过减轻它们的屈曲来增加封闭 H 形截面翼缘长细比的限值。通过具体措施可以将限值提高 50%,这些具体措施为:用于完全封闭截面的附加箍筋和用于部分封闭截面(参见 EN 1998-1 中的*图7.8*)焊接到翼缘内部的附加直杆。

表 7.1 总结了对应于由 H 或 I 形截面构成的柱的不同组合设计方案的板件长细比。在该表中,假设翼缘和腹板完全处于受压状态;"加上腹板连接"参考 Eurocode 4 中的条款 5.5.3(2),"加上箍筋或直链接"参考 EN 1998-1 的*条款7.6.4(9)*,*条款7.6.4(10)*、*条款7.6.5(4)*和*条款7.6.5(5)*。

组合结构建筑钢构件中的板件长细比限值,针对不同截面的设计细节和性能系数 *q* (注:$\varepsilon = [f_y(\text{MPa})/235]^{1/2}$)　表 7.1

	结构延性等级		
	DCM		DCH
	性能系数(q)		
	$q \leq 1.5\sim2$	$1.5\sim2 < q \leq 4$	$q > 4$
翼缘伸出限值 c/t_s			
H 型或 I 型钢,部分或完全封闭	20ε	14ε	9ε
部分或完全封闭 H 形或 I 形截面的箍筋或直链接	30ε	21ε	13.5ε
腹板宽厚限值 c/t			
部分或完全封闭的 H 形或 I 形截面	42ε	38ε	33ε
腹板连接的部分或完全封闭的 H 形或 I 形截面	42ε	42ε	33ε

7.9 柱的设计

7.9.1 设计方案

组合柱有三种设计可能性:

- 非耗能型组合柱。由于地震环境,除了 Eurocode 4 的规定之外,它们还必须符合一些特殊规定(下面会讨论到)。
- 耗能型组合柱。
- 组合柱在设计中被视为钢柱。

条款7.6.1(9), 7.6.1(8), 7.6.1(10), 7.6.1(11), 7.5.4(12), 7.6.1(13), 7.6.6(3)

7.9.2 非耗能型组合柱

大多数柱构件是非耗能型的,因为结构预期的整体耗能机制尽可能少的涉及柱中的能量耗散。出于这个原因,只需要确保它们的弹性响应即可,这主要是通过遵守 Eurocode 4 来实现的。然而,Eurocode 4 的标准设计与地震环境之间存在差异。

第一个差异的根源在于响应的“循环”方面,这会由于黏结和摩擦而降低剪切强度τ_{Rd}。这由 *条款7.6.1(11)* 解释,该条款规定将 Eurocode 4[82] 的表 6.6 中的τ_{Rd}值减小 50%。

第二个差异是由于地震作用效应评估的不确定性,这些不确定性包含在对完全封闭的柱的尺寸的具体要求中:它们不应小于 250mm[如 *条款7.6.1(8)* 所述]。

条款7.6.1(12) 中定义的第三个要求对应于根据另一个结构单元强度设计柱的承载力的情况。在这种情况下,至关重要的是,在内力传递的位置,柱提供其全部的组合抗力。否则,可能发生局部“连接区”失效,并且不会实现预期的整体塑性机制。这就要求根据结构分析和验证中提出的假设,在混凝土和钢构件之间有效地分担柱中的轴力、剪力和弯矩的作用效应。只有在钢和钢筋混凝土部件之间确保 *条款7.6.1(12)* 要求的剪力完全传递时,才能确保这一点。

例如:

- 在具有中心支撑的框架中,柱的承载力设计为斜撑的强度。在支撑框架的柱中,轴向力比弯矩更重要,它们的响应应该是弹性的。必须确保组合柱中的轴向力在混凝土构件和钢构件之间共同承担,特别是在柱轴力最高的区域;在支撑构件和梁连接到柱的楼层处就是这种情况。如果在靠近柱与斜撑的连接处没有设置抗剪连接件,则这些地方对黏合需求很高并且强度可能很容易不足。
- 在抗弯框架中,柱的承载力设计为梁的强度。抗弯框架中的组合连接区域必须承受梁的弯矩和剪力,并将其分布在钢柱和混凝土柱之间。关于组合材料连接的*条款7.5.4(10)* 规定了梁剪力如何分配到柱的构件。靠近梁柱连接可能需要一些抗剪连接件。对于填充柱,可以通过柱内部的连接构造实现剪力传递。

应该注意的是,只要地震作用不是太大,*条款7.6.1(12)* 可允许没有剪力连接的柱设计成组合截面。

注意,在具有混凝土填充组合柱的抗弯框架中,已经可以看出,整体响应不会随着通过黏结和摩擦实现的抗剪连接的刚度或强度显著变化。这可能是由于在填充柱中，钢和混凝土变形的协调通过垂直于钢和混凝土之间的界面应力实现，并且当交界处应力为压应力时总是确保有摩擦力。在开口截面中不会出现这种情况，例如 H 形或 I 形截面。

除了下一节中讨论的特定准则外，上面给出的非耗能组合柱的所有设计要求对于耗能柱也是有效的。

7.9.3　耗能型组合柱

条款7.6.1(10)，7.6.1(12)，7.6.4(1)，7.6.4(2)，7.6.4(3)，7.6.4(4)，7.6.4(5)，7.6.4(7)，7.6.4(8)，7.6.5(1)，7.6.5(2)，7.6.5(3)，7.6.6(1)，7.6.6(2)

耗能型组合柱需要进行构造设计，以确保足够的塑性循环响应。

在预期的塑性机制中，柱必然被用来耗散能量的唯一位置，是在地面层的抗弯框架柱或具有偏心支撑的某些框架的底部。在相同结构系统的其他层，对能量耗散承载力的要求仅限于临界区，以涵盖与预期响应无关的精确结构响应中的不确定性。

在其他类型的结构系统中，柱中通常没有塑性能量耗散。

EN 1998-1 包括属于三种横截面类型的耗能型柱的设计规定：完全封闭（*条款7.6.4*）、部分封闭（*条款7.6.5*）、填充矩形和圆形截面（*条款7.6.6*）。

如 7.8 所述，组合柱的耗能特性首先根据结构的延性等级对钢截面的长细比施加限制。

组合耗能柱的第二个限制是指局部组合塑性机制：它应该是延性的，只有在弯曲的塑性铰发展时才有可能，而不是通过剪切变形。在*条款7.6.4(7)*中对全封闭截面有充分说明。*条款7.6.5(2)*中有部分封闭的，有关填充组合材料的在*条款7.6.6(2)*，这也在 7.4 中讨论过。这一要求的结果是组合柱的塑性铰区的设计剪力来源于该柱的塑性弯矩。

实现组合耗能柱的第三个困难为，混凝土包裹或填充必须完全有助于构件的受弯承载力以及其轴向承载力。因此，根据*条款7.6.1(10)*的要求，必须检查混凝土和钢截面之间是否实现了全剪力传递。如果通过黏结应力和摩擦力传递的剪力不足，则*条款7.6.1(12)*要求提供抗剪连接件。

另一个具体要求仅涉及完全封闭的柱，类似于钢筋混凝土柱。EN 1998-1 第*5*章中关于钢筋混凝土柱的规定考虑了所有柱顶部和底部的临界区，其中需要更多的箍筋来保护这些区域中的混凝土并防止纵筋屈曲。同样的要求适用于具有相同延性等级的完全封闭的组合柱。

7.9.4　按钢柱模型考虑进行组合柱分析

条款7.5.3(3)，7.5.3(4)，7.6.1(7)

如果组合柱在结构模型中被视为钢柱，则它是一个耗能构件，但在耗能区仅考虑钢截面的承载力。该方案的优点是可以忽略 EN 1998-1 第*7*章中所有对组合柱的要求。但是，*条款7.5.3(4)*中的一般要求仍然适用：连接的承载力设计或该柱的基础的承载力设计，必须基于柱抗力的上限值，即由于混凝土的存在而产生的组合承载力。

7.10 带板的钢架组合梁

7.10.1 在正弯矩作用下带板钢梁的延性条件

正弯矩作用下,带板钢梁的延性条件符合实现具有可靠承载力的延性耗能区的总体目标:在设计地震活动期间,保持混凝土的完整性并且在钢截面中和/或在钢筋中进行屈服。只有当混凝土由于施加正(下弯)弯矩,受压时以脆性方式达到其压碎应变时才会出现延性问题。在负(拱曲)弯矩下没有这样的问题,因为混凝土的抗拉强度被忽略(组合材料截面就像一个没有混凝土的截面)。 *条款7.6.2(1) 7.6.2(7) 7.6.2(8)*

考虑由钢梁与板组成的组合截面在正弯矩下的应变分布,如果在承载能力极限状态(ULS)时,顶部纤维的混凝土应变低于混凝土破碎应变 ε_{cu2},而在底部纤维(钢)处产生显著的总应变 ε_a,则可以达到延性目标。图7.1中的几何定义考虑了中性轴的相应极限位置 x/d[EN 1998-1 的式(*7.4*)]。低于该极限的所有 x/d 值均达到延性条件 $\varepsilon < \varepsilon_{cu}$,这在*条款7.6.2(7)*和*条款7.6.2(8)*中进行了规定。

EN 1998-1 的*表7.4*中的值已按以下方式建立:

- 对于在循环荷载作用下的混凝土,$\varepsilon_{cu} = 2.5 \times 10^{-3}$(相当保守的值);
- 例如,在中等延性等级(DCM)结构中,由S355钢制成的梁,$q = 4$,有:

$$\varepsilon_a = q\varepsilon_y = qf_y/E = 4 \times 355/205000 = 6.92 \times 10^{-3} \Rightarrow x/d = 0.27$$

*表7.4*中的值已通过梁-柱构件和三轴试验中的循环试验进行校准。

当使用带有横向支撑梁肋的压型钢板时,Eurocode 4[82]中给出的连接件的设计抗剪强度的折减系数 k_t 应进一步减小到*条款7.6.2(6)*中提到的肋形效率系数 k_r。这种折减考虑了由梯形的和具有正斜率 α 的钢板在承载能力极限状态(ULS)下引起的板内顶升力。这些顶升力可能导致连接件周围锥体上的混凝土破坏,施加的剪力小于设计抗剪承载力。 *条款7.6.2(4), 7.6.2(5), 7.6.2(6)*

7.10.2 在负弯矩作用下带板钢梁的延性条件

如7.8所述,通过限制截面板件的长细比来确保钢构件具有足够的局部延性,从而抵消压缩或弯曲的能量。受弯和受压时,腹板的 c/t 比的极限值取决于受压部分的长细比,也取决于截面中塑性中性轴的位置。 *条款7.6.1(4)*

对于由型钢和板组成的组合截面,确定型钢截面板件等级的关键是负(弯曲)弯矩的存在。这基本上可归结为确定完全处于受压状态型钢截面下翼缘的等级,以及确定处于弯曲状态的腹板的等级。组合部分的塑性中性轴在负弯矩下的位置决定了腹板该部分的长细比和其等级。中性轴的位置与板有效宽度内钢筋的横截面积直接相关。随着有效宽度中钢筋数量的增加,中性轴在截面内上升,并且在受压时腹板的极限长细比增加。钢腹板的延性要求钢筋的横截面积应满足如下条件:$A_S <$ 有效宽度 b_{eff} 内的 $A_{limit\ class\ I}$。

截面要求的等级越高,A_{limit} 的值越低,它使截面符合给定的等级要求。EN 1998-1 的*表7.3*没有提供关于这个设计问题直接适用的指导内容。7.8中更完整的表 7.1 给出了 H 或 I 形截面的腹板长细比 c/t 的最坏限制情况，它们对应于当该部分受到挤压塑性弯矩时，腹板处于完全受压的状态。

7.10.3　抗弯框架混凝土板中的抗震配筋

条款7.5.4(5)，7.6.2(9)，7.6.3(1)

在设计地震作用下，抗弯框架梁的弯矩图通常具有图 6.8 所示的形状。在承载能力极限状态（ULS）下，这意味着：

- 梁截面的正负塑性弯矩均出现在梁端。
- 在内部支座处弯矩的符号彻底反向。
- 梁-柱连接区域必须设计成能够传递由这些弯矩引起的作用效应。为了确保这一点，用混凝土或板包裹钢架还不够，需要特殊的设计措施。

Eurocode 8 提供了这种设计所需的两条必要信息：

- EN 1998-1 的*表7.5II* 中提供了用于进行不同类型设计的梁柱连接区域中板的有效宽度，这使得梁的 $M_{pl,Rd}$ 值可以通过计算确定。
- EN 1998-1 *附录C* 中给出了组合梁中板钢筋的设计方法，其中板钢筋位于抗弯框架的接缝处（板的“抗震钢筋”）。它考虑了用于正弯矩区和负弯矩区的钢筋尺寸（横截面面积，锚固长度），以及梁的连接件尺寸的确定。

附件C 中提出的设计是基于对以下受力路径的考虑。

在梁-柱连接处梁的正向弯矩作用下，三种机制将板有效宽度内的压力 F_{Sc} 传递到 EN 1998-1 的*图C2* 中所示的柱。必要时，可单独使用或联合使用，以形成梁的全组合正弯矩 $M_{pl,Rd}$。可以描述如下：

- **机制 1**：直接受压柱。由该机制产生的设计承载力不能超过 $F_{Rd1}=b_b d_{eff} f_{cd}$ 的值，其中 d_{eff} 是实心板的整体深度，或者是组合板压型板材肋条上方的板厚，b_b 是柱上混凝土板的承载宽度（柱宽，可能延长）。EN 1998-1 的*图7.7* 显示了不同柱配置的承载宽度 b_b。
- **机制 2**：受压混凝土支撑倾斜于柱的侧面，并借助于其侧面凹痕产生的粗糙度转移到柱上。如果假设支撑的倾斜度为 45°，则由该机制产生的设计承载力不能超过 $F_{Rd2}=0.7h_c d_{eff} f_{cd}$，其中 h_c 是柱的型钢截面高度。
- **机制 3**：当存在横梁时，涉及建筑正面钢梁的力的传递被激活。由该机制产生的设计承载力不能超过 $F_{Rd3}=nP_{Rd}$，其中 n 是板有效宽度内的连接件数量，P_{Rd} 是一个连接器的设计承载力。

每种机制都需要满足以下条件：

- 机制 1 需要柱面附近设置防崩开横向钢筋。
- 机制 2 需要横向钢筋作为拉杆，以便在距离柱面一定距离处平衡混凝土受压支撑——这些拉杆应足够长，以覆盖柱两侧的倾斜“支撑”。

在梁柱连接处梁的负弯矩作用下，需要锚固在板有效宽度内的纵向钢筋中的塑性拉力 $F_{St}=A_s f_{yk}$，以形成梁完整的组合负弯矩 $M_{pl,Rd}$。

与外部（立面）柱相连的梁板内的钢筋锚固，存在三种设计的可能性。这些可能性如 EN 1998-1 的*图 C1c*）~*e*）所示。具体如下：

- 钢筋混凝土悬臂边缘带（如 Eurocode 4 中为此案例考虑的唯一细节）构成了外立面梁。然后，通过水平发夹来实现锚固，其导致混凝土相对于柱背面和混凝土受压支撑的压缩。对于延性而言，压应力不应高到足以导致混凝土压碎，并且不应是机构中的弱连接。
- 外立面包括横梁和柱。通过对立面钢梁处钢筋弯折以绕过抗剪连接件实现板中钢筋的锚固。
- 上述两种解决方案的组合，同时使用发夹和绕连接器弯折的钢筋。

在内部节点处，弯矩传递可能涉及从一侧传递完全正塑性弯矩，而从另一侧传递完全负塑性弯矩。在这种情况下，在柱的一侧板的有效宽度内纵向钢筋中的塑性拉伸力 F_{St} 被加到另一侧板的有效宽度的压缩力 F_{Sc} 上。由于传递能力依赖于从板到柱的受压传递，并且由于唯一可用的机制是上述机制 1、2 和 3，如果机制 1、2 和 3 提供的承载力小于作用效应的总和 $F_{St}+F_{Sc}$，则可以达到一个极限。检查条件由 EN 1998-1 的式（*C.18*）给出：

$$1.2(F_{st}+F_{sc})\leqslant F_{Rd1}+F_{Rd2}+F_{Rd3} \tag{D7.2}$$

虽然 Eurocode 4[82] 或 Eurocode 8 没有要求，但是板的钢筋应该优先布置于连接件头部的水平线之下，因为这具有两个积极的影响：

- 连接件位移的均匀化和现实与连接件提供均匀承载力的设计假定能更好地对应。
- 防止板隆起。

7.11　抗弯框架的设计规定和构造要求

7.11.1　一般规定

对于由混凝土或钢组成的抗弯框架，钢与混凝土组合抗弯框架的设计目标是在梁中而不是在柱中形成塑性铰。在框架的底部、多层建筑的顶层和单层建筑中，均没有这一要求。通过满足式（D4.23）进行检查。6.9 中给出的检查的解释，也适用于钢与混凝土组合抗弯框架。　*条款 7.7.1(1)*

7.11.2　梁、柱和连接件的分析和设计规定

在梁和柱的分析中要考虑的数据在 EN 1998-1 *条款 7.7.2* 中进行了定义，并参考了 *条款 7.4*。该规定的背景已在上面的 7.6 中讨论过。　*条款 7.7.2, 7.3, 7.4, 7.5.4*

在重力作用和地震作用效应的共同作用下，梁中最大正弯矩和负弯矩的值可能会有很大差异。可接受的截面与这两个弯矩的绝对最大值有关。但是，根据 EN 1998-1 *条款 7.1.1(1)* 的一般说明，允许根据 EN 1994-1[82] 对钢与混凝土组合结构进行弯矩重分布，这允许减小设计弯矩，如本指南 6.9 所述。

对梁和柱的规定在 EN 1998-1 *条款 7.7.3* 中进行了定义，同时参考了 *条款 7.6.2* 组合 T 形梁和 *条款 7.6.5* 的部分封闭梁。EN 1998-1 *第 6 章*关于钢结构的

若干方面仍然适用，例如 *条款6.6.2(2)* 和 *条款6.6.3(1)*。

对于抗弯框架的组合柱，应验算以下不等式：

$$N_{Ed}/N_{pl,Rd} < 0.3 \tag{D7.3}$$

在抗弯框架中，它对应于以下事实：柱主要产生弯曲响应并且必须是耗能型的。为了确保循环响应符合要求，必须将柱的轴力限制在某个值以下。然而，这个规定并不对其进行过多的限制，因为组合柱对弯矩的承载能力明显低于轴向荷载。

组合抗剪连接设计的具体规定在 EN 1998-1 *条款7.5.4* 中给出。其背景已在上面的7.7 节中进行了讨论。组合连接的具体规则补充了 EN 1998-1 *条款6.5.5* 中关于钢连接的一般规则以及*条款6.6.4* 中针对抗弯框架的内容。

7.11.3 不考虑梁与板组合特征的情况

条款7.7.5

设计人员可以下面方式来对结构进行设计和采取构造措施，即：使得梁的中心部分可利用组合性能来提供刚度和强度，而在梁端仅考虑型钢截面，使得塑性区域在设计地震作用下的承载能力极限状态(ULS)仅限制在型钢截面范围内。有几个原因可以用来阐明这种设计选择：

- 在梁跨的中心部分以组合形式形成梁，以利用板与型钢截面的组合作用来获得刚度和抵抗重力作用。
- 梁端部处板连接的不连续性，允许不考虑板的抗震设计、配置抗震钢筋和其他构造措施。
- 在梁-柱节点连接处，梁按非组合梁考虑，因此梁端部的设计验算仅为 $M_{Ed} \leqslant M_{pl,Rd}$，其中 $M_{pl,Rd}$ 仅是型钢截面部分的设计承载力。
- 满足强柱-弱梁概念的柱截面设计是通过式(D4.23)根据梁的塑性承载力对柱截面承载力进行调整来实现的。如果梁的设计承载力是按组合截面得出的，则可能导致柱截面尺寸的严重过大，特别是在建筑的上层。以这样的方式完成设计，即仅包含钢截面的承载力，可以有助于降低柱部分设计的保守程度。

这种“板的断开”设计方案产生了一些实际问题和影响。断开必须足够有效，以确保梁端的塑性弯矩实际上仅是钢截面的塑性弯矩。梁柱连接区域是三维的；试验表明，仅在柱面处防止混凝土与钢之间的接触并不总能实现有效的断开。根据 *条款7.7.5(1)*、*条款7.7.5(2)* 和 *条款7.7.5(3)*，钢框架的断开必须更加完整：在钢柱周围直径 $2b_{eff}$ 的圆形区域内必须完全断开，b_{eff} 是与柱相连的梁的有效宽度的较大值。“全部”断开意味着板与任何钢构件的任何立面(例如，柱、抗剪连接件，连接板，波纹翼缘或固定在型钢截面翼缘上的钢板)之间没有接触。

当然，框架的分析必须考虑梁跨中遇到的两种不同的刚度：在梁端，截面刚度 EI 是沿断裂长度内的型钢截面刚度；在梁跨的中心部分，刚度是组合截面的刚度。

7.11.4 超强的限制

如本指南 6.9 所述，出于同样的原因，组合抗弯框架的抗震设计过程可能会产生具有多余材料的结构。其对策与 6.9 中提出对策的相似。图 6.7 给出了将简化梁截面概念应用于组合结构的示例。另一种方案是使用前一节中描述的板断开技术,这实际上是简化梁截面的另一种形式。

7.12　组合中心支撑框架

具有中心支撑、柱和梁的组合框架的非耗能结构构件可以是钢结构或组合构件；然而,耗能构件(支撑)必须是钢结构。7.5 解释了这种选择的原因: *条款7.8*

- 组合支撑增加了梁和柱在第一屈曲阶段中可能存在的超载,这导致结构的超强比钢支撑框架大。
- 组合支撑尚未得到充分研究,关于它们在受拉和受压中的循环性能存在不确定性。

对于抗弯框架,式(D7.3)对支撑框架柱的 $N_{Ed}/N_{pl,Rd}$ 没有限制,因为弯矩在其中的表现为远小于抗弯框架。另外,在支撑框架中,混凝土的包裹增加了构件的轴向承载力并有助于防止屈曲。

除了可以对非耗能构件使用组合截面外,EN 1998-1 中关于组合中心支撑框架的*条款7.8*与钢中心支撑框架的对应部分相同,其已在 6.10 中进行了分析。

7.13　组合偏心支撑框架

非耗能结构构件、柱和梁可以是钢结构或组合结构。耗能构件称为消能梁段,可以是: *条款7.9.1,7.9.2,7.9.3,7.9.4*

- 纯钢截面;在这种情况下,设计没有限制,EN 1998-1 *条款6.8* 适用于连接。
- 如果连接是组合形式的,它们必须是短的或中等长度,并且基本上在受剪状态下工作。允许采用板与钢梁相组合来形成连接,因为板对梁的抗剪切性的贡献是极小的,并且是可控的。由于在这种情况下混凝土对抗剪的贡献不确定,因此连接不应包括封闭的钢截面。

这些限制已经在 7.5 中做过解释。

与抗弯框架一样,根据 *条款7.4.2* 和 *条款7.9.2* 的指导,对于这些处于正弯矩和负弯矩的区域,结构分析必须考虑两种不同的刚度。

具体施工细节见 *条款7.9.3(3)* 和 *条款7.9.4(2)*:

- 可将 *条款7.5.4(9)* 规定的面承板用于钢筋混凝土柱的连接。
- 可将 *条款7.6.4* 规定的横向钢筋用于与连接相邻的完全封闭的组合柱。

除了这些方面,组合偏心支撑框架的设计背景与钢偏心支撑框架的背景相似,详见 6.11。

7.14　具有结构钢构件的钢筋混凝土组合剪力墙

7.14.1　一般规定

与钢构件组合的混凝土剪力墙可以被认为是具有支撑的钢或组合框架的组 *条款7.10.1*

合等效物:它们包括在垂直梁中作为“翼缘”的两个垂直型钢,其中支撑由混凝土的“腹板”代替。在1类墙中,该腹板还包括水平的型钢。

具有结构钢构件的混凝土剪力墙也可以被视为混凝土剪力墙,其中竖向钢筋已被两个垂直型钢替代。后一种描述更适合设计过程。

与钢筋混凝土墙一样,通过墙的受弯性能来实现能量耗散,并通过竖向“钢筋”的屈服来实现。

组合剪力墙的优点是,与具有相同横截面尺寸的钢筋混凝土墙相比,其具有更高的抗弯性能和刚度。

7.14.2 梁柱分析和设计的规定

条款7.10.2,7.10.3

根据钢筋混凝土墙的参考概念,给出了组合墙的刚度特性,包括钢梁和柱的贡献。对于钢构件,分析是指等效的混凝土截面,其计算方法考虑了模量比 $n = E_a/E_{cm} = 7$。

在压弯作用的墙体部分的验算中,在垂直方向上的混凝土应力和墙体的垂直钢部件中的应力的考虑方式与钢筋混凝土柱或墙体相同:

- 假设混凝土不能抵抗拉力,只有垂直型钢和相邻的钢筋被认为是有效的。
- 在受压的一侧,混凝土与型钢和钢筋协同工作。根据 EN 1998-1 的*表7.3*,应根据结构的预期延性等级,选择抗局部屈曲的型钢截面,其与结构预期的延性等级相关。

墙的抗剪设计,包括确定其腹板钢筋的尺寸,类似于 EN 1998-1(图7.2)*第5章*中的延性墙的设计。组合墙的抗剪强度包括与钢筋混凝土梁腹板的剪切传递相关的特定设计内容,后者是基于支撑和拉杆机制的考虑,其中受压支撑由混凝土制成,水平钢筋是拉杆。为了使这种机制有效,支撑和拉杆应该相互“连接”,这是通过设置在纵向钢筋周围的箍筋实现的。根据*条款7.10.1(2)*的要求,组合墙体的构造必须实现类似的连接:钢筋混凝土腹板必须连接至钢边缘构件上,以防止分离。系杆应该能够承受垂直于竖向钢边缘构件的拉力,该拉力与箍筋中的力相等(在这种情况下是水平的)。可以使用不同的细部构造,EN 1998-1 的*图7.9*中提出了两种类型的构造措施,第一种使用焊接在钢柱上的钢筋,另一种在约束混凝土体积内使用锚固,包括被完全封闭的H形截面。

按照上面竖向钢筋混凝土梁概念进行解释,1类墙中的水平型钢是与传统箍筋不同的连接件,但起到相同的作用。

为了在钢结构边缘构件与钢筋混凝土之间传递剪力,需要带头的抗剪钉或焊接钢筋锚固件。这些抗剪连接件相当于钢筋的肋条,其提供了黏结承载力,并且是在钢筋混凝土构件中作为纵向钢筋所必需的。1类墙上的水平型钢上的抗剪连接件为这种特定类型的水平箍筋提供了黏结承载力。抗剪连接要求在腹板和边缘构件之间提供更均匀的力传递。EN 1998-1 的*图7.9*的构造措施展示了两个与垂直型钢剪切连接的示例,一个是通过焊接钢筋锚固件[*图7.9a)*],另一个是通过带头栓钉[*图7.9b*)]。

在1类墙上的测试表明,如果没有抗剪连接件,则层间剪力主要由墙体腹板中的对角受压撑杆承受,其在墙体和连接局部区中具有非常大的作用力。

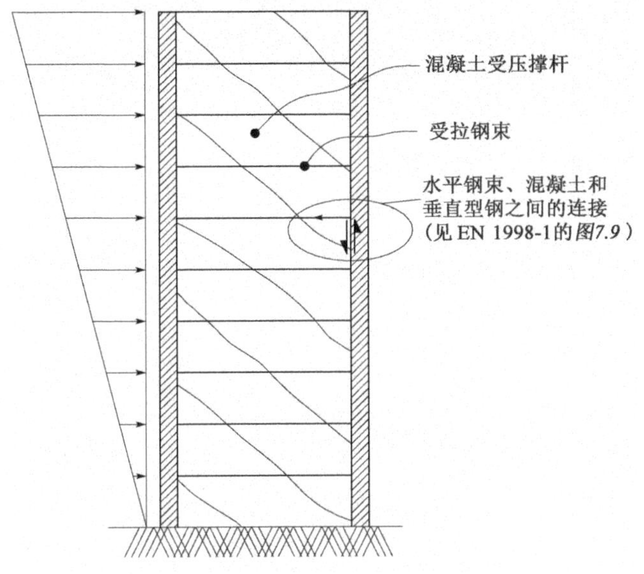

图7.2　视为混凝土墙的组合墙

7.15　由钢梁或组合梁连接的组合墙或混凝土剪力墙

除了结构构件是组合构件的组合结构,其他结构方案具有组合体系的特征:例如,钢或钢筋混凝土结构构件的组合结构构件。一种可能性为在一个系统中,钢连梁或组合连梁与钢筋混凝土墙相连并且将其相互拉结。由于墙肢和连梁可能具有很强的耗能性能,这种系统的系数 q 的值高于混凝土联肢墙中 q 的取值。 *条款7.10.4,7.10.5*

这种系统设计唯一独特的方面为梁和墙之间的连接区域。这一内容主要在*条款7.5.4*的连接设计中进行了说明;*条款7.10.4*和*条款7.10.5*提供了进一步的设计指导:

- 型钢的嵌入长度,在*条款7.10.4(1)*中进行了规定。
- 墙体中的竖向钢筋,在*条款7.10.4(3)*中进行了规定。
- 为对高延性等级结构构件嵌入范围内的部分进行更好地约束所需要的水平钢筋,在*条款7.10.5(1)*中进行了规定。

试验表明,采取了适当构造措施的连梁屈服发生在混凝土墙体表面,并在反复循环荷载作用下具有稳定的滞回性能。

7.16　组合钢板剪力墙

在层间剪力大且常规钢筋混凝土剪力墙所需厚度过大的情况下,使用通过钢板增强的组合剪力墙最为有效。因为尚没有足够的基础去制定设计准则来考虑钢板和钢筋混凝土板的屈服强度的组合,EN 1998-1中规定将墙体的抗剪强度限 *条款7.11*

制为板的屈服强度。此外,由于钢板通常设计成其剪切强度远大于钢筋混凝土外壳的剪切强度,忽略混凝土的贡献并不会产生显著的影响。

板和边缘构件(柱和梁)之间的连接,以及板和混凝土外壳之间的连接,应设计成能够让板充分地发展其屈服强度。这意味着必须避免板的局部屈曲和整体屈曲。关于避免局部屈曲,可以通过例如限制栓钉的间距,从而使得钢板的未加劲部分的长度与厚度比保持在某一限值内来实现。考虑到组合墙体的截面刚度,建议使用弹性屈曲理论验算组合板的整体屈曲是否符合要求。

第 8 章　木结构房屋建筑的设计及细部构造

8.1　适用范围

本章介绍了木结构房屋建筑抗震设计的规定，大致遵循 EN 1998-1 第8章的规定。但是，没有详细说明该章中的所有条款；也未严格遵循该章中各条款的顺序。 *条款8.1*

需要强调的是，在木结构房屋建筑的整体设计中，EN 1998-1 的规定是对 EN 1995-1-1 中规定的补充。

8.2　木结构建筑抗震设计的一般概念

由于木材重量较轻且抗拉和抗压强度较好，因此是一种适合用于地震区施工的结构材料。 *条款8.1.2，8.1.3*

从表 8.1 中可以看出，不同结构材料的单位质量和强度的典型值以及这两个变量的比值，与结构抗震性能关系密切。从表中可以看出木材具有良好性能，其 f/ρ 值的范围与结构钢相似。然而，木材构件并不具有较大的变形延性，这也是抗震结构的一个重要特性（如第 2 章所述）。事实上，木构件对破坏的响应近似线弹性，并伴有突然倒塌现象，主要与其固有缺陷有关。

各种结构材料的单位质量和强度的典型值及其比值　　表 8.1

结构材料		密度 ρ (kg/m^3)	强度 f (MPa)	比值 f/ρ (10^{-3} MPa/kg/m^3)
木材	受压和受拉	550	20 ~ 30	35 ~ 55
结构钢	受压和受拉	7800	275 ~ 355	35 ~ 45
混凝土	受压	2400	25 ~ 80	10 ~ 30
	受拉	2400	2 ~ 3.5	0.8 ~ 1.5
钢筋混凝土	受弯	2500	10 ~ 25	4 ~ 10
砌体	受压	2100	4 ~ 8	1.9 ~ 3.8
	受拉	2100	0.3 ~ 0.5	0.1 ~ 0.2

类似其他结构材料，EN 1998-1 对木结构建筑也分为**耗能结构**和**低耗能结构**。

耗能结构性能的特征是结构耗能区，通过耗散地震传递到结构中的能量，从而在非弹性范围内能够抵抗地震作用。相反，低耗能结构性能的特征在于结构在其弹性范围内对地震作用的响应，其结构构件没有明显屈服或能量滞回耗散。

如前面所述,考虑到木材的非线性性能有限,在木结构中,能量的耗散应该主要发生在连接中,而木构件本身在弹性范围内起作用。

木构件的脆性失效是由于材料中的自然缺陷引起的,例如木材中的结。只有在垂直于木纹方向压缩时,才有可能产生非线性响应,并伴随一定的耗能能力;与此形成鲜明对比的是,垂直于木纹方向的拉力则表现出明显的脆性破坏。

因此,决定耗能和低耗能木结构的主要区别是其连接的性质。EN 1998-1 提出了**半刚性节点**和**刚性节点**的基本区别,前者在反向循环下具有耗能能力,而后者则没有这种能力(本质上是胶合的实木节点)。

半刚性节点的能量耗散通常来自两个主要方面:

- 连接的金属(通常为钢)销钉式紧固件的反复屈服(如钉子、U 形钉、螺钉、销钉或螺栓);
- 销钉对木纤维的挤压。

第一机制趋于稳定,并且其滞回环较大(典型的钢在弯曲中的反向屈服),而第二机制的滞回环较薄,其在受到挤压且在等幅循环时强度显著降低。这是由于随着一系列循环的进行,木材发生破坏,在木钉前形成的空腔尺寸逐渐增大造成的。当然,连接的整体响应是由两种机制之间的相互作用引起的,因此为了获得良好的耗散性能,在木材破坏和销钉屈服之间取得平衡是至关重要的,其中更重要的参数是销钉型构件的长细比(即连接构件厚度与紧固件直径之比)。

除了耗能结构和低耗能结构的主要区分外,EN 1998-1 将**耗能等级**分为两类,即中延性等级(DCM)和高延性等级(DCH),将低延性等级(DCL)划分为低耗能结构。延性等级概念的使用在 EN 1998-1 第 2 章中以一般术语形式确定[见*条款 2.2.2(2)*];木结构的分类与其他结构材料(钢筋混凝土、钢材和复合材料)的分类是一致的。

和其他材料一样,木结构的延性等级的选择应由设计人员决定。然而,在这种情况下,可以预见,相关的国家附件中可能会在使用各延性等级方面设置一些限制(即不同延性等级对木结构的适用性是国家定义参数)。如 2.2.2 所述,不同延性等级之间的选择大致相当于较高抗侧力与非线性范围内较高延性和能量耗散能力之间的选择。

对于木结构而言,影响其延性等级的参数为结构类型(本质上反映了整个结构的冗余度)和结构连接的性质(本质上反映其延性和耗能能力)。对于后者,EN 1998-1 规定耗散区(即连接)的性质通常应根据 prEN 12512 的试验确定[85]。但是,对于最常见的连接类型,标准中给出了一些满足规定的连接类型,以减少在通常设计情况下测试连接的工作量。

最后,与其他结构材料一样,需要注意的是,对于低延性等级(DCL)的木结构,其性能系数可以取 $q = 1.5$。尽管如上所述,对于这种延性等级,由于非线性响应,预期地震力没有显著减小;因为结构在地震作用下通常表现出结构超强,所以取 q 略大于 1 较为合理。

8.3　耗能区的材料及其特性

条款8.2

一般来说，EN 1995-1-1（针对木结构的 Eurocode 5）中规定的木材材料要求也适用于 EN 1998-1 所涵盖的木结构抗震设计。关于 EN 1993-1-1[83]（针对钢结构的 Eurocode 3）中规定的要求，接头和连接中所包括的钢构件也同样适用。然而，为了确保中延性等级和高延性等级木结构所需的耗散性能，必须满足材料的力学性能和接头特性的一些附加要求。在所有情况下，附加要求的目的是避免脆性破坏，并在大变形下获得具有稳定性能的连接。

对于框架体系中的连接，除了需要通过试验来证明连接具有稳定的低周疲劳响应和明确指出胶合接头不是耗散区之外，未设其他任何特定的条件（因为它们对破坏的响应是弹性的，而破坏本质上是由于脱胶而变得脆弱）。相比之下，对于护套材料，需要满足一些力学特性的最低要求，即：

- 对于刨花板，密度应至少为 650kg/m^3；
- 对于刨花板和纤维板护套，厚度应至少为 13mm；
- 对于胶合板护套，厚度应至少为 9mm。

钉剪板通常优于传统的斜撑，但在很大程度上依赖于护套板的性能[86]。为了确保钉剪板具有良好的延性，对于这种体系的适当（即稳定）响应而言，重要的是避免在横向循环下拔出钉子。为此，点贯穿件厚度取为护套厚度的 6 ~ 8 倍较为合理，并且不应使用光滑的钉子或为光滑的钉子提供额外防拔出的措施（例如，涂层或紧固）。

8.4　延性等级和性能系数

条款8.3

延性等级的选择直接影响性能系数 q 的值，进而控制结构设计所需的侧向力（如第 2 章和第 4 章中所讨论的，与结构材料无关）。对于木结构，EN 1998-1 根据延性等级和结构类型以及使用的连接，给出了性能系数的上限值。

除了考虑 DCL 低延性等级结构的超强计算的一般上限 $q = 1.5$ 外，对于 DCM 中延性和 DCH 高延性等级，EN 1998-1 *表8.1* 中给出的 q 值在表 8.2 中以不同的排列出现，后者强调了各种参数对木结构延性的影响（即正确设计和采用螺钉连接的优良性能）。

表 8.2 所示的值适用于立面**规则**的建筑（见第 4 章）。对于立面**不规则**的建筑，性能系数应降低 20%，其他结构材料的建筑也需要降低 20%，以考虑在这些情况下预期较高的局部延性要求。

如果结构中的耗能区在强度降低不超过 20% 的情况下能够承受三个完全逆循环，则表 8.2 中给出的值适用，并且对于 DCM 中延性要求为 $\mu = 4$，对于 DCH 高延性为 $\mu = 6$。对于门式钢架，应根据接头的扭转能力来评估延性，而在墙板中，应根据板的剪切位移来评估延性。

DCM 和 DCH 木结构性能系数 q 的最大值　　表 8.2

结构类型	中延性等级	高延性等级
用钉和螺栓连接的带胶合隔板的墙板	胶合嵌板 $q=2.0$	钉板 $q=3.0$
用钉和螺栓连接的带钉隔板的墙板	—	钉板 $q=5.0$ $(q=4.0)$
桁架	销钉和螺栓连接节点 $q=2.0$	钉节点 $q=3.0$
木框架和非承重填充墙的混合结构	$q=2.0$	—
带销钉和螺栓节点的超静定门式刚架	$\mu\geq4$ $q=2.5$	$\mu\geq6$ $q=4.0$ $(q=2.5)$

原则上，应通过试验来测试延性。对于非双线性响应（即没有明确屈服点的响应），就像通常带有棒状金属连接件的木接头一样，有时很难评估其延性，因为得不到准确的屈服位移（或转动）。为了克服这一困难，可以将包含真实本构图的双线性包络图作为等效响应，在这种情况下，可以得到准确的屈服值。对于木结构而言，这种等效双线性包络图的第二分支的刚度建议取为初始（线性）分支刚度的 1/6[87]。

在大多数普通设计案例中，这种试验要求显得非常麻烦，因此 EN 1998-1 中给出了以下**视为满足规定**的要求：

（1）销钉、螺栓和螺钉连接的紧固件长细比应大于 10（$t/d\geq10$，t 为连接件的厚度，d 为紧固件直径），且直径不应大于 12mm。

（2）在剪力墙和楼板隔板中的护套材料（木基）的厚度应比紧固件直径大四倍以上（$t\geq4d$），且螺钉直径不应超过 3.1mm。

这些要求反映出，为了保证在循环荷载下具有良好的连接性能，应优选厚木材和细长销钉，因为它们允许紧固件弯曲屈服（而对于粗壮的销钉，破坏模式将主要与木材纤维的破碎和劈裂有关，其不允许能量耗散）。

在任何情况下，数值都相对严格；但是有人认为[86]，就连接的延性而言，满足 $t/d\geq8$ 的更低取值仍非常安全。同样值得一提的是，EN 1995-1-1（一般用于木结构的 Eurocode 5）允许采用直径达 30mm 的螺栓和销钉（EN 1995-1-1 条款 8.5.1.1 和条款 8.6）。

因此，当没有严格满足上述要求时［即对于上述要求（1）和（2），分别为 $t/d\geq8$ 和 $t\geq3d$］，仍允许避免测试耗散结构的连接，但应降低性能系数的最大值，如表 8.2 中括号中内容所示。

8.5　细部构造

条款8.5.2，8.5.3

对于中延性等级和高延性等级的建筑，与 EN 1995-1-1 的一般规定相比，还需要附加规定。这些附加规定旨在增强连接和水平隔板的性能。

对于螺栓，其直径不得超过 16mm，除非也使用齿环连接件；否则这些连接件会对螺栓前面的木材产生一定的限制，并允许与较大螺栓相关的较大支承力。此外，在预钻孔的连接中，它们需要紧密连接。这是因为过大的孔可能会导致相同连接的不同螺栓的荷载分布不均匀。在这种情况下，一些螺栓可能会过载，导致这些螺栓过早劈裂和破坏，从而导致其他螺栓也相继破坏。

对于楼板隔板，附加规定旨在提高护套材料的有效性和其（特别是在板的边缘）与框架木构件连接的稳定性。这体现在不考虑边缘紧固件增加的抗力（在 EN 1995-1-1 条款 9.2.3.1 中考虑了“非抗震/非延性”的一般情况）和更严格地控制（即限制）螺钉在板边缘的间距（见 EN 1995-1-1 条款 9.2.3.2）。

此外，在地震活动较高（$a_g S \geqslant 0.2g$）的不连续区域，紧固件的间距应更加近紧密，以避免这些区域过早断裂，并以某种方式补偿其刚度的降低。任何情况下都应始终遵循 EN 1995-1-1（条款 10.8.1）中规定的最小间距，以确保防止木材劈裂。因此，在这些不连续区域中，木构件的尺寸应该比较宽大，以使螺钉间距不至于太过紧密，保证其有效性。

8.6　安全性验算

条款8.6

采用 EN 1995-1-1 第 5 章和第 6 章中的一般抗力模型进行安全性校验。当然，在抗震设计状况下，考虑到荷载持续时间（以及水分含量）对木材或木质材料抗力的影响，强度修正系数 k_{mod} 应取合理的值以考虑瞬时效应（参见 EN 1995-1-1 表 3.1）。

关于承载能力极限状态验算中所采用的材料性能分项系数 γ_M，在以下方面进行了重要区分：

- 对于 DCL 低延性等级结构，推荐使用基本荷载组合的 γ_M 值；
- 对于 DCM 中延性等级或 DCH 高延性等级结构，允许使用偶然作用组合推荐的较小值（等于 1）（参见 EN 1995-1-1 表 2.3）。

这与 EN 1998-1 其他章节中针对其他结构材料的类似建议有很大不同（即第5 章钢筋混凝土、第6 章钢材和 第7 章组合结构），这类结构材料建议在抗震设计状况下使用基本作用组合的 γ_M 值。该规定对两种结构（低耗能型和耗能型）的设计结果都有较大影响，并反映了木材连接和木结构的更可靠响应，满足 EN 1998-1 本节中对耗能结构的附加要求。

第 9 章 基础隔震设计

9.1 简介

条款10.1(1),10.1(2),10.1(4),10.2(1),10.10(4),10.10(5)

常规结构的地震保护都是基于结构构件和非结构构件在强震作用下的屈服和破坏而产生有利的结构动力特性变化。这种变化本质上是柔性和阻尼的增加。由于地震谱特性和/或结构中能量耗散,上述结构动力特性的变化会导致结构的加速度响应大幅度下降,同时也导致惯性力的大幅下降。这使得延性结构能在罕遇地震作用下不至于倒塌。为了表达这种性能,现行标准包括 EN 1998-1,引入了一个性能系数[EN 1998-1*条款3.2.2.5(2)*中的性能系数]。性能系数可减少结构的地震作用,其大小和不同结构类型的延性性能有关。

在过去的二三十年里,发展的新抗震策略仍依靠变形和耗能能力。不同的是,这些特性主要集中在特殊装置上,如橡胶或摩擦摆支座,或耗能的自复位黏滞或黏弹性阻尼器等。这些装置安装在结构上用于存储和耗散大部分的地震输入能量。因此,在强震作用下,施加在结构上的惯性力被极大地减小。原则上,为使结构构件和非结构构件不受破坏,结构的惯性力需进一步减小,从而使结构获得更高水平的抗震保护。

这些策略的几种实现方式通常都被归类在地震振动“被动控制”这一大的范畴内,其差异性取决于它们应用的结构类型、对动力特性所期望的修正目标以及所采用的工艺技术。

建筑最常用的两种“被动控制”策略是:

- 消能减震;
- 隔震。

消能减震策略[88-90]在结构体系中引入特殊设计的耗能构件,使其在结构动力变形期间耗散地震输入能量。这些耗能构件包括与结构平行且独立工作的耗能型钢支撑,或者是在层间安装的对角耗能构件。能量耗散可通过摩擦装置、黏滞阻尼器或弹塑性钢部件等实现。适用于结构被动控制的分析方法在 EN 1998-1[*条款10.1(4)*]中没有进行明确的说明,其主要取决于消能装置的选择和它们与结构的耦合性能。

隔震[91-93]本质上是沿结构高度方向(通常设置在建筑底部,或在桥墩和桥面之间,如图 9.1所示)引入强非连续性的抗侧刚度分布,从而使地面运动和结构运动解耦。因此,结构可分为两个部分[*条款10.2(1)*]:与地面刚性连接的下部结构以及上部结构。上部结构和下部结构被隔震系统的隔震界面分隔开。

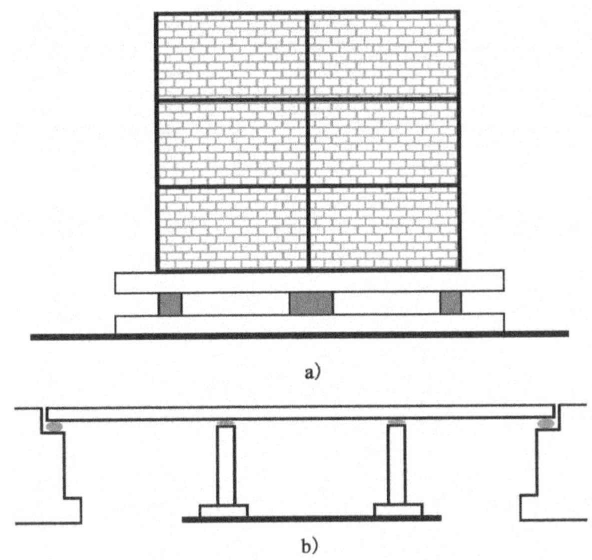

图9.1　a)隔震建筑和b)隔震桥梁

在下部结构和上部结构之间安装合适的支座装置,可保证结构在竖向上的连续性,这种装置称为隔震器。通常,隔震器的特点是对水平运动的抗力相对较低,同时具有很高的竖向刚度。隔震器通常只在水平方向上起到有效的隔震作用,因为竖向地震动没有水平地震动那么危险。

隔震系统的性能变化多样,从拟线性(如黏弹性)到强非线性(如弹塑性)。因此,可以实现不同的隔震策略[*条款10.1(2)*]。从本质上讲,可以确定出两种策略,即(图9.2):

(1)延长周期,其伴随不同程度的耗能;

(2)对力进行限制,其伴随不同程度的耗能。

在第一种策略中,采用类弹性装置来显著地延长结构体系的周期,从而大幅度降低作用于结构质量的(谱)加速度。大部分10层及以下高度建筑结构的基本周期处于0.2~0.8s区间内。在0.2~0.8s的周期区间内,在硬土或中硬土的场地条件下,加速度反应谱表现出极强的放大效应。然而,当结构基本周期延长时,加速度反应谱的幅值会迅速下降。对于基本周期在2~4s区间内的结构,其加速度反应谱幅值比前面提到的周期区间至少减小5~10倍。另一方面,位移响应随着周期的增加而增加,因此隔震结构基本周期对应的位移响应会很大(见图9.2)。然而,大部分位移响应发生在隔震层,而上部结构的相对位移很小,即上部结构类似一个刚体。就能量而言,隔震系统积累和耗散了结构体系的大部分地震输入能量,从而保护结构构件,使其避免产生可能造成破坏的变形。隔震系统的耗能能力本质上是为了减少基底位移,因为基底的位移有时会很大(可达几百毫米),从而导致结构、建筑和设备的需求难以满足。耗能也可减小结构的底部剪力,尽管阻尼过大可能会局部增大楼层的加速度响应。当建筑内部设备作为优先保护对象时,减小楼层加速度尤其重要,因为高阻尼可以激发高阶模态,而这些模态的周期更接近于建筑附属物和设备的自振周期。

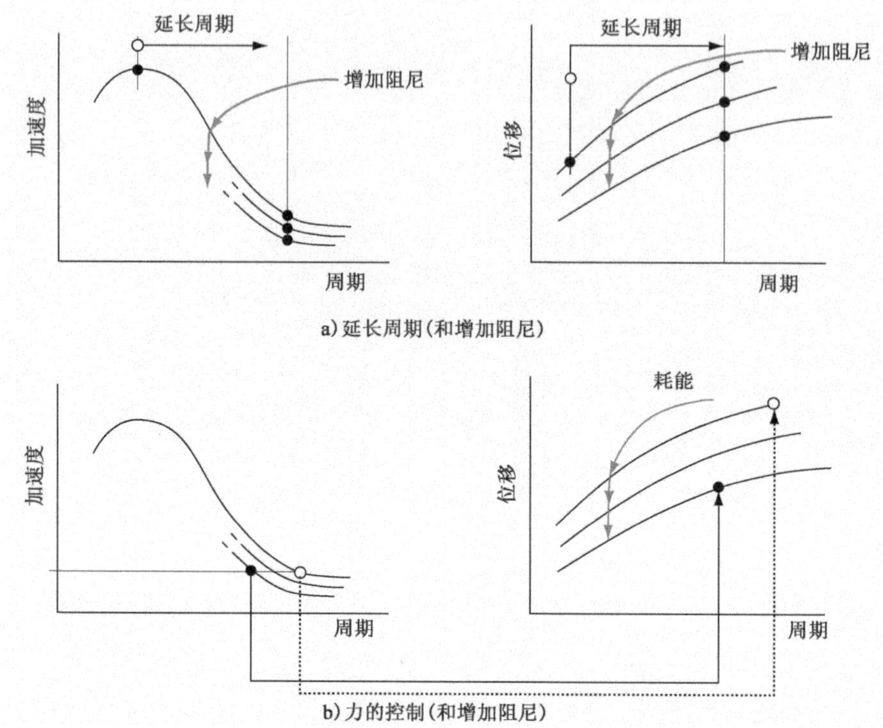

图 9.2　利用隔震减少结构加速度和位移需求的策略

在力的控制策略中,像弹塑性装置那样,隔震器可在位移不断增加的条件下保持几乎恒定的受力状态。并且,隔震支座通过限制力向上部结构的传递,从而达到降低上部结构地震作用效应的目标。对力的传递施加控制可以看作是承载力设计准则的一种特殊应用,即在结构整体抗力(下部结构和上部结构)和隔震系统强度之间建立了强度等级制度。能量耗散本质上是限制底部位移。由于高阶模态的激发,对于一些典型强非线性装置的性能,其刚度和力-位移曲线会发生突然变化,这可能也意味着上部结构的高频加速度响应会变大。

到目前为止,建筑结构最常采用延长周期策略,其原因通常与技术和施工等方面有关。在以下几种情况下,特别采用了力的控制策略:①地震力的控制是设计的关键因素(例如对既有结构的改造与加固);②延长周期策略超出技术和经济所容许的极限(例如长周期结构或地震波含有低频的高能量成分)[92]。事实上,力的控制策略具有一个优点,即它的有效性实质上与地震动特性(强度和频率成分)无关,只需要考虑可接受的最大位移即可[94]。

隔震系统通过延长周期和增大阻尼可减小加速度响应,这在数值上是可比较的,甚至比基于延性考虑采用性能系数对弹性反应谱的折减要大得多。参照混凝土建筑(EN 1998-1 第5 章),性能系数的假定值在 1.5[中延性等级(DCM)的倒摆体系]和6.75[高延性等级(DCH)的框架体系,双重体系,双肢剪力墙体系]之间,当 α_u/α_1 常用默认值 $\alpha_u/\alpha_1=1.3$ 时,体系的最大容许超强比 α_u/α_1 取为5.85。

考虑某结构基本周期 $T=0.4\text{s}$，隔震后基本周期为 $T=2\sim4\text{s}$，阻尼比为 10% ~20%，并考虑 1 类地震动的不同场地类别(A,B,C,D,E)(见第 3 章和图 9.3)，设计加速度可采用一个系数对弹性加速度进行折减，此折减系数取值在 3.1（D 类场地，$T=2\text{s}$，阻尼比 10%）~31.6（A 类场地，$T=2\text{s}$，阻尼比 20%）之间。对于 2 类反应谱，隔震效果更好，而当隔震结构具有较长基本周期时，隔震效果则会变差。很明显，采取了隔震结构不需要依赖于其非弹性变形能力来抵抗强震，因此完全隔震的概念(即隔震结构的非弹性变形为零或非常有限)用在大多数设计案例中都具有很好的经济性。另一方面，部分隔震结构允许上部结构产生显著的屈服，因此，采用基于折减的弹性反应谱进行简单线性分析会变得难以控制。众所周知，隔震措施滤掉了低频地震动[95-97]，且隔震结构的主要频率比原结构低几倍。如果上部结构不能在弹性范围抵抗长周期(相对于结构的周期)加速度脉冲，就会导致很高的延性需求。这就是 EN 1998-1 *条款10.10(5)* 和 *条款10.10(4)* 规定的背后原因，*条款10.10(5)“对房屋建筑进行上部结构构件的承载力验算时，将考虑的地震作用效应除以不大于1.5的性能系数，即可满足要求”*；*条款10.10(4)“下部结构和上部结构中的结构构件可设计为非耗能构件”*。这使得上部结构和基础的设计具有更好的经济性，因为隔震结构的强度需求和构造要求都得到降低。上部结构和基础的成本节约可以平衡甚至弥补隔震支座和隔震层特殊方案所需的资金成本。另一方面，完全隔震意味着隔震结构经受强烈的地震而不会遭受任何破坏。这也意味着，当考虑建筑全生命周期的预期成本时，隔震结构可节省相当多的建设成本。此外，使用一个线弹性结构模型可以保证分析具有更高的精度，而不需要如常规结构 q 系数法那样基于线性响应来估计非线性响应，也不需要采用粗糙的非线性模型。换言之，由于隔震装置具有精确确定的力学特性，以抗震设计为目标的隔震结构分析会比传统结构的抗震分析要可靠得多。

隔震系统可以由不止一种类型的部件[*条款10.2(1)*]组成，每个部件具有一个或多个特定功能：

- 承受竖向荷载；
- 对水平向非地震作用(风荷载、交通荷载等)提供足够的抗力；
- 在地震作用中保证高度的柔性；
- 耗散足够多的能量；
- 结构可自复位，以减少地震后的残余变形。

大幅降低加速度响应所带来的好处可以概括为：

- 减少结构的惯性力，以避免对结构构件造成破坏，即使在强震下也是如此；
- 极大地减少层间位移，避免对非结构构件的损坏，并让建筑在强震发生后能继续使用；
- 对建筑内部物品的高度保护；
- 降低建筑内人们的震感，从而减轻地震中人们的恐慌。

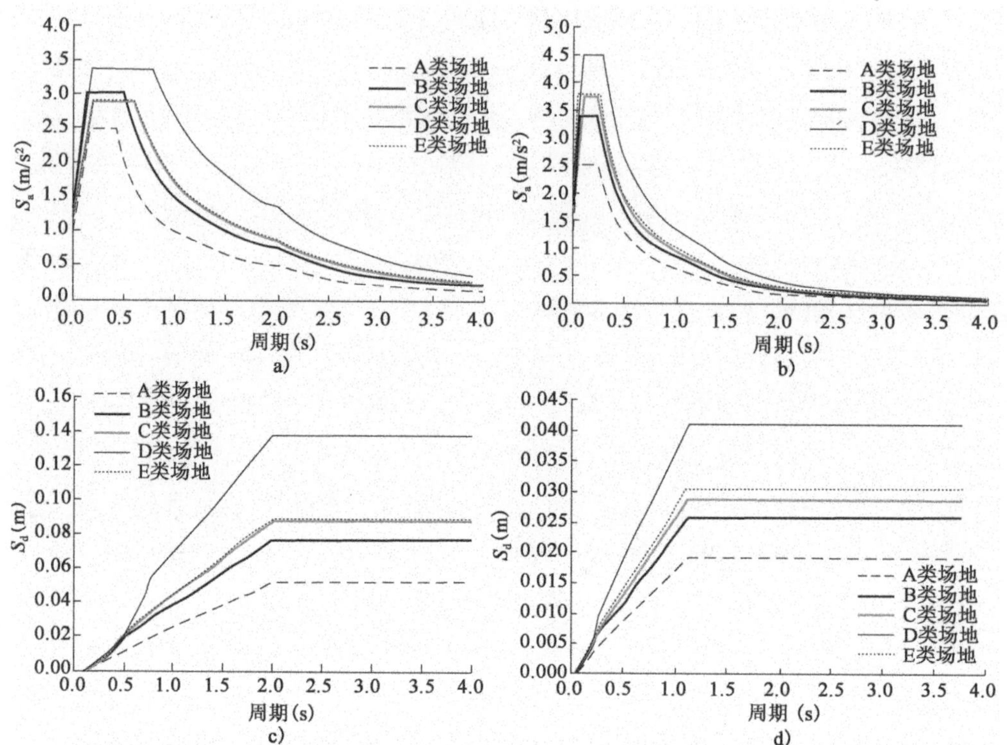

图 9.3 Eurocode 8 采用的 5% 阻尼比弹性反应谱:a)b)伪加速度谱;c)d)位移谱;a)c)1 型推荐谱;b)d)2 型推荐谱

在地震后,所有这些方面都代表着巨大的经济和社会效益。而额外的建造成本(由于隔震装置的成本和在结构中安装装置的成本)部分甚至完全被抵消了,因为在上部结构和基础中节省了大量成本。采取隔震措施所需的成本在建筑建造成本中所占的百分比是以下几个参数的函数,如:

- 建筑的尺寸,尤其是楼层的数量;
- 方便设置隔震层的相关建筑结构布置;
- 结构布置,与实现隔震系统所需的支座数量有关;
- 设计地震作用的频率成分,涉及通过延长周期所获得的隔震效果;
- 相邻建筑的影响,需要设置较宽的隔震缝以及解决相关的建筑和设备问题。

建筑楼层数对隔震成本具有重要影响。对于以下两种情况,它是不利的:如果层数太少(一层或两层),隔震装置和隔震层所需的额外成本所占的比例会比较大;如果层数太多(超过 8 ~ 10 层),由于原结构的基本周期比较长,从而会降低隔震的有效性。

对于在震后须保持运营的建筑,如医院和紧急管理中心、高价值建筑(如博物馆)和高危险性工厂,隔震的优点变得尤为重要。

由于隔震结构的特殊性和性能,必须在设计、施工和维护中采用具体的标准和规定。基于此,EN 1998-1 中有单独章节及与之对应的章节,专门针对隔震设计给出了具体规定和条文说明。

9.2 隔震的动力学原理

隔震结构的基本概念可以参照一个简单的两自由度集中质量体系，如图9.4所示[93]，其中，m_s 是上部结构的质量；m_b 是隔震层质量，就在隔震系统上方；k_s 和 c_s 分别是上部结构的刚度和阻尼系数；k_b 和 c_b 则分别是黏弹性隔震系统的刚度和阻尼系数。

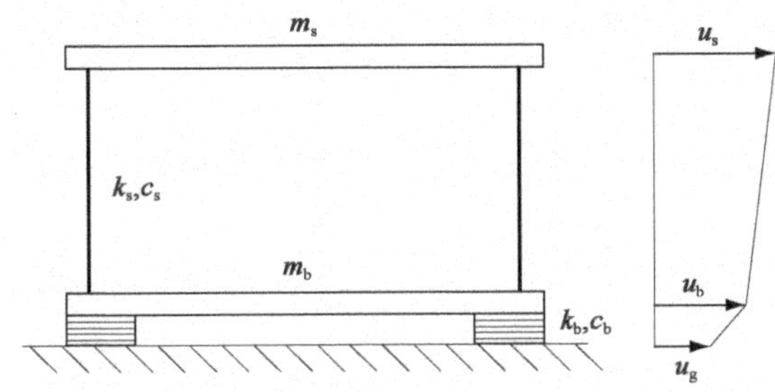

图9.4 基础隔震结构的两自由度简化模型

为了更容易理解隔震系统的性能，运动方程将以相对位移的形式来表述，即 v_b 和 v_s。隔震层和上部结构的层间位移分别是：$v_b = u_b - u_g$ 和 $v_s = u_s - u_b$。

依据达朗贝尔原理，可以很容易得到隔震结构的运动方程：

$$(m_s + m_b)\ddot{v}_b + m_s\ddot{v}_s + c_b\dot{v}_b + k_b v_b = -(m_s + m_b)\ddot{u}_b \tag{D9.1}$$

$$m_s\ddot{v}_b + m_s\ddot{v}_s + c_s\dot{v}_s + k_s v_s = -m_s\ddot{u}_b \tag{D9.2}$$

如果考虑这样两个独立的系统，其中一个具有总质量（$m_s + m_b$）和隔震系统的刚度和阻尼常数（k_b 和 c_b），另一个是底部固定的上部结构，其质量、阻尼和刚度分别为 m_s、c_s和 k_s，则这两个独立系统的圆频率 ω_b 和 ω_s、周期 T_b 和 T_s，以及阻尼比 ξ_b 和 ξ_s 可以定义为：

$$T_b = \frac{2\pi}{\omega_b} = 2\pi\sqrt{\frac{m_s + m_b}{k_b}} \qquad T_s = \frac{2\pi}{\omega_s} = 2\pi\sqrt{\frac{m_s}{k_s}} \tag{D9.3}$$

$$\xi_b = \frac{c_b}{2\omega_b(m_s + m_b)} \qquad \xi_s = \frac{c_s}{2\omega_s m_s} \tag{D9.4}$$

质量比 γ 和频率比 ε 由下式给出：

$$\gamma = \frac{m_s}{m_s + m_b} \qquad \varepsilon = \frac{\omega_b^2}{\omega_s^2} = \frac{k_b m}{(m_s + m_b)k_s} = \left(\frac{T_s}{T_b}\right)^2 \tag{D9.5}$$

如前所述，隔震系统比结构更柔（$k_b \ll k_s$），而上部结构质量比隔震层的质量大得多（$\gamma \approx 1$），所以 $\varepsilon \ll 1$。基于运动方程[式(D9.1)和式(D.9.2)]的模态分析可得到两阶振型的特性：

特征值 $$\omega_1^2 = \omega_b^2(1 - \gamma\varepsilon)_v^2 \qquad \omega_2^2 = \omega_s^2\frac{1 + \gamma\varepsilon}{1 - \gamma} \tag{D9.6}$$

特征向量 $$\phi_1^T = \{1, \varepsilon\} \qquad \phi_2^T = \left\{1, -\frac{1}{\gamma}[1 - (1 - \gamma)\varepsilon]\right\} \tag{D9.7}$$

振型参与系数　$$\pi_1=1-\gamma\varepsilon \quad \pi_2=\gamma\varepsilon \tag{D9.8}$$

阻尼比　$$\xi_1=\xi_b\left(1-\frac{3}{2}\gamma\varepsilon\right) \quad \xi_2=\frac{\xi_s+\gamma\xi_b\sqrt{\varepsilon}}{\sqrt{1-\gamma}}\left(1-\frac{\gamma\varepsilon}{2}\right) \tag{D9.9}$$

如果 $S_d(\omega,\xi)$ 和 $S_a(\omega,\xi)$ 分别表示位移反应谱和(伪)加速度反应谱,则最大模态位移可用平方和的平方根准则来组合计算:

$$d_{b,\max}=\sqrt{(1-\gamma\varepsilon)^2[S_d(\omega_1,\xi_1)]^2+\gamma^2\varepsilon^2[S_d(\omega_2,\xi_2)]^2} \tag{D9.10}$$

$$d_{s,\max}=\varepsilon\sqrt{(1-2\gamma\varepsilon)^2[S_d(\omega_1,\xi_1)]^2+[1-2(1-\gamma)\varepsilon]^2[S_d(\omega_2,\xi_2)]^2} \tag{D9.11}$$

剪力系数可表示为:

$$C_s=\sqrt{[S_a(\omega_1,\xi_1)]^2+\varepsilon^2[S_d(\omega_2,\xi_2)]^2} \tag{D9.12}$$

考虑到 $\varepsilon\ll 1$,因此根据式(D9.6)~式(D9.9),$\omega_1\approx\omega_b$,$\pi_1\approx 1$ 以及 $\xi_1\approx\xi_b$。因为 $S_d(\omega_2,\xi_2)\ll S_d(\omega_1,\xi_1)$,所以可忽略式(D9.10)和式(D9.11)中带有 $S_d(\omega_2,\zeta_2)$ 的项,从而可得下列的近似表达式:

$$v_{b,\max}=S_d(\omega_b,\zeta_b) \quad v_{s,\max}=\varepsilon S_d(\omega_b,\zeta_b) \tag{D9.13}$$

$$C_s=S_a(\omega_b,\zeta_b) \tag{D9.14}$$

上述结果对于理解隔震结构性能及其初步设计具有重要意义:ε 值很小且依据反应谱形状,隔震系统可以按最大位移为 $S_d(\omega_b,\xi_b)$ 来进行设计,而上部结构的剪切系数等于 $S_a(\omega_b,\xi_b)$,这些值可通过一个等效单自由度模型计算得到。这个模型的质量等于上部结构的总质量(m_s+m_b,见图 9.4),其刚度和阻尼比等于隔震系统的相应参数(k_b 和 ξ_b)。与地震引起的结构损坏取决于结构的层间位移 $v_{s,\max}$,层间位移与频率比 $\sqrt{\varepsilon}$ 和底部最大位移 $S_d(\omega_b,\xi_b)$ 成正比。

表 9.1 和表 9.2 给出了四个算例的结果。在算例中,两自由度体系的质量、刚度和阻尼比的取值反映了实际工程中的值,即采用场地类别 A 的反应谱并取峰值地面加速度为 $a_g=0.35g$。结果表明,等效单自由度模型提供了设计参数的近似值,如 $v_{b,\max}$、$v_{s,\max}$ 和 C_s(1% ~2% 的误差)。

以两自由度系统为模型的四个基础隔震算例

[基本参数,式(D9.3)~式(D9.5)]　　表 9.1

工况	ξ_s	ξ_b	m_s(t)	m_b(t)	k_s (kN/m)	k_b (kN/m)	ω_b^2 [(rad/s)^2]	ω_s^2 [(rad/s)^2]	T_b (s)	T_s (s)	ε	γ
1	0.05	0.1	100	50	20000	1000	6.667	200	2.432	0.444	0.033	0.667
2	0.05	0.2	100	50	20000	1000	6.667	200	2.432	0.444	0.033	0.667
3	0.05	0.1	100	20	20000	1000	8.333	200	2.175	0.444	0.042	0.833
4	0.05	0.1	100	50	10000	1000	6.667	100	2.432	0.628	0.067	0.667

以双自由度体系为模型的四个基础隔震算例：模态参数、式(D9.6)～式(D9.9)、最大位移或基底剪力系数、精确值[式(D9.10)～式(D9.12)]和近似值[式(D9.13)和式(D9.13)]　表 9.2

ω_1^2 [(rad/s)²]	ω_2^2 [(rad/s)²]	T_1 (s)	T_2 (s)	π_1	π_2	ξ_1	ξ_2	S_{d1} (m)	S_{d2} (m)	$v_{b,max}$ (m)	$v_{s,max}$ (m)	C_s	工况
6.52	613	2.46	0.25	0.978	0.022	0.097	0.106	0.144	0.018	0.141	0.005	0.937	1
近似值				**1**		**0.1**		**0.142**		**0.142**	**0.005**	**0.948**	**1**
6.52	613	2.46	0.25	0.978	0.022	0.193	0.127	0.112	0.017	0.109	0.004	0.728	2
近似值				**1**		**0.2**		**0.110**		**0.110**	**0.004**	**0.734**	**2**
8.04	1241	2.21	0.18	0.965	0.035	0.095	0.161	0.145	0.011	0.140	0.006	1.164	3
近似值				**1**		**0.1**		**0.142**		**0.142**	**0.006**	**1.185**	**3**
6.37	313	2.49	0.36	0.956	0.044	0.093	0.114	0.145	0.024	0.139	0.009	0.926	4
近似值				1		0.1		0.142		0.142	0.009	0.948	4

考虑到等效单自由度模型具有良好的近似性，反应谱可作为直接的设计工具，其可提供最大基底(隔震支座)位移 $S_d(\omega_b,\xi_b)$ 和最大基底剪力 $(m_s+m_b)S_a(\omega_b,\xi_b)$。因此，接下来可参考加速度-位移反应谱(ADRS)，如图 9.5 和图 9.6所示，其沿横坐标和纵坐标分别绘制了位移和伪加速度反应谱。通过原点的直线斜率为 $\tan\theta=S_a/S_d=4\pi^2/T^2$，从中可算得周期。

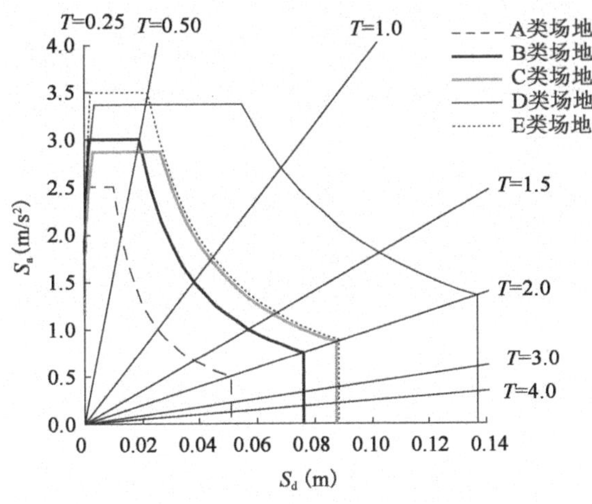

图 9.5　Eurocode 8 中用 ADRS 表示适用于不同的场地类别的 5% 阻尼比的 1 类弹性反应谱

图 9.5 和图 9.6 中的 1 类和 2 类的推荐反应谱(参见 EN 1998-1)适用于 5% 阻尼比的工况，并被归一化为单位峰值地面加速度 a_g。为获得特定地震区和阻尼比条件下 S_d 和 S_a 的实际值，它们必须乘以系数 $a_g\eta$，其中 a_g 是参考峰值地面加速度(A 类场地，亦即岩石类场地)，$\eta=\sqrt{[10/(5+\xi\%)]}$ 是阻尼修正系数[见 EN 1998-1 *条款3.2.2* 中的式(*3.6*)]。采用同一反应谱可以很容易地根据隔震周期和阻尼来评估响应参数，或者可以根据给定的基底剪力和隔震层位移推导出所需的周期和阻尼。

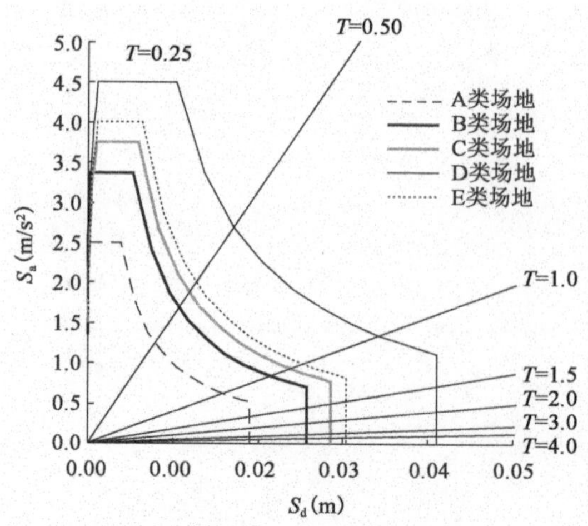

图 9.6　Eurocode 8 中用 ADRS 表示适用于不同场地类别的 5% 阻尼比的 2 类弹性反应谱

为更好地说明图 9.5 和图 9.6 的应用，考虑一个有效隔震周期 $T_{eff}=2s$ 且有效阻尼$\xi_{eff}=10\%$ 的隔震结构，其位于可以用 1 类场地类型、场地类别 C 的反应谱来表示其特征的场地上，且 $a_g=0.35g=3.43m/s^2$。根据图 9.5 的归一化反应谱，假设 $\eta=0.816$，那么 $v_{b,max}=a_g\eta S_d(\omega_b,\xi_b)=3.43\times0.816\times0.087=0.245m$，$C_s=a_g\eta S_a(\omega_b,\xi_b)=3.43\times0.816\times0.863=2.418m/s^2$。

9.3　设计准则

条款10.4(1)，10.6(2)，10.6(3)，10.5.1，10.5.2，10.5.3，10.5.4

隔震结构[*条款10.3(1)*]和传统结构一样，必须符合两个极限状态的要求[*条款2.2.1(1)*]。两者的地震作用需有相同的重现期，因此隔震结构的设防烈度与传统结构相同，并且是根据 5% 阻尼比弹性反应谱来进行定义的。然而，阻尼折减系数 η 被认为更加重要，因为几乎所有隔震系统都具有一定的耗能能力，从而导致整体阻尼比大于 5%。阻尼折减系数 η 最小允许值为 0.55[见 EN 1998-1 *条款3.2.2.2(3)*]，这说明可认为阻尼比最大值为 28%。

重要性等级为Ⅳ级的结构须采用特定场地谱，其场地靠近震级 $M\geqslant6.5$ 的潜在活跃断层。应注意的是，这种地震动会在隔震层产生过大的位移，这可能会使隔震支座的正常性能受到影响。

条款10.5 中给出了一般设计规定，目的是为优化隔震结构的性能。这些设计规定对保证隔震的有效性和隔震结构的优良性能都是至关重要的，在开始进行(建筑和结构)设计时都应仔细进行考虑。它们主要关注下列内容：

- 结构中隔震支座的布置(*条款10.5.1*)，要便于对其进行检查、维护和更换。
- 保护隔震装置免受火灾、化学性和生物性的破坏。
- 隔震系统刚度的分布，要有利于减少其扭转效应(*条款10.5.2*)。
- 隔震层上方和下方的结构构件刚度(*条款10.5.3*)必须足够高，以避免其产生差异运动。

- 上部结构周围具有足够的空间(*条款10.5.4*),须允许隔震结构自由运动。这样,就能充分地发挥隔震的有利作用,并且在隔震部分和固定部分之间不会发生碰撞。

9.4 隔震系统和隔震支座

条款10.5.1,10.8,10.10(7)

可以将不同类型和具有不同力学特性的隔震支座组合起来,以满足隔震系统的性能要求。对于具体的性能要求,可以总结出以下几点:

- 在水平方向的刚度或抗力很低;
- 耗能性能很强;
- 在非地震作用下具有可靠的性能;
- 具有震后自复位的能力。

其他的要求:

- 耐久性;
- 易于安装和检查;
- 经济性;
- 力学性能的稳定性。

在过去的30年里,人们提出了几种隔震支座并应用于隔震系统之中[91-93,98,99]。为区分它们的作用,要对“隔震支座”和“辅助装置”这两个概念进行区分。每一种类的支座可按它们的力学性能(力-位移关系)来进一步分类。

9.4.1 隔震支座

隔震支座是隔震系统的基本组成部分,因为它们承载着结构的重力荷载,并将其传至下部结构。从本质上说,它们都是承重支座,至少在一个或两个水平方向上都允许产生很大的相对位移(200~400mm的数量级)。由于要作为支座发挥相关功能,隔震支座首先要满足对于支座的相关要求。使用得最广泛的隔震支座是橡胶支座和滑动支座。他们的理想性能如图9.7所示。

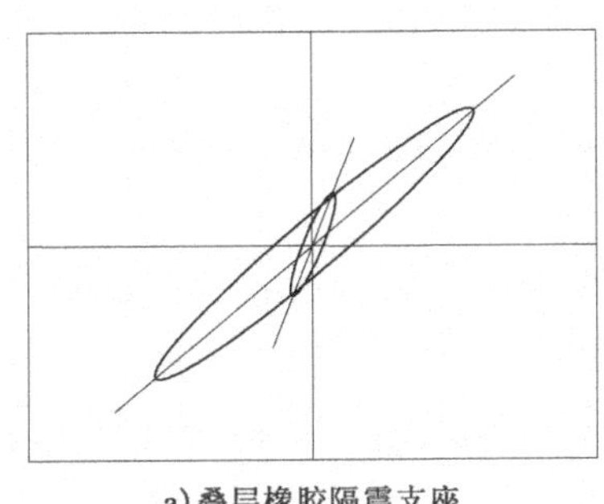

a)叠层橡胶隔震支座

b)滑动隔震支座

图9.7 理想的力-位移曲线

橡胶隔震支座几乎完全可以用弹性性能来描述其特性。然而,它还是具有一定的耗能作用,并且随所使用的橡胶化合物类型的不同而有所不同:从低阻尼橡胶支座到高阻尼橡胶支座,其对应的等效阻尼比为5%~20%。通过在圆柱孔中插入铅芯(铅芯橡胶支座,LRBs)或其他高耗能材料,可以提高隔震支座的耗能能力。对于高阻尼橡胶和低阻尼橡胶支座,在低剪切变形的情况下(10% ~20%),其割线刚度和等效阻尼比很大。这有利于限制频遇荷载(如风荷载)作用下的结构位移。当支座剪切变形在 100% ~150% 的区间内,割线刚度和等效阻尼比取得最小值,这也是在设计地震作用下支座的一般工作范围。当支座剪切变形超出这个范围时,刚度和等效阻尼比都会急剧增加。这对于在异常或极端地震作用下的位移限制是有利的,但对于结构构件来说可能会很危险,因为在结构中产生的荷载比设计值要高。

隔震橡胶支座可以由天然橡胶或人造橡胶,或者它们的混合物制作而成。它们通常采用钢板作为约束单元进行加固,以增加其承载能力,并且降低其竖向变形。在这方面,有两个重要的几何特征对隔震支座的设计至关重要:第一形状系数 S_1 和第二形状系数 S_2。S_1 是每个橡胶层的横截面面积与其自由侧表面积的比值,其影响竖向刚度的大小,并且竖向刚度与 S_1 的平方几乎成正比;S_2 等于橡胶的直径与总厚度的比值,其主要影响支座的承载能力,并与支座的受压失稳现象有关。橡胶的剪切模量 G 的取值范围通常在 0.35 ~0.4MPa至 1 ~1.4MPa 之间。目前的趋势是采用降低剪切模量 G 的方法来减少支座的总厚度或增加隔震周期。隔震支座的水平刚度等于 GA/t_e,其中,A 是水平横截面积,t_e 是橡胶总厚度。品质良好的隔震支座已被证明能承受高达 500% 的剪切变形,因此设计剪切变形取 150% ~200% 是安全的。

隔震橡胶支座的突出优点是其自复位能力,以及在多次循环加载条件下其力学性能的稳定性。原则上,强震发生后不需要对其进行任何替换或维护。针对隔震橡胶支座的耐久性,已有学者开展了很多研究。另外,橡胶化合物加速老化试验流程已经建立且十分容易执行。对已安装的隔震橡胶支座的观察表明,在正常条件下,其耐久性没有问题。因此,在正常条件下,可以假定隔震橡胶支座具有超过 50 年的设计使用年限。

隔震滑动支座可采用具有低摩擦特性的特定材料(例如,抛光不锈钢和聚四氟乙烯)。其理论性能可用术语刚塑性一词来描述。但是,速度和压力会导致其性能产生变异(可达 100%,在钢-聚四氟乙烯界面中这一数值会更大),因此需要对理论结果进行修正。其摩擦系数也可能取决于温度、湿度、界面污染和老化程度。通过界面润滑,可以在很大程度上降低摩擦系数,上至 5% ~10%,下至 0.5% ~2%。在欧洲地区,经润滑的隔震滑动支座常被用作隔震支座,并且不依赖于其自身的耗能能力。采用不同形状界面(例如球面而非平面),其力-位移关系也会不一样,甚至可以使其具有自复位的能力。

对于滚轴或滚球构成的滚动隔震支座,其水平抗力是非常低的。但因为成本原因,在实际中很少使用。

9.4.2 辅助装置

辅助装置与隔震支座分离且单独安装,以组成完整的隔震系统。通常,它们由简单的耗能构件(称为EDEs)组成。耗能构件有时安装在隔震支座内以提高它们的耗能能力,并且避免了装置的分离。图9.8显示了最常用辅助装置的理想力-位移关系。

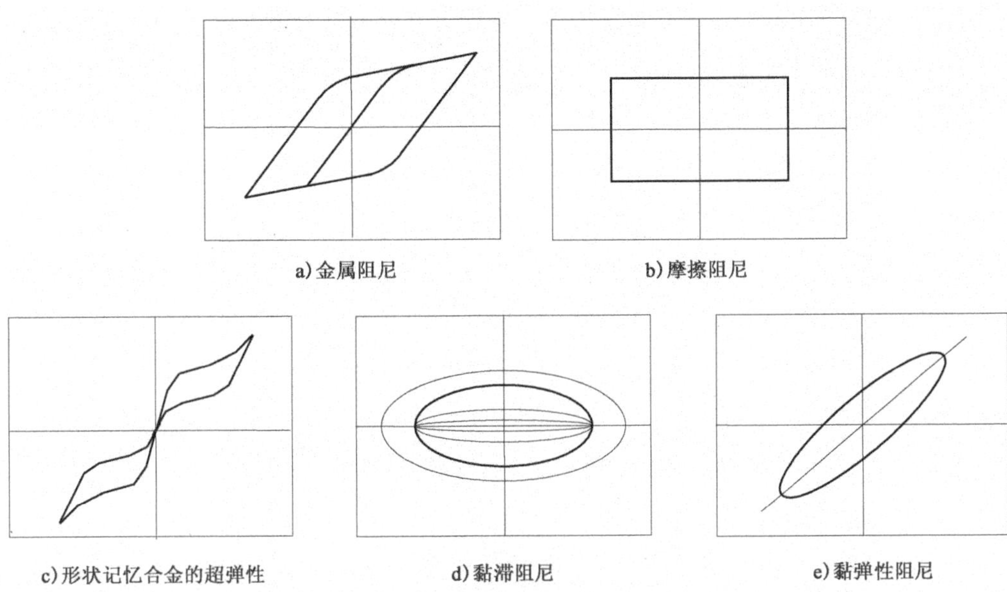

图9.8 辅助装置的理想力-位移曲线

当所受应力超过其弹性极限时,金属阻尼器就会发挥其高耗能能力,如低碳钢和铅。在一般环境条件下,由于金属长期力学性能的可靠性和稳定性,因此金属阻尼器很受欢迎。另一方面,在强震后结构可能需要重新复位。对于金属阻尼器,为了达到最大的耗能效率,可采用弯曲、拉伸和/或剪切变形加工而成的特定形状的钢部件。由于成本低、耗能效率高以及力学性能稳定,低碳钢阻尼器被广泛使用。它们主要的缺点是其低周疲劳承载力十分有限。因此,在强震后它们将会被替换掉。

特种合金,例如形状记忆合金,所表现出的特性令人十分满意,并且还可获得“智能性能”。由于特种合金具有超弹性和很高的低周疲劳承载力,因此它们可用作耗能装置和自复位装置。

摩擦阻尼器主要利用经适当处理过的表面摩擦力来起相应作用,它们具有很大的潜力且成本低。然而,在认为它们完全可靠之前,有两个问题需要解决。第一,静力摩擦系数和动力摩擦系数应尽可能相等,并且不应依赖于速度、环境条件以及两接触面不产生相对滑移的长周期。第二,法向力在装置使用期间不应发生变化。

黏弹性阻尼器利用特殊材料的黏弹性特性获得其滞回性能,其黏滞成分可在地震引起的变形速率下具有耗能能力。黏弹性阻尼器通常采用特殊聚合物或高阻尼橡胶。黏弹性材料通常承受剪切应力,并可采用多种装置结构形式。

液体黏滞阻尼器利用某些流体的黏性(通常为硅油)来实现典型的椭圆形的黏滞力-位移性能。因此,阻尼器反力和力-位移曲线幅值取决于阻尼器速度。当相对运动非常不明显时,如结构的温度变形,则阻尼器反力几乎为零。因此,液体黏滞阻尼器特别适用于长线状结构，例如桥梁，因为这些结构中的温度位移非常重要，且无法使用需要固支条件的阻尼器。带有校准孔或阀门的液压装置通常和不同黏度的液体一起使用。这使得液体黏滞阻尼器的用途增多，因为可产生多种不同形状的力-位移曲线。这种阻尼器的主要问题是长期可靠性和维护保养。

9.5　建模和分析程序

条款10.8(1)，10.9.1(3)，10.9.2，10.9.3，10.9.4，10.9.5

结构构件无非弹性变形的要求[EN 1998-1 *条款10.4(6)*]使得隔震结构的建模和分析得到极大的简化，因为所有结构构件的性能都可假定为线性。另一方面，由于隔震系统所起的作用至关重要，因此在其建模和分析过程中要格外注意，以防止其表现出非常显著的非线性性能。首先，当加速度传递至结构时，隔震系统的力学性能具有易变性，因此地震力可能对其非常敏感[*条款10.8(1)*]。我们应使用结构全生命周期内力学特性的最不利值来进行分析计算，并应与物理参数（温度、加载速率、竖向荷载等）的变化范围保持一致。此外，模型应正确考虑隔震支座的实际分布情况和相关的力学性能。

根据隔震系统性能的不同，可采用不同类型的分析方法，如图 9.9 所归纳的那样。

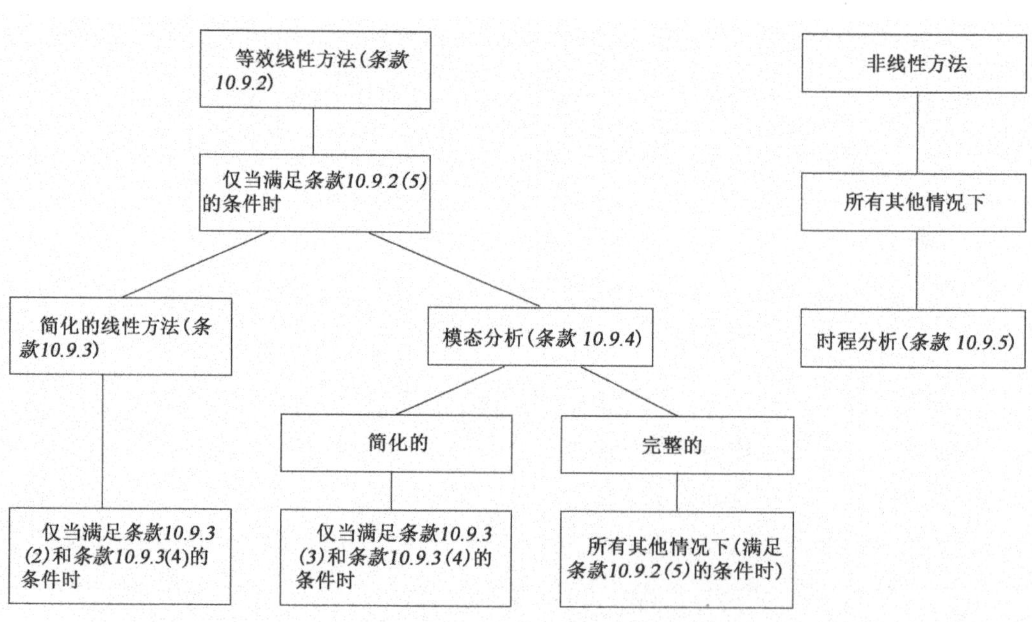

图 9.9　隔震结构的分析方法及其适用条件

总体而言，在循环作用下隔震系统性能或多或少是非线性的。在特定条件下，隔震系统可使用等效线性黏弹性的力-变形关系。并且，采用有效刚度和阻尼比（K_{eff}和ξ_{eff}），其值对应于系统的总设计位移d_{dc}，基于此，可进行简化静力分析或线性动力模态分析。EN 1998-1 要求满足下列条件[*条款10.9.2(5)*]：

- 隔震系统的有效刚度（割线）至少不小于位移为$0.2d_{dc}$时刚度的 50%（其中d_{dc}为隔震系统刚度中心处的值）。

• 隔震系统的有效阻尼比要小于或等于 30%。事实上，有效阻尼比太高会导致模态耦联，并因此增加楼层加速度和基底剪力。Naeim 和 Kelly[93]已经证明，模态耦联效应在标准动力模态分析和静力分析中通常被忽略。

• 因加载速率效应和竖向荷载在设计值范围内的变化对力学特性的影响不应超过 10%。

• 位移在 $0.5d_{dc}$ 和 d_{dc} 之间时，隔震系统中力的增量至少要为上部结构总重量的2.5%，以保证其具有最小的复位效应并避免位移的累积。

简化线性分析方法是计算隔震结构地震作用效应的最简单方法。这一方法的所有步骤都已在 EN 1998-1 *条款10.9.3* 中进行了描述。它的理论基础是在上文 9.2 中已阐述的隔震动力原理。结构体系假定为单自由度体系，在地震作用的方向上，其质量为上部结构的质量总和，刚度等于隔震系统的总刚度。仅在满足表 9.3 中总结的条件时，才可使用这种分析方法。

应用简化线性分析方法时所需满足的条件总结　　表 9.3

EN 1998-1 中的条款	条　件
10.9.3(2)	质心与刚心之间的最大偏心距：≤7.5%
10.9.3(3)	场地距震级 M≥6.5 的断层的距离：>15km
10.9.3(3)	最大平面尺寸：≤50m
10.9.3(3)	下部结构为刚性
10.9.3(3)	所有的隔震装置均设置在承受竖向荷载的下部结构上方
10.9.3(3)	有效周期范围：$3T_f \leq T_{eff} \leq 3.0$s
10.9.3(4)	上部结构平面规则且对称
10.9.3(4)	宜忽略下部结构底部的摇摆转动
10.9.3(4)	隔震系统的竖向和水平刚度之比：$K_v/K_{eff} \geq 150$
10.9.3(4)	竖向的基本周期：$T_v \leq 0.1$s

隔震层位移和地震力可用 *条款10.9.3(1)* ~*条款*10.9.3(6) 中给出的简化公式来进行估算。然后，等效地震力可按静力方式作用于上部结构以进行相关设计值的安全性验算（构件应力，层间位移等）。需要强调的是，地震力沿高度的分布不再由线性变化的加速度确定，而是一种常数分布[*条款10.9.3(6)*]。这与上部结构为刚体运动，其变形可忽略不计这一假定相一致（因层间位移远小于隔震层位移）。对于常规的对称结构，主要由于偶然偏心引起的结构整体扭转效应依照 EN 1998-1 *条款4.3.3.2.4* 进行考虑。结构构件的扭转效应与其距质心的距离成正比。计算每一隔震单元在给定方向的总设计位移时，应使用放大系数来进行分析计算。放大系数的大小取决于隔震单元的位置、垂直于地震作用方向上质心与刚心之间的偏心距，以及隔震系统的抗扭刚度半径。

虽然这种分析方法并不总适用，但对结构的初步设计和复杂分析结果的全面检验都是非常有用的。

若隔震系统可以线性建模，但不能满足表 9.3 中的某些条件，则结构体系应采用动力模态分析（*条款10.9.4*），其中上部结构与隔震系统采用线弹性模型。当仅不满足图 9.9 中*条款10.9.3(2)* 的条件时，即当扭转位移对隔震系统位移产生显著影响时，仍可采用简化模型来分析计算。该简化模型采用具有三个水平向自由度的刚体质量来模拟上部结构。在估算单个隔震单元的有效刚度时，一定要考虑这种影响所产生的误差。

所有类型结构和隔震系统均可进行时程分析。当隔震系统的力学性能无法通过等效线性方法模拟时［*条款10.9.2(5)* 中的条件］，则必须进行时程分析。显然，仅隔震系统需要非线性模拟，而结构仍可继续使用线性模型。在抗震设计状况下的变形和速度范围内，隔震系统的非线性模型应代表其真实的本构关系。

9.6 安全性准则和验算

条款10.4(1)，10.4(2)，10.4(3)，10.4(5)，10.4(6)，10.4(8)，10.3(2)，10.10(5)，10.10(6)

虽然有限损伤状态的安全性验算基本上与传统建筑相同［*条款10.4(3)*］，但是，穿越隔震结构抗震缝的所有生命线设施都应保持在弹性范围，考虑到这一附加要求，承载能力极限状态（ULS）下的安全性验算存在一些差异。完全隔震的要求导致需要验算：设计强度等于下部结构分析所得的应力，对于上部结构还要除以系数 1.5［*条款10.10(5)*］。

隔震支座在安全性验算中起到了关键的作用。在对支座进行承载能力极限状态（ULS）下的设计位移验算时，应乘以放大系数 γ_x，其值将会在国家附件中给出。对于气体管道及其他有危险性的生命线工程，在承载能力极限状态（ULS）下都应乘以相同的放大系数，以保证其相对位移在安全范围内。

9.7 基底固结建筑和隔震建筑的设计地震作用效应

隔震结构的经济效益问题经常被提出。这一问题应得到正确地解决，从总体的预期成本来看，除最初成本以外，还包括损坏构件的修复和替换成本，以及人员伤亡和社会成本。尽管如此，得到最初成本的估计值同样也是重要的，因其是总费用的重要组成部分。

隔震产生的额外成本由支座成本和隔震层成本组成。由于作用于结构上的地震力会减小，又会使结构的成本有所减少。因成本的降低与地震力的大小密切相关，故比较隔震结构和底部固接结构的设计应力是有意义的。这样的对比可帮助设计人员决定是否使用隔震结构，并且最终优化其应用。

底部嵌固的混凝土框架结构和类似隔震结构的底部剪力需要进行比较。因此，要计算底部嵌固结构的设计谱加速度 $S_d(T_{fb}, q)$ 和有效质量比的乘积与类似隔震结构的设计谱加速度 $S_e(T_{eff})$ 和性能系数 1.5［*条款10.10(5)*］的商的比值，其中 T_{fb} 是底部嵌固结构的周期，T_{eff} 是隔震结构的周期[100]。若结构至少有两层，且其自振周期 $T_{bf} < 2T_c$，则有效质量比 λ 取 0.85，与等效线性静力分析时的取

值相同。对于隔震结构,有效质量比 λ 取为1[*条款10.9.3(6)*]。

这里的对比包含了承载能力极限状态(ULS)和有限损伤状态(DLS)。对于底部嵌固结构的承载能力极限状态(ULS),设计谱的纵坐标取决于性能系数 q,其与延性等级和上部结构的立面规则性有关。混凝土结构的性能系数 q 取值较大。因此,假定默认值为 $\alpha_u/\alpha_1=1.3$,则需验算 $q=4.5\alpha_u/\alpha_1$ 的情况(高延性等级和规则框架结构)。例如,典型的具有等效黏性阻尼比 $\xi=10\%$ 的橡胶隔震系统,其反应谱纵坐标的折减系数取 $\eta=0.816$。那么,地震力之比由下式给出:

$$R_{\mathrm{ULS}}=\frac{\lambda S_{\mathrm{d}}(T_{\mathrm{fb}},q)}{S_{\mathrm{e}}(T_{\mathrm{eff}},\xi_{\mathrm{eff}})/1.5}=\frac{1.56}{q}\frac{S_{\mathrm{e}}(T_{\mathrm{fb}})}{S_{\mathrm{e}}(T_{\mathrm{eff}})}\qquad(T_{\mathrm{b}}\leqslant T_{\mathrm{bf}}\leqslant 2T_{\mathrm{C}},\xi_{\mathrm{eff}}=10\%)\tag{D9.15}$$

考虑有限损伤状态,不需要考虑折减系数 q,则地震剪力比为:

$$R_{\mathrm{DLS}}=\frac{\lambda S_{\mathrm{e}}(T_{\mathrm{fb}})}{S_{\mathrm{e}}(T_{\mathrm{eff}},\xi_{\mathrm{eff}})}=1.04\cdot\frac{S_{\mathrm{e}}(T_{\mathrm{fb}})}{S_{\mathrm{e}}(T_{\mathrm{eff}})}\qquad(T_{\mathrm{b}}\leqslant T_{\mathrm{bf}}\leqslant 2T_{\mathrm{C}},\xi_{\mathrm{eff}}=10\%)\tag{D9.16}$$

从式(D9.15)和式(D9.16)可以看出,周期比在决定隔震措施的经济效益时起主要作用,因为谱值比的结果主要取决于周期比。此外,对于有限损伤状态(DLS)而言,隔震的优点更加突出。因为上式中没有出现系数 q,则 $R_{\mathrm{DLS}}/R_{\mathrm{ULS}}=1.04q/1.56\approx 4$。

图9.10和图9.11显示了以隔震结构周期为横坐标的 R_{ULS} 曲线。它们分别对应于两种极端的场地条件,即,A类场地和D类场地(EN 1998-1 *条款3.1.2*),并分别给出了隔震的最有利和最不利的条件。有效周期越大,R_{ULS} 的结果对隔震结构越有利。注意到采用橡胶支座隔震时,T_{eff} 的范围为 $2.0\mathrm{s}\leqslant T_{\mathrm{eff}}\leqslant 3.0\mathrm{s}$,并且考虑到隔震率至少为2,可以得出:A类场地,地震力之比 R_{ULS} 位于0.63($T_{\mathrm{fb}}=1.0\mathrm{s}$, $T_{\mathrm{eff}}=2.0\mathrm{s}$)~3.0($T_{\mathrm{fb}}\leqslant 0.4\mathrm{s}$, $T_{\mathrm{eff}}=3.0\mathrm{s}$)的区间内;D类场地,$R_{\mathrm{ULS}}$ 位于0.54($T_{\mathrm{fb}}=1.0\mathrm{s}$, $T_{\mathrm{eff}}=2.0\mathrm{s}$)~1.5($T_{\mathrm{fb}}\leqslant 0.4\mathrm{s}$, $T_{\mathrm{eff}}=3.0\mathrm{s}$)区间内。需要强调的是,对于隔震结构,既不要求对其进行能力设计,也不需对其采取抗震构造措施,这意味着又可进一步节省成本[*条款10.4(7)*]。

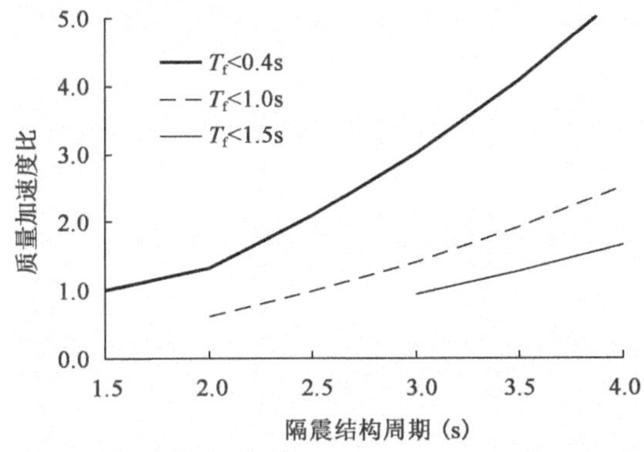

图9.10 A类场地的底部剪力比

(底部固结结构 $q=5.85$,基础隔震结构 $\xi=10\%$)

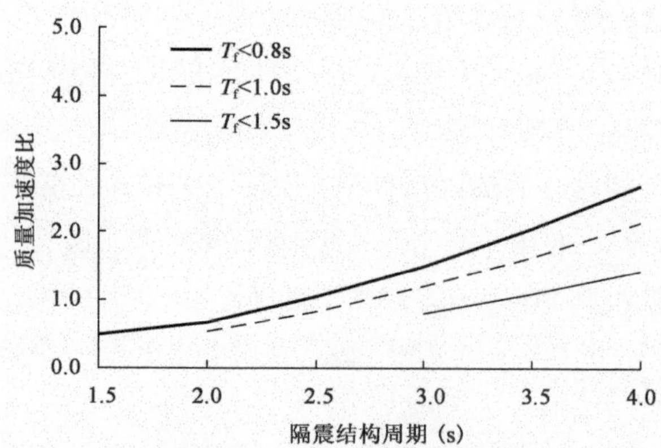

图 9.11 D 类场地的底部剪力比

(底部固结结构 $q=5.85$,基础隔震结构 $\xi=10\%$)

如上所述,R_{ULS}约乘以4,则R_{DLS}值远大于1(在上述情形中,R_{DLS}取值为2.5~12和2.2~16),这显示了隔震结构在非结构性的损伤控制方面具有巨大的优势。

第 10 章　基础、支挡结构和岩土工程

10.1　引言

10.1.1　EN 1998-5 设计指南的适用范围

Eurocode 8 指南的这一部分涉及：

- 适用于土、基础和天然或人工边坡的抗震设计；
- 地震作用下土体的力学性能设计（如循环荷载下的强度、刚度和阻尼）；
- 稳定性和承载力验证的适当模型，土与基础（以及土与挡土结构）相互作用的适当模型，包括对由地震引起的变形评估。

本指南第 4 章和第 5 章包涵了基础结构设计及其尺寸确定的所有方面，特别是*条款5.2*、*条款5.3.1*、*条款5.4.1.2*、*条款5.4.1.3* 和*条款5.4.2* 中所述的大多数内容。

10.1.2　EN 1998-5 和 EN 1997-1 的关系（Eurocode 7：岩土工程设计　第 1 部分：一般规定）

根据 EN 1998-5 *条款1.1(1)* 所述的范围"*补充 Eurocode 7，该补充规定不包括抗震设计的特殊要求*"，而在 Eurocode 7［条款 1.1.1(7)］所述的范围内，"EN 1998 为岩土抗震设计提供了附加规定，完善或修改了本标准的规定"。为了更好地理解这两个文件的相互关系和互补情况，下面将回顾 EN 1997-1 中的一些定义和一般概念。熟悉 EN 1997-1 在执行 EN 1998-5 中的"拟静力"的简化稳定性验算时尤其重要。 ***条款1.1(1)***

10.1.2.1　通用定义和独立定义

"地基"与"土"

在 EN 1998-5 中术语"地基"是根据 EN 1997-1 条款 1.5.2.3 中"*泥土、岩石以及建筑工程开始之前的场地回填物*"来定义的。因此，为了确定地震作用与施工场地岩土特性的关系，EN 1998-5 对地基类型进行了分类。 ***条款1.5.2(1)，1.5.2(2)***

"浅基础"和"扩展基础"

在这里，两个标准使用了各自不同的名词定义：EN 1998-5 中，"浅"基础包括基础放脚和筏板基础，而相同的解释在 EN 1997-1 中被称作扩展基础，同时还包括垫式基础（独立基础）、条形基础和筏基。

10.1.2.2 岩土工程类型、岩土参数设计值及设计方法

岩土工程类别

在 EN 1997-1[见条款 2.1(10) ~ 条款 2.1(19)]中介绍了非强制性使用的岩土工程类别,以建立岩土工程设计要求。EN 1998-5 没有使用此类类别,但应注意,EN 1997-1中岩土工程类别 3 适用于高地震活动区域中的结构*,且“*通常应包括本标准中这些结构的替代条款和规则*”(即 EN 1997-1)。这意味着在高地震活动区域结构的岩土设计需要进行特殊处理,使用一些 EN 1997-1 中没有提及的方法。

岩土参数的特性及设计值

EN 1998-5 中没有提及地基性质标准值的概念,但是它的使用是可被理解的,且明显旨在 EN 1997-1 和 EN 1990 的要求“*尽可能遵从并忠实于岩土工程原理*”。在 EN 1997-1 的起草文件中,这一概念的岩土工程解释一直是最具争议的话题之一。该标准条款 2.4.5.2 的以下段落给出了一些基本规定和建议:

(1)P 岩土参数特征值的选择应以实验室和现场试验得出的值为基础,并辅以完善的工程经验。

(2)P 岩土参数特征值的选择应为影响极限状态的谨慎估计值。

……

(7)岩土结构在极限状态下的地面控制区域通常比测试样本或在现场测试中受影响的地面区域大得多。因此,控制参数的值通常是一系列覆盖地面的大表面或体积的值范围的平均值。标准值应该是对该平均值的谨慎估计。

……

(11)如果使用统计方法,标准值的计算应使最坏情况在极限状态下发生的可能性不大于5%。

(12)P 当使用有关地基勘察参数标准值标准表时,标准值应选用非常保守的值。

关于岩土参数标准值的一场有益探讨可以在 Simpson 和 Driscoll 的文献中找到。标准值与设计值的关系受 EN 1990 的一般规定(在 EN 1997-1 中被重申)的约束,即岩土参数的设计值 X_d 被规定为:

$$X_d = X_k / \gamma_M \tag{D10.1}$$

式中,X_k 是标准值;γ_M 是其分项系数,根据要求选定。岩土参数设计值也可以根据评定直接获取。

设计方法

在 EN 1997-1 中,条款 2.4.7.3.4 介绍了岩土工程问题的三种设计方法:DA-1、DA-2 和 DA-3,每个国家都可根据自身情况进行选择*。每种设计方法都引

---

* A 类场地上较低阈值的设计加速度(0.30 ~ 0.35g)可初步确定为“高地震活动区”。

* 以下给出的 EN 1997-1 设计方法摘自 Simoneli。

入了分项系数。分项系数一方面直接影响作用力或作用效应，另一方面影响个体抗力或整体抗力。特别是对于地基材料特性而言，式(D10.1)成立。此外，在DA-1中规定用两种不同的系数组合来进行双重验证。

在设计方法中引入适当的分项系数用以计算设计作用效应 E_d 和设计抗力 R_d，对结构单元或地基断面(在 EN 1997-1 中各自表示为 STR 和 GEO)的断裂或过度变形的极限状态进行安全验证仅需满足本指南第 2 章中的公式(D2.3)。

综上所述，EN 1997-1 设计方法的特征如下：

- DA-1，第一种工况(DA-1 C-1)：分项系数应用于作用力但不应用于地基强度参数，即相应的系数取 1.0。
- DA-1，第二种工况(DA-1 C-2)：分项系数应用于地基强度参数(如 $\gamma_{\phi'}$ 应用于 $\tan\phi'$，γ_{cu} 应用于不排水抗剪强度 c_u 等)，但不应用于作用力。
- DA-2：分项系数应用于作用力或直接作用于作用效应，且应用于全局抗力，但不应用于地基强度参数。
- DA-3：分项系数只应用于结构产生的作用力，但不应用于地基产生的作用力，也应用于地基强度参数(同 DA-1 C-2)。

因此，当结构产生的作用力不存在时，DA-3 与 DA-1 C-2 一致，例如，这样的情况会发生在边坡稳定性验算中。

在 EN 1998-5 中，结构产生的作用力，例如通过基础传递到地基的惯性荷载应根据 EN 1998-1 *条款3.2.4* 和*条款4.2.4* 和 EN 1990[3] 中的具体规定进行组合。虽然 EN 1998-5 中没有明确地提出设计方法，但建议在验算地基承载力和挡土墙稳定性方面采用拟静力法，假定地基强度参数的设计值与 DA-1 C-2 和 DA-3 中的一致(在没有结构产生的作用力时)。因此，DA-1 C-2 和 DA-3 是与 EN 1998-5 最契合的设计方法，而其他方法(如 DA-1 C-1)也可以被设计人员使用，取决于各国家的选择。如果采用方法 DA-1 C-1，在边坡或挡土墙的稳定性验算中，地基强度参数的标准值不受分项系数的影响，但地面单位重量应乘以相应的分项系数(γ_G)。

10.1.2.3　承载能力极限状态(ULS)和有限损伤极限状态(DLS)

在 EN 1998-5 中安全性验算使用承载能力极限状态(ULS)，即地基(EN 1997-1 中的 GEO)或结构单元(EN 1997-1 中的 STRU)的断裂或过度变形的极限状态。它们也代表破坏或正常使用极限状态。

预防土工或结构极限状态的发生与 EN 1998-1 中提出的防塌陷要求是一致的，在 EN 1998-1(条款 2.2.1)中有限损伤极限状态(DLS)被定义为那些“不再满足特定性能要求的极限破坏”。

在 EN 1998-5 的一般要求中，主张对有限损伤极限状态(DLS)进行验算：

- 边坡稳定性(*条款4.1.3.1*)：验算式(D2.3)可能不足以检验是否达到了“*不可接受的土体巨大永久位移*”的极限状态，并且土体的实际永久位移可能必须在地震期间计算。如果这样的计算表明预测的永久位移是有限的,并且对结构没有不利的功能影响,则边坡可被认为是安全的,其安全性实际上由有限损伤极限状态要求控制。

- 地基系统(*条款5.1*)规定了地震引起的地面变形与结构的基本功能要求相一致。
- 挡土结构(*条款7.1*),其中提到"*永久位移……如果它们与功能和/或美学要求相兼容,则可被接受。*"因此,类似这样的考虑应被应用在边坡稳定性中。

10.2 地震作用

10.2.1 设计加速度与重要性系数

条款2.1

在 EN 1998-5 中,地震作用的最常见表示形式出现在用拟静力方法进行的稳定性验算中,该作用通常采用无量纲形式 αS 来表示,其中 $\alpha = a_g/g$,g 为重力加速度。在此式中,a_g 为 A 类场地的设计加速度,由式(D3.7)给出,该式中 a_{gR} 是参考峰值加速度,其值可在国家地震区划图中获得,γ_I 是重要性系数(参见本指南的 2.1),S 是场地系数,其定义见 EN 1998-1 *条款3.2.2.2*。

当进行极端陡峭边坡的稳定性验算时,*条款4.1.3.2(2)* 中附加规定,对于那些 $\gamma_I > 1$ 的结构,A 类场地的设计加速度应再乘以地形放大系数(S_T),其推荐值见 EN 1998-5 *附录A*。

建筑的重要性等级和重要性系数参见 EN 1998-1 *条款4.2.5*(亦见本指南的 2.1 节),其中建筑的重要性系数最大值为 $\gamma_I = 1.4$,地震时建筑的完整性对居民的安全至关重要。重要性系数 $\gamma_I > 1$ 将通过以下几种作用的增加来影响岩土抗震设计:

- 结构产生并传递给基础的惯性荷载;
- 由地震波传播产生的地面变形所导致的并作用在深基础(桩和墩)上的所谓"运动荷载作用力",这种力取决于设计加速度;
- 作用在建筑地下室墙体和相邻的围护结构上的土压力,其必须保持稳定以保持建筑结构的整体性;
- 在天然或人工边坡的验算中起作用的不稳定惯性力,其稳定性是建筑结构整体性所必需的;
- 用于饱和、粗粒地基土的液化敏感性评估的地震剪应力的大小。

对桥梁结构,该列表中的数据几乎没有变化(当 $\gamma_I > 1$),其重要性类别和推荐采用的重要性系数在 EN 1998-2 条款 2.1 中给出。这一条款还规定,"一般的高速公路桥梁……其重要性类别属于'一般重要'这一类,其重要性系数采用 $\gamma_I = 1$"。然而,如果一个国家认为高速公路或公路系统在地震中的功能性对于公民保护而言是必不可少的,增加设计作用力(作为 $\gamma_I > 1$ 的结果),这将会影响系统中的全部岩土结构。

这种不符合 EN 1998-2 建议的国家选择（例如在意大利的“高速公路、国家公路和相关工程结构”[102]中），已在 2003 发布的最新 Eurocode 8[103]中进行规定。

10.2.2　地形放大系数

地形放大系数（S_T）是一个在地震作用下验算边坡稳定性时用以增加惯性力的系数，这一概念在 EN 1998-5 *第4章*中被引入，EN 1998-5 *附录A* 中有更详细的信息，在此提供关于这个系数大小的附加背景信息。　*条款4.1.3.2(2)*

在 EN 1998-5 *附录A* 中，S_T 的数值主要来源于简单二维地形的动力响应分析，使用匀质弹性材料、垂直传播的正弦波作为激励，并以被分析结构的顶部特征点为代表计算平均振幅。处于地震作用下斜坡顶部的代表性放大值与*附录A* 中的具体形状和坡角有关，如下所述：

- $S_T = 1.2$（或更大）用于孤立悬崖和坡角 > 15°的斜坡，以及 15° < 坡角 < 30°的山脊；
- $S_T = 1.4$（或更大）用于坡角 > 30°的山脊。

地形放大的强震记录很少，且对它们的详细研究表明，山顶或山脉附近的场地放大更可能是由土或风化岩石层表面的局部沉积生成的，而不是由地球表面局部凸形几何体导致的波聚焦现象所引起的。为了阐明在 EN 1998-5 *附录A* 中引入的近似程度，表 10.1 展示了四个在意大利具有显著地形起伏的实际地点的精确三维（3D）动态数值分析的结果。这些地点的 3D 模型被记录中有代表性的加速度图激励，且这些激励的平均放大系数均从阻尼为 5%、在顶部有多个点计算的运动弹性反应谱中获取。表 10.1 将 EN 1998-5 *附录A* 中的场地放大系数与由 3D 分析，以及更简单的 2D 模型所得的场地放大系数进行比较，除了极度不规则且陡峭的 3D 构造外，均是一致的。

3D 和 2D 数值分析中的地形放大系数与 Eurocode 8 地形放大系数的比较，以及根据 EN 1998-5 *附录A* 得出的场地类型　表 10.1

场　地		Eurocode 8 场地类型	分　析		
			Eurocode 8	3D	2D
奇维塔		孤立悬崖	1.2	1.75（+46%）	1.30～1.40（+8%～+17%）
阿尔蒂诺		孤立悬崖	1.2	1.30（+8%）	1.22（+2%）

续上表

场　地		Eurocode 8 场地类型	分　析		
			Eurocode 8	3D	2D
泰坦诺山 (圣马力诺)		顶部宽幅明显 小于底部且平均 坡角 >30°的山脊	1.4	1.58(+13%)	1.18 ~ 1.32 (-6% ~ -16%)
卡斯 泰拉罗		顶部宽幅明显 小于底部且平均 坡角 <30°的山脊	1.2	1.25(+4%)	1.09 ~ 1.28 (-9% ~ +7%)
注:来自 Paolucci[105]					

10.2.3　"人工波"与实测波的对比

条款2.2(1), 2.2(2)

在 EN 1998-5 所考虑的安全性验算中,时域分析在非线性动态计算中起重要作用,需要评估例如边坡或挡土结构在地震作用下引起的永久位移或评估场地上地基剖面的放大响应。

为了使设计弹性反应谱与纯数学(随机)工具相匹配,忽略了地震源和波传播过程的物理特性后,生成了加速度时间序列,它被称为**人工**加速度图,而不是实际地震中**记录**的强震加速度图。

与其他标准相似,Eurocode 8 的弹性谱不代表单自由度振子对任何特定地面运动的响应,因为他们是由锚固参数(由国家级概率地震危险性分析和后续分区得出的设计地面加速度)与位置相关的谱函数相乘得到的,这些谱函数则通过拟合不同的地震中所测得的真实谱获得。因此,人工加速度图通常包含了整个振动周期内的能量,而无法在任何单个记录中找到。所以人工加速度图可以代表不现实的速度、位移和能量,且其使用中出现的主要问题已在结构分析应用中指出。

在永久性地基位移分析中,例如地震诱发的边坡运动的等效刚体模拟,输入加速度图产生物理上真实的速度和位移是必要条件,因为这些数据会直接反映在计算出的位移中(见 10.4.1.3 中的例 10.1)。因此,不推荐人工加速度图用于这种分析,特别是在靠近地震源的地区,该地区强劲且低频的速度和位移脉冲很可能会支配地面运动。

EN 1998-1 的*条款3.2.3.1.2* 和*条款3.2.3.1.3* 提出了选择人工和记录(或模拟)加速度图的基本物理要求,并确认了动态边坡稳定性验算和土体放大分析中输入的特殊要求。持续时间的主要要求与场地区域上控制地震危险性的地震(力矩或表面波)震级 M 相一致。在 10 ~ 30km 之间的距离上,根据特里富纳茨和布雷迪的定义[108],岩石强震持续时间的指导值为:$M \cong 5$ 取 4 ~ 6s,$M \cong 6$ 取 7.5 ~ 9.5s,$M \cong 7$ 取 12 ~ 15s。

EN 1998-1 *条款3.2.3.1.24(c)*,利用结构响应的基本周期来设定对谱输入水平的要求,可能不适用于动态边坡稳定性分析,因为结构的响应可能是不相关的。

10.3　土的力学特性

10.3.1　强度参数

一般来说，设计中所用的抗剪强度应符合规定荷载下最不利的排水条件。 *条款3.1*

10.3.1.1　黏性土

静剪切强度

地震作用持续时间短，黏性土在地震过程中不会发生排水。最危险的情况就是在加载后，因为抗剪强度通常会随着固结进程的进行而提高。如果土体中的超孔隙水*压力 Δu 的发展可以忽略不计，则其控制抗剪强度将与静态工况相同，即：

$$\tau_f = c_u \tag{D10.2}$$ *条款3.1(1)*

式中，c_u 是在循环加载之前由（不排水）静载试验确定的不排水剪切强度[1]。

循环荷载下的退化效应

当黏性土的正常固结试样受到不排水循环荷载时，正孔隙水压力 Δu 逐渐产生，有效应力减小。这将降低抗剪强度，甚至可能导致因超出一定剪应力水平或某一加载循环次数的循环破坏。在饱和砂土中，这种类型的失效称为液化（将在10.4.1.5 中讨论）。

在正常固结（NC）黏土中循环荷载引起的抗剪强度的降低，可以通过以下公式来估算[109,110]：

$$\frac{(c_u)_{cyc}}{(c_u)_{NC}} = \left(\frac{1}{1-\Delta u/\sigma'_c}\right)^{l-1} \tag{D10.3}$$

式中，$(c_u)_{cyc}$ 为不排水循环荷载作用下的抗剪强度；$(c_u)_{NC}$ 为循环加载前土体的不排水（静）强度；σ'_c 为有效（静）围压；l 为通过公式 $l = 0.939 - 0.002I_p$ 估算出的试验常数，其中 I_p 是土的塑性指数。

如果可估计循环引起的超孔隙水压力（其取决于循环加载次数），则式（D10.3）可对不排水抗剪强度的降低进行量化。对于典型的 I_p（塑性指数）在 20～30范围内的正常固结黏土，l 接近 0.9，同时强度降低可忽略，因为即使孔隙压力比高达 0.6，强度降低也不会超过 10%。只有对于那些塑性很强的黏土，如墨西哥城黏土，其 I_p 超过 200，在循环荷载下同样的孔隙压力比才会导致强度降低 35%，见式（D10.3）。

抗剪强度的周期性降低是一个暂时现象：随着排水的进行，超孔隙水压力的消散，有效应力再次增大，抗剪强度即随之增大，直至最终恢复其静力值。

加载速率效应

一般来说，加载速率会导致黏性土强度的增加。考虑试件在破坏时间从

---

* 即超过静水压力 u_0。

[1] 仅使用 c_u 进行的分析，即“$\varphi = 0$”法。

100s(慢测试)到约 0.1s 的破坏时的各种加载试验,与静态测试相比,黏性土强度增加约 15%[111],尽管这一估计会受到试验数据大量散射的影响。这样的增加通常被忽略以利于安全。

10.3.1.2 无黏性土

条款3.1(2) 在未胶结的饱和砂土中,不排水条件下的剪切强度可用按有效应力描述的库仑破坏准则来表示:

$$\tau_{\mathrm{f}} = (\sigma_{\mathrm{f}} - u)\tan\varphi' \tag{D10.4}$$

式中,σ_{f} 为垂直于所求剪切面的总应力,这一公式的使用在 EN 1998-5 *条款3.1(2)*有介绍。然而,它的使用需要对类地震循环荷载下的超孔隙水压力 Δu 进行评定,以得到有效的法向应力 $\sigma_{\mathrm{f}}' = \sigma_{\mathrm{f}} - u$。这一评定可能会带来困难。

条款3.1(1) EN 1998-5 *条款3.1(1)*中提及的另一种方法是使用一种试验关系关联两个参数,其中一个是在定义良好的循环加载过程下的土的不排水抗剪强度 $\tau_{\mathrm{cy,u}}$,另一个则代表土压实状态的参数,如相对密度 D_{r}。

循环抗剪强度与相对密度 D_{r} 的关系表达通常使用的是实验室循环三轴试验的结果,即所谓的循环应力比,也就是一个在 20 次循环荷载下产生 5% 的双振幅轴向应变的恒定振幅剪切应力的归一化值 $(\sigma_{\mathrm{dl}}/2\sigma'_0)^{*}_{20}$。后者的应变水平被假定为代表了(地震引起的)由液化导致的砂的破坏。因此,对于恒定振幅的轴向循环荷载,我们可以假定 $\tau_{\mathrm{cy,u}} = \sigma_{\mathrm{dl}}/2$,然后将剪应力相对于初始有效围压归一化以获得循环应力比。

对于相对密度高达约 70%,即在大多数实际应用有涉及的范围内,数据表明抗液化性和相对密度之间存在线性关系,该关系可被写成:

$$\left(\frac{\sigma_{\mathrm{dl}}}{2\sigma'_{\mathrm{o}}}\right) = \mathrm{const} \times D_{\mathrm{r}}(\%) \tag{D10.5}$$

为了使这种表达式适合于设计应用,必须找到将 20 次等幅循环加载历史所获得的循环抗力转换为可应用于不规则地震荷载下的抗力的方法。可以看出,在多向不规则荷载作用下引入最大剪切应力 $\tau_{\mathrm{max,1}}$,将引起特定数量级上的剪切应变,将其归纳为近似关系[111]:

$$\frac{\tau_{\mathrm{max\,1}}}{\sigma'_{\mathrm{v}}}\left(\frac{\sigma_{\mathrm{dl}}}{2\sigma'_{\mathrm{o}}}\right)_{20}$$

并且在第一近似下,有:

$$\text{当 } D_{\mathrm{r}} < 70\% \text{ 时},\frac{\tau_{\mathrm{max\,1}}}{\sigma'_{\mathrm{v}}} = \mathrm{const} \times D_{\mathrm{r}}(\%) \tag{D10.6a}$$

其中 σ_{v}'表示有效垂直应力。基于一套标准砂的数据总结,提出以下关系[111]:

---

* 参考的是三轴测试中施加的应力条件,其中最大剪切应力为减幅应力 $\sigma_{\mathrm{d}} = \sigma_1 - \sigma_3$ 的一半,即轴向(垂直)应力与水平主应力之间的差异。循环应力分量作用在垂直方向上。

$$\frac{\tau_{\max 1}}{\sigma'_{\mathrm{v}}}=0.0042 \times D_{\mathrm{r}}(\%) \qquad \text{(D10.6b)}$$

10.3.2　材料性能的分项系数

分项系数的推荐值在 EN 1997-1 的 DA-1 C-2 中给出，它们也可以在该标准附录 A 的表 A.4（集 M2）中查得。可参考之前在 EN 1997-1 中提到的不同设计方法的概要说明。 *条款3.1(3)*

10.3.3　刚度和阻尼参数

10.3.3.1　剪切刚度

根据 EN 1998-1 *条款3.1.2* 所建立的场地类型，在施工场地分类中，剪切模量 G 所起的作用，相当于由地震剪切波在地面上的传播速度 v_{s} 所起的作用。这一部分将与后面的 EN 1998-5 *条款4.2.2* 结合在一起进行详细介绍。需要用到土剖面抗剪刚度相关知识的其他应用包括： *条款3.2(1)* *3.2(2)*

- 土-结构相互作用的动力参数（EN 1998-5 *第6章及附录A*）；
- 地震场地响应，例如可能是定义场地类型 S_1 的地震作用［见 EN 1998-1 *条款3.1.2(4)* 的注释］，或是对 10m 以上的土-挡土结构的拟静力稳定验算中所使用的地震系数 k_{h} 进行精细估计（EN 1998-5 *附录E* 的*条款2*）。

式（D3.1）的线弹性关系在很小的剪切应变数量级（10^{-6}或更小）上给出了 G 的值，然而在上面的那些应用中，G 的值与地震引起的地基剪切应变数量级兼容是十分必要的，如果不发生土破坏，上述剪切应变通常在 $10^{-5} \sim 10^{-2}$之间。EN 1998-5（*表4.1*）中对依赖于应变的 G 的值提供了直接指导。

直接进行现场测量 v_{s} 的地球物理试验通常只用于那些需要精确确定设计弹性反应谱的项目中，或在那些用其他方法进行场地类型确认非常困难的地点进行。通过与更多常用岩土参数的相关性估算 v_{s} 的方法将会结合 EN 1998-5 *条款4.2.2* 进行说明。

10.3.3.2　阻尼

除了土-结构的动力相互作用，土体内部的阻尼（也是一个依赖于应变的量）在与剪切刚度有关的应用中也发挥着作用。 *条款3.2(3)* *3.2(4)*

10.4　对选址和地基土的要求

10.4.1　选址

10.4.1.1　一般规定

考虑到工程对社会和经济的重要性，以及设计地震作用的严重性，在 EN 1998-5 *条款4.1.1(1)* 中提及的"*建筑场地的评估……来确定支承地基的性质*"也许可以假定为一个多步骤的过程，其中首先对场地危险（如果有的话）进行初步全面评估，甚至可在进行土钻孔或其他原位勘察之前。此评估通常由经验丰富的地质学家负责。在对现场数据进行收集和分析之后，进行最终的评估（其中包括场 *条款4.1.1*

地分类)。在一些欧洲国家,例如在意大利,现行的抗震标准要求编制地质报告,对场地的整体稳定性和设计中所采用的基础类型提供指导。

10.4.1.2 地震活动断层

条款4.1.2(3) 正如 EN 1998-5 *条款4.1.2(3)* 所述,对于场地的地表断层破裂危险性的评估通常需要咨询专家的建议。

然而人们应该意识到,地质学家使用的用来评价断层的"地震活动"与评价断层构造运动的频繁程度所采用的标准是不一致的,并且取决于结构(或基础设施)所假定的风险保护等级。不同的相关部门在实际应用时也会选择不同的标准。

在欧洲,由同震断层滑动引起的地表破裂是一个相对罕见的事件,最近只在地中海地区的某些地区观察到(主要曾在意大利和希腊)。地震实迹表明,在地震活动受限于地壳表层 20km 左右的范围内,同震地表断裂只发生在地震力矩(M_w)或表面波(M_S)震级大于 6.5 的地震中。然而,这不应被视为绝对的标准。

关于欧洲地震活动断层的有用信息可在欧洲震源目录中获得,标题为"地球物理/地质资料来源"。然而,其涉及断层的测绘规模一般不与所述条款的范围相匹配。

条款4.1.2(1) CEN/TC250/SC8 组委会对于 EN 1998-5 *条款4.1.2(1)* 的讨论,并没有让"*在构造断层附近*"这一规定在定量上使得新建建筑到地表断层的距离限制更严格。关于这方面的一个有用的参考是加州法案——地震断层分区法(实施于 1972 年)[113],其中这样规定:

"在项目被允许动工之前,城市和县乡必须进行地质调查,来证明拟建建筑不会跨越活动断层,场地的评估和书面报告必须由有执照的地质学家撰写。如果某地发现有活动断层,则供人使用的建筑不能建设于断层表面且必须与断层存在一定距离(通常为 50ft)"。

条款4.1.2(2) EN 1998-5 *条款4.1.2(2)* 中的"晚第四纪"可被解释为包括全新世(10000 年前)或者从最新的冰川期结束后(适用时)开始的更长时间段。

10.4.1.3 边坡抗震稳定性

条款4.1.3.1(2) EN 1998-5 *条款4.1.3.1(2)* 中"*不可接受的巨大位移*"可能是由于达到承载能力极限状态(ULS)或有限损伤极限状态(DLS)而产生的。在任意一种情况下,必须对边坡中由地震引起的位移进行评估。

条款4.1.3.2(2) 为了量化地震作用,在*条款4.1.3.2(2)* 和*附录A* 中使用了地形放大系数。

条款4.1.3.3 无论采用有限元、刚块或是拟静力方法进行稳定性分析,设计作用力、抗力和强度参数都应与 EN 1997-1 的土工设计方法的国家选择相一致。在本章的介绍中已经提到,DA-1 C-2 或 DA-3(在没有结构荷载的情况下)与 EN 1998-5 兼容。EN 1997-1(条款 A.3.3.6)还要求在斜坡上应用一个关于地面抗力的分项系数,其值由各国自行选择。这种抗力分项系数的推荐值是 DA-1 和 DA-3 这两种情况的统一值,若为 DA-2 的情况时,则取 1.1。

如果通过有限元对斜坡进行精细的动态响应分析,则对正确描述地面材料中应变软化效应极为关键,因为它们控制着剪切带的形成以及局部滑动面的发展。

关于边坡稳定性分析一般方面的其他建议可见 EN 1997-1 条款 11.5。

拟静力分析法

拟静力分析法的应用包括以下步骤：

(1)在选择滑动面(最常见的为圆弧面)之后，除了其他永久荷载外，规定的水平和竖向地震惯性力被静止地施加到滑动面和地面包围的土体重心。 *条款4.1.3.3(3)，4.1.3.3(4)，4.1.3.3(6)，4.1.3.4(4)*

(2)考虑到刚体平衡，将土体上的抗力和主动力的比值作为安全系数。

(3)相同的操作重复多次，改变滑动面并重新计算安全系数，直到找到有效安全系数的最小值为止。

同时，土体亦应通过极限状态条件计算安全系数，且该系数不应小于之前算出的安全系数值。

不能忽视 EN 1998-5 *条款4.1.3.3* 所规定的拟静力法应用的局限性，即： *条款4.1.3.3(3)，4.1.3.3(8)*

- 地形剖面和地基剖面的几何形状必须规则合理；
- 斜坡的地基材料如果是保水状态的，则不宜使其孔隙水压力有明显的增加，否则会导致抗剪强度的损失和在循环荷载下的刚度退化。

其他局限将在 10.4.1.4 详细介绍。

拟静力法中的关键参数是**地震系数**(k_h)，即设计加速比的比值 S_α，用来确定设计惯性力。在 EN 1998-5 的式(*4.1*)中，这个数取值为 0.5，该数值是在经验的基础上，辅以观察到的路堤和土坝边坡的性能以及相关反算而确定的。使用评估永久性边坡位移的方法(例如，见 Newmark[114])可以更好地解释 k_h 实际值的选择。通过计算在许多不同地震中记录的加速度时程所激发的简化边坡模型(刚性块)的响应，最有可能由不同地震烈度产生的永久性边坡位移可通过“临界”边坡加速度与最大输入加速度之比 a_c/a_{max} 的函数估算。$a_c/g = k_c$ 的值是边坡的临界地震系数，即将安全系数降低到 1 时产生拟静态惯性力的系数。 *条款4.1.3.3(5)*

已对高度为 15 ~ 80m 的路堤进行了参数研究，这些参数也适合于深度与基岩相当的土坡，而对于较浅深度的土坡取值会偏于保守。结果表明，当拟静力边坡分析的 k_h 值等于峰值加速度的规定比例时，其安全系数大于 1.0，则位移可能受到限制。在这种观点下，EN 1998-5 中 $k_h = 0.5$ 且使得安全系数大于 1 的边坡即使面对震级达到 8.25 的地震[115]，永久位移也不会超过几十厘米，且当震级更小时位移也更小。不同的是，由于欧洲强震区大多数破坏性地震的震级在 5.5 ~ 7 之间，因此当采用 $k_h = 0.5$ 时的拟静力稳定验算会导致安全系数大于 1，从而确保边坡永久移动是可忽略的。

因此，随着 S_α 值的增加，设计人员可能会发现它不再适用于拟静力法。边坡可能发生位移而仍未达到破坏极限状态，任何情况下，这都需要另外的分析来检查位移的大小。

与完全动态分析法相比，拟静态验算可能引入的保守性的数量将在后面的章节中结合挡土墙结构的设计进行说明。

基于刚块模型的边坡动力分析

条款4.1.3.3(7)

边坡位移分析的简化动力学方法最初是由 Newmark[114] 提出的,并在之后的持续研究中得到进一步的发展和完善(参见 Franklin 和 Chang[116])。

刚块模型的应用严格要求滑动面上的抗剪强度是纯摩擦型的,并且不会由于循环荷载下孔隙压力的增加导致其随着时间的推移而退化。利用刚块模型计算地震引起的永久边坡位移,可通过以下步骤进行:

- 首先对边坡进行静力稳定性分析,在考虑地面质量的情况下确定边坡的最不安全的滑动面和有效静力安全系数 $F_s(>1)$。
- 将滑动面和地面之间封闭的土体视作一个刚块,在一个与水平面呈 θ 角倾斜的粗糙平面(支撑)上自由滑动;对于非平面滑动面,在静力分析中 θ 可以取为作用在滑面上的切向力合力的斜率。
- 刚块的临界(水平)地震系数计算:

$$k_c = (F_s - 1)\frac{\tan\theta}{1 + \tan\phi\tan\theta} \quad \text{(D10.7)}$$

式中,ϕ 为滑动面上的内摩擦角。关于临界系数可以这样理解:当支撑的加速度 $\ddot{x}_0(t_0)$ 小于 $k_c g$ 时,刚块无法滑动,而当其超过此临界值时,刚块开始滑动。

- 将满足*条款4.1.3.3(7)*的水平加速度时程 $\ddot{x}_0(t)$ 作为激励,激励的竖向分量常常可被忽略,因为许多参数研究表明它的影响较小(同时也由于竖向和水平加速度分量之间缺乏相关性)。通过联立以下运动方程,计算平行于倾斜支承的滑块向下滑动的位移:

$$\begin{aligned} &\text{当}\frac{|\ddot{x}_0|}{g} \geqslant k_c \text{时}, \ddot{x}(t) = \left(\frac{\ddot{x}_0(t)}{g} - k_c\right) g\,\frac{\cos(\theta - \phi)}{\cos\phi} \\ &\text{当}\frac{|\ddot{x}_0|}{g} < k_c \text{时}, \ddot{x} = 0 \end{aligned} \quad \text{(D10.8)}$$

将加速度图超过临界值 $\pm k_c g$ 的部分对时间积分两次,由此产生的位移会逐渐累积直到运动停止。

下面给出一个实际滑动分析的例子来说明该方法的应用。

例 10.1:某实际滑坡体在地震作用下位移的计算

滑坡概述

根据瓦内斯的分类,该滑坡(图 10.1)为碎石土块滑坡[117],位于意大利东北部的乌迪内地区。进行永久位移计算以检查用于稳定滑块的改进措施是否有效,最初得出静力安全系数 $F_s = 1$。将许多垂直排水管插入土中以使地下水位降低到图 10.1 中所示的水平位置处,以防止土和岩石碎片的近地面不稳定部分进一步滑动。

地震活动资料和输入地震动

滑坡场地位于一个高地震活动区域,最近一次破坏性地震(弗留利地震)

发生在 1976 年的 5 月和 9 月，震级分别为 6.4 级和 6 级。在距滑坡点约 15km 处的托尔梅佐-安比斯塔加速度仪观测台站（图 10.2），测得岩石峰值加速度为 0.35g。在意大利最新的地震区划[104]中，滑坡区岩石 475 年内的设计加速度为 $a_{gR}=0.25g$。可以证明在滑坡中，松散的近地面材料的场地系数 S 在 1.2（场地类型 B 类）～1.4（场地类型 B 类）之间，这将使设计加速度 a_gS 在 0.30～0.35g 的范围内。

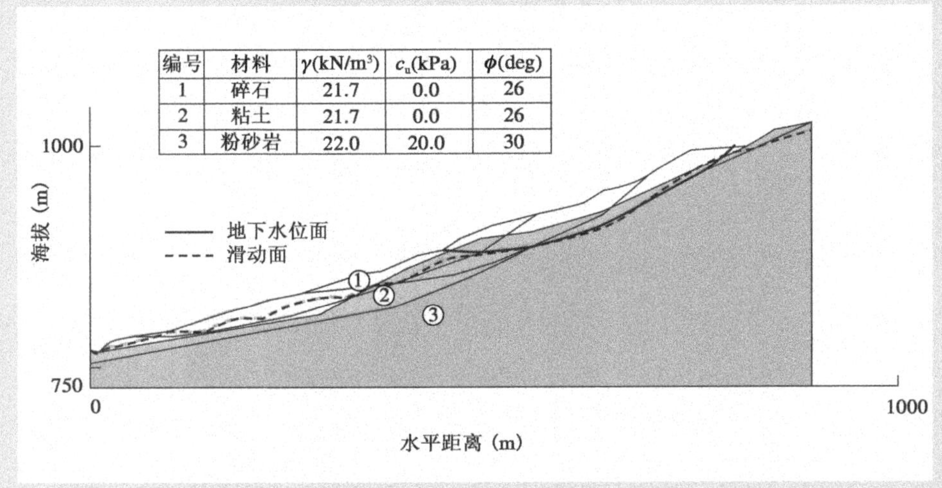

图 10.1　位于意大利东北部乌迪内省的一个实际滑坡的横断面（含地面材料和性质的描述）

将在托尔梅佐-安比斯塔观测站中记录的峰值为 0.32g（南北向）和 0.34g（东西向）的水平加速度（如图 10.2 所示）用作激励，而不引入额外的场地系数 $S>1$。根据最常见的定义，强震持续时间在 5～8s 之间。由于记录加速度的符号取决于记录仪器，所以对于给定的加速度图，最好进行两次滑动块分析：一次用记录下的加速度进行分析，另一次将其反号进行分析。经验表明，

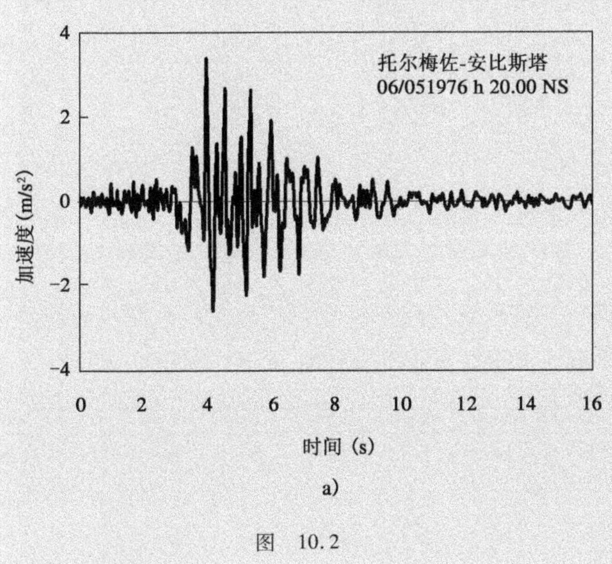

a)

图　10.2

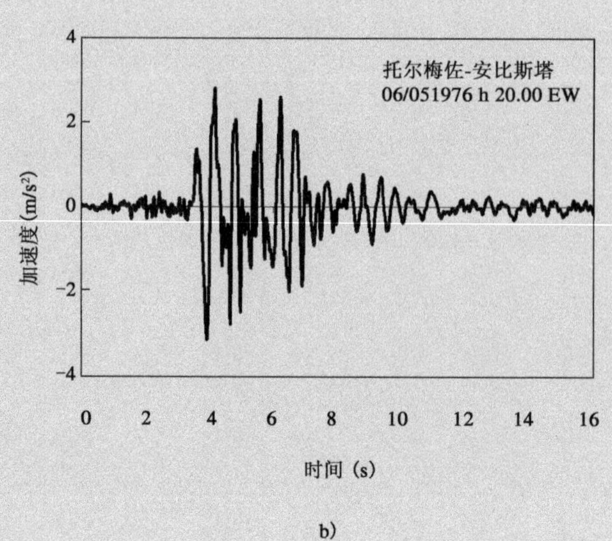

b)

图 10.2 在 1976 年 5 月 6 日,震级 6.4 级的弗留利主震期间,距离震中最近的观测站记录的岩石水平加速度,其被用作图 10.1 中滑坡体刚块动力分析的激励

两次结果有显著差异,在这个案例中也使用了这一符号反转的方法进行计算分析。

刚块分析的滑坡参数

早期的研究揭示了近地面滑坡材料及其强度参数的极端异质性和变异性;图 10.1 中所示的值是非常谨慎的估计,受到很大的不确定性影响。由于这些原因,且由于对算例的结果影响不大,在滑坡的静力分析和临界地震系数的计算中,没有引入分项系数来降低抗剪强度。按照经典方法进行的静力稳定性分析[118]结果如下:

- 静力安全系数 $F_s = 1.44$;
- 临界地震系数 $k_c = 0.13$;
- 支承面等效倾角 $\theta = 18.2°$。

因为 F_s 的值较高,因此人们希望能够限制永久边坡位移,此外,另一个不利的因素是激发的加速度峰值远高于 k_c。

结论

图 10.3 描绘了使用等效刚块计算下滑方向(即相对于水平方向倾斜 $\theta = 18.2°$)的永久位移,其值在 1 ~ 7.5cm 之间,对于所有实际情况来说是非常小或可忽略的。最终位移值对激励波形的强敏感性,包括由于变符号而产生的预期影响,支持了 EN 1998-5 条款 2.2(2)中关于地震作用的时程表现的要求。

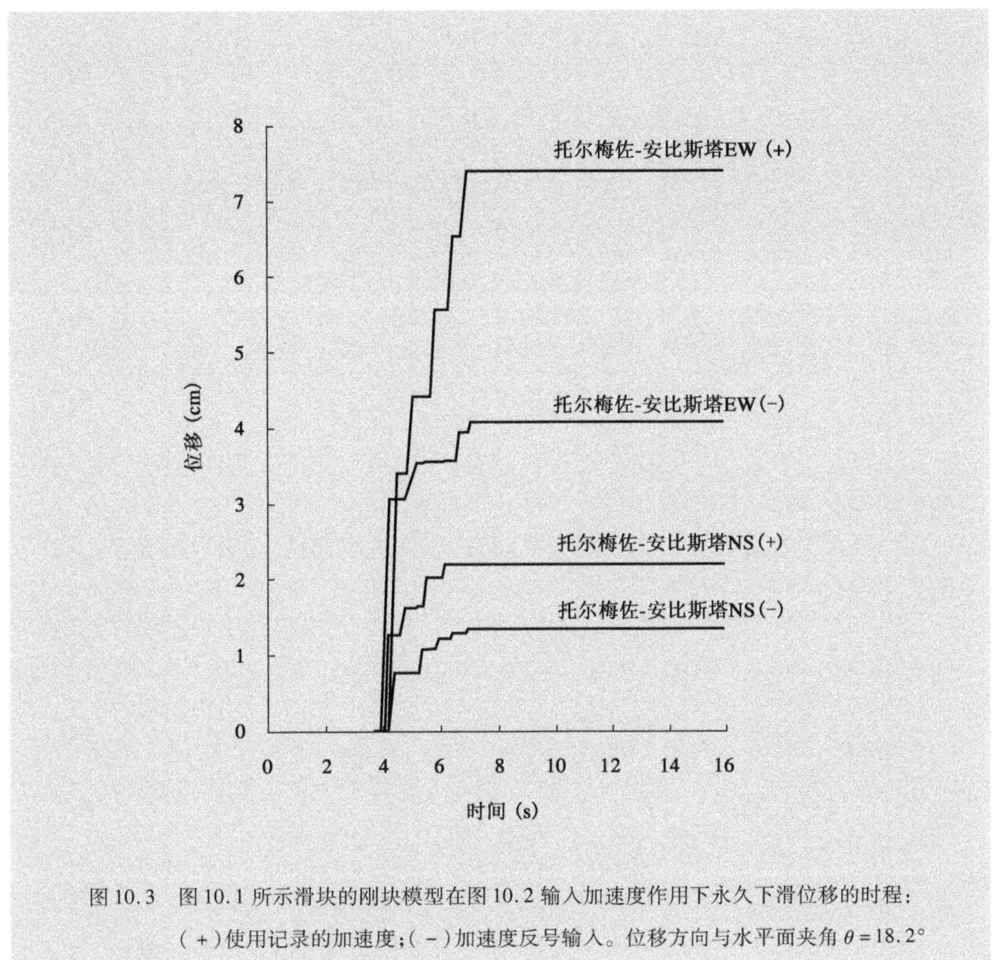

图 10.3　图 10.1 所示滑块的刚块模型在图 10.2 输入加速度作用下永久下滑位移的时程：（+）使用记录的加速度；（−）加速度反号输入。位移方向与水平面夹角 $\theta = 18.2°$

10.4.1.4　循环荷载导致的孔隙水压力增量

孔压增量应纳入受循环荷载作用产生收缩现象的饱和土的考虑范围内，这一要求已经在 EN 1998-5 *条款4.1.3.3(9)* 和*条款4.1.3.4(1)* 中给予强调，如果不能进行适当的实验室循环荷载（三轴或剪切）试验，可以使用经验公式来估计 Δu。 ***条款4.1.3.3(9)，4.1.3.4(1)***

对于无黏性土的等幅循环应力荷载，孔隙压力比 $U = \Delta u/\sigma'_0$，可被简单地通过以下公式用产生液化的循环次数求得[119]：

$$U = \frac{2}{\pi}\arcsin\left(\frac{N}{N_1}\right)^{1/2b} \tag{D10.9}$$

其中 b 是均值为 0.7 的试验常数。产生液化的循环次数可用以下关系计算：

$$N_1 = A\left(\frac{\tau_c}{\sigma'_0}\right)^{\beta}(D_r)^{\delta} \tag{D10.10}$$

在式（D10.10）中 τ_c 是循环应力幅，σ'_0是地震前的初始（垂直）有效应力，D_r 是相对密度（≤1 的小数，而非百分数），且 $A = 0.0503$，$\beta = -4.35455$ 和 $\delta = 4.80243$皆为经验常数。这些常数是通过对蒙特雷（加利福尼亚）0 号饱和砂的大量样本进行液化的振动台试验中最佳的数据组拟合得出的。式（D10.10）中相对密度为 0.54 ~ 0.9，应力比 $0.1 \leqslant \tau_c/\sigma'_0 \leqslant 0.3$，$N_1 \leqslant 100$。回归的标准差 $\sigma_{\log N1} = 0.09$，$R^2 = 0.96$，表明式（D10.12）拟合的数据是合理的。

式(D10.9)和式(D10.10)在实际地震设计问题中的应用,需要对地震中产生的不规则循环应力历史在土深处进行估计,并简化为等幅的等价循环次数。一个简单的方法[111]为,假设在土沉积层(或边坡)浅层深度 z 中的均匀等效剪应力振幅 $\tau_e(=\tau_c)$ 可通过 EN 1998-5 的式(*4.4*)或者其稍加修改的形式来计算获得,即:

$$\tau_c = 0.65\alpha S\sigma_{v0}(1-0.015z) \qquad \text{(D10.11)}$$

式中,σ_{v0}是震前在深度 z(单位:m)处的上覆岩层总应力。等效周期数 N 在循环荷载作用(峰值 =0.65)下的估算可通过关于震级 M 的函数求出。当 $M=$ 5.5、6.0、6.5、7.0 和 7.5 时,相应的 $N=3.5$、4.0、6.5、10 和 14.5。这些估算的变异系数接近 0.5,这种变异性应通过敏感性分析加以考虑。

条款4.1.3.4(2) EN 1998-5 *条款4.1.3.4*(2)中提到的大变形降低抗剪强度的简化计算方法为:

$$(\tan\phi')^* = \left(1-\frac{\Delta u}{\sigma'_v}\right)\tan\phi \qquad \text{(D10.12)}$$

式中,$(\tan\phi')^*$ 是简化的有效强度。比值 $\Delta u/\sigma'_v$可通过式(D10.9)~式(D10.11)进行估计。

10.4.1.5 潜在可液化土层

条款4.1.4(1),4.1.4(2) “液化”一词是日本专家于 1953 年提出,被用来描述影响饱和土(主要是粗粒度土)的各种现象。所有这些现象都以永久变形的发生为特征,但它们可能是由不同类型的荷载(单调、瞬态或循环)引起的,并且所涉及的变形量可能有很大的不同。它们的一个共同的特征是:在不排水条件下,孔隙水压力积聚(超过静水压力值)而产生土体强度损失,即等体积剪切变形。不排水条件是由加载过程的持续时间导致的,这一时间对于流体中多余压力的消散而言太短了。

从设计的角度来看,评价液化危害及其潜在后果分别需要检查下列步骤:

(1)**敏感性**:即土体是否易于液化(例如,如果细粒含量高,液化可先不予考虑)。

(2)**危险性**:即在设计地震作用下土体是否可能发生液化(例如,土可能容易液化,但设计地震作用产生的剪切应力可能不足以触发液化现象)。

(3)**风险**:即如果液化发生,基础受损的可能性以及这种损害的程度。

敏感性

条款4.1.4(7),4.1.4(8) EN 1998-5 *条款4.1.4(7)* 和*条款4.1.4(8)* 中都提到了上面的第一点。15m 的深度限制主要是根据数据库记录的液化现象所得出的,数据库不包含更深场地的观察记录。此外,归一化的地震剪应力 τ_e/σ'_{v0}在较大的深度处明显减小。

*条款4.1.4(8)*下列出的其他情况指:

- 地面运动的严重性,意味着低于某加速度限值,松散的土表现出弹性响应,且不会发生永久体积变形。

- 塑性细粒的含量(含有较高比例的非塑性细粒的土也可能液化)。
- 高抗渗性,如致密砂岩。

虽然在一些国家仍然被广泛使用,但现场证据已证明仅依靠粒度分布标准进行液化敏感性验算是不安全的(除了某些塑性细粒含量较高的情况)。下面介绍了一个更好的方法,通过细粒含量来修正原位土的抗力。

危险性

在前一个步骤中检查了土和场地条件的敏感性,接下来可通过比较特定作用效应(L)或**地震要求**与土壤抗液化能力(R)进行液化危害验算,具体计算用下式进行表达:

$$F_L = \frac{R}{L} \tag{D10.13}$$

其中 R 和 L 都以循环剪切应力的形式表示,可视作抗液化的安全系数。对式(D10.13)的理解非常简单:在 $R<L$ 的深度处,液化危险可能发生;当 $R>L$ 时,液化危险不会发生。

R 用循环剪应力振幅来表示。τ_{cy}(见与*条款 3.1* 的有关讨论)需要在与基准地震的震级相适应的循环周期下引起原位土液化,将 τ_{cy} 除以初始有效竖向应力 σ'_{v0},得到**循环抗力比**$(\tau_{cy}/\sigma'_{v0})_1$。

另一方面,设计地震对土体的作用效应由等效的等幅循环剪应力 τ_e 表示,它可以通过例如式(D10.11)这样的公式以简化方式进行估算。如果 τ_e 也除以σ'_{v0} 进行标准化,则可得到**循环应力比**(τ_e/σ'_{v0})。

引入以上的定义,式(D10.13)变成如下形式:

$$F_L = \frac{(\tau_{cy}/\sigma'_{v0})_1}{\tau_e/\sigma'_{v0}} \tag{D10.14}$$

理论上,循环抗力比应从建设场地获得的易液化土体的未受扰动试样,并在实验室对其进行模拟循环地震荷载的试验来获取。这通常需要高度专业化的现场取样技术,例如土的深冻结,造价高且只在重要项目中使用。在可靠性要求较低时,可以在实验室中将试样重塑为所需的相对密度再进行测试。在这种精密的方法下,应力比 τ_e/σ'_{v0} 的计算将比用式(D10.11)计算更加精确,例如,在原位土剖面处,使用代表了设计地震的加速度时程作为激励进行一维波传播分析。

在采用这种方法的少数情况下,对液化的安全性验算可以在将适当的分项系数应用于 τ_{cy} 后,通过确认 $FL>1$ 进行简单的验证。

为了避开饱和砂土未受扰动原状试件的取样和循环试验所带来的重大困难,基于标准原位试验的经验估算方法(如,见 seed[121])已成为评价液化危险性的普遍方法。在 EN 1998-5 *条款 4.1.4(9)* 中,采用这种做法是液化危险性检验的最低要求。它将原位标准贯入试验(SPT)的锤击数与在以前地震中发生过液化的地点所 ***条款 4.1.4(3), 4.1.4(9)***

测得的极限值进行比较,这些过去的观测结果都是用标准化 SPT 阻力 $N_1(60)$ 函数的曲线形式$(\tau_{cy}/\sigma'_v0)_1$ 进行表示的。

条款4.1.4(4),4.1.4(5)

EN 1998-5 *条款4.1.4(4)*和*条款4.1.4(5)*测得的标准贯入的锤击数 N_{SPT} 通过以下表达式进行标准化:

$$N_1(60)=N_{SPT}\sqrt{\frac{100}{\sigma'_{v0}}}\frac{ER(\%)}{60} \tag{D10.15}$$

式中,σ'_{v0}以 kPa 为单位,而 ER 是标准贯入度试验中实际冲击能量与理论自由下落能量之比。在美国过去的工程经验中,这个比值为 60%,但是在一些欧洲国家的工程经验中,这个比值会更高一些,比如在意大利 ER 值为 70% ~75%,使得校正系数 ER/60 为 1.20 ~1.25。

条款4.1.4(10)

对于给定土层深度(z)的分析,式(D10.16)中分母的循环应力比是通过与横坐标 $N_1(60)$ 相关联而得到的,$N_1(60)$ 通过式(D10.15)求得,纵坐标 τ_e 由 EN 1998-5 的式(*4.4*)求得。这里的 τ_e 相较式(D10.11)较保守,省略了深度修正项$(1-0.015z)$。归一化循环应力比,即:

$$\frac{\tau_e}{\sigma'_{v0}}=\frac{\tau_e}{\sigma'_{v0}}[N_1(60)] \tag{D10.16}$$

在 EN 1998-5 *附录B* 的*图B.1* 左边的图表中展示。绘制在同一图形上的曲线代表了干净砂土的循环阻力比(在过去地震中发生液化场地上观测得到的经验值),它是关于 $N_1(60)$ 的函数,即:

$$\left(\frac{\tau_{cy}}{\sigma'_{v0}}\right)_{1,M_s=7.5}=f[N_1(60)] \tag{D10.17}$$

式中,下标"$M_S=7.5$"表示它所代表的曲线只适用于震级等于或接近 7.5 的地震。此外,图 B.1 左侧的阻力曲线仅适用于细粒含量小于 5% 的砂。

为了便于计算,现给出在 $N_1(60)\leqslant 30$ 条件下,满足式(D10.17)的经验曲线函数$f(\cdot)$的多项式如下[122]:

$$f(\cdot)=\frac{a+cx+ex^2+gx^3}{1+bx+dx^2+fx^3+hx^4} \tag{D10.18}$$

其中,$x=N_1(60)$,$a=0.048$,$b=-0.1248$,$c=-0.004721$,$d=0.009578$,$e=0.0006136$,$f=-0.0003285$,$g=-1.673\times10^{-5}$,$h=3.714\times10^{-6}$。

震级(表面波)$M_s=7.5$ 以外的地震要使用式(D10.17)进行计算时,可以使用以下的经验修正关系式:

$$\left(\frac{\tau_{cy}}{\sigma'_{v0}}\right)_{1,M_s}=CM\left(\frac{\tau_{cy}}{\sigma'_{v0}}\right)_{1,M_s=7.5} \tag{D10.19}$$

式中,作为震级函数的CM值可在EN 1998-5 *附录B* 的*表B.1* 中获得。这样的修正系数大大降低了在较低震级下的液化可能性。由于受到显著不确定性的影响,建议在应用中佐以其他方法进行修正[122]。液化的可能性随着震级的减小而降低的原因在于,由持续时间变短引起的地面运动循环周期数的减少。

虽然细粒含量(FC)超过5%的细粉砂敏感性较低,但仍有可能发生液化,如EN 1998-5 *附录B* 的*图B.1* 上右边的不同曲线所示。根据砂的FC值,可使用后一个图中的适当曲线,或者内插取值。一个更适应于自动计算的方法是只使用干净沙的基本曲线来修改 $N_1(60)$ 值,这是基于EN 1998-5 *附录B* 的*图B.1* 中的不同曲线有着相同的形状,且彼此之间可以通过刚体平移获得这一事实而达成的。因此,在粉砂中测得的锤击数 $N_1(60)$ 可以通过下式转化为"等效阻力" $N_1(60)_{cs}$(其中"cs"代表了干净砂)[122]:

$$N_1(60)_{cs} = a + bN_1(60) \tag{D10.20}$$

a 和 b 是FC的函数,如下:

当 $FC \leqslant 5\%$ 时,$a=0$,$b=1.0$;

当 $5\% \leqslant FC \leqslant 35\%$ 时,$a=\exp[1.76-(190/FC^2)]$,$b=[0.99+(FC^{1.5}/1000)]$;

当 $FC \geqslant 35\%$ 时,$a=5.0$,$b=1.2$。

综上所述,检查液化敏感土层的液化危险性需要进行以下步骤: *条款4.1.4(3)*

(1)根据具体情况,对被认定有液化敏感性的深度范围内的地基土进行标准贯入试验(SPTs)或静力触探试验(CPTs)。

(2)通过式(D10.20)将测得的 N_{SPT} 标准化为 $N_1(60)$,并且如果 $FC>5\%$,用式(D10.20)将 $N_1(60)$ 转化为 $N_1(60)_{cs}$(或参照EN 1998-5 *附录B的图B.1* 中适当的循环阻力曲线)。 *条款4.1.4(4),4.1.4(5),4.1.4(10)*

(3)通过EN 1998-5的式(*4.4*)和上述式(D10.16),将 $N_1(60)_{cs}$ 与相应的循环应力比进行关联。

(4)对于相同的 $N_1(60)_{cs}$,使用EN 1998-5 *附录B* 的*表B.1* 中的CM值,通过公式(D10.17)~式(D10.19)计算液化循环阻力比。

(5)计算式(D10.14)的安全系数 F_L,并检查 $F_L \geqslant 1/\lambda$ 以满足EN 1998-5 *条款4.1.4(11)*。关于 F_L 的推荐最小值为 $1/\lambda=1.25$,这是由于考虑了现场的不确定性,其中的原位阻力 $N_1(60)$ 没有使用分项系数。 *条款4.1.4(11)*

EN 1998-5 *附录B*(*条款*B.*3* 和*条款B.4*)设想的备选方案是指使用基于CPT和S波传播速度的测量替代SPT的循环阻力图的可能性。虽然CPT在大多数情况下比SPT能更好地定量描述原位土剖面,但文献中提出,相应的经验循环阻力曲线不像SPT那样与现场观测的结果贴近。

例 10.2:液化危险评估

此例位于意大利东北部西西里岛海岸线附近的一个场地,海底最厚的松散粉砂层厚度超过 15m,FC 约为 15%。为了确定循环液化阻力,选择参考震级 $M_S=6.1$,即该地观测到的最强震级。

(帕蒂湾地震,1978)根据 3274 号令的区划分布,该地的设计加速度取 $a_gS=0.25g$。[104]将 EN 1998-5 中的验证步骤应用到土工钻孔上的土体剖面结果如图 10.4 所示。这直接显示了式(D10.14)定义的 F_L 的两项:地震荷载项(对应于安全系数增加 25%),它由连续曲线表示,而与实测 N_{SPT}值对应的循环液化阻力则由实心符号表示。由于渗透阻力和 FC 的增加,在这一例中基准地震下的液化可能发生在粉砂层中,但不太可能发生在底层致密砂质粉土中。

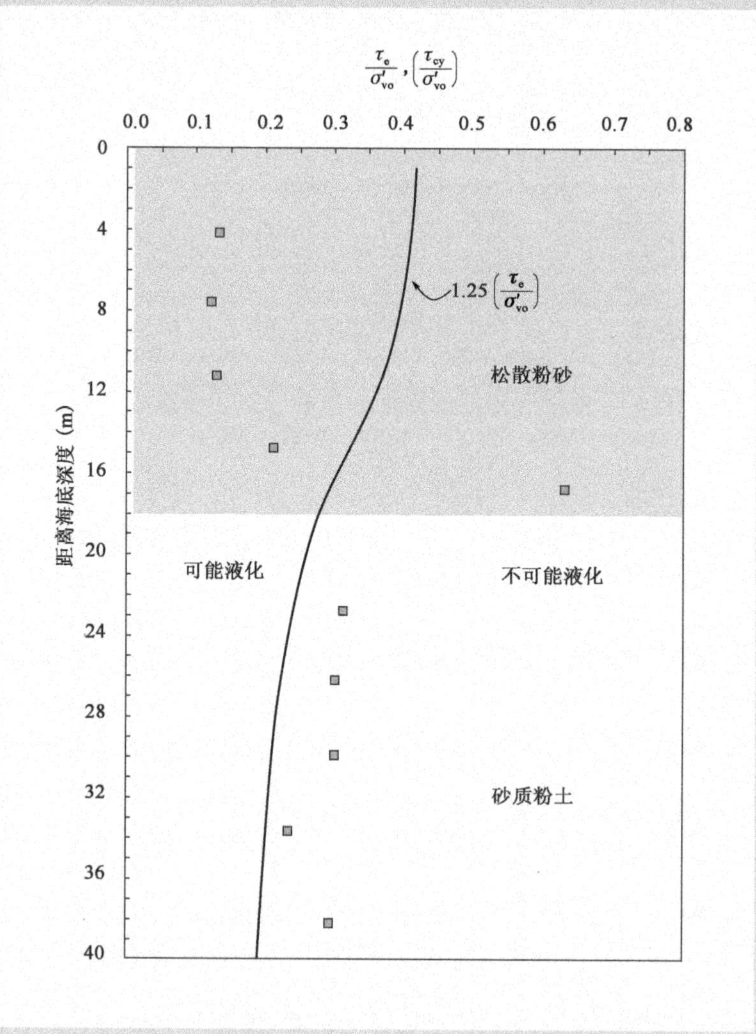

图 10.4 近表层为粉砂层的场地液化可能性评估(FC = 15%)

注:实心符号表示对应参考震级为 $M=6.1$ 的地震及现场 N_{SPT}值的循环阻力比$(\tau_{cy}/\sigma_v{'}_0)_1$,而曲线表示了乘以安全系数 1.25 后,关于深度的循环应力比函数。

减轻土壤液化风险的措施

有关地震液化对建筑结构和地基造成的破坏,已有 200 多年的历史记载:例如,包括砂火山和滑坡等大量液化发生的现场证据(和图形化地)在萨尔科尼关于 1783 年意大利的卡拉布里亚大地震报告中被广泛地提及。 *条款4.1.4(12),4.1.4(13)*

最近一次发生大规模液化破坏的大地震(特别是对港口和沿海设施的破坏)是 1995 年的日本神户大地震,液化大量发生在神户港的两个人工岛中(神户岛和六甲岛)土层未被压实的区域。作为国家经济决策的一部分,在填海中使用特定的被当地人称为"真砂土"的土,它是花岗岩岩石的分解产物,来自于邻近城市的六甲山上的暴露边坡表面,其表现出能抵抗液化的粒度分布特征,尽管现场 N_{SPT} 值偏低,为 5 ~ 10[124]。在填土经过砂井或挤密桩加强的地区,液化作用不显著但仍然存在。同样值得注意且不寻常的是,砾石和黏性土在液化土体的裂缝中与水一起喷射出来。

防止地基土液化的措施,主要是针对维持地震后支承结构的功能而进行。除了这些措施(下面会列出)的具体目的和它们的具体技术实施方法,干预的维度(待处理的面积和深度)也是要考虑的重要因素。对于特定的处理目的,可供选择的方法是:

(1)为了增加土密度以减少过大的孔隙水压力,采用以下方法:

—动力压实法,如强夯或振冲密实;

—固结,例如通过将流体混合物注入土中(喷射灌浆)来实现。

(2)通过增加土渗透性,例如设置排水通道(如用振冲法),或通过将原位土替换成粗砂、砾石等来消散孔隙水压力。

(3)通过降低地下水位来增加围压,以此改变场地应力条件。

这些措施可以单独使用,也可以组合在一起使用。

通过比较处理后 N_{SPT}(或 CPT)的实测值与初始值来评价动力压实法的效果;EN 1998-5 的*图 B.1* 表明,对于剧烈的地震活动和 FC 值较低的情况,要避免液化危险,$N_1(60)$值需要大于 25 ~ 30。

在强夯法中,通过使混凝土或钢板(高达几十吨重)从 30 ~ 40m 的高度自由下落来将土体夯实。其目的是在连续冲击下引起土体的反复液化,在由冲击产生的超孔隙水压力消散后,土颗粒沉降形成更密实稳定的结构。强夯法是一种简单快速的方法,但其效果在很大程度上取决于土的 FC,当 FC 超过 15% ~ 20% 时,该方法基本无效。

排水通道(例如碎石桩)通常与振动压实(振冲)技术相结合,这是一种有效且经济的措施。排水管间距的设计可采用简化的方法和图表的方式[119]。

土体部分固化可以通过将水泥-水混合物注入土中(喷射灌浆;化学混合物,但因造价过高很少使用)来实现。这项措施的目的是通过增加土壤的剪切刚度,以确保地震作用引起的剪切应变很小且基本在弹性范围内。这样反过来又防止了在循环荷载作用下松散土体收缩并产生超孔隙水压力的趋势。喷射注浆法比动力压实法和排水通道法造价高,可以达到很大的深度,当振动压实法受到环境约束(例如附近建筑物受到振动影响)或者由于土体 FC 值不达标而不能进行时,这是一个很重要的替代方法。

持续性降低地下水位通常需要将一个不透水的地下连续墙插入土中,把建筑区域的周边围住,并通过泵送方式在基础深度以下进行持续性排水。由于其高昂的价格,只对某些项目使用,并且通常会与其他方法结合进行。

10.4.1.6 循环荷载作用下可能遭受过度沉降的土

用于估算沉降的试验指标

条款4.1.5(1),4.1.5(2),4.1.5(3)

长期以来振动都被视为一种有效的压实无黏性土的方法。加速度和应变振幅处于强震程度的循环单剪和振动台试验表明,剪切应变振幅和荷载循环次数是控制干土及饱和排水无黏性土压实程度的主要因素。

受正弦激励的干砂小试样的早期循环剪切试验表明:当剪切应变振幅约为0.3%时,10 次加载周期下的永久垂直应变,对于中密砂($D_r=60\%$)约为 0.5%,对于松散中砂($D_r=45\%$)约为 1.0%。有情况表明在恒定振幅下 10 次加载周期对应于相当严重的地震,震级约为 7 级,在均匀干沙上的单向水平振动台试验的结果证实了这一情况。试验结果显示在最坏的情况下,0.3g 的峰值加速度产生的竖向沉降为1% ~2%,而在有利的情况下沉降相当少。这一情况与遭受了 1972 年美国加利福尼亚的圣费尔南多地震的强地面震动作用后的非饱和砂填土 0.5% ~1.0% 的沉降结果相一致[126]。

几年前开始了关于二维和三维激励效应的振动台试验研究[127],该试验所用的激励时程是独立随机的,在 6Hz 的典型频率下,其峰值水平加速度达到 1.0g,垂直加速度(正弦运动)达到 0.3g。结果表明,假定应力和应变与在 1.5 ~3.0m 深度下产生的应力和应变相当,在复合作用下的沉降近似等于由独立的一维作用引起的沉降量之和,这对于各种密度的砂土都是适合的。对于中密砂,复合激励下的竖向沉降在激励持续 4s 时为 0.25%,在激励持续 10s 时为 0.3%,这些结果可被视作对场地条件进行合理推断的可靠依据。

10.4.2 工程地质勘查

条款4.2.1,4.2.1(2)

如 EN 1998-5 *条款4.2.1.(2)*所述,在可以被使用的场地上,尤其适合提供土剖面的详细和连续的定量描述。CPT 在检测小规模垂直(和横向)非均质性方面特别有效,例如在其他土的夹层中容易液化的松散砂层。测得的探头尖端阻力 q_c 与不同的岩土地震工程有关参数(例如相对密度和 S 波传播速度 v_S 或弹性小变形剪切模量 G_0)之间存在关联。关于 G_0 的相关公式如下:

$$\frac{G_0}{q_c}=c_1\left[\frac{q_c}{(\sigma'_{v0}p_a)^{0.5}}\right]^{c_2} \tag{D10.21}$$

式中,q_c 为测得的锥尖贯入阻力(和 G_0 单位相同);p_a 为参考压力(=1 bar =

100kPa)；c_1 和 c_2 为经验常数。

对于未胶结硅砂，尖端阻力比的模量随土壤压缩性的增加而减小，并建议c_1 = 290.57，c_2 = −0.75。对于更新世的砂砾沉积物，当 FC 小于 20%，砾石含量为 13% ~95%且 D_{50}为 1 ~20mm 时，取 c_1 = 144.04，c_2 = −0.631 且决定系数 R_2 = 0.81[129]。

10.4.3 用于确定设计地震作用的场地分类

除了满足 EN 1997-1 (第 3 章)关于非地震作用下设计的需求外，需要在地震设计条件下进行场地岩土工程勘察，其目的是： *条款4.2.2(1)，4.2.2(2)，4.2.2(4)*

- 对有关深度范围的探测，查明可能会由于地震导致液化或由于压实引起过度沉降的土层(这点已经讨论)；
- 获得 EN 1998-1 *条款3.1.2* 中进行场地类型分类所需的基本数据；
- 检测浅层埋藏形态的明显的不规则性，如基岩深度剧烈的横向变化，这可能显著地影响动态场地响应，继而影响设计地震作用。

场地类型可以通过三个不同的岩土参数来识别(正如 EN 1998-1 *条款3.1.2* 所述)，这些参数应该在基础水平以下 30m 的深度区间内测量或估计。确认不同场地类型的参数值范围在 EN 1998-1 的*表3.1* 中给出。

在概念上，主导参数是剪切波速 v_s，因为通常需要通过式(D3.1)计算加权平均速度 $v_{s,30}$。在更具体的案例中，v_s 对于建设场地土沉陷固有振动周期的估算是非常必要的，例如局部放大或土-结构相互作用效应的评估。在 EN 1998-1 中指出，"*应该根据平均剪切波速的值* $v_{s,30}$*对场地进行分类，如果它无法获得，应使用* N_{SPT}"。另两个辅助的岩土参数是 SPT 的锤击数以及不排水抗剪强度 c_u(仅限于黏性土使用)。

在 EN 1998-1 和 EN 1998-5[*条款4.2.2(5)*]中，在少数情况下，现场测 v_s 值是推荐值，而对于许多实际应用，可以通过岩土工程相关关系估算 v_s 值，主要是根据 N_{SPT}值，有时也根据 CPT 的 q_c 值[见式(D10.21)]，这在更多情况下比 SPT 更容易执行。 *条款4.2.2(5)，4.2.2(6)*

用已知的地球物理方法进行 S 波速度(v_s)的现场测量，包括：

- 原位测试跨孔试验，容易获得最精确的地震传播速度测定(下至 100m 以下或更深)，但至少需要两个钻孔，最好是三个。在更复杂的版本中，层析技术可以应用于多个源和接收器，使得地震速度分布能在两个或三个维度而不是沿着单个一维垂直剖面获得。
- 下孔法测试，比先前介绍的方法精确度稍低一些，允许达到几十米的测量深度，它只需要一个钻孔，但它易受表面背景噪声水平的影响。
- 地震 CPT 测试，将地震探头插在静态圆锥贯入仪的尖端，在不同的深度进行速度测量，它使用与下孔法测试基本相同的设置，即地表的地震源传感器和地下的地震传感器。

- 基于表面波的分散传播特性的试验:在试验中,速度是通过土剖面的频散曲线特性来迭代求解逆数学问题而确定的。地震信号可以由人工生成,如 SASW(表面波的频谱分析)类型的研究,或可能只在地震背景噪声中存在的“自然”表面波,如 ReMi(微震折射)方法[130]。

后面集中类型的方法在井内测试方面不太精确,但具有不需要钻孔的优点,因此它们可能是在拥挤城市地区作业时唯一可行的选项。

在日本,N_{SPT}值和小变形剪切模量 G_0 或者剪切波的传播速度 v_s 间建立了统计相关性。其中最广泛使用的是由奥塔和古托提出的 v_s 和 $N(60)$ 间的关系,如下式[131]:

$$v_s = C[N(60)]^{0.17} z^{0.20} f_A f_G \quad (D10.22)$$

式中,v_s 单位为 m/s;C 为常数(=68.5);z 为 SPT 的测量深度(m);f_A 为沉积土的年代系数;f_G 为土质类型系数。后面两个系数的取值可在表 10.2 和表 10.3 中获得。

式(D10.22)的年代系数 f_A　　表 10.2

地 质 年 代	f_A
全新世(10000 年前)	1.0
上新世(600000 年前)	1.3

式(D10.22)的土质类型系数 f_G　　表 10.3

土 质 类 型	f_G
黏土	1.00
砂	1.10
碎石	1.45

将式(D10.22)在不同的区域进行了测试验证,并发现对于较年轻的土沉积物通常结果更好。式(D10.22)的使用将在接下来的事例中给出,并说明如何根据 EN 1998-1 *条款3.1.2* 给出的方法进行场地类型识别。

例 10.3:现场实地的场地类型识别

问题描述

这是一个有着很厚的第四纪沉积物的场地,位于意大利北部的某个城市。该地区是低地震活动区,但项目涉及大量的投资,且投资方认为根据 EN 1998-1 *条款3.1.2*,准确地识别场地类型对于设计地震作用的选择来说是重要的。

场地资料

如图 10.5 所示,地震横波(S 波)的速度变化图通过在已经进行过 SPT 的钻孔处进行井下测量得到。在 15m 深处开始的“R”(代表“无效”)表示在主要为砂土的场地中大砂砾和卵石的存在。典型的 v_s 值大多在 200 ~ 300m/s 之间,除了在一些地方随着砾石含量的增加而有所增加。基于地质年龄的上下界估计[在式(D10.22)中给出]与平均测量的结果是合理一致的。

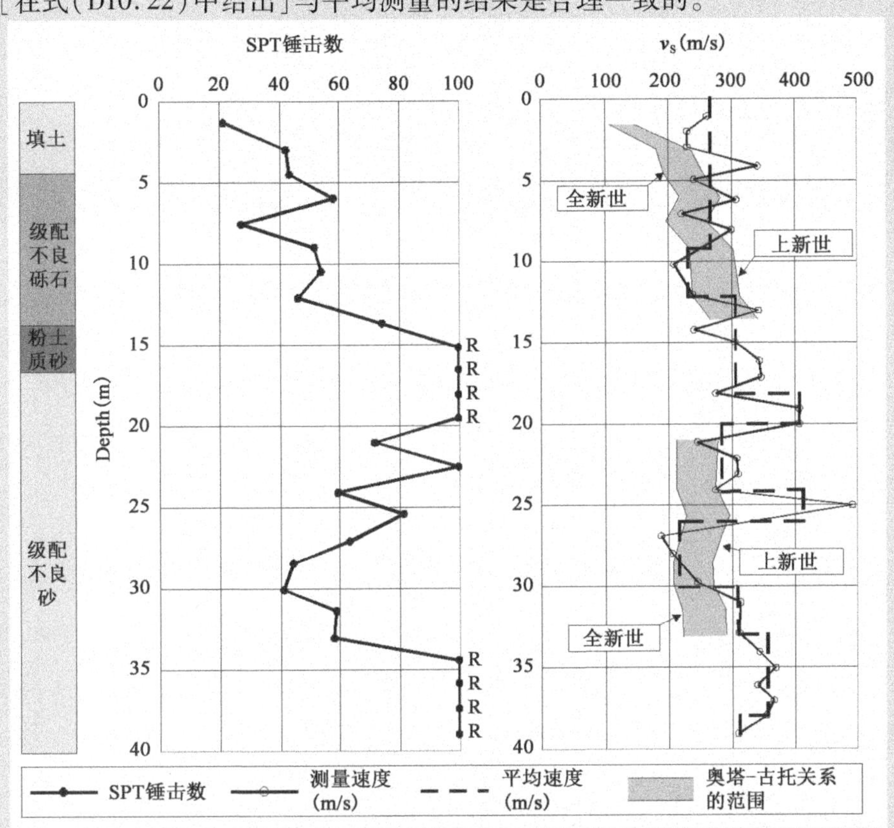

图 10.5　在意大利北部某城市的一个深厚冲积层场地进行场地类型识别的数据

注：从左至右：土壤剖面图（统一土壤分类），SPT 图，井下测量得到的 v_s 图，由式(D10.22)估计得到的 v_s 边界范围。

识别过程和结果

识别过程以表 10.4 所示的形式进行定量展现，将最后一列的值相加得到总传播时间 $t_{30}=0.111$s；通过式(D3.1)求得的加权平均速度 $v_{s,30}=30/0.111=270$m/s，且根据 EN 1998-1 *表3.1* 判断场地类型为 C 类。

值得注意的是：

例 10.3 的分层数据　　表 10.4

从地表开始的土层深度(m)	土层厚度 h_i (m)	第 i 层的平均速度(m/s)	第 i 层的 S 波传播时间 $t_i=h_i/v_{s,i}$(s)
0.0 ~ 9.2	9.2	264	0.035
9.2 ~ 12.1	2.9	229	0.013
12.1 ~ 18.2	6.1	304	0.020
18.2 ~ 20.1	1.9	408	0.005
20.1 ~ 24.1	4.0	281	0.014
24.1 ~ 26.0	1.9	408	0.005
26.0 ~ 30.0	4.0	213	0.019

- 为简单起见，30m 土壤深度是从地面而不是从基础水平面计算的。
- 表 10.4 中的土层划分是基于 v_s 平均值的显著变化，而不是基于土剖面情况。
- 由于在 30m 范围内 2/3 的 N_{SPT} 值超过 50，如果只按贯入阻力分类，按照 EN 1998-1 的表 *3.1*，场地更可能被归为 B 类。然而，正如图 10.5 所展示的，按照式（D10.22）估算的 v_s 来分类，场地会被准确地归为 C 类。

例 10.4：现场实地场地类型识别的案例

问题描述

图 10.6 提供了另一场地地基类型识别的例子，该场地也位于非常厚的第四纪沉积物的序列上。

场地资料

关于例 10.3 的情况，可通过更丰富准确的数据进行场地类型识别，它由相距 100m 的 SPT 和跨孔速度测试两组试验组成，如图 10.6 所示。由于土层与钻孔套管之间缺乏连接（在浅基础中时常发生），跨孔测试不能在深度小于 10m 的情况下得出可靠的结论。因此，试验中假定 30m 的范围是从 -10m 深开始的，因为这相当于基础面的深度。

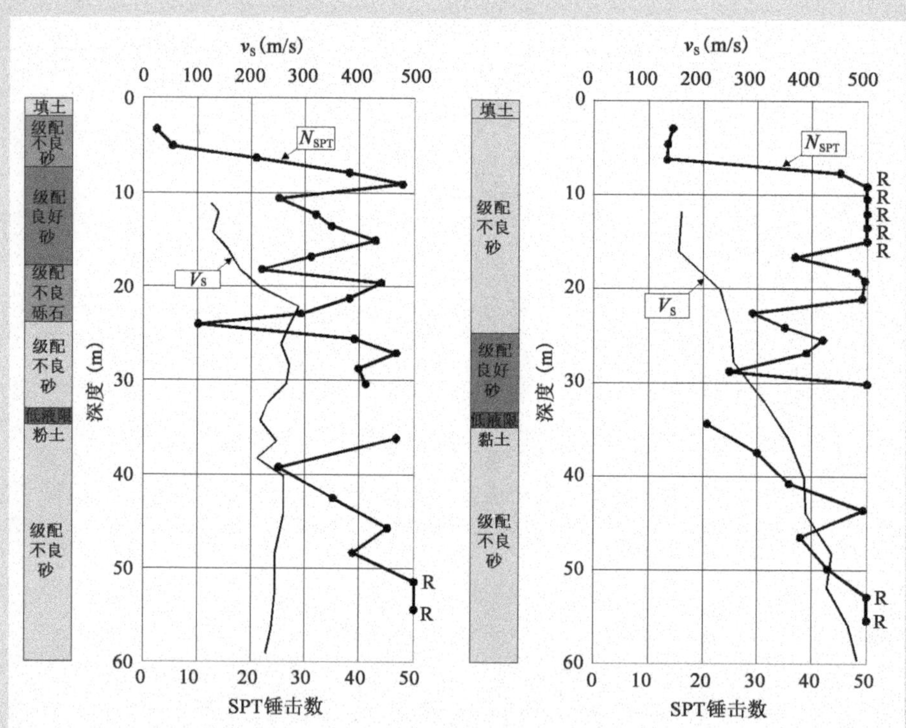

图 10.6 用于识别意大利北部某城市深厚冲积层场地类型的数据：土壤剖面（统一土壤分类）、相邻场地两个相邻钻孔间跨孔试验的 SPT 和 v_s 值

识别过程和结果

依据图 10.6 左侧绘制的数据，N_{SPT}和 v_s 表明场地属于 C 类，因为大部分速度为 180 ~ 360m/s，且几乎所有的锤击数在 15 ~ 50 之间。在这种情况下，两组参数将给出一致的结论。

第二个场地上的数据在绘制在图 10.6 右侧，若使用贯入阻力进行分类结果将是错误的，因为在这种土中，正如我们看到的那样，“拒绝”的现象并不一定意味着土非常坚硬。另一方面，直接使用测量出的 v_s 值将得到正确的场地类型，与前一场地一样都为 C 类，尽管这两个场地速度分布的趋势完全不同。

10.4.3.1　土体动力参数对应变水平的依赖性

EN 1998-5 *条款4.2.3(1)*提到的“*稳定条件下土动力特性的计算*”通常包括场地地震响应分析，旨在细化设计地震作用（弹性反应谱）的确定（特别是对于如 E、S1、S2 类型的较“困难”的土剖面），以及土-基础动力相互作用的有关计算（例如土-桩相互作用或土-挡土墙相互作用）。 *条款4.2.3(1)*

EN 1998-5 的*表4.1* 中的模量和速度折减系数以及阻尼比的增加，特别适合于深度范围为 20m（在这个范围内地震引起的剪切应变最可能达到最大值）的 C 类场地。为了便于设计人员选择，这些系数被表示为地面运动的设计烈度函数，而不是地震剪切应变振幅的函数，且一般由实验室实验结果分析得出[132]。*表4.1* 中的大部分数据来自于对布置有竖向加速度列阵的现场场地观测进行反演计算而得出的结果，仪器按最深间隔几十米的深度紧密摆放。更多的描述依赖于应变振幅的剪切模量和阻尼比曲线的信息，可以在岩土参考标准中获得（例如，见 Gazetas[133]）。 *条款4.2.3(2)，4.2.3(3)*

10.4.3.2　土体阻尼

0.03 的阻尼比适合中等程度的地面震动（小于0.10g）：适度进行的实验室循环荷载试验将使大多数土在很小的应变范围内（10^{-5}或更小）得到 0.01 左右或更小的数值。对于更严重的地面震动，更高的阻尼比将在 EN 1998-5 的*表4.1* 中给出。 *条款4.2.2(7)，4.2.3(3)*

10.5　建筑基础

10.5.1　地震引起场地变形的一般要求

EN 1998-5 *条款5.1(1)*的一个关键要求是地震引起的基础永久变形要小。由于基础被放置在地下且检查和修理它们是困难和费时的，因此即使在严重的地震中（也就是在 A 类场地上设计加速度高达 0.3 ~ 0.4g 的情况下），也要避免土-基础系统进入塑性变形阶段。此外，永久变形是很难估计的，即使对于简单的基础类型也是如此。 *条款5.1(1)*

为了抑制基础的水平位移，从而使它们的响应基本保持弹性且残余位移小，可以将允许的总水平位移作为设计目标。日本公路桥梁基础设计标准建议将基础宽度的1%作为容许的水平位移,对于大型的基础(宽度 >5m)容许水平位移为50mm。对于直径不超过150cm 的桩基础,推荐的极限水平位移为15mm。

对于浅基础(独立基础和筏基),水平位移的验算通常会被忽略,因为在滑动开始之前,水平力引起的地面剪切变形是基础水平位移的主要原因,这种变形比其他类型的基础中所产生的变形小,并且对上部结构的不利影响很小。

在非常罕见的地震中地基系统可能会产生非弹性变形,例如当土发生循环流动甚至液化时。在这种特殊情况下,当上部结构单元达到屈服时,基础顶部的最大位移不应达到明显非线性的范围。在这种情况下,援引日本标准的建议,为延性性能设计的桥墩基础,其基础顶部的最大设计值为0.02rad[134]。

确保满足*条款5.1(1)*要求的有效方法包括:

- 建筑地基系统采用最优箱形结构[见5.10,与EN 1998-1 *条款5.8.1(5)*];
- 确保系统除了满足EN 1998-5 *第5章*提出的安全要求外,还对静荷载的承载力具有足够高的安全系数。

根据数值模拟结果,当结构满足EN 1998-5 *第5章*规定的基本稳定性验算时,即可确保永久性地面变形较小,这一方面在例10.5(见P.234)中将被更好地阐释。

条款5.1(2)　在*条款5.1(2)*中提到的原位改良或替换土的性质通过动力(SPT)或静力(CPT)触探试验来确定。

10.5.2　概念设计规定

条款5.2(2)　关于EN 1998-5 *条款5.2(2)*,观测数据一致表明,地震作用下地面运动的振幅(包括峰值加速度),会随着深度的增加而减小,且在距表面几米到几十米不等的深度范围内,可能会小于表面值的一半。示例如图10.7所示,振幅变化可以这样解释:假设地震P波和S波在垂直于地面的方向上传播,全反射发生在表面,这将导致即使在完全均匀和弹性的地面上,振幅也会翻倍。在层状土剖面中,运动振幅在接近地面时通常会经历附加放大。

*条款5.2(2)(c)*所述的"适当研究"的例子包括:

- 将自然土剖面建模为一系列平行的平面,其深度不断延伸直至形成 $v_s >$ 500m/s 的场地结构;
- 将模量缩减和阻尼增大纳入关于地震剪应变振幅的函数中;
- 在3~5个符合设计地震作用要求的加速度时程下,计算这种模型的响应;
- 将计算所得的最大加速度的深度分布求平均值,为根据建筑底部的深度来决定 a_g 的减少量提供了可靠的依据。

原则上,随着峰值地面运动值随深度的减少,当一个重要的嵌入开始发挥作用时,由地面相互运动产生的转动分量(通常会被忽视)必须考虑在内。

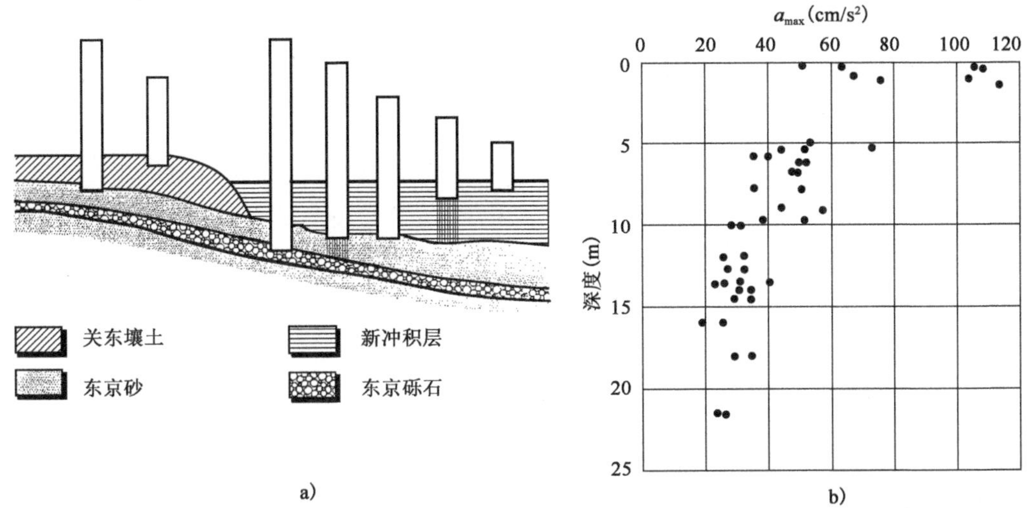

图 10.7　a)东京地区近地表地质的简化断面图,显示了建筑的不同基础深度,其中地面加速度为 1968 年 6.4 级的东松山地震中记录的加速度;b)最大加速度值(a_{max})关于地震中记录的距离地表深度的函数(Chsaki 和 Hagiwara 记录)

10.5.3　荷载效应向地基的传递

关于水平力向地基的传递,依据 EN 1998-5 *条款5.3.2(3)*进行工程判断,最多允许地基正面完全动土压力抵抗 30% 的水平力。为了更定量地研究,可以将总设计水平力 V_{Ed} 分为作用在底座或基础底板水平底面的剪力 V_{Bd},以及作用于基础垂直正面的水平力 V_{Sd}(被动土压力发挥作用),即下面的表达式: *条款5.3.2(1), 5.3.2(2), 5.3.2(3) 5.3.2(4)*

$$V_{Bd}=\frac{1}{1+\beta_H}V_{Ed} \tag{D10.23a}$$

$$V_{Sd}=\frac{\beta_H}{1+\beta_H}V_{Ed} \tag{D10.23b}$$

式中,$\beta_H=k_H D_f/2k_s B$ 为水平力分配比;k_H 为水平地基反力系数(kN/m³)(在基础周围);D_f 为有效埋深(m);k_s 为剪切地基反力系数(kN/m³)(在基础底);B 为基础宽度(m)。

系数 k_H 由 $k_H=k_{H0}A_H^{1/2}/a_0$ 计算得到,其中 k_{H0} 通常是在现场采用直径为 a_0 的刚性圆盘进行平板荷载试验得到的,A_H 是基础上垂直于荷载方向的受荷面积(m²)。剪切地基反力系数 k_s 由式 $k_s=\lambda k_V$ 估计得到,其中 $\lambda=1/3$ 且 k_V 是垂直地基反力系数(由类似于 k_H 的经验公式获得)。

与不依靠侧向摩擦力作为水平力的支撑机制的日本标准[134]不同,EN 1998-5 允许这样的机制,并采取适当的施工措施来保证有效的摩擦接触。

类似式(D10.23)的表达式也给出了基础底部和侧部总力矩分担的方法。

10.5.4　浅基础或深基础的承载能力极限状态(ULS)验算

10.5.4.1　抗滑承载力验算

EN 1998-5 式(5.1)中的设计摩擦阻力 F_{Rd} 由基底面摩擦角控制,参考 EN

条款5.4.1.1(2), 5.4.1.1(3), 5.4.1.1(4), 5.4.1.1(5), 5.4.1.1(6)

1997-1 *条款6.5.3(8)* 和*条款6.5.3(11)*。后者根据排水或不排水条件提供两组不同的表达式。对于排水条件,两个可选的表达式(按 EN 1998-5 的符号)为:

$$F_{\mathrm{Rd}} = N_{\mathrm{Ed}}\tan\delta_{\mathrm{d}} \qquad \text{(D10.24a)}$$

$$F_{\mathrm{Rd}} = \frac{N_{\mathrm{Ed}}\tan\delta_{\mathrm{k}}}{\gamma_{\mathrm{M}}} \qquad \text{(D10.24b)}$$

式中,δ_{k} 为接触面摩擦角的标准值,且根据 EN 1998-5,$\gamma_{\mathrm{M}} = \gamma_{\phi'}$。应注意的是,EN 1997-1 提供的是式(D10.24a)中的摩擦角设计值 δ_{d},而不是式(D10.24b)中的标准值(这些同样应用于排水条件)。因此,对于现浇混凝土基础,可以将 $\delta_{\mathrm{d}} = \phi'_{\mathrm{cv,d}}$,或(一级近似)$\delta = \delta_{\mathrm{k}} = \phi'_{\mathrm{cv}}$ 用于 EN 1998-5 的式(*5.1*)。

条款5.4.1.1(7)

EN 1998-5 *条款5.4.1.1(7)* 相当于制定了基础的性能标准,对滑动量进行了合理限制[参见*条款5.1(1)*(P.232)关于允许的总水平位移的要求]。

10.5.4.2 承载力校核

条款5.4.1.1(8)

根据刚塑性理论,从带状(即二维地基)的屈服极限分析出发,导出了 EN 1998-5 *附录F* 中用以校核基础抗震承载力的一般表达式和标准。因此,极限承载力[用 EN 1998-5 的式(*F.1*)的极限曲面通过等号表示]与沉降无关。然而,如下面讨论的那样,对达到极限承载力的永久变形量进行近似评估具有重要的实际意义。

附录F 标准的应用将通过下面的例子来说明。

例 10.5:高架桥桥墩承载力验算

问题描述及输入数据

这是一条 2004 年在意大利北部米兰和都灵之间建设的高速列车线路,建设过程中高架桥桥墩采用了大型浅基础,现要校核其承载力。图 10.8 展示了该基础的尺寸:

- 平面尺寸:11.4 × 12.4m;
- 基底标高:+186.85m(海拔);
- 地面标高:+191.15m(海拔);
- 基础厚度:2.5m。

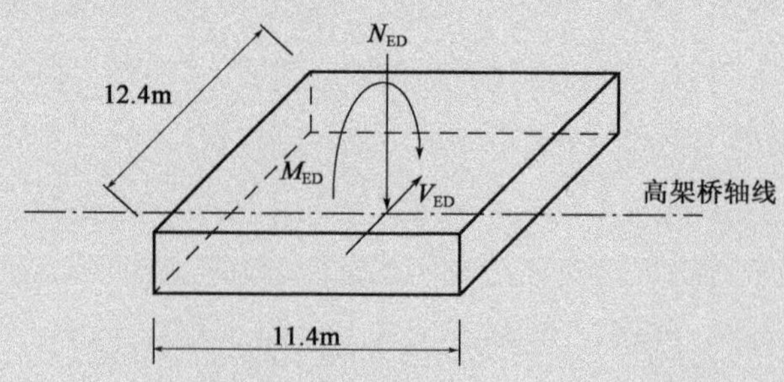

图 10.8 高架桥桥墩浅基础受设计作用力影响的几何形态

有用深度范围内的土体剖面设计在表 10.5 中给出。

例 10.5 的土体剖面设计 表 10.5

距地表深度（m）	材料	单位重度（kN/m^3）	内摩擦角 ϕ'（°）	不排水抗剪强度（kN/m^2）
0 ~ 14	碎石	20.5	38	0
>14	碎石和砂	19.5	37	0

通过高架桥结构分析得出，作用在基础上的荷载最不利组合是：N_{Ed} = 37550kN，V_{Ed} = 2368kN，M_{Ed} = 35641kN · m。

建设场地位于低地震活动区（根据意大利现行的地震区划，分类为第四级），其硬地面设计加速度为 $a_{gR} = 0.05g$。该场地类型为 B 类（稠密 ~ 非常密的砂砾），场地系数 $S = 1.25$（意大利现行标准中土壤系数的取值与 Eurocode 8 中的取值略有不同）。对于单位重要性系数，这里给出了设计地面加速度：$a_g S = 0.05 \times 1.25 = 0.0625g$。

承载力校核

根据 EN 1998-5 的式（*F.6*），竖向集中荷载作用下，条形基础单位长度上的极限承载力为：

$$N_{max} = \frac{1}{2}\rho g\left(1 \pm \frac{a_v}{g}\right)B^2 N_\gamma \tag{D10.25}$$

式中：a_v——竖向地面加速度，$a_V = 0.5a_g S = 0.03125g$；

N_γ——承载力系数，取值为：

$$N_\gamma = 2\left[\tan^2\left(45° + \frac{\phi'_d}{2}\right)e^{\pi\tan\phi'_d} + 1\right]\tan\phi'_d = 30.21$$

式中，抗剪强度角的设计值 ϕ'_d 为：$\phi_d' = \tan^{-1}(\tan\phi'/\gamma_M) = 32°$。

替换之前的值可得：

$$N_{max} = \frac{1}{2} \times 20.5 \times (1 \pm 0.03125) \times 12.4^2 \times 30.21 = \frac{49100}{46124}\text{kN/m}$$

考虑到基础的实际长度，并取两者中的较小值，得到总承载力：

$$N_{max,tot} = 46124 \times 12.4 = 571938\text{kN}$$

对于中密 ~ 密实砂岩，*附录 F* 的表 *F.2* 给出 $\gamma_{Rd} = 1.0$。带入 EN 1998-5 的式（*F.2*）可得：

$$\overline{N} = \frac{\gamma_{Rd}N_{Ed}}{N_{max,tot}} = \frac{37550}{571938} = 0.06565$$

对于完全无黏性土，EN 1998-5 的式（*F.7*）给出了无量纲惯性力：

$$\overline{F} = \frac{a_g S}{g\tan\phi'_d} = \frac{0.05 \times 1.25}{\tan 32°} = 0.10$$

且 $\widehat{N}$ 的值满足*附录 F* 中式（*F.8*）的条件：

$$0<\overline{N}\leqslant(1-m\overline{F})^{k'}=(1-0.96\times1.10)^{0.39}=0.9614$$

另外，

$$\overline{V}=\frac{\gamma_{\mathrm{Rd}}V_{\mathrm{Ed}}}{N_{\max,\mathrm{tot}}}=\frac{2368}{571938}=0.00414$$

$$\overline{M}=\frac{\gamma_{\mathrm{Rd}}M_{\mathrm{Ed}}}{BN_{\max,\mathrm{tot}}}=\frac{35641}{12.4\times571938}=0.00503$$

将之前的所有数值和合适的参数取值带入式(*F.1*)，得到：

$$\frac{(1-0.41\times0.08)^{1.14}(2.90\times0.00414)}{(0.06565)^{0.92}[(1-0.96\times0.08)^{0.39}-0.06565]^{1.25}}+$$

$$\frac{(1-0.32\times0.08)^{1.01}\times(2.80\times0.00503)^{1.01}}{(0.06565)^{0.92}[(1-0.96\times0.08)^{0.39}-0.06565]^{1.25}}-1\leqslant0$$

由于左式等于 −0.66，满足不等式，且有很大的承载力强度裕度。

条款 5.4.1.1(9)

条款 5.4.1.1(11)

正如土壤强度参数一章所讨论的那样，强度和刚度的降低主要影响塑性指数高、含水率高的软黏土或松散饱和无黏性土。在这两种情况下，通常不使用浅基础。

通过举例说明在简单土-基础模型上的动态非线性模拟的结果，*条款5.4.1.1(11)*中所指的各种关键因素将在下面得到解释。

例 10.6：简单土-基础模型的非线性动力分析

问题描述

图 10.9 中展示的是计算得到的简单土-基础-结构系统的动力响应，将记录下的加速度时程作为竖向传播信号的激励，使用完全非线性本构模型作为地基材料，允许加工硬化和循环塑性，以及地面材料的固相和流体相的耦合描述。其主要目的是计算基础的实际沉降和扭转，并评估它们如何与拟静力稳定性校核相关。采用 Gefdyn[137]有限元程序，以及包涵 16 个土参数的 Hujeux[138]本构模型进行计算。包括土参数校准的完整表述已经在别处给出[139]。

输入数据

输入的数据为：

基础：

- 宽度 $B=4\mathrm{m}$；
- 埋深 $D=1\mathrm{m}$；
- 设计静态竖向荷载 $q_{\mathrm{d}}=150\mathrm{kPa}$；
- 竖向荷载作用下破坏的安全系数 $F_{\mathrm{s}}=15$；
- 竖向静力沉降 $\delta=15\mathrm{mm}$。

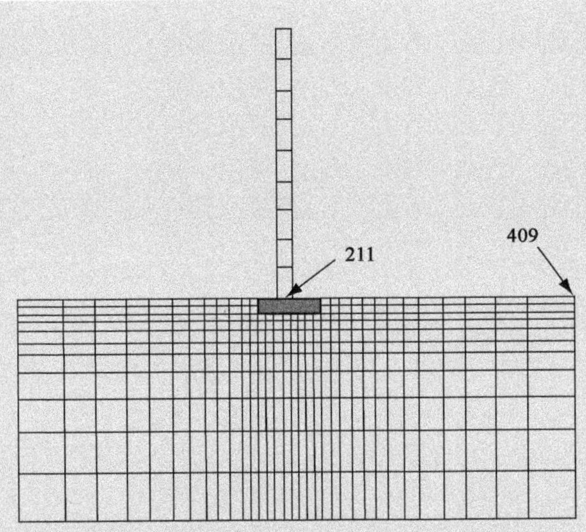

图 10.9　例 10.6 中的土-基础-结构体系的有限元模型，用于说明非线性动力响应的显著效应，数字指的是计算响应时程的网格节点(见图 10.12)

注意，这么大的静力安全系数，对于一般密实土的浅基础而言是有代表性的。

结构：

- 振动基本周期 $T_0=0.5\text{s}$；
- 高度 $H=16\text{m}$；
- 等效高度 $\zeta=2.5B$。

土：

使用来自法国的 Hostun RF 中密砂($D_r=65\%$)，它的一些典型参数值为：

- 弹性剪切模量 $G=250\text{MPa}$；
- 体积弹性模量 $K=542\text{MPa}$；
- 内摩擦角 $\phi=35.23°$；
- 渗透系数 $\kappa=4\times10^{-5}\text{m/s}$。

土被模拟为均匀的，并进行了不排水和有效应力(即两相)分析。利用 Hostun RF 砂土的实验室试验数据对土模型参数进行了校准，包括模量衰减曲线和抗液化曲线[139]。

地震作用

所用的数字代码将地震激励视为具有规定的入射角的入射加速度信号。为了简单起见，考虑了垂直入射。此外，代码使用非反射边界条件。

被选作激励的地震记录虽然不是最强的，但却是意大利和希腊的高地震活动区中具有代表性的记录。图 10.10 中所示的三个加速度时程是最初被选用的，但结果只展示关于 Gemona 06 NS 这一记录的，它的最大加速度为 $0.33g$，是从中硬土上获得的。

图 10.11 中比较了该记录 5% 阻尼的反应谱与 Eurocode 8 中场地类型为 C

类的反应谱。虽然记录不是为了紧密贴合标准中的反应谱而选择的,但在结构的基本周期(0.5s)上要求谱纵坐标间需保持一致。

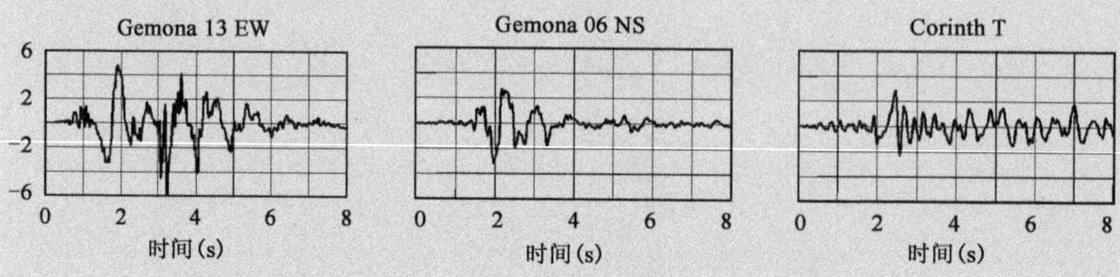

图 10.10　将水平记录加速度时程(m/s^2)用作图 10.9 中模型的激励(入射波形),Gemona 记录是 1976 年弗留利地震中的最强震动期间所获得的

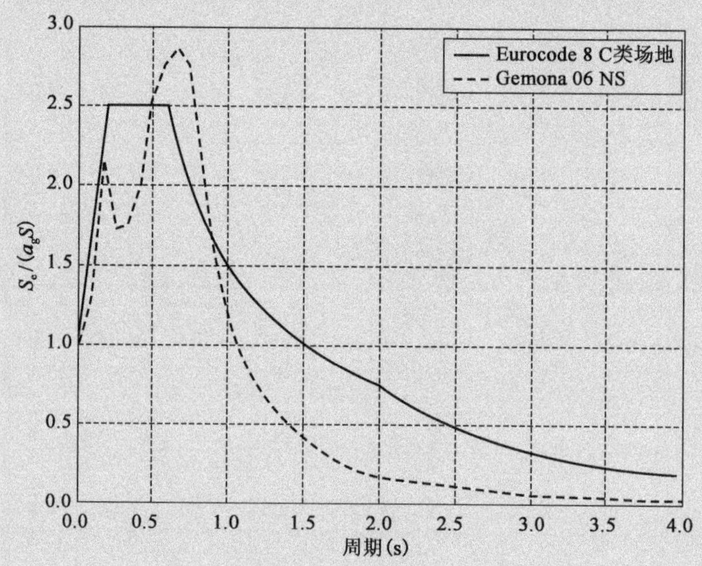

图 10.11　Gemona 06 NS 记录的加速度反应谱形状,与 Eurocode 8 中场地类型为 C 类的弹性谱形状[$S_e(T)/a_gS$]作比较

初始和边界条件

所有的分析都分两个阶段进行,即结构和基础在自重作用下的初始静力分析(为了建立用于动态分析的真实初始应力条件)以及在模型底部边界上均匀地震激励后的后续动力分析。采用不透水边界进行有效应力分析。

结果

图 10.12 中展示了模型中代表点的响应测量随着时间的推演而产生的结果中的一部分。基础位移(点 211)是根据基础激励(点 199)以及相关的自由场位移(点 409)计算的,而基础摆动是通过计算基础两侧的竖向位移差并将其除以 B 而获得的。

对于有效应力条件的情况,由于不排水,基底剪力减小(因为孔隙水具有显著的阻尼效应)，而且永久变形的影响不大。因为土在不可渗透的边界附近膨胀，自由场情况下较高的有效应力竖向沉降值是人为观测的，而不是真实的物理效应。真实的自由场竖向沉降应该从土剖面响应的独立一维分析中导出。

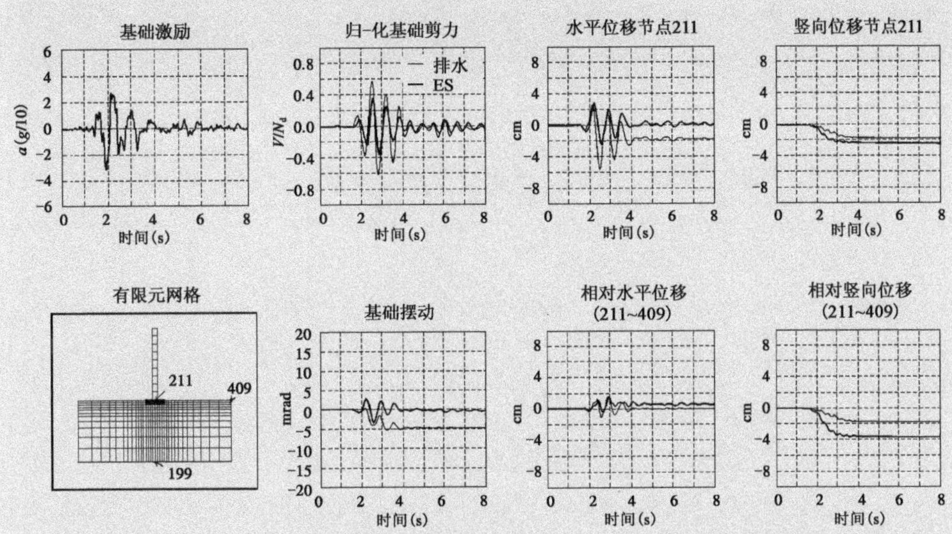

图 10.12　被 Gemona 06 NS 加速度时程激励的图 10.9 有限元模型的不同响应测量随着时间而演化的过程：注意排水分析（细曲线）和有效应力分析（ES，粗曲线）之间的区别，特别是关于永久转动和竖向位移（来自法乔利等人[139]）

由于高荷载偏心引起的系统失效，排水条件下基础的转动超过了 5mrad 的临界永久值，而永久水平滑移可忽略不计。

为了建立动态分析的结果与 EN 1998-5 中拟静力稳定性验算之间的关系，首先应注意的是，当考虑荷载偏心时，地震拟静力作用下的承载力会大大降低。图 10.13 中的曲线来自 EN 1998-5 极限荷载面的通用式（*F. 1*），对这种降低的评估非常有用。图 10.13 中，按照无量纲的偏心率示值 ζ/B 分了不同的曲线，

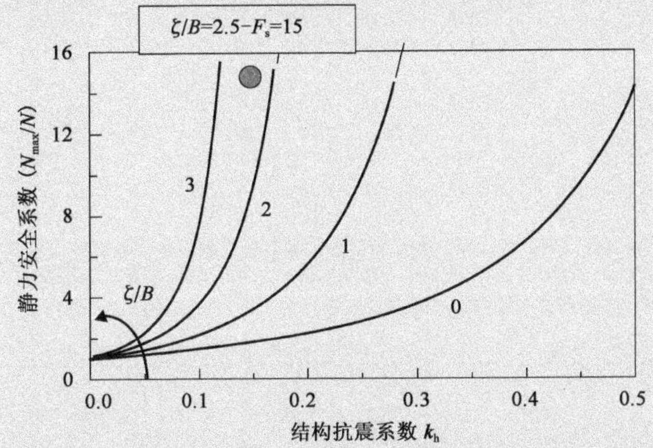

图 10.13　宽度为 B 的浅埋条形基础在地震作用下承载能力的简化评估，其静力安全系数为 $F_s = N_{max}/N$。每个曲线都依据无量纲偏心率 $\zeta/B = M_{Ed}/(V_{Ed}B)$，并将安全区（曲线上方）与不安全区（曲线下方）分开。含有 ζ/B 和 F_s 值的圆圈代表了图 10.10 的简单基础模型在该图中的位置（来自派克和保卢奇[140]）

每条曲线都对不同地震系数 k_h 下可使基础设计处于安全状态所需的 F_s 值的区域(曲线上方)与不安全的区域(曲线下方)区进行了划分。

对于这里所研究的简单结构,拟静力评估的控制值为:

- $\zeta/B = M_{Ed}/V_{Ed}B = (1/k_h)(e/B) = 2.5$;
- 静力安全系数 $F_s = 15$。

将这些值插入图表中,得到了极限地震系数 $k_h = 0.15$,即当传递到基础的基底剪力 V/N_{Ed}超过 0.15 时,基础的承载力便会达到极限。为了检验这一点,图 10.14 提供了以前有限元动力分析所得的图表,它表明当基底剪力超过 0.15 的极限时,基础永久扭转将逐渐累积。分析中不允许基础隆起。

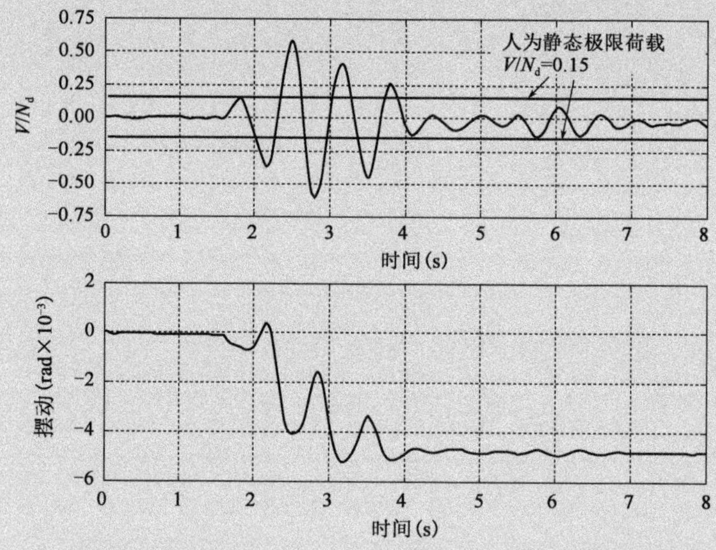

图 10.14 对基底剪力的时间响应以及对图 10.10 中 Gemona 06 NS 加速度时程的基础摆动响应:注意每次基底剪力超过界限(它代表了地震系数的拟静力极限值)时,永久转动的累积(来自法乔利等人[139])

进一步结合这里没有讨论的中密和密实砂的数值模拟,可以得出如下更具一般性的结论:

- 只要基础设计具有足够的静力安全系数,中密砂中浅基础的地震响应是能够满足的。
- 在中密土的情况下,只有在激励的循环周期中准静力极限荷载被超过时,才会出现不可接受的永久沉降。
- 若将浅基础设置在密实砂之上,即使地震荷载严重超过了拟静力极限荷载,依然能够保证结构安全,并且较小的永久位移不会对上层建筑产生有害影响。
- 当(瞬时)荷载偏心率较大时,预计结构主要的永久变形会是结构摆动。
- 如果要考虑地基-基础系统的总沉降,那么不仅要考虑基础相对于自由场的总沉降,土体非线性性能引起的自由场永久位移也是非常重要的,必须对其进行评估,特别是在有厚砂层(大约 >20m)的情况下。

10.5.5 桩和墩

10.5.5.1 介绍

首先,需要一个定量的标准来确定桩何时可以被认为是柔性的、刚性的(如:墩)或半柔性的。为此,对于弹性模量不存在于地表的土,可将桩的**弹性长度**引入下式中[141]: *条款5.4.2(3)*

$$T = (E_p J_p / k)^{0.2} \tag{D10.26}$$

式中,k 是所谓的**土模量梯度**(在下面会进行定义);$E_p J_p$ 为桩的抗弯刚度。在无黏性土中,在松散饱和条件下 k 约取为 2000kN/m^3,对于地下水位以上的密实条件 k 约取为 20000kN/m^3,对于正常固结的黏性土 k 的值为 200 ~ 2000kN/m^3。对于桩端弹性模量≠0 的土,即当杨氏模量可以用式 $E = E_0 + kz$ 表示时,弹性长度 T 可表示为 $T = (E_p J_p / E_0)^{0.25}$。

然后,可定义无量纲长度 $Z_{max} = L_p / T$,其中 L_p 是桩的实际长度。基于这些定义,引入下面的分类:

- 如果 $Z_{max} > 5$,**桩是柔性的**,即桩不受长度的影响,失效总是由弯曲破坏伴随着塑性铰的产生而引起。
- 如果 $5 > Z_{max} > 2.5$,**桩是半柔性的**,即桩受到长度的影响,失效既可由弯曲破坏引起,也可由达到了土的极限承载力引起。
- 如果 $Z_{max} < 2.5$,**桩是刚性的**,即桩具有墩的性质,相对于刚体扭转,其弯曲变形可以忽略不计,失效的发生总是因为土达到了极限承载力。

下面将重点关注柔性桩,刚性桩(墩)的桩-土相互作用,可以参考极限平衡解(例如 Broms 提出的理论)进行分析[142,143]。然而,当墩头位移和扭转需要精确计算时,宜采用有限元分析。

为了更具体地考虑桩基的抗震性能校核,设想了以下两个基本情况: *条款5.4.2(1)*

(1)最常见的情况是,桩只需要验算从上部结构传递到桩端的惯性力作用。

(2)除了(1)中的惯性力,当某些不常发生的情况[EN 1998-5 *条款5.4.2(6)*中有说明]发生时,桩还需要验算运动力的作用。

因为分析和设计方法的关系,两种方法中均需做一个重要的区分。如果水平土压力远未达到极限值,且桩端的水平位移有限(小于 10 ~ 12mm),桩土相互作用实质上可以被视为弹性问题(下面会更详细地描述)。这是现场浇筑大直径(>1m)桩并埋置在较好土质的土中的典型情况。

在桩端深度大于 3.0 ~ 3.5T 的情况下,作用在桩端的惯性力影响将大大减小,因此,在实际情况中,只要土剖面在较大深度时不会变为强不规则,桩的响应在很大程度上取决于在相同深度范围内的土性质。因此,只要桩端附近的浅层土不发生破裂或显著塑性变形,弹性桩-土相互作用仍然是一个可行的假设。除此之外,弹性理论不再适用,必须采用完全非线性的方法,例如下面讨论的 ***p-y* 曲线**。要使桩-土相互作用的非线性方法成为必需,桩径也是重要因素,这是因为:当使用小直径(如0.2~0.3m)打入桩或微型桩时,弹性理论常常不适用。

10.5.5.2 无动力学作用效应

通过拟静力法对桩提供最简单的地震分析和验算方法,在地震产生的横向力作用下,桩的抗力可由 EN 1997-1[条款7.7.3(3)]的基本方法进行验算,即:

条款5.4.2(1),5.4.2(6),5.4.2(3)

“细长(即柔性)桩横向抗力的计算,可采用顶部受荷载的梁理论,并由以地基反力水平模量为特征的可变形介质做支承”。

在低地震活动区(如 $a_gS \leqslant 0.1g$ 的区域),以及场地类型为C类、D类,甚至是E类的土剖面的情况下,桩-土作用基本上是弹性的。然后,通常不需要对单桩进行详细的响应计算,设计人员可以依靠由文克尔弹性地基梁模型所导出的桩弯矩和剪力的标准解与图表(例如见马特洛克和里斯[141])进行计算,并参考土水平基床系数的合适割线值。当大直径桩用于不低于C类场地的地基时,弹性桩-土分析可扩展应用于 $a_gS>0.1g$ 的场地。

在假定土-桩弹性作用条件下,也可以使用全动态方法,分析土对桩水平位移产生的响应,例如先从对桩周围的水平薄圆环状土体进行精确动力求解入手。以这种方式获得沿桩与频率相关的剪力和弯矩,以及与频率相关的、不同振动模式的桩的等效弹簧和阻尼器[144]。在考虑群桩效应后,如果对结构本身进行动力分析,可将集中参数插入结构的底部,以考虑土-基础相互作用的影响。在这种情况下,等效参数可以在结构振动处于基本频率的状态下进行评估。

当桩的数量较少(例如最多三个桩)时,可以忽略群桩效应,而对于桩数量较多的群桩,提出以下建议以供参考。

可用计算工具确定桩-土-桩相互作用效应和群桩效应[145],但动态传递函数(例如以频率为函数的桩弯矩)的结果显示,与系统的某些固有频率相对应的强峰值,其实际意义难以评估。

如果不可避免的浅层土屈服和/或破坏控制了桩-土相互作用($a_gS>0.1g$ 且场地类型为C类、D类、E类、S1类或S2类),而结构却是按照一般重要来进行设计的,则需要根据桩的直径和浅层土的阻力进行比以前更详细的计算,在桩-土体系响应中引入非线性的概念。在这种情况下,应使用弹性梁在静挠曲作用下的方程:

$$E_pJ_p\frac{d^4y}{dz^4}=-p \tag{D10.27}$$

式中,y 为桩的水平挠度;z 为深度;p 为土体反力。引入土体模量 $E_s=p/y=k_sD$,其中 k_s 为**水平基床系数**,D 为桩径。通过有限元或有限差分法求解该方程,于是:

$$E_pJ_p\frac{d^4y}{dz^4}+E_sy=0 \tag{D10.28}$$

具有适当的边界条件(使施加的荷载发挥作用)。

有几种方法来确定 E_s(基本上是半经验参数)与深度、位移振幅和土性质的关系(见贾米奥科夫斯基和加拉西诺[146])。在讨论的情况下,即当 E_s 是 y 和 z 的(强)非线性函数时,最好直接参考 p-y 曲线(即土反力与桩身挠度的关系)。这样,在给定荷载作用下,土模量定义为:

- 由 p-y 导出一个简单的数学表达式:

$$\frac{1}{E_s}=\frac{1}{E_{si}}+\frac{1}{p_{lim}}\frac{y}{D} \tag{D10.29}$$

该式非常适用于砂及正常固结软黏土。

- 土的初始切线模量 E_{si} 一般随深度变化。
- 土的极限单位阻力 p_{lim}(或 p_u)也是深度的函数。

式(D10.28)与式(D10.29)联立的数值求解显然需要迭代过程。

形如 $E_{si}=k_i z^n$ 的表达式通常用于确定无黏性土和 NC 土沉积物的初始切线模量,其中 k_i 可估计或根据 D_r 或 c_u 计算求得。

关于在地震作用下的群桩效应,加泽塔的建议如下[133]:

- 当桩距不小于 2.5D 时,假定桩群内每根桩的水平基床系数实际上等于孤立桩的水平基床系数。
- 通过乘以一个取决于 L/D 比值的折减系数 μ,降低桩群内每根桩的水平基床系数,其中 L 是相邻桩的中心距,即:

$$\mu=1-0.2\left(2.5-\frac{L}{D}\right)\qquad L<2.5D \tag{D10.30}$$

10.5.5.3　土侧向极限承载力

在承载能力极限状态(ULS)下,求解弹塑性介质中的侧向受荷桩的极限承载力是一个复杂问题,缺少严格的解析解[146]。 ***条款5.4.2(2)***

对于埋设在无黏性土中的桩,有以下简单表达式:

$$p_u=a\tan^2\left(45°+\frac{\phi'}{2}\right)D\sigma'_{v0} \tag{D10.31}$$

式中,a 为在 3 ~4 间取值的调整系数,式(D10.31)表明,由于侧向极限承载力与有效垂直应力有关,因此在深度较浅处,它将变得很小。

在不排水静荷载条件下,对于埋设在黏性材料中的桩,可以参考以下经验公式[147]:

$$p_{uv}=\left(2+\frac{\sigma'_{v0}}{c_u}+2.83\frac{z}{D}\right)c_u D\qquad z\leq z_{crit} \tag{D10.32a}$$

$$p_{uf}=11c_u D\quad z>z_{crit} \tag{D10.32b}$$

z_{crit} 是由 $p_{uw}=p_{uf}$ 这一条件来确定的。对于正常固结材料,c_u 通常是关于深度的线性函数。

在海洋平台设计需求的推动下(在这里桩基础埋设在软黏土或松散砂土中时,波浪荷载成为关键因素),考虑到循环荷载条件,学者们对桩的 p-y 曲线提出了一些修改建议。这对于软黏土和硬黏土来说特别重要,因为其典型的应变软化效应可以显著降低静荷载下土的极限承载力。然而,除了高含水量的极软黏土受到长期强地面作用的情况外,波浪荷载效应的循环修正是否直接适用于地震荷载,尚没有明确的结论。

10.5.5.4 考虑桩的动力学作用效应

条款5.4.2(6) *EN 1998-5 条款5.4.2(6)*规定在检测桩的安全性时,需要考虑动力学作用产生的弯矩。与前一种情况一样,最简单的方法是使用拟静态法,通过以下步骤进行检查:

- 土运动(运动学相互作用)所产生的作用被理想化为相对于桩尖深度的等效静态土的变形。
- 这种作用是根据自由场响应的峰值位移分布来指定的,例如从特定地点土剖面的一维地震响应分析中获得。
- 对于给定的激励加速度,当深基坑顶部和底部发生最大相对位移时,可以得到土剖面中峰值位移随深度的分布规律。
- 上面得到的位移分布除作用在桩端的惯性荷载外,还被静态地施加在梁弹性地基模型的弹簧支承处。

在规则的土剖面中,自由场的最大水平位移分布作为深度的函数,常常与土柱的基本振动模式相对应。对于基岩上均匀且弹性的土层,水平基本振型的位移形态为:$y(z)=y_0(\gamma_r v_s, r/\gamma_s v_{s,s})\cos(\pi z/2H)$,其中 H 是土层厚度,z 轴的原点设在地表面,括号中的第一个符号是基岩与土之间的地震波阻抗,y_0 是裸露基岩顶部的位移幅值,基本模式对应于频率 $f_0=v_s/4H$。

如果计算出对选定加速度曲线的自由场响应,且从这些加速度中导出不同深度处的位移历史,根据在 10.4.3.4 中讨论的标准,必须使用土性质的应变协调值。应确保这些自由场的性质与桩分析中用到的土的抗力的兼容性。

10.6 土-结构相互作用

条款6.1 地震的地面运动引起了结构、基础和土之间的两种相互作用,即:

- **运动学相互作用**:刚性、板状或深埋的基础单元引起基础运动,由于波散射现象、波倾角或埋置的不同,这种运动不同于自由场运动。运动作用通常通过抑制基础相对于自由场运动的高频成分而表现出来,频率截止通常是关于基础大小和土中 v_s 值的函数。
- **惯性相互作用**:结构中产生的惯性力会引起相对于自由场的基础位移。引入与频率相关的基础阻抗函数来描述基座的柔性,以及土-基础相互作用的辐射阻尼。

在缺少大的刚性基础板或埋深不够的情况下,惯性相互作用显得更加重要。

为了量化惯性相互作用效应,具有地面基础的结构可由等效的、与基座固定的单自由度振荡器精确地表示,它具有周期 $\tilde{T}$ 和阻尼比 $\tilde{\zeta}$,代表了一个能在基座上平移和旋转的振荡器的特性。因此,$\tilde{T}$ 和 $\tilde{\zeta}$ 与完全固定于基座的振荡器的 T 和 ζ

不同。所以，相互作用可以简单地用 $\tilde{T}/T$（周期的延长）以及 $\tilde{\zeta}$ 来表示。这些“柔性基”参数的表达式在文献中被广泛引用（参见 Stewart 等的工作[149]）。

EN 1998-5 *条款6.1* 规定了将土-结构动力相互作用效应纳入结构几何形状与土条件特定组合的必要性，这种规定通常得到建筑场地观测结果的支持。从对这些观测的全面调查[150]中，得出：

- 自由场和基础水平地震动似乎是类似的，即除了深埋的基础之外，运动学的相互作用效应可以忽略不计。
- 结构与土刚度之比 $h/(v_s T)$（其中 h 是结构有效高度），是影响周期延长及基础阻尼系数的主要因素。

当刚度比趋于零时，这两个参数分别约为 1 和 0，而对于观测到的最大刚度比（约 1.5，对应于核反应堆建筑），周期延长约达到 4，阻尼比约为 30%。当刚度比 <0.15时（对应于许多实际情况），惯性相互作用的影响是可以忽略不计的。然而，经验数据的分散性很大，不易从中获得明确的实用性建议。

10.7　挡土结构

10.7.1　一般设计条例

挡土结构对地震中地面运动的动力响应，除了固有变异性和土性质的不确定性在内，包括许多复杂且相互作用的现象（参见 Kramer[151] 的工作）：即使在帮助设计人员对 EN 1998-5 中的条文进行理解和进行适用性指导的书中，由于文本的限制性，不可能讨论到所有影响地震设计的相关方面。 *条款7.1(1)，7.2(6)*

为更好地聚焦于挡土结构的抗震安全性验证，应首先清楚以下几点：

- 在现代欧洲几次具有破坏性的地震中，造成显著的物质和经济损失的挡土结构倒塌的案例很少：例如（见 Baratta[152]）1908 年灾难性的墨西拿海峡地震（那里几乎没有现代的支护结构）导致的墨西拿海港和勒佐卡拉布里亚海港破坏，以及距今更近的 1979 年的黑山地震（由回填土液化引起）导致的乌尔齐尼港码头破坏。相比之下，在日本发生的几次破坏性地震中，都是由于码头和堤岸的塌陷造成了港口设施的严重破坏（最后一次是在 1995 年的神户地震）。破坏主要是因重力式挡土结构（通常由沉箱组成）的下部及后部未压实回填土，导致整体失稳而（由于液化）引起的。
- 即使在静力条件下，预测挡土结构的实际受力和变形也是一项艰巨的任务。因此，在设计中很少考虑墙体变形且“典型的方法是估算作用在墙上的力，然后将墙设计为，足以抵抗乘以足够高的安全系数后的作用力，安全系数的作用是使墙体产生的变形小到可以接受”[151]。通常使用简化的方法来评估挡土墙上的静荷载和拟静力荷载。EN 1998-5 *条款7.3.2.3* 和*附录E* 采用了最常用的简化方法，即物部-冈部法。
- 简化的拟静力方法，如物部-冈部法，是基于实际土-结构动力相互作用的简单简化,他们的近似和保守水平通常很难评估。尽管在过去没有有效的数值工具时,没有可以替代这些简化方法的其他方法,但是现在情况已经大大改善了,特别是对于重要挡土结构的设计。在这种情况下,鼓励设计人员使用非线性有限元或有限差分分析方法,并适当注意分析中的关键部分。例 10.7 和例 10.8 提供了简化的拟静力方法和完全非线性动力分析的比较结果。

在挡土结构设计中,必须理解可能影响土-结构体系的破坏模式(Eurocode 7 中的"极限模式")。Eurocode 7 条款 9.7 中包含了所有需要纳入考虑的失效模式的详细图形描述,包括整体稳定性、基础失效(重力式挡墙)、嵌固墙体的转动破坏、嵌固墙体的竖向破坏和结构失效模式。

条款7.1(2),7.3.2.1(2),7.3.2.2(3)

在实际情况中,虽然程度有限,但永久位移总是发生在所谓的**屈服墙**中,即位移量足以产生最小的主动(在外侧)和最大的被动土压力(在内侧)。

条款7.2(3),7.2(4),7.2(5),7.2(6)

EN 1998-5 *条款7.2(3)* ~ *条款7.2(6)* 强调了确保边界的安全以防止孔隙压力的积累和回填土液化的必要性,因为正如我们已经注意到的那样,这是许多地震中挡土墙破坏的主要原因。

10.7.2 基本模型

条款7.3.2.1(1),7.3.2.1(3)

标准岩土工程参考文献中,可用于计算土压力的拟静态法的模型基础容易获得。尤其,物部-冈部法是从静态库仑理论导出的,它通过引入拟静力加速度引起的附加力,以及在土楔上的力的平衡来获得拟静力土推力[151]。

EN 1998-5 *条款7.3.2.1(3)* 指的是非屈服挡土墙,它不能充分移动以产生足够的主动和被动土压力。

10.7.3 地震作用

条款7.3.2.2(3)

EN 1998-5 *条款7.3.2.2(3)* 的概念在许多方面都类似于结构分析中的延性以及弹性力的相关折减系数。根据 EN 1998-5 *条款4.1.3.3(5)* 讨论拟静力惯性力用于边坡的稳定性验算时,10.4.1.3 给出的推论也可以应用于挡土结构。增加地震系数 k_h 和 k_v 的同时,对应着大于 1 的安全系数的永久位移逐渐减少,但这显然是以增加成本为代价的。

条款7.3.2.2(4)

对于挡土结构,使用约为实际设计加速度 50% 的水平地震系数,其根源可追溯过往日本的实际情况,主要由日本海外沿海开发研究所记录[153](参见 P186 中的表)。通过与许多实际情况进行反分析得到的数据点进行拟合[153],建议采用与最大加速度(由老的 SMAC 加速度图记录)相等的 $k_h g$ 值。然而由于阻尼过大,这些装置在记录高频率地震运动时受到严重的频带限制。考虑到这样的局限性并将其转换为能被现代(模拟)加速度计记录的最大加速度,简单的推理表明日本海外沿海开发研究所推荐的值将大致等于 $k_h = 0.3 \sim 0.5$ 乘以 a_{max},其中较低的值对应于较小的幅度,较大的值对应于较大的幅度($M > 5.5$)。之前 k_h 和 a_{max} 间的关系对于 $a_{max} < 0.4g$ 的情况是正确的。

设计人员应该意识到,EN 1998-5 *条款7.3.2.2(4)* 中规定的拟静力地震作用的大小(**在没有专项研究的情况下**),会导致挡土结构的设计偏向于保守。因此,要对墙体的永久位移进行单独的评估,以便针对具体的研究时可通过更精确的折减系数 r 的估计值来选择不同的设计作用力。除了适用于任何类型挡土结构的有限元分析外,重力式挡墙的永久位移可以通过类似于 10.4.1.3 中所讨论的,与 EN 1998-5 中边坡稳定性分析*条款4.1.3.3(7)*(见例 10.1)相关联的简化方法来估计。此类方法中最著名的方法提供了一种简单的墙体永久位移的表达式,可通过数值模拟校准。该表达式是设计峰值地面加速度和速度以及墙体屈服(或临界)加速度的函数。该方法可直接应用于计算特定墙体对适当选择的加速度图的响应。

例 10.8 中对动力分析的讨论将对超过 10m 高度的地震作用的放大程度做出说明。

10.7.4　设计土压力和设计水压力

应注意的是,EN 1998-5 物部-冈部土压力系数的表达式[式(E.2) ~ 式(E.4)],其内摩擦角 ϕ'应取按**有效应力**计算的(考虑系数后的)值,且不论稳定性验算中假设的排水条件如何。事实上,只要能估计破坏面上的孔隙压力 u,就可以在不排水条件下使用按有效应力计算的破坏准则[即 $\tau_f=(\sigma_f-u)\tan\phi'$]。 *条款7.3.2.3*

EN 1998-5 *附录E* 中的公式被精确地设计,用以处理由于排水条件不同而产生的不同情况,这些不同的排水条件是由不同的当量夹角 θ、土实际重度或浮重度 γ^* 以及以下场地条件的不同而导致的: *条款7.3.2.3(7)*

- **干回填土**[式($E.5$)]。
- **饱和不透水回填土**:在地震作用下,孔隙水不能相对于土颗粒自由移动,受到与土总重度成比例的惯性力作用时,回填土像单个不排水介质一样产生动力响应。 *条款7.3.2.3(8),7.3.2.3(9),7.3.2.3(10)*
- **饱和透水回填土**:孔隙水相对于土颗粒自由移动,地震作用对土和水的影响基本上是独立的。在这种情况下,惯性力与土浮重度成正比,除了受到静水压力和土推力外,还受动水压力。 *条款7.3.2.3(11),7.3.2.3(12)*

10.7.4.1　EN 1998-5[式(E.2) ~ 式(E.4)]中土压力计算的有效性限值

假定地震诱发的超孔隙压力 Δu 为限值,且填土远未达到液化所需条件,EN 1998-5*附录E* 中土压力的物部-冈部表达式适用。如果 Δu 值显著增加,则需要修正土压力公式,以考虑 Δu 对 θ 以及 γ^* 对评估的影响。对于适度的孔压增加,可通过式(D10.12)(由 Bouckovalas 和 Cascone[155] 提出)得出减小后的有效抗剪内摩擦角。因此,当遇到这种类型的问题时,如物部-冈部法这样的拟静力法不应与以总应力表示的抗剪强度参数一起使用。

对于常数 ϕ'的情况,EN 1998-5 的式($E.2$)给出的主动土压力系数 K 随着 k_h 的增加而(非线性地)增加,直到当 EN 1998-5 的式($E.2$)中根号下的($\phi'-\beta-\theta$)变为负数而达到上限。这是一个极限状态,在 EN 1998-5 *条款7.3.2.1(1)* 中的基本模型中，当超过这个极限状态时，作用在土楔上的拟静力平衡状态就不能再维持，且不能再用物部-冈部法来评估地震土压力。这种极限状态通常只有在很强的地面运动下才会达到，它来自物部-冈部法的一个假设，即假设抗剪强度是均匀的、各向同性且为一个常数。然而，滑坡体受强度的各向异性、渐进破坏和应变局部化等各种因素的影响（沿破坏面移动的抗剪内摩擦角从峰值 ϕ_p 减小到残余值 ϕ_{res}）[148]。现已将物部-冈部法进行修改以考虑剪切带中的应变局部化效应和相关的应变软化，但拥有土真实本构关系的有限元分析似乎是更好的选择。

10.7.4.2　刚性结构的土压力

条款7.3.2.1(3)

EN 1998-5 的式（*E.19*）的背景是对深度为 H 的均匀弹性土层进行了分析[156]，该土层夹在两块距离为 L 的刚性墙体之间。当 $L/H>4$ 时，作用在一个墙体上的压力独立于作用于另一个墙体上的压力。在这种情况下，以及对于大多数实际问题中遇到的激励频率，动态放大是可以忽略不计的，且压力为一个施加于整个土体上的恒定加速度的弹性解。EN 1998-5 的式（*E.19*）只适用于不考虑液相或超孔隙压力发展的均质弹性土体。动力作用在墙体高度的一半处是一种简化的说法，实际上更严格地说，其作用点在距离底面约 $0.6H$ 处。

例 10.7：柔性土-挡土结构拟静力法的简化抗震分析

问题描述

这个例子说明了如何使用拟静力分析来计算一个由钢筋混凝土桩墙（没有任何锚或支撑）组成的简单的挡土结构所受到的地震作用。墙体的功能是作为火车沿线的挡土结构，附近没有建筑结构。

在这种情况下，由于结构的稳定性仅通过在墙体前面的被动土压力来保证，设计的第一步是验算埋置深度以防止静态条件下的墙体破坏。由于墙体是柔性的，且土压力受其变形和位移的影响，应考虑土-结构相互作用。这可以在现有的计算机程序的帮助下完成，这程序在文克尔型土体上将墙体按照一根弹性梁来建模，即用理想弹塑性弹簧来表示土体。同样的程序能使用拟静力法进行地震稳定性校核，如下所示。

输入数据

输入的数据为（图 10.15）：

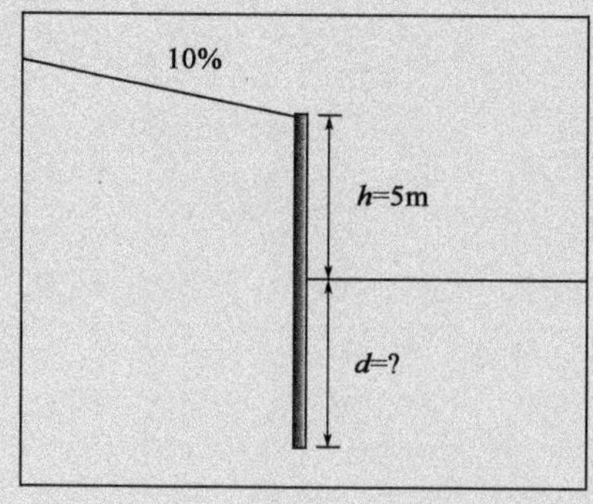

图 10.15　例 10.7 中边坡和桩墙的简图

墙体：

- 桩径 $D = 1\mathrm{m}$；
- 桩距 $I = 1.5\mathrm{m}$；
- 要求墙体顶部达到的离地高度 $h = 5\mathrm{m}$；
- 混凝土的弹性模量 $E_c = 28\mathrm{GPa}$；
- 混凝土的泊松比 $\nu_c = 0.15$。

土体：

- 重度 $\gamma = 20\mathrm{kN/m^3}$；
- 内摩擦角 $\phi'_k = 32°$（标准值）；
- 回填土表面坡度角 $\beta = 5.7°$（$=10\%$）；
- 土的变形模量 $E_s = 25\mathrm{MPa}$；
- 土的泊松比 $\nu_s = 0.25$。

土的变形模量是指与所考虑的结构相协调的土（显著）变形的运动。它一般是土产生小变形（$\sim 10^{-6}$）时弹性模量 E_0 的 1/5 ~ 1/6。

设计地震作用

设计地震作用具体如下：

- A 类场地上的加速度 $a_{gR} = 0.15\mathrm{g}$（国家地震区划图中查得）；
- 场地系数 $S = 1.25$；
- 重要性系数 $\gamma_I = 1.0$；
- 设计加速度 $= 0.15 \times 1.25 = 0.19g$。

同时考虑了设计地震作用的另一种选择，其中设计加速度取为 $a_g = 0.10g$，其与例 10.8 中的动力分析结果一致，并与 EN 1998-5 条款*7.3.2.2(6)*和条款*E.2*一致。

场地系数 S 采用现行意大利地震标准中场地类型为 B 类、C 类、D 类的推荐值，它与 EN 1998-1 中的类型 1 和类型 2 的范围都不一致。

墙体的静力设计：设计埋深的确定

按照 EN 1998-5 中条款 2.4.7.3(4) 的方法 1（DA-1）来进行设计，结构是由组合 2（CA-2）控制的。因此，在设计桩墙时，土的抗剪强度降低到：

$$\tan\phi'_d = \frac{\tan\phi'_k}{1.25} \Rightarrow \phi'_d = \tan^{-1}\left(\frac{\tan\phi'_k}{1.25}\right) = 26.6°$$

并且为了静力设计的目的，土和墙体之间的摩擦角取为：

$$\delta_d = \tan^{-1}\left(\frac{\tan\delta_k}{1.25}\right) = 17.1°$$

埋深 d 是通过土-结构相互作用分析来确定的，正如上文提到的，墙体按照弹性梁来建模，而土被视为为一系列水平的弹塑性弹簧。用于进行计算处理的程序通常需要一些数据资料,不论是墙后("上坡")的土还是墙前("下坡")的土,如输入数据,土压力系数的水平分量,主动或被动情况的选择。这些系数(如关于 ϕ_d、δ_d 及 β 的函数)可以通过已知的方法获取。EN 1997-1 附录 C 中的表即是用于这个目的。

主动土压力系数(K_A)和被动土压力系数(K_P),都是关于与墙体面法向夹角呈 δ_d 的力的系数,有:

- 保持土的主动土压力系数 $K_A^{up}=0.367$
- 保持土的被动土压力系数 $K_P^{up}=6.047$
- 墙体前土的主动土压力系数 $K_A^{down}=0.339$
- 墙体前土的被动土压力系数 $K_P^{down}=4.602$
- $K_A^{up}=0.367$;
- $K_P^{up}=6.047$;
- $K_A^{down}=0.339$;
- $K_P^{down}=4.602$

相应的水平分量为:

- $K_{AH}^{up}=K_A^{up}\cos\delta_d=0.35$;
- $K_{PH}^{up}=K_P^{up}\cos\delta_d=5.76$;
- $K_{AH}^{down}=K_A^{down}\cos\delta_d=0.323$;
- $K_{PH}^{down}=K_P^{up}\cos\delta_d=4.383$

描述非线性土性能的弹塑性弹簧的刚度值,通常是在程序中根据以前的系数和弹性土参数确定。

根据墙的不同埋置深度,使用之前的土压力参数进行相互作用分析。选取特征点,即墙体顶部的点,计算其水平位移 U,并绘制位移-埋深 d 的曲线(图 10.16)。将曲线中斜率急剧增加的点对应的埋深定为墙体的设计埋深 d。在本例中,选用 $d=7\text{m}$,因此墙体的总高度为 $H=12\text{m}$。

使用拟静力法的地震分析

地震分析的第一步是对场地和相关结构的地震系数进行评估。

在不考虑地形放大的情况下($S_T=1.0$)(参见 EN 1998-5 *条款7.1*),使用第一种设计地震作用($a_g=0.19g$)进行计算,得出水平地震系数为:

$$k_h=S\frac{a_{gR}}{g}\frac{1}{r}=1.25\times\frac{0.15}{2}=0.0938$$

其中 $r=2$ 是设计地面加速度比的折减系数,与结构柔性有关。假设竖向设计加速度与水平设计加速度的比值大于 0.6,则竖向地震系数为 $k_v=\pm0.5k_h=\pm0.0469$(参见 EN 1998-5 *条款7.2*)。

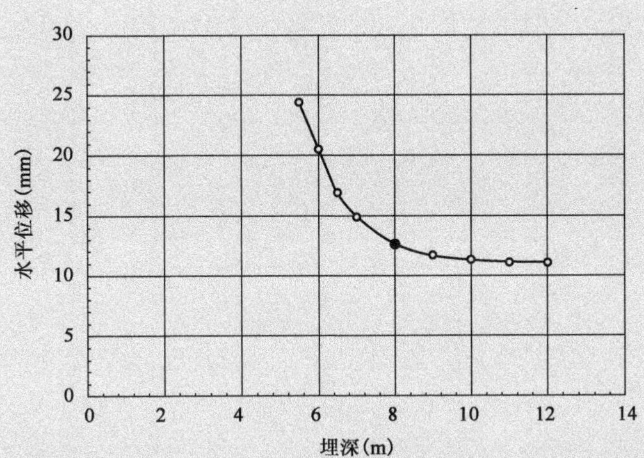

图 10.16　桩墙顶部水平位移 U-埋深 d(见图 10.15)(实心黑点对应设计埋深)

使用第二种设计地震作用($a_g=0.10g$)进行计算，水平地震系数和竖向地震系数分别为 $k_h=0.10/2=0.05$ 和 $k_v=\pm0.025$。

回填土导致的土压力及地震力的计算

根据物部-冈部公式计算处于主动状态的总(静力 + 动力)土压力系数：

$K_A^{*up}(\phi'_k,\delta_k,\beta,k_h,k_v)=0.455$

其水平分量为：

$K_{AH}^{*up}=K_A^{*up}\cos\delta_k=0.434$(主动状态，地震条件)

EN 1998-5 的式(*E.1*)中，给出了作用于向地侧的总(静力 + 动力)土压力，其作用方向与水平面呈夹角 δ_k。在这种情况下，当没有水的影响时，总土压力相应的水平分量是：

$$E_{DH}=\frac{1}{2}\gamma(1\pm\kappa_v)K_{AH}^{*}H^2$$

其中 H 为墙体高度。当 k_v 取正值，总水平力的最大值为：

$E_{DH}=0.5\times20\times(1+0.0469)\times0.434\times13^2=768\text{kN}$

为了单独获得地震力 E_H 的水平分量，应将总水平力 E_{DH}减去静力的水平分量 E_{SH}：

$K_{AH}^{up}(\phi'_k,\delta_k,\beta)=0.296$　$K_{PH}^{up}(\phi'_k,\delta_k,\beta)=7.12$

当假定地震力作用于墙的中部高度时，将 E_H 作为水平均布荷载施加到结构上，荷载集度为：

$p=E_H/H=124/13=10.8\text{kPa}$

也就是说，在地震分析中，通过按剪切强度**标准值**计算出的**土压力静力系数**来模拟回填土，即 $K_{AH}^{up}(\Phi'_k,\delta_k,\beta)=0.296$ 和 $K_{PH}^{up}(\Phi_k',\delta_k,\beta)=7.12$。并且，将地震等效静力荷载按照**水平均布荷载**的形式作用在结构上(即 $p=E_H/H=124/13=10.8\text{kPa}$)。

墙体前支撑土体的被动土压力及地震力计算

墙体前土的$\beta=0$,且用标准强度参数值计算出的水平静止土压力系数为:

- 主动状态,静态:$K_{AH}^{down}(\phi'_k,\delta_k)=0.274$;
- 被动状态,静态:$K_{PH}^{down}(\phi'_k,\delta_k)=5.81$;
- $K_{AH}^{down}(\phi'_k,\delta_k)=0.274$;
- $K_{PH}^{down}(\phi'_k,\delta_k)=5.81$。

极限平衡状态下的静态被动水平力为:

$$E_{SH}=\frac{1}{2}\gamma K_{PH}^{down}d^2$$

而在地震作用下,被动状态下的土压力系数由被动状态下的物部-冈部公式[EN 1998-5 的式(*E.4*)]给出:$K_P^{*down}(\phi'_d,k_h,k_v)=2.46$。EN 1998-5 的式(*E.4*)假定,对于被动状态的情况,在地震作用下,土与墙体之间没有剪切抗力,即$\delta=0$。因此,用该方程算得出的系数已经是水平力的形式,并且不需要进一步的投影来获得水平分量,即 $K_{PH}^{*down}=K_P^{*down}$。

于是,水平作用于墙体前面总(静+动)力为:

$$E_{DH}=\frac{1}{2}\gamma(1\pm\kappa_v)K_{PH}^{*down}d^2$$

注意,在物部-冈部法中,地震作用对支撑土的影响可以认为是阻力的降低,而不是一个附加的荷载作用。将这一降低引入模型中并分配到墙体前的土中,使得**等效被动土压力系数**变为:

$$K_{PE}^{down}=(1-\kappa_v)K_{PH}^{*down}=(1-0.0469)\times2.46=2.34$$

而不是适用于静态条件的系数 K_{PH}^{down}。应该注意的是,系数 K_{PE}^{down}还包含由于竖向加速度引起的水平应力降低效果。

主动土压力系数对墙前的影响不大,并且可以保守地假定其等于静压力系数。

使用同样的步骤对第二种设计地震作用($a_g=0.1g$)进行计算,得到"地震"荷载集度为 $p=5.23\text{kPa}$。

结果

设计加速度的第一种选择(地震工况 1,$a_g=0.19g$)

通过与静力计算相同的计算工具,在静力和地震条件下都获得了桩墙的弯矩,绘制在图 10.17 中,标为"地震 1"。其最大值为:

- 静力工况:$M_{max}=221\text{kN m/m}$;
- 地震工况 1:$M_{max}=664\text{kN m/m}$。

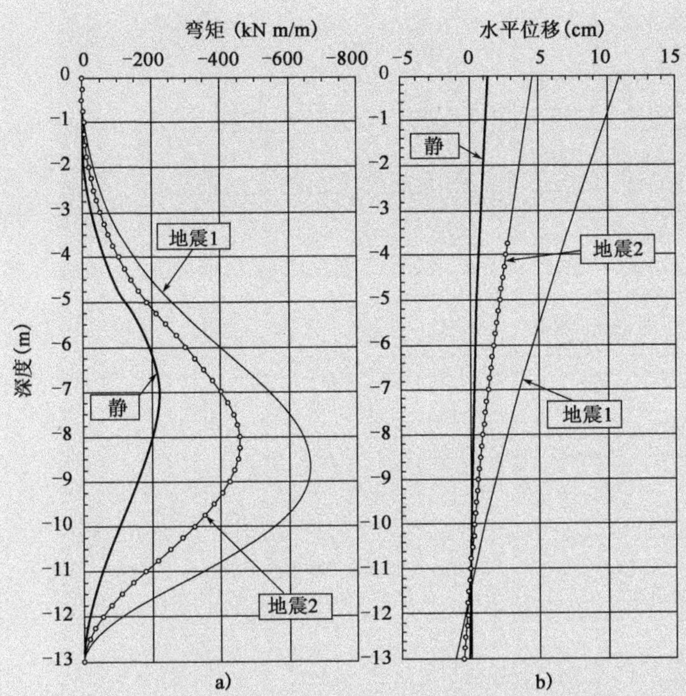

图10.17　a)弯矩 b)静力和地震作用下桩墙的水平位移分布"地震1"对应第一种设计地震作用($a_g = 0.19g$),"地震2"对应第二种设计地震作用($a_g = 0.10g$)

对于$f_{ck} = 35\text{N/mm}^2$ 的混凝土,组成墙体的直径为1m的单根桩所允许弯矩为1080kN · m,对墙体而言为720kN · m/m(给定桩间距为1.5 m)。图10.17中还显示了其水平位移,标为"地震1",墙体顶部的位移值为:

- 静力工况:$U_{max} = 13\text{mm}$;
- 地震工况1:$U_{max,t} = 109\text{mm}$(总位移,包括静载下的位移)。

纯粹由于地震作用导致的96mm的位移相当大,但对于所需的结构适用性要求来说仍是可以接受的。

设计加速度的第二选择(地震工况2,$a_g = 0.10g$):

本案例结果为:

- 地震工况2:最大弯矩 $M_{max} = 456\text{kN} \cdot \text{m/m}$,最大位移 $U_{max} = 46\text{mm}$。

相对于前一种选择,弯矩减小了33%,最大位移减小了将近60%。参考接下来的例10.8,第二种选择的设计加速度所获得的结果更真实。

例10.8　受地震激励的例10.7柔性挡土结构的非线性动力分析

问题描述和土/结构的输入数据

在这个例子中,会对例10.7中的相同结构进行详细的全动力分析。用非线性有限元法对受到地震激励的土-结构体系的动力响应进行了数值模拟,包括施工和地震激励的整个过程的全阶段模拟,从而确保可从分析中获得真实的应力状态。

土体和结构的物理及力学性质几乎都与例 10.7 中的没有区别，除了：

- 令土壤中的剪切波速 v_s 等于 220m/s，相应的小变形时的弹性模量 $E_{0s}=(1+2v)(\gamma/g)v_s^2=148\text{MPa}$，与例 10.7 中的假设一致。

- 土的本构模型被明确地假定为理想弹塑性，服从摩尔-库仑（二维形式）屈服准则。

注意，按照假定的 v_s 值，根据 EN 1998-1，场地类型为 C 类。

计算网格及边界条件

使用图 10.18 中所示的分析范围，其包含 1257 个节点和 2338 个三角形的二维线性单元，平均每个单元的长度约为 3m。由于选择了具有相对高频含量的激励，因此选择最大频率 $f_{max}=10\text{Hz}$（即最短波长 $\lambda_{min}=v_s/f_{max}=22\text{m}$）作为波传播分析的目标。波长 λ_{min} 由 8 个结点进行空间取样获得，这对于均质材料来说足够了。

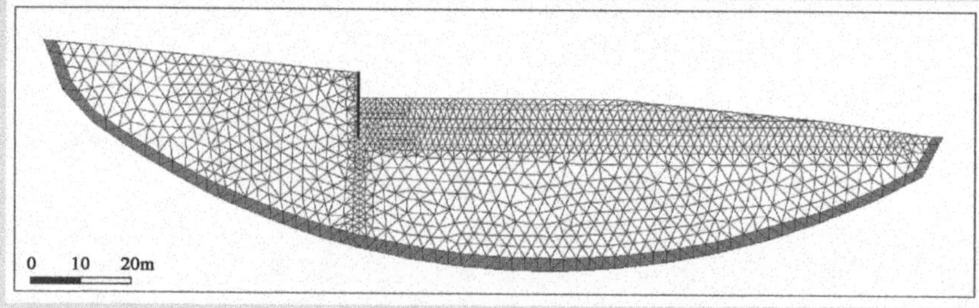

图 10.18 用于图 10.15 所示挡土结构静力和动力分析的有限元模型

墙用直接连接到网格节点的弹性双节点梁单元来模拟，结构和土体间没有界面单元。

施工过程中分两个阶段移除墙前的土，以这种方式粗略地模拟挖掘过程。在初始、静态、施工阶段，模型的基础上不施加水平和竖向位移。在随后的动态分析中，所有的边界约束会被去除，初始应力条件按照静力分析的结点力平衡来设置。

利用沿着下边界的二维进轴单元，将水平加速度的垂直入射平面波作为地震激励输入模型。使近轴单元的形式与下边界的曲线形状相结合，确保了边界本身对于被地形表面和结构散射的波几乎完全透明。

地震激励

选择了单个的加速度时程作为动力分析的激励，该时程是在 2003 年的近托尔托纳地区（意大利西北部）的一次峰值加速度接近 $0.1g$、震级为 $M=4.6$ 的中级地震中获得的，场地为一块稳固岩层（假定为 B 类场地）。该记录被放大至 $0.15g$，以匹配例 10.7（第一种选择）中假定的 a_{gR} 值。

图 10.19 中，展示了放大后的托尔托纳加速度图对应的加速度谱与 EN 1998-1 中场地类型为 B 类的 1 型及 2 型加速度谱之间的比较。加速度图被选中来代表意大利亚平宁山脉西北部中低度地震区的实际场地作用，而不是为了匹配弹性设计谱。

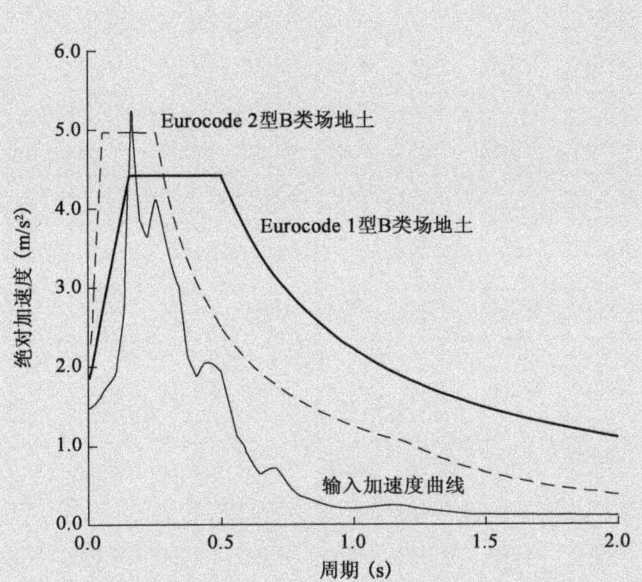

图 10.19　由在挡土结构动力分析中使用的输入加速度得出的5%阻尼的加速度反应谱与 EN 1998-1 中的加速度反应谱的比较

在分析之前，计算代码对激励波形的进行去卷积，以正确地计算每个下边界节点输入运动的振幅和相位。因此入射模型底部的运动峰值振幅约为 $0.07g$（和预想的一样）。

检验较小值并没有显著改善问题后，及时采用时间步长 $\Delta t = 0.001\text{s}$ 来推进解决方法。

结果

由于激励的程度有限和土特性的原因，土-墙体系统的动力响应主要是弹性的，只在壁面附近发生了些许塑性变形。图 10.20 显示了墙体的弯矩和水平位移。结构的（瞬时）动态位移通过在整个地震激励过程中产生的最大值包络线来表示，弯矩图也代表了最大值的包络图。值得注意的是：

- 由于建模的差异和对如何模拟开挖阶段所做出的不同考虑（后者在例 10.7 的静力情况下模拟得更精确），本例中**静力**位移明显小于例 10.7 中所计算出的静力位移（图 10.17）。
- 有限元分析得到的动弯矩比拟静力法所获得的相应“地震”值小得多，与两种地震设计的结果相比都是如此：有限元法得到的最大动弯矩约 230kN · m/m（图 10.20），相应的拟静力法中，第一种设计（图 10.17，地震 1）得到的最大动弯矩约为 664kN · m/m，第二种设计（图 10.17，地震 2）得到的最大动弯矩约为 456kN · m/m，两种方法都发生在墙体的嵌固段，距顶部约 7.5m。
- 墙体的动位移剖面与拟静力分析第二种设计地震作用所对应的剖面有很好的一致性（图 10.18，“地震 2”，左边部分）。

• 虽然在有限元分析中,最大动弯矩仅超过静弯矩的 14% 左右,且平均动位移相当接近静位移,然而正如在常规分析中讨论过的那样,两者之间存在较大的差异。事实上,从图 10.17 能看出,与墙体顶部的地震-静力位移比,对于"地震 1"而言达到 10 左右,而对于"地震 2"也超过 3。

因此,对于特定的例子,简化的拟静力法的特征是土-墙体系对动力激励的一种基本弹性响应,它通过精细有限元分析得到一种保守解答(即使对于像 0.05 一样小的水平地震系数亦是如此)。

由于墙的总高度超过 10m,因此我们可以同时参考 EN 1998-5 *条款 7.3.3.2(6)*和式(*E.2*),查看它靠近墙体部分土体的水平峰值加速度随深度的变化。通过图 10.21 可以看出:

• 峰值加速度之间有 260% 的差异,即在 $0.061g \sim 0.167g$ 之间变化。

• 加速度增大的部分主要位于暴露在土外面的那部分墙体中。

• 沿墙高的平均水平峰值加速度(非常接近 $0.10g$)证明了在例 10.7 的拟静力分析中选择第二种设计地震作用的正确性。

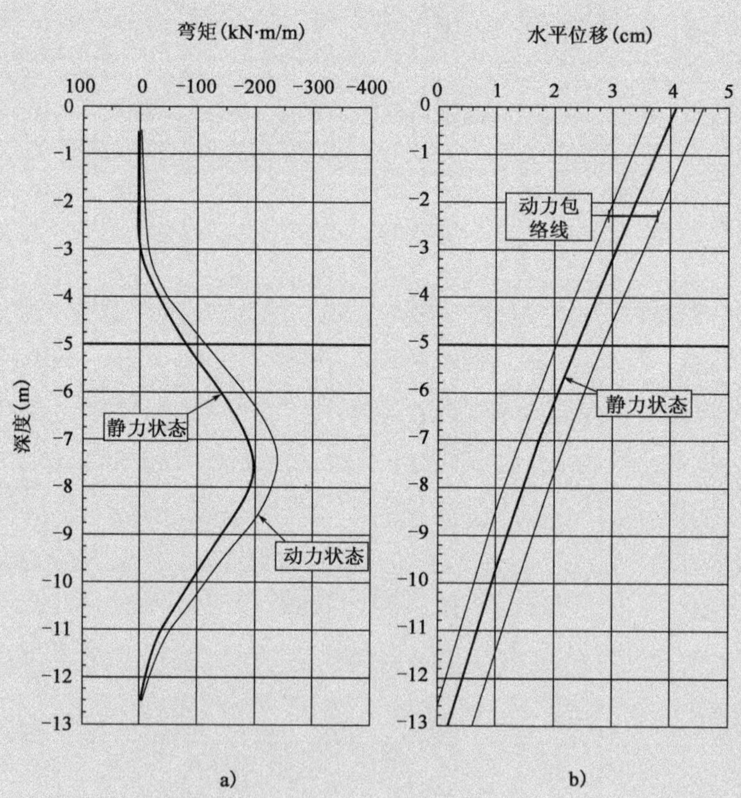

图 10.20 a)弯矩 b)静力和地震作用下桩墙的水平位移分布。"地震 1"对应第一种设计地震作用($a_g = 0.19g$),"地震 2"对应第二种设计地震作用($a_g = 0.10g$)

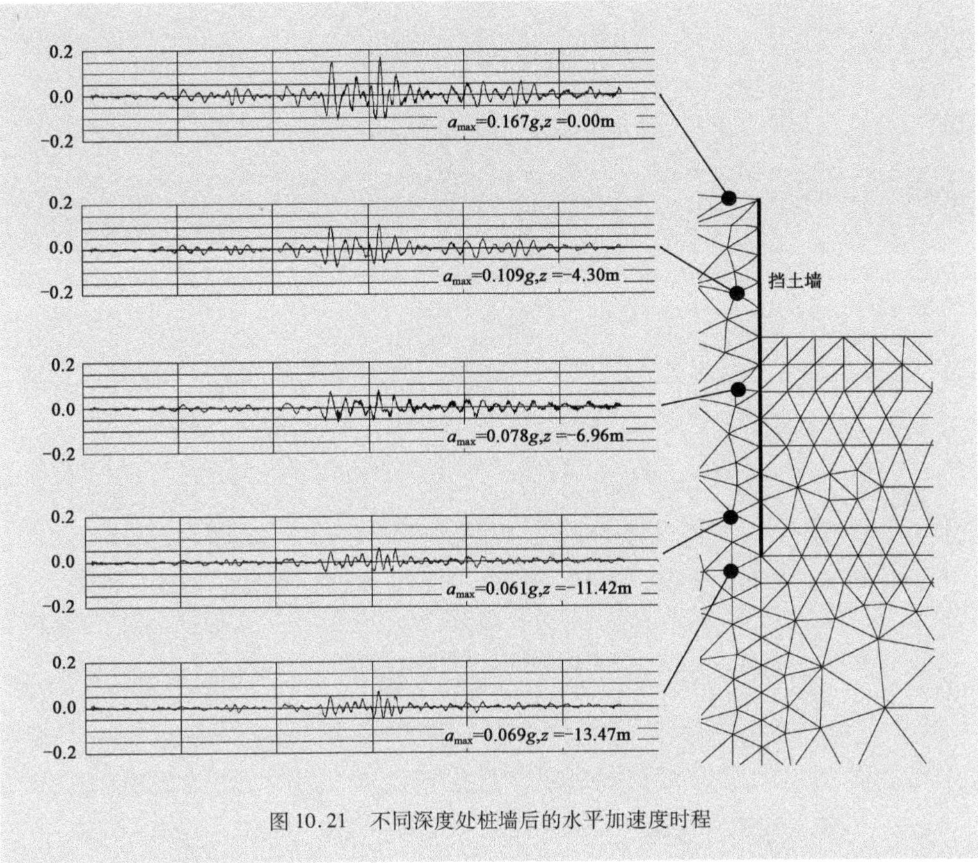

图 10.21　不同深度处桩墙后的水平加速度时程

参考文献

1. Comite Europeen de Normalisation (2004) *Eurocode 8: Design of Structures for Earthquake Resistance. Part 1: General Rules, Seismic Actions and Rules for Buildings.* CEN, Brussels, EN 1998-1.
2. Comite Europeen de Normalisation (2004) *Eurocode 8: Design of Structures for Earthquake Resistance. Part 5: Foundations, Retaining Structures, Geotechnical Aspects.* CEN, Brussels, EN 1998-5.
3. Comite Europeen de Normalisation (2002) *European Standard EN 1990. Eurocode: Basis of Structural Design.* CEN, Brussels, EN 1990.
4. Vidic, T., Fajfar, P. and Fischinger, M. (1994) Consistent inelastic design spectra: strength and displacement. *Earthquake Engineering and Structural Dynamics*, 23, 502-521.
5. Zhang, J. and Makris, N. (2002) Seismic response analysis of highway overcrossings including soil-structure interaction. *Earthquake Engineering and Structural Dynamics*, 31, 1967-1991.
6. Ambraseys, N. N. and Sarma, S. (1969) Liquefaction of soils induced by earthquakes. *Bulletin of the Seismological Society of America*, 59, 651-664.
7. Reiter, L. (1990) *Earthquake Hazard Analysis-Issues and Insights.* Columbia University Press, New York.
8. Lee, W. H. K., Kanamori, H., Jennings, P. C. and Kisslinger, C. (2003) *International Handbook of Earthquake and Engineering Seismology.* Academic Press, London.
9. Bozorgnia, Y. and Bertero, V. V. (2004) *Earthquake Engineering: from Engineering Seismology to Performance-based Engineering.* CRC Press, Boca Raton, FL.
10. Douglas, J. (2001) *A Comprehensive Worldwide Summary of Strong-motion Attenuation Relationships for Peak Ground Acceleration and Spectral Ordinates (1969 to 2000).* ESEEResearch Report No. 01-1. Imperial College, London.
11. Campbell, K. W. (1985) Strong motion attenuation relationships: a ten year prospective. *Earthquake Spectra*, 1, 759-804.
12. Ambraseys, N. N., Simpson, K. A. and Bommer, J. J. (1996) Prediction of hori-

zontal response spectra in *Europe. Earthquake Engineering and Structural Dynamics*, 25,371-400.

13. Ambraseys, N. N. and Simpson, K. A. (1996) Prediction of vertical response spectra in Europe. *Earthquake Engineering and Structural Dynamics*, 25, 401-412.
14. Mendenhall, W. and Sincich, T. (1995) *Statistics for Engineering and the Sciences*, 4thedn. Prentice Hall, New York.
15. Gutenberg, B. and Richter, C. F. (1954) *The Seismicity of the Earth*. Princeton University Press, Princeton.
16. Comite Euro-International du Beton (2003) Displacement-based seismic design of reinforced concrete buildings. *Fib Bulletin*, 25.
17. Bommer, J. J. and Elnashai, A. S. (1999) Displacement spectra for seismic design. *Journal of Earthquake Engineering*, 3, 1-32.
18. Tolis, S. V. and Faccioli, E. (1999) Displacement design spectra. *Journal of Earthquake Engineering*, 3, 107-125.
19. Borzi, B., Calvi, G. M., Elnashai, A. S., Faccioli, E. and Bommer, J. J. (2001) Inelastic spectra for displacement-based seismic design, *Journal of Soil Dynamics and Earthquake Engineering*, 21, 47-61.
20. Sadek, F., Mohraz, B. and Riley, M. A. (2000) Linear procedures for structures with velocity-dependent dampers. *Journal of Structural Engineering*, 128, 887-895.
21. Newmark, N. M. and Hall, W. J. (1969) Seismic design criteria for nuclear reactor facilities. *Proceedings of the 4th World Conference on Earthquake Engineering*, B4, 37-50.
22. Borzi, B. and Elnashai, A. S. (2000) Refined force reduction factors for seismic design. *Engineering Structures*, 22, 1244-1260.
23. Elghadamsi, F. E. and Mohraz, B. (1987) Inelastic earthquake spectra. *Earthquake Engineering and Structural Dynamics*, 15, 91-104.
24. Fajfar, P. (1995) Elastic and inelastic spectra. *Proceedings of the 10th European Conference on Earthquake Engineering*, 2, 1169-1178.
25. Naeim, F. (2001) *The Seismic Design Handbook*, *2nd edn. Kluwer*, *Dordrecht.*
26. Bachmann, H., Ammann, W. J., Deischl, F., Eisenmann, J., Floegl, I., Hirsch, G. H., Klein, G. K., Lande, G. J., Mahrenholtz, O., Natke, H. G., Nussbaumer, H., Pretlove, A. J., Rainer, J. H., Saemann, E. U. and Steinbeisser, L. (1995) *Vibration Problems in Structures. Practical Guidelines*. Birkhauser, Basel.
27. Papazoglou, A. and Elnashai, A. S. (1996) Analytical and field evidence of the damaging effect of vertical earthquake ground motion. *Earthquake Engineering and Structural Dynamics*, 25, 1109-1137.
28. Elnashai, A. S. and Papazoglou, A. J. (1997) Procedure and spectra for analysis of

RC structures subjected to strong vertical earthquake loads. *Journal of Earthquake Engineering*, 1, 121-155.

29. Collier, C. J. and Elnashai, A. S. (2001) A procedure for combining horizontal and vertical seismic action effects. *Journal of Earthquake Engineering*, 5, 521-539.

30. Shinozuka, M. and Deodatis, G. (1988) Stochastic process models for earthquake ground motion. *Journal of Probabilistic Engineering Mechanics*, 3, 499-519.

31. Deodatis, G. and Shinozuka, M. (1989) Simulation of seismic ground motion using stochastic waves. *Journal of the Engineering Mechanics Division of the ASCE*, 115, 2723-2737.

32. Bycroft, G. N. (1960) White noise representation of earthquakes. *Journal of the Engineering Mechanics Division of the ASCE*, 86, 1-16.

33. Boore, D. M. (1983) Stochastic simulation of high-frequency ground motions based on seismological models of the radiated spectra. *Bulletin of the Seismological Society of America*, 73A, 1865-1894.

34. Clough, R. W. and Penzien, J. (1993) *Dynamics of Structures*, 2nd edn. McGraw-Hill, New York.

35. Gasparini, D. A. and Vanmarcke, E. H. (1976) *Simulated Earthquake Motions Compatible with Prescribed Response Spectra.* Department of Civil Engineering, Massachusetts Institute of Technology, Cambridge, Research Report R76-4.

36. Bolt, B. A. (1978) Fallacies in current ground motion prediction. *Proceedings of the Second International Conference on Microzonation*, 2, 617-633.

37. Boore, D. M., Joyner, W. B. and Fumal, T. E. (1993) *Estimation of Response Spectra and Peak Accelerations from Western North American Earthquakes: an Interim Report. US Geological Survey Open-File Report 93-509*. US Geological Survey, Washington, DC.

38. Boore, D. M., Joyner, W. B. and Fumal, T. E. (1994) *Estimation of Response Spectra and Peak Accelerations from Western North American Earthquakes: an Interim Report-Part 2. US Geological Survey Open-File Report 94-127*. US Geological Survey, Washington, DC.

39. Building Seismic Safety Council and National Earthquake Hazards Reduction Program (2001) *Recommended Provisions for Seismic Regulations for New Buildings and Other Structures*, 2000 *edn. Part* 1: *Provisions* (*FEMA Report 368*). *Part* 2: *Commentary* (*FEMAReport 369*). BSSC (for the Federal Emergency Management Agency), Washington, DC.

40. SEAOC (1999) *Recommended Lateral Force Requirements and Commentary.* Structural Engineers Association of California, Seismology Committee, Sacramento.

41. Cosenza, E., Manfredi, G. and Realfonzo, R. et al. (2000) Torsional effects con-

ditions in RC buildings. In: *Proceeding of the 12th World Conference on Earthquake Engineering*. Auckland.

42. Wilson, E. L., der Kiureghian, A. and Bayo, E. R. (1981) A replacement for the SRSS method in seismic analysis. *Earthquake Engineering and Structural Dynamics*, 9, 187-194.

43. der Kiureghian, A. (1981) A response spectrum method for random vibration analysis of MDF Systems. *Earthquake Engineering and Structural Dynamics*, 9, 419-435.

44. Rosenbueth, E. (1951) A basis for a seismic design. Ph. D. thesis submitted to the Department of Civil Engineering at the University of Illinois, Urbana.

45. Applied Technology Council and National Earthquake Hazards Reduction Program (1997) *Commentary on the guidelines for the seismic rehabilitation of buildings*. ATC (for the Building Seismic Safety Council and the Federal Emergency Management Agency), Washington, DC, FEMA Report 273.

46. Applied Technology Council and National Earthquake Hazards Reduction Program (1997) *Commentary on the guidelines for the seismic rehabilitation of buildings*. ATC (for the Building Seismic Safety Council and the Federal Emergency Management Agency), Washington, DC, FEMA Report 274.

47. Fajfar, P. (2000) A nonlinear analysis method for performance-based seismic design. *Earthquake Spectra*, 16, 573-593.

48. Fajfar, P., Dolsek, M., Marusic, D. and Perus, I. (2004) Extensions of the N2 method-asymmetric buildings, infilled frames and incremental N2. In: *Proceeding of the International Workshop on Performance-based Seismic Design-Concepts and Implementation*. Bled.

49. Fajfar, P., Kilar, V., Marusic, D., Perus, I. and Magliulo, G. (2002) The extension of the N2 method to asymmetric buildings. In: *Proceeding of the 4th Forum on Implications of Recent Earthquakes on Seismic Risk*, Technical Report TIT/EERG 02/1, pp. 291-308.

50. Chopra, A. K. and Goel, R. K. (2002) A modal pushover analysis procedure for estimating seismic demands for buildings. *Earthquake Engineering and Structural Dynamics*, 31, 561-582.

51. Chopra, A. K. and Goel, R. K. (2004) A modal pushover analysis procedure to estimate seismic demands of unsymmetric plan buildings. Earthquake *Engineering and Structural Dynamics*, 33.

52. Comite Europeen de Normalisation (2005) Eurocode 8: *Design of Structures for Earthquake Resistance. Part 3: Assessment and Retrofitting of Buildings*. CEN, Brussels, EN 1998-3.

53. Panagiotakos, T. B. and Fardis, M. N. (2001) Deformations of reinforced concrete-members at yielding and ultimate. *ACI Structural Journal*, 98, 135-148.

54. Biskinis, D. E. and Fardis, M. N. (2004) Cyclic strength and deformation capacity of RC members, including members retrofitted for earthquake resistance. In: *Proceeding of the 5th International Ph. D Symposium in Civil Engineering*. Delft.

55. Takeda, T., Sozen, M. A. and Nielsen, N. N. (1970) R/C response to simulated earthquakes. *Journal of the Structural Mechanics Division of the ASCE*, 96, 2557-2573.

56. Otani, S. (1974) Inelastic analysis of R/C frame structures. *Journal of Structural Mechanics Division of the ASCE*, 100, 1433-1449.

57. Fardis, M. N. and Panagiotakos, T. B. (1997) Seismic design and response of bare and infilled reinforced concrete buildings. Part II: infilled structures. *Journal of Earthquake Engineering*, 1, 473-503.

58. Fardis, M. N. (2000) Design provisions for masonry-infilled RC frames. In: *Proceeding of the 12th World Conference on Earthquake Engineering*. Auckland.

59. Fardis, M. N., Bousias, S. N., Franchioni, G. and Panagiotakos, T. B. (1999) Seismic response and design of RC structures with plan-eccentric masonry infills. *Journal of Earthquake Engineering and Structural Dynamics*, 28, 173-191.

60. Mainstone, R. J. (1971) On the stiffnesses and strengths of infilled frames. *Proceedings of the Institution of Civil Engineers*, v 7360s.

61. Fardis, M. N., Negro, P., Bousias, S. N. and Colombo, A. (1999) Seismic design of open-story infilled RC buildings. *Journal of Earthquake Engineering*, 3, 173-198.

62. Eibl, J. and Keintzel, E. (1998) Seismic shear forces in cantilever shear walls. In: *Proceeding of the 9th World Conference in Earthquake Engineering*. Tokyo/Kyoto.

63. Comite Eurointernational du Beton (1993) *CEB/FIP Model Code 1990*. Thomas Telford, London.

64. Kaku, T. and Asakusa, H. (1991) *Bond and Anchorage of Bars in Reinforced Concrete Beam-column Joints*, *Design of Beam-column Joints for Seismic Resistance*, ACISP123401-424. American Concrete Institute, Detroit.

65. Kitayama, K., Otani, S. and Aoyama, H. (1991) *Development of Design Criteria for RC Interior Beam-column Joints*, *Design of Beam-column Joints for Seismic Resistance*. American Concrete Institute, Detroit, ACI SP123 .

66. Park, R. and Paulay, T. (1975) *Reinforced Concrete Structures*. Wiley, New York.

67. Paulay, T. and Priestley, J. M. N. (1992) *Seismic Design of Reinforced Concrete and Masonry Buildings*. Wiley, New York.

68. Biskinis, D. E., Roupakias, G. K. and Fardis, M. N. (2004) Degradation of shear

strength of RC members with inelastic cyclic displacements. *ACI Structural Journal*, 101, No. 6.

69. Fardis, M. N. (2004) A European perspective for performance-based seismic design. In: *Proceeding of the International Workshop on Performance-based Seismic Design-Concepts and Implementation*. Bled.

70. Tremblay, R., Ben Ftima, M. and Sabelli, R. (2004) *An innovative bracing configuration for improved seismic response. Recent Advances and New Trends in Structural Design*. Editura Orizonturi Universitare, Timisoara.

71. Comite Europeen de Normalisation (2005) *Eurocode 3: Design of Steel Structures. Part1-8: Design of Joints. CEN, Brussels*, EN 1993-1-8.

72. Faggiano, B., de Matteis, G. and Landofo, R. (2000) *Comparative Study on Seismic Design Procedures for MR Frames According to the Force Based Approach. Steel Structuresin Seismic Areas 2000*. Balkema, Rotterdam.

73. Mazzolani, F. and Piluso, V. (1994) *A New Method to Design Steel Frames Failing in Global Mode Including P-D effects. Steel Structures in Seismic Areas 1994*. Spon, London.

74. Kuck, J. (1994) *Anwendung der dynamische Fliessgelenktheorie zur Untersuchung der Grenzzustande von Stahlbaukonstruktionen unter Erdbebenbelastung*. Stahlbau RWTH, Aachen.

75. Sanchez, L. and Plumier, A. (2004) *Seismic Performance of Ductile Moment Resisting Steel Frames. First Step for Eurocode 8 Calibration. STESSA 2003*. Balkema, Lisse.

76. Faella, C., Piluso, V. and Rizzano, G. (1999) *Structural Steel Semi-rigid Connections, Theory, Design and Software*. CRC Press, Boca Raton.

77. Plumier, A. (1990) *New Idea for Safe Structures in Seismic Zones. IABSE Symposium Brussels. Mixed Structures Including New Materials*. IABSE, Zurich.

78. SAC Joint Venture (2001) *Recommended Seismic Design Criteria for New Steel Moment Frame Buildings*. US Government Printing Office, Washington, DC, FEMAReport 350.

79. Vayas, I., Thanopoulos, P., Castiglioni, C., Plumier, A. and Calado, L. (2005) Behaviour of seismic resistant braced frames with innovative dissipative inert connections. In: *Eurosteel Conference on Steel and Composite Structures*. Maastricht.

80. Plumier, A. and Doneux, C. (eds) *Seismic Behaviour and Design of Composite Steel Concrete Structures. ICONS Report No.* 4. LNEC Edition. Lisbon.

81. Doneux, C. and Plumier, A. (1999) Distribution of stresses in the slab of compositesteel-concrete moment resistant frames submitted to earthquake action. *Stahlbau*,

June.

82. Comite Europeen de Normalisation (2004) *Eurocode 4: Design of Composite Steel and Concrete Structures. Part 1: General Rules and Rules for Buildings*. CEN, Brussels, EN 1994-1.
83. Comite Europeen de Normalisation (2005) *Eurocode 3: Design of Steel Structures. Part1. 1: General Rules and Rules for Buildings*. CEN, Brussels, EN 1993-1-1.
84. Thermou, G., Elnashai, A. S., Plumier, A. and Doneux, C. (2004) Seismic design and performance of composite frames. *Journal of Constructional Steel Research*, 60, 31-57.
85. Comite Europeen de Normalisation (2004) *Timber Structures-Test Methods-Cyclic Testing of Joints Made with Mechanical Fasteners*. CEN, Brussels, prEN 12512.
86. Ceccotti, A. and Touliatos, P. (1995) *Detailing of Timber Structures in Seismic Areas. STEP lecture D10, STEP/Eurofortech-Timber Engineering*, Vol. II. Centrum Hout, Almere.
87. Ceccotti, A. (1995) *Timber Connections Under Seismic Actions. STEP lecture C17, STEP/Eurofortech-Timber Engineering*, Vol. II. Centrum Hout, Almere.
88. Soong, T. T. and Dargush, G. F. (1997) *Passive Energy Dissipation Systems in Structural Engineering*. Wiley, Chichester.
89. Hanson, R. D., Aiken, I., Nims, D. K., Richter, P. J. and Bachman, R. (1993) State of the art and state of the practice in seismic energy dissipation. In: *Proceedings of the ATC-17-1 Seminar*. San Francisco.
90. Constantinou, M. C., Soong, T. T. and Dargush, G. F. (1998) *Passive Energy Dissipation Systems for Structural Design and Retrofit*. NCEE/State University of New York, Buffalo.
91. Skinner, R. I., Robinson, H. and McVerry, G. H. (1993) *An Introduction to Seismic Isolation*. Wiley, Chichester.
92. Dolce, M. (1994) Passive control of structure. In: *Proceedings of the 10th European Conference on Earthquake Engineering*. Vienna.
93. Naeim, F. and Kelly, J. M. (1999) *Design of Seismic Isolated Structures*. Wiley, Chichester.
94. Constantinou, M. C., Mokha, A. and Reinhorn, A. M. *Teflon Bearings in a Seismic Base Isolation: Experimental Studies and Mathematical Modelling*. National Center for Earthquake Engineering Research, Buffalo, Report NCEER-88/0038.
95. Vestroni, F., Capecchi, D., Meghella, M., Mazza, G. and Pizzigalli, E. (1992) Dynamic behaviour of isolated buildings. In: *Proceedings of the 10th World Conference on Earthquake Engineering*. Madrid.
96. Dolce, M, and Quinto, G. (1994) Non linear response of base isolated buildings.

In: *Proceedings of the* 10*th European Conference on Earthquake Engineering*. Vienna.

97. Occhiuzzi, A., Veneziano, D. and Van Dick, J. (1994) Seismic design of base isolated structures. In: Savidis (ed.), *Earthquake Resistant Construction and Design*. Balkema, Rotterdam, p. 2.
98. Housner, G. W., Bergman, L. A., Caughey, T. K., Chassiakos, A. G., Claus, R. O., Masri, S. F., Skelton, R. E., Soong, T. T., Spencer, B. F. and Yao, J. T. P. (1998) Structural control: past, present and future. *Journal of the Engineering Mechanics Division of the ASCE*, 123, 897-971.
99. Buckle, I. G. and Mayes, R. L. (1990) Seismic isolation: history, application and performance-a world view. *Earthquake Spectra*, 6, 2.
100. Dolce, M. and Santarsiero, G. (2004) Development of regulations for seismic isolation and passive energy dissipation of buildings and bridges in Italy and Europe. In: XIII *World Conference on Earthquake Engineering*. Vancouver.
101. Simpson, B. and Driscoll, R. (1998) *Eurocode 7. A Commentary. Building Research Establishment Report BR 344*. Construction Research Communications, London.
102. Simonelli, A. (2004) Eurocodice 8: valutazione delle azioni sismiche al suolo ed effetti sulla spinta dei terreni. *Rivista Italiana di Geotecnica*, 28.
103. Italian Government (2003) Disposizioni attuative dell' art. 2, commi 2,3 e 4, dell' ordinanza del Presidente del Consiglio dei Ministri n. 3274 del 20 marzo 2003. Decreto n. 3685 del Capo Dipartimento della Protezione Civile, Presidenza del Consiglio dei Ministri. *Gazzetta Ufficiale della Repubblica Italiana*, 252.
104. Italian Government (2003) Ordinanza del Presidente del Consiglio dei Ministri 20 marzo 2003-Primi elementi in materia di criteri generali per la classificazione sismica del territorio nazionale e di normative tecniche per le costruzioni in zona sismica. (Ordinanza n. 3274). *Gazzetta Ufficiale della Repubblica Italiana*, *Supplementoordinario*, 105.
105. Paolucci, R. (2002) Amplification of earthquake ground motion by steep topographic irregularities. Earthquake *Engineering and Structural Dynamics*, 31, 1831-1853.
106. Rey, J., Faccioli, E. and Bommer, J. (2002) Derivation of design soil coefficients (S) and response spectral shapes for Eurocode 8 using the European Strong Motion Data Base. *Journal of Seismology*, 6, 547-555.
107. Naeim, F. and Lew, M. (1995) On the use of design spectrum compatible time histories. *Earthquake Spectra*, 11, 111-127.
108. Trifunac, M. and Brady, G. (1975) A study of the duration of strong earthquake ground motion. *Bulletin of the Seismological Society of America*, 65, 581-626.

109. Yasuhara, K., Kazutoshi, H. and Hyde, A. (1992) Effects of cyclic loading on undrained strength and compressibility of clay. *Soils and Foundations*, 32, 100-116.

110. Yasuhara, K. and Hyde, A. (1997) Method for estimating postcyclic undrained secant modulus of clays. *Journal of the Geotechnical and Geoenvironmental Engineering Division of the ASCE*, 123, 204-211.

111. Ishihara, K. (1996) *Soil Behaviour in Earthquake Geotechnics*. Clarendon Press, Oxford.

112. Faust (European Catalogue of Seismogenic Sources). Website: http://faust.ingv.it/.

113. California Department of Conservation, Geological Survey (2004). Website: www.consrv.ca.gov/CGS/rghm/ap/.

114. Newmark, N. (1965) Effects of earthquakes on dams and embankments. *Géotechnique*, 15, 137-160.

115. Pyke, R. (1997) Selection of seismic coefficients for use in pseudo-static slope stability analyses. Website: www.tagasoft.com/TAGAsoft/Discussion/article2.

116. Franklin, A. and Chang, F. (1977) *Earthquake Resistance of Earth and Rock-fill Dams*. Soils and Pavement Laboratory, US Army Engineer Waterways Experiment Station, Vicksburg, Report 5.

117. Varnes, D. (1978) Slope movements types and processes. In: *Landslides: Analysis and Control*. Transportation Research Board, National Academy of Sciences, Washington, DC, Special Report 176.

118. Morgenstern, N. and Price, V. (1965) The analysis of the stability of general slip surfaces. *Géotechnique*, 15, 79-93.

119. Seed, H. B. and Booker, J. (1977) Stabilization of potentially liquefiable sand deposits using *gravel drains*. *Journal of the Geotechnical Engineering Division of the ASCE*, 103, 757-768.

120. De Alba, P., Chan, C. and Seed, H. B. (1975) *Determination of Soil Liquefaction Characteristics by Large-scale Laboratory Tests*. Earthquake Engineering Research Center, University of California, Berkeley, Report EERC 75-14.

121. Seed, H. B. (1977) Evaluation of soil liquefaction effects on level ground during earthquakes. In: *Proceedings of the ASCE Annual Convention and Exposition*, Philadelphia, Preprint 2752, pp. 1-104.

122. Youd, T. and Idriss, I. (eds) (1997) Evaluation of liquefaction resistance of soils. In: *Proceedings of the NCEER Workshop held at Salt Lake City, Utah, 1996*. National Center for Earthquake Engineering Research, Buffalo, Technical Report NCEER-97-0022.

123. Sarconi, M. (1783) *Istoria de' fenomeni del tremoto avvenuto nelle Calabrie, e nel Valdemone nell' anno 1783 posta in luce dalla Reale Accademia delle Scienze, e delle Belle Arti di Napoli.* Campo, Naples.

124. Shibata, T., Oka, F. and Ozawa, Y. (1996) Characteristics of ground deformation due to liquefaction. *Soils and Foundations. Special Issue on Geotechnical Aspects of the January 17 1995 Hyogoken-Nambu Earthquake*, 65-79.

125. Silver, M. and Seed, H. B. (1969) The Behaviour of Sands Under Seismic Loading *Conditions.* Earthquake Engineering Research Center, University of California, Berkeley, Report EERC 69-16.

126. Lee, K. and Albaisa, A. (1974) Earthquake-induced settlements in saturated sands. *Journal of the Geotechnical Engineering Division of the ASCE*, 100, 387-406.

127. Pyke, R., Chan, C. and Seed, H. B. (1974) *Settlements and liquefaction of sands under multi-directional shaking.* Earthquake Engineering Research Center, University of California, Berkeley, Report EERC 74-2.

128. Rix, G. and Stokoe, K. (1992) Correlation of initial tangent modulus and cone resistance. In: *Proceedings of the International Symposium on Calibration Chamber Testing, Potsdam.* Elsevier, New York, pp. 351-362.

129. Jamiolkowski, M. (2004) Personal communication.

130. Louie, J. (2001) Faster, better: shear-wave velocity to 100 m depth from refraction microtremor arrays. *Bulletin of the Seismological Society of America*, 91, 347-364.

131. Ohta, Y. and Goto, N. (1978) Empirical shear wave velocity equations in terms of characteristic soil indexes. *Earthquake Engineering and Structural Dynamics*, 6, 167-187.

132. Zeghal, M., Elgamal, A., Tang, H. and Stepp, J. (1995) Lotung downhole array. II: evaluation of soil nonlinear properties. *Journal of the Geotechnical Engineering Division of the ASCE*, 121, 363-378.

133. Gazetas, G. (1991) Foundation vibrations. In: H.-Y. Fang (ed.) *Foundation Engineering Handbook*, 2nd edn. Van Nostrand Reinhold, New York, pp. 553-593.

134. Fukui, J., Shirato, M. and Matsui, K. (2003) *Design of Highway Bridge Foundations. Technical Memorandum.* Foundation Engineering Research Team, Public Works Research Institute, Tsukuba, No. 01-2003.

135. Ohsaki, Y. and Hagiwara, T. (1970) On *Effects of Soils and Foundations Upon Earthquake Inputs to Buildings. Technical Memorandum.* Building Research Institute, Ministry of Construction, Tsukuba.

136. Pecker, A. (1997) Analytical formulae for the seismic bearing capacity of shallow strip foundations. In: *Proceedings of the 14th International Conference on Soil Mechanics and Foundation Engineering. Balkema*, Hamburg, pp. 262-268.

137. Aubry, D., Chouvet, D., Modaressi, A. and Modaressi, H. (1986) GEFDYN: *Logicield' analyse de comportement mécanique des sols par elements finis avec prise en compte du couplage sol-eau-air. Technical Report.* Ecole Centrale de Paris, Chatenay Malabry.

138. Hujeux, J. C. (1985) Une loi de comportement pour le chargement cyclique des sols. In: V. Davidovici (ed.), *Génie Parasismique.* ENPC, Paris, pp. 287-302.

139. Faccioli, E., Pecker, A., Paolucci, R. and Pedretti, S. (1996) Shallow foundations. Dynamic approach by finite element analyses. In: E. Faccioli and R. Paolucci (eds), *Seismic Behaviour and Design of Foundations and Retaining Structures.* LNEC, Lisbon, ECOEST-PREC8 Report No. 2, pp. 59-113.

140. Pecker, A. and Paolucci, R. (1996) Shallow foundations. Pseudo-static approaches. Theoretical approach based on the yield design theory. In: E. Faccioli and R. Paolucci (eds), *Seismic Behaviour and Design of Foundations and Retaining Structures.* LNEC, Lisbon, ECOEST-PREC8 Report No. 2, pp. 13-35.

141. Matlock, H. and Reese, L. (1960) Generalized solutions for laterally loaded piles. *Journal of the Soil Mechanics and Foundations Division of the ASCE*, 86, 63-91.

142. Broms, B. (1964) Lateral resistance of piles in cohesive soils. *Journal of the Soil Mechanics and Foundations Division of the ASCE*, 90, 27-63.

143. Broms, B. (1964) Lateral resistance of piles in cohesionless soils. *Journal of the Soil Mechanics and Foundations Division of the ASCE*, 90, 123-156.

144. Novak, M., Sheta, M., El Sharnouby, B. and El Hifnawy, L. (1988) *DYNA 2. A Computer Program for Calculation of Response of Rigid Foundations to Dynamic Loads.* SACDA, London, Ontario.

145. Makris, N. and Gazetas, G. (1992) Dynamic pile-soil-pile interaction. Part II: lateral and seismic response. *Earthquake Engineering and Structural Dynamics*, 21, 145-162.

146. Jamiolkowski, M. and Garassino, A. (1977) Soil modulus for laterally loaded piles. In: *Proceedings of the Specialty Session* 10 (*The effect of horizontal loads on piles due to surcharge or seismic effects*), 9*th International Conference on Soil Mechanics and Foundation Engineering. Tokyo*, 4/1, pp. 43-58.

147. International Organization for Standardization (2004) *Bases for Design of Structures-Seismic Actions for Designing Geotechnical Works.* ISO, Geneva, ISO/CD 23469 (ISO TC 98/SC 3/WG10 doc. N59Rev, 2nd draft).

148. Reese, L. (1958) Discussion of "Soil modulus for laterally loaded piles" by McLelland and Focht. *Transactions of the ASCE*, 123.

149. Stewart, J., Fenves, G. and Seed, R. (1999) Seismic soil-structure interaction in buildings. I: analytical methods. *Journal of the Geotechnical and Geoenvironmental Engineering Division of the ASCE*, 125, 26-37.

150. Stewart, J., Seed, R. and Fenves, G. (1999) Seismic soil-structure interaction in buildings. II: *empirical findings Journal of the Geotechnical and Geoenvironmental Engineering Division of the ASCE*, 125, 38-48.

151. Kramer, S. (1996) *Geotechnical Earthquake Engineering*. Prentice Hall, New York.

152. Baratta, M. (1910) *La catastrofe sismica calabro messinese* (*28 dicembre 1908*). Rome.

153. The Overseas Coastal Area Development Institute of Japan (2002) *Technical Standards and Commentaries for Port and Harbour Facilities in Japan*. OCDI, Tokyo.

154. Richards, R. and Elms, D. (1979) Seismic behaviour of gravity retaining walls. *Journal of Geotechnical Engineering Division of the ASCE*, 105, 449-464.

155. Bouckovalas, G. and Cascone, E. (1996) Pore pressure effects on bearing capacity. In: E. Faccioli and R. Paolucci (eds), *Seismic Behaviour and Design of Foundations and Retaining Structures*. LNEC, Lisbon, ECOEST-PREC8 Report No. 2, pp. 40-58.

156. Wood, J. (1973) *Earthquake Induced Soil Pressures on Structures*. California Institute of Technology, Pasadena, Report EERL 73-05.